正点原子教你学嵌入式系统丛书

原子教你玩 STM32CubeIDE

范嘉豪　林嘉慧　编著

北京航空航天大学出版社

内 容 简 介

本书是一本针对嵌入式系统开发人员和爱好者的实用指南。本书以 STM32CubeIDE 为主要工具,介绍如何使用这一集成开发环境来开发 STM32。通过深入浅出的讲解和丰富的实验例程,读者将掌握从项目创建到代码调试的全过程,并能够熟练运用 STM32CubeIDE 开发各种嵌入式系统应用。

本书分为两篇:基础篇,主要介绍 STM32CubeIDE 的基础知识,包括开发环境搭建、新建工程、工程模板分析等;实战篇,主要介绍如何使用 STM32CubeIDE 进行配置以实现 STM32 的外设功能。

本书的配套资料包含详细原理图以及所有实例的完整代码,这些代码都有详细的注释。另外,源码有生成好的 hex 文件,读者只须通过仿真器下载到开发板即可看到实验现象,亲自体验实验过程。

图书在版编目(CIP)数据

原子教你玩 STM32CubeIDE / 范嘉豪,林嘉慧编著.
北京 : 北京航空航天大学出版社,2024. 9. -- ISBN
978 - 7 - 5124 - 4422 - 5

Ⅰ. TP368.1

中国国家版本馆 CIP 数据核字第 2024QE6811 号

原子教你玩 STM32CubeIDE

范嘉豪　林嘉慧　编著

责任编辑　董立娟

*

北京航空航天大学出版社出版发行

北京市海淀区学院路 37 号(邮编 100191)　http://www.buaapress.com.cn
发行部电话:(010)82317024　传真:(010)82328026
读者信箱:emsbook@buaacm.com.cn　邮购电话:(010)82316936
涿州市新华印刷有限公司印装　各地书店经销

*

开本:710×1 000　1/16　印张:27　字数:607 千字
2024 年 9 月第 1 版　2024 年 9 月第 1 次印刷　印数:1 000 册
ISBN 978 - 7 - 5124 - 4422 - 5　定价:89.00 元

前 言

本书的由来

2011 年,正点原子工作室同北京航空航天大学出版社合作,出版发行了《例说 STM32》。该书由刘军(网名:正点原子)编写,自发行以来,广受读者好评,更是被 ST 官方作为学习 STM32 的推荐书本。之后出版了"正点原子教你学嵌入式系列丛书",包括:

《原子教你玩 STM32(寄存器版)/(库函数版)》

《例说 STM32》

《精通 STM32F4(寄存器版)/(库函数版)》

《FreeRTOS 源码详解与应用开发——基于 STM32》

《STM32F7 原理与应用(寄存器版)/(库函数版)》

随着技术的更新,每种图书都不断地更新和再版。

为什么选择 STM32

与 ARM7 相比,STM32 采用 Cortex - M3 内核。Cortex - M3 采用 ARMV7(哈佛)构架,不仅支持 Thumb - 2 指令集,而且拥有很多新特性。较之 ARM7 TDMI,Cortex - M3 拥有更强劲的性能、更高的代码密度、位带操作、可嵌套中断、低成本、低功耗等众多优势。

与 51 单片机相比,STM32 在性能方面则是完胜。STM32 内部 SRAM 比很多 51 单片机的 FLASH 还多;其他外设就不一一比较了,STM32 具有绝对优势。另外,STM32 最低个位数的价格,与 51 单片机相比也是相差无几,因此 STM32 可以称得上是性价比之王。

现在 ST 公司又推出了 STM32F0 系列 Cortex - M0 芯片以及 STM32F4/F3 系列 Coretx - M4 等芯片满足各种应用需求。这些芯片都已经量产,而且购买方便。

如何学 STM32

STM32 与一般的单片机/ARM7 最大的不同就是它的寄存器特别多,在开发过程中很难全部都记下来。所以,ST 官方提供了 HAL 库驱动,使得用户不必直接操作寄存器,而是通过库函数的方法进行开发,大大加快了开发进度,节省了开发成本。但是学习和了解 STM32 一些底层知识必不可少,否则就像空中楼阁没有根基。

学习 STM32 有 2 份不错的中文参考资料:《STM32 参考手册》中文版 V10.0 和《ARM Cortex - M3 权威指南》中文版(宋岩 译)。前者是 ST 官方针对 STM32 的一份通用参考资料,包含了所有寄存器的描述和使用,内容翔实,但是没有实例,也没有对 Cortex - M3 内核进行过多介绍,读者只能根据自己对书本内容的理解来编写相关代码。后者是专门介绍 Cortex - M3 架构的书,有简短的实例,但没有专门针对 STM32

的介绍。

结合这 2 份资料,再通过本书的实例,循序渐进,您就可以很快上手 STM32。当然,学习的关键还是在于实践,光看不练是没什么效果的。所以建议读者在学习的时候,一定要自己多练习、多编写属于自己的代码,这样才能真正掌握 STM32。

本书内容特色

本书以 STM32CubeIDE 为主要工具,介绍如何使用这一集成开发环境来开发 STM32。通过深入浅出的讲解和丰富的实验例程,读者将掌握从项目创建到代码调试的全过程,并能够熟练运用 STM32CubeIDE 开发各种嵌入式应用。

本书分为两篇:基础篇,主要介绍 STM32CubeIDE 的基础知识,包括开发环境搭建、新建工程、工程模板分析等;实战篇,主要介绍如何使用 STM32CubeIDE 进行配置以实现 STM32 的外设功能。

建议读者从基础篇开始,跟随书中的结构安排,先对 STM32CubeIDE 有基础了解再进行开发。

本书适合的读者群

本书适合对 STM32 开发有一定了解的读者,如对嵌入式系统开发有一定了解,希望通过 STM32CubeIDE 进一步提升开发效率和技能的工程师;有一定电子硬件设计和嵌入式软件开发经验,希望利用 STM32CubeIDE 开发嵌入式系统应用的工程师或爱好者;在校学生或教育工作者,希望通过系统学习 STM32CubeIDE 提高嵌入式系统开发能力的读者。

本书使用的开发板

本书的实验平台是正点原子精英开发板,有这款开发板的朋友可以直接拿本书配套资料里面的例程在开发板上运行和验证。对于没有这款开发板而又想要的朋友,可以在淘宝上购买。当然,如果已经有了一款自己的开发板,而又不想再买,也是可以的,只要您的板子上有与正点原子战舰开发板上相同的资源(实验需要用到的),代码一般都是可以通用的,只需要把底层的驱动函数(一般是 I/O 操作)稍作修改,使之适合您的开发板即可。

本书配套资料和互动方式

本书配套资料里面包含详细原理图以及所有实例的完整代码,这些代码都有详细的注释。另外,源码有生成好的 hex 文件,读者只须通过仿真器下载到开发板即可看到实验现象,亲自体验实验过程。读者可以通过以下方式免费获取配套资料,也可以和作者互动:

原子哥在线教学平台　www.yuanzige.com
开源电子网/论坛　www.openedv.com/forum.php
正点原子官方网站　www.alientek.com
正点原子淘宝店铺　https://openedv.taobao.com
正点原子 B 站视频　https://space.bilibili.com/394620890

编　者
2024 年 5 月

目 录

实战篇

基础篇

万事开头难，打好了基础，后面学习就事半功倍了！本篇将详细介绍 STM32CubeIDE 的基础知识，包括环境搭建、新建工程、STM32Cube 固件包文件夹介绍等部分。学好了这些基础知识，对后面的例程学习部分有非常大的帮助，能极大地提高学习效率。

如果您是初学者，建议好好学习并理解这些知识，手脑并用，不要漏过任何内容，一遍学不会就多学几遍。

如果您已经学过 STM32 与 STM32CubeIDE 了，本篇内容则可以挑选着学习。

本篇将分为如下章节：

第1章　本书学习方法

第2章　STM32CubeIDE 的使用

第3章　STM32CubeIDE 工程模板分析

第 1 章

本书学习方法

为了使读者更好地学习和使用本书,本章将介绍本书的学习方法,包括学习顺序、参考资料、编写规范、代码规范、学习建议等内容。

1. 学习顺序

为了使读者更好地学习和使用本书,我们做了以下几点考虑:

① 坚持循序渐进的思路编写,从基础到入门,从简单到复杂。

② 将知识进行分类介绍,简化学习过程,包括基础篇和实战篇。

③ 将硬件介绍独立成一个文档"精英 V2 硬件参考手册.pdf",本书着重介绍软件知识。

因此,读者在学习本书的时候,建议先通读一遍"精英 V2 硬件参考手册.pdf",对开发板的硬件资源有个大概了解,然后从基础篇开始,再到实战篇,循序渐进,逐一攻克。

对初学者来说,尤其要按照以上顺序学习,不要跳跃式学习,因为书本的知识都是一环扣一环的,前面的知识没学好那么后面的知识学起来就会很困难。

对于已经学过 STM32 的读者来说,就可以跳跃式学习了,有不懂地方再翻阅前面的知识点进行巩固。

2. 参考资料

本书的主要参考资料有"STM32F10xxx 参考手册_V10(中文版). pdf"及《ARM Cortex - M3 权威指南》中文版(宋岩 译)。前者是 ST 官方针对 STM32 的一份通用参考资料,重点介绍 STM32 内部资源及使用、寄存器描述等,内容翔实,但是没有实例,也没有对 Cortex - M3 构架进行太多介绍,读者只能根据自己对书本的理解来编写相关代码。后者是专门介绍 Cortex - M3 构架的书,有简短的实例,但没有专门针对STM32 的介绍。所以,学习 STM32 的时候必须结合这两份资料来看。

另外,由于 STM32F103 的中文版是 V10 版本的,而最新的 STM32F103 英文版参考资料已经是 V20 的了,所以遇到一些有问题/矛盾的地方时可以参考最新的英文版参考手册"STM32 英文参考手册 V20"。

这几份参考文档都在我们提供的配套资料里面可以找到,即路径为[正点原子]精英 STM32F103 开发板 V2 -资料盘(A 盘)→8,STM32 参考资料的文件夹下可以找到。

3. 编写规范

本书通过数十个例程详细介绍了 STM32 的所有功能和外设,按难易程度以及知识结构,分为基础篇和实战篇。

基础篇,共 3 章,主要介绍一些基础知识,包括开发环境搭建、认识STM32CubeIDE、新建工程、SYSTEM 文件夹介绍等。这些章节在结构上没有共性,但是互相有关联,有一个集成的关系在里面,即必须先学了前面的知识,才好学习后面的知识点。

实战篇,共 43 章,主要介绍实验实操,旨在通过使用 STM32CubeIDE 来配置并实现相应实验。这部分内容占了本书的绝大部分篇幅,而且结构上比较有共性,一般分为4 个部分,即该章节所用外设原理、硬件设计、程序设计、下载验证。

"该章节所用外设原理"主要介绍该章节所用到的外设及其原理。

"硬件设计"包括具体章节实验的具体功能说明、所用到的硬件资源及原理图连接方式,从而知道要做什么、需要用到哪些 I/O 口、怎么接线,方便程序设计的时候编写驱动代码。

"程序设计"一般包括驱动介绍、配置步骤、配套源码路径、关键代码分析、main 函数讲解等部分,逐步介绍程序代码是怎么来的、注意事项等,从而学会整个代码。

"下载验证"属于实践环节,在完成程序设计后,教读者如何下载并验证我们的例程是否正确,完成一个闭环过程。

4. 代码规范

为了编写高质量代码,我们对本书的代码风格进行了统一,详细的代码规范说明见配套资料的 A 盘→1. 入门资料→嵌入式单片机 C 代码规范与风格. pdf,初学者务必好好学习一下这个文档。

总结几个规范的关键点:

➢ 所有函数/变量名字非特殊情况,一般使用小写字母;

➢ 注释风格使用 doxgen 风格,除屏蔽外,一律使用 /＊ ＊/ 方式进行注释;

➢ Tab 键统一使用 4 个空格对齐,不使用默认的方式进行对齐;

➢ 每两个函数之间一般有且只有一个空行;

➢ 相对独立的程序块之间使用一个空行隔开;

➢ 全局变量命名一般用 g_开头,全局指针命名一般用 p_开头;

➢ if、for、while、do、case、switch、default 等语句单独占一行,一般无论有多少行执行语句,都要用加括号{}。

5. 例程资源说明

精英 V2 STM32F103 开发板提供的 STM32CubeIDE 例程多达 42 个,基本都是原创的,拥有非常详细的注释,代码风格统一、循序渐进,非常适合初学者入门。

精英开发板的例程列表(实例名称为英文版)如表 1.1 所列。

表 1.1　精英开发板例程表

编　号	实验名字	编　号	实验名字
1	跑马灯实验	20	DAC 输出实验
2	蜂鸣器实验	21	I²C 实验
3	按键输入实验	22	SPI 实验
4	外部中断实验	23	RS485 实验
5	串口通信实验	24	CAN 通信实验
6	独立看门狗实验	25	触摸屏实验
7	窗口看门狗实验	26	红外遥控实验
8	基本定时器实验	27	DHT11 数字温湿度传感器
9－1	通用定时器 PWM 实验	28	无线通信实验
9－2	通用定时器输入捕获实验	29	FLASH 模拟 EEPROM 实验
10	高级定时器互补输出带死区控制实验	30	摄像头实验
11	OLED 显示实验	31	内存管理实验
12	TFTLCD（MCU 屏）实验	32	USMART 调试组件实验
13	RTC 实时时钟实验	33	SD 卡实验
14	PVD 电压监控实验	34	FATFS 实验
15	睡眠模式实验	35	汉字显示实验
16	停止模式实验	36	图片显示实验
17	DMA 实验	37	照相机实验
18－1	单通道 ADC 采集实验	38	USB 读卡器(Slave)实验
18－2	单通道 ADC 采集(DMA 读取)实验	39	USB 虚拟串口(Slave)实验
19	光敏传感器实验	40	FreeRTOS 移植实验

可以看出,正点原子精英开发板的例程基本上涵盖了 STM32F103ZET6 芯片的所有内部资源,并且外扩了很多有价值的例程,比如 FreeRTOS 实验、内存管理实验、触摸屏实验、无线通信实验、照相机实验等。例程安排循序渐进,先从最基础的跑马灯开始,然后一步步深入,从简单到复杂,有利于读者的学习和掌握。

6. 学习资料查找

(1) ST 官方的学习资料

ST 官方资料有两个网址:www. stmcu. org. cn 和 www. st. com。

其中,www. stmcu. org. cn 是 ST 中文社区,里面的资料全部由 ST 中国区的人员负责更新和整理,包含了所有 ST 公司的 MCU 资料,比如 STM32F1 最新的芯片文档(参考手册、数据手册、勘误手册、编程手册等)、软件资源(固件库、配置工具、PC 软件等)、硬件资源(各种官方评估板)等,如图 1.1 所示。

图 1.1　STM32F1 相关资料(stmcu. org)

www.st.com 是 ST 公司官网,最新最全的资料一般都是放在该网站,而 ST 中文社区的资料都是从 ST 公司官网搬过来的,所以想找最新的 STM32 官方资料,就应该在 ST 公司官网找。对于初学者,一般从 ST 中文社区获取官方资料就可以了。ST 公司官网的 STM32F103 资料界面如图 1.2 所示(注意,默认是英文的,需要在网页右上角设置成中文)。

图 1.2　STM32F103 官网资料(st. com)

① STM32F103 的硬件相关资源,在"产品→微控制器→STM32 ARM Cortex 32 位微控制器→STM32 主流 MCU→STM32F1 系列→STM32F103→资源"下面可以找到。

② STM32F103 的软件相关资源,在"工具与软件→嵌入式软件→微控制器软件→STM32 微控制器软件"下面可以找到。

(2) 正点原子的学习资料

正点原子提供的学习资料都放在正点原子文档中心,读者可以在 www.openedv. com/docs/index. html 免费下载,如图 1.3 所示。

图 1.3　正点原子文档中心

（3）正点原子论坛

正点原子论坛，即开源电子网（www.openedv.com/forum.php），从 2010 年成立至今，已有 14 年时间，拥有数十万注册用户，STM32 相关帖子数量有 20 多万，每天数百人互动，是一个非常好的 STM32 学习交流平台。

学习过程中难免遇到一些问题，读者可以随时去开源电子网搜索，很多问题已经有网友问过了，所以可以很方便地找到一些参考解决方法。实在找不到也可以在论坛提问，每天原子哥都会在上面给大家做解答。

不过，在论坛发帖的时候，建议先阅读一下"提问的智慧"（www.openedv.com/thread-7245-1-1.html），理清思路，提高问题质量。

7. 给初学者的建议

要学好 STM32，这里提以下 3 点建议。

① 准备一款合适的开发板（强烈建议配仿真器）。

任何实验都需要验证，最好的验证方式就是在开发板上面实际跑起来，然后通过仿真器仿真调试，查看具体的执行过程。仿真调试可以加深印象，还可以方便地查找 bug，所以学习 STM32 必备一个开发板及一个仿真器。开发板在精不在多，学好一款基本上就够用了。本书实验例程以正点原子精英开发板为例，战舰板的大多数例程也可以使用。

② 两本参考资料，即"STM32F10xxx 参考手册_V10（中文版）.pdf"和《ARM Cortex - M3 与 M4 权威指南》。

这两份资料已经在 1.2 节介绍过了，对于学习 STM32 和了解 Cortex - M3 内核非常有帮助，是学习 STM32 的必备资料，因此初学者尤其要多看。建议读者多了解一些底层的东西（可结合这两个手册查看寄存器版本的例程），不要只会使用库，否则，一旦遇到问题或者换个芯片就不知道怎么办了。

③ 戒骄戒躁，勤思敏行。

学习 STM32 千万不能浮躁，更加不能骄傲。初学者学习 STM32 时会遇到很多问题和难点，这个时候千万不能浮躁，不要带情绪，一定要静下心来理清思路，逐一攻克。

学习本书内容的时候要多思考，多想想为什么要这么写、有没有其他更好的办法，然后，自己去验证、去实践。这里非常重要的一点是要多实践，一定要自己动手写代码，然后下载到开发板验证，不要只看看视频、看看例程就算完了，要能做到举一反三，自己不实践、不动手写代码是很难真正学会的。

最后，C 语言是学习 STM32 的必备知识，所以 C 语言不过关的读者必须先好好学习 C 语言基础，否则学起来会比较吃力。

第 **2** 章

STM32CubeIDE 的使用

本章介绍如何搭建 STM32CubeIDE 的环境,并且通过第一个工程实验,带领读者熟悉 STM32CubeIDE 的使用,同时介绍软件的一些使用技巧,为后面的实验打基础。

2.1 STM32CubeIDE 简介

STM32CubeIDE 是 ST 官方提供的免费软件开发工具,也是 STM32Cube 生态系统的一员大将,如图 2.1 所示。它基于 Eclipse®/CDT 框架、GCC 编译工具链和 GDB 调试工具,支持添加第三方功能插件。同时,STM32CubeIDE 集成了 STM32CubeMX 的 STM32 配置和项目创建功能,提供一体化工具体验,大大节省了安装和开发时间。用户只需要 STM32CubeIDE 这一个工具,就可以完成从芯片选型、项目配置、代码生成,再到代码编写、编译、调试和烧录的所有工作,可谓是 STM32 的嵌入式开发利器。

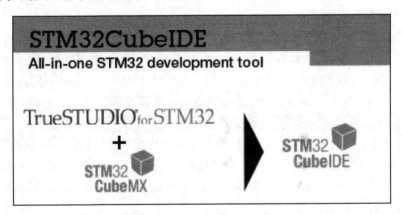

图 2.1 STM32CubeIDE

2.2 常用开发工具

开发 STM32 需要用到一些开发工具,如 IDE、仿真器、串口调试助手等,如表 2.1 所列。

表 2.1　常用开发工具

工具	名　称	说　明
集成开发环境	**CubeIDE**	全名 STM32CubeIDE,是 ST 公司开发的一款集成 STM32CubeMX 和 TrueSTUDIO 的 C/C++开发平台,图形化配置界面,支持数百个插件
仿真器	**DAP**	ARM 公司的开源仿真器,可支持 STM32 仿真调试,且带虚拟串口功能。有高速和低速两个版本,具有免驱、速度快、价格低等特点
	STLINK	ST 公司自家的仿真器,支持 STM32 和 STM8 仿真调试,目前最常用的是 ST LINK V2
	JLINK	Segger 公司的仿真器,可支持 STM32 仿真调试,具有稳定、高速的特点,但价格稍高
串口调试助手	**XCOM**	正点原子开发的串口调试助手,具有稳定、功能多、使用简单等特点
	SSCOM	丁丁的串口调试助手,具有稳定、小巧、使用简单等特点

读者可以根据需要和喜好选择合适的开发工具。表中加粗部分是推荐使用的 STM32 开发工具,即 IDE 推荐使用 CubeIDE、仿真器推荐使用 STLINK 或者 DAP、串口调试助手推荐使用 XCOM。本书基于 STM32CubeIDE 开发,接下来主要介绍 STM32CubeIDE 的安装。

2.3　STM32CubeIDE 的安装

1. 安装 Java 环境

安装 STM32CubeIDE 之前需要 Java 环境,所以需要首先安装 Java8。可以到 Java 官网 www.java.com 下载最新的 Java 软件,也可以直接从配套资料复制安装包,路径是 "资料盘(A 盘)\6,软件资料\1. 软件\Java 安装包",双击 "chromeinstall-8u77. exe"。

注意,STM32CubeIDE 的 Java 运行环境版本必须是 V1.7 及以上,如果电脑安装过 V1.7 以下版本,须先删掉再重新安装最新版本。

Java 运行环境安装不做过多讲解,安装完成之后提示界面如图 2.2 所示。

安装完 Java 运行环境之后,为了检测是否正常安装,可以打开 Windows 的命令输入框输入 java -version 命令。如果显示 Java 版本信息,如图 2.3 所示,则安装成功。

2. STM32CubeIDE 安装

一旦 Java 环境安装完成,就可以安装 STM32CubeIDE 软件。STM32CubeIDE 软件的安装方法有两种,第一种方法,通过访问 ST 官方网站下载该软件后安装;第二种方法,使用预先准备好的配套资料里的软件安装包进行安装。

① 官网下载地址为 https://www.st.com/en/development-tools/stm32cubeide. html#st_all-features_sec-nav-tab,如图 2.4 所示,可以看到,STM32CubeIDE 可以支持多种操作系统平台,包括 Windows、Linux 和 MacOS。注意,该软件仅支持 64 位版

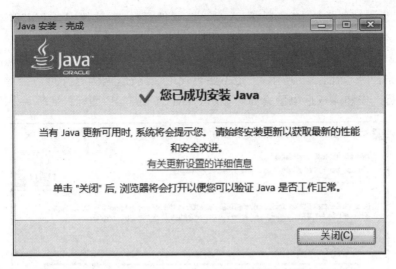

图 2.2   Java 安装成功提示界面

图 2.3   查看 Java 版本

本的操作系统。读者根据自己的电脑系统下载对应版本的 STM32CubeIDE 即可,笔
者下载的是 Windows 版本的 STM32CubeIDE。

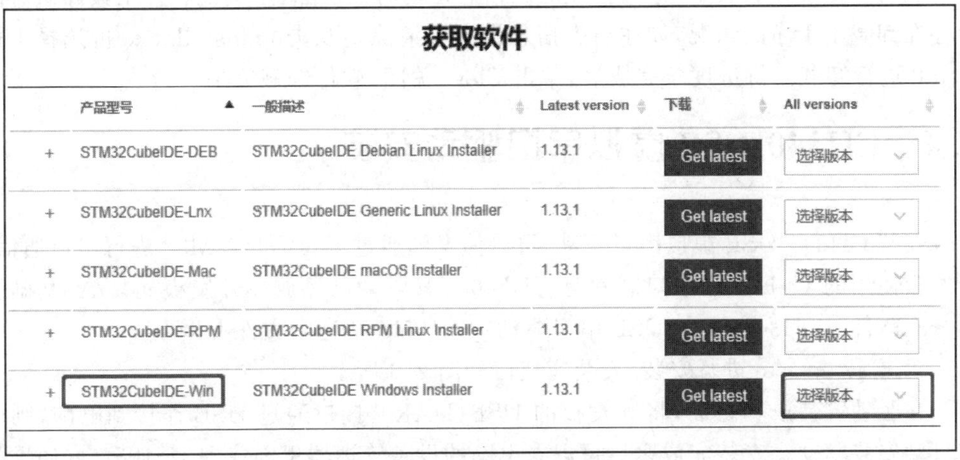

获取软件

	产品型号 ▲	一般描述	Latest version	下载	All versions
+	STM32CubeIDE-DEB	STM32CubeIDE Debian Linux Installer	1.13.1	Get latest	选择版本 ∨
+	STM32CubeIDE-Lnx	STM32CubeIDE Generic Linux Installer	1.13.1	Get latest	选择版本 ∨
+	STM32CubeIDE-Mac	STM32CubeIDE macOS Installer	1.13.1	Get latest	选择版本 ∨
+	STM32CubeIDE-RPM	STM32CubeIDE RPM Linux Installer	1.13.1	Get latest	选择版本 ∨
+	STM32CubeIDE-Win	STM32CubeIDE Windows Installer	1.13.1	Get latest	选择版本 ∨

图 2.4   STM32CubeIDE 软件下载

② 配套资料盘路径为"资料盘(A 盘)\6,软件资料\1. 软件\6,STM32CubeIDE",双击 stm32cubeide_1.13.1_x86_64.exe 即可安装。

STM32CubeIDE 的安装过程相对简单,只需要按照提示进行操作即可。注意,在选择安装路径时,如图 2.5 所示,一定不要包含中文路径,因为这样可能会导致软件无法正常运行。安装完成后电脑桌面会显示 STM32CubeIDE 图标。

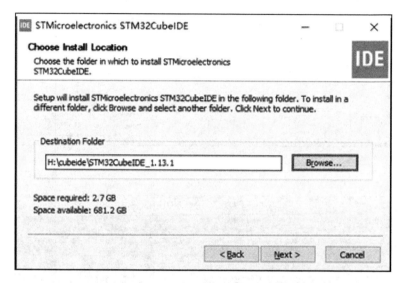

图 2.5　STM32CubeIDE 安装路径设置(注意不可有中文路径)

3. STM32CubeIDE 卸载

如果不再使用 STM32CubeIDE,则可以双击 STM32CubeIDE 安装路径下的 uninstall. exe 进行卸载;如果已经打开了 STM32CubeIDE 软件,须先将其关闭再卸载。这样卸载的好处是卸载得干净,一些注册表信息也同时被清除,用其他软件工具卸载可能会存在卸载不干净的情况,如注册表信息没有被清除。双击 uninstall. exe 再选择 Uninstall 进行卸载。待进度条完成后,单击 Close 关闭,软件卸载完毕。

2.4　CH340 USB 虚拟串口驱动安装

安装 CH340 USB 虚拟串口驱动,可以使电脑通过 USB 和 STM32 进行串口通信。开发板使用的 USB 虚拟串口芯片是 CH340C,其驱动已经放在开发板光盘 A-基础资料→3、软件→CH340 驱动(USB 串口驱动)_XP_WIN7 这个文件夹里面。

双击 setup. exe 进行安装,安装完成后如图 2.6 所示。

在驱动安装成功之后,将开发板的 USB_UART 接口通过 USB 连接到电脑,则电脑自动安装驱动。安装完成之后可以在电脑的设备管理器里面找到 USB 串口(如果找不到,则重启电脑),如图 2.7 所示。

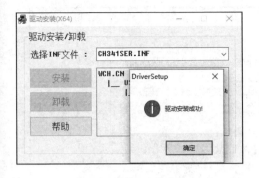

图 2.6 驱动安装成功

图 2.7 设备管理器显示 CH340 USB 虚拟串口

可以看到,笔者的 USB 虚拟串口被识别为 COM14。注意,不同电脑可能不一样,读者的可能是 COM4、COM5 等,但 USB – SERIAL CH340 一定是一样的。如果没找到 USB 串口,则可能是安装有误或者系统不兼容。

安装完 CH340 USB 虚拟串口以后,就可以使用串口调试助手,比如 XCOM,后续再介绍。至此,STM32 的开发环境就搭建完成了。

2.5 新建工程

本节使用 STM32CubeIDE 新建一个跑马灯工程(以正点原子精英开发板为例),实现 LED0 和 LED1 每 500 ms 翻转一次。本实验配置好的实验工程已经放到了配套资料中,路径为"开发板光盘 A–基础资料\1、程序源码\4,CubeIDE_project\f103_test"。

下面通过这个实验来熟悉 STM32CubeIDE 的基本操作流程,包括创建工程、配置工程、编译工程、下载验证和仿真调试。

2.5.1 创建工程

首先双击打开安装好的 STM32CubeIDE 软件,并在弹出的界面中选择一个合适的工作路径。注意,该工作路径不能包含中文字符,否则可能导致软件无法正常运行。完成路径的选择后单击 Launch 按钮,如图 2.8 所示。

第一次启动 STM32CubeIDE 以后会进入如图 2.9 所示界面。图中展示了 STM32CubeIDE 开始界面的主要功能选项,包括 4 个方面的内容。

① 新建 STM32CubeIDE 工程:允许用户创建新的工程,并在其中添加源代码、配置选项等。

② 打开现有的 STM32CubeMX 工程:用户可以选择打开现有的 STM32CubeMX 工程文件,该文件后缀名为 ioc。

③ 打开现有的 STM32CubeIDE 工程:用户可以选择打开已经存在的 STM32CubeIDE 工程文件。

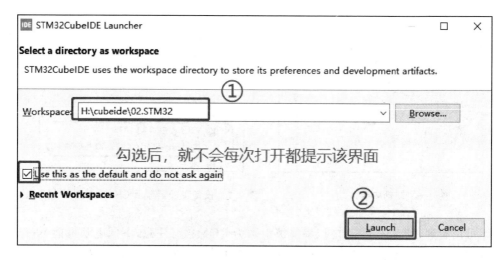

图 2.8　工作路径设置(注意不要包含中文路径)

图 2.9　STM32CubeIDE 开始界面

④ 打开 ST 官方提供的配置示例：用户可以选择打开 ST 官方提供的一些配置示例，其中通常包含了一些常用的外设配置，方便用户快速搭建自己的工程。

可以单击图 2.9 的①处的 Start new STM32 project 来创建一个新的工程，也可以选择 File→New→STM32 Project 菜单项进行创建，如图 2.10 所示。

于是进入了 STM32CubeMX 插件界面，如图 2.11 所示，详细介绍如表 2.2 所列。

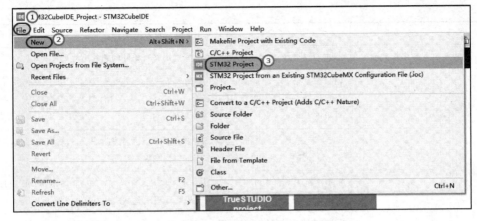

图 2.10　新建一个 STM32 工程

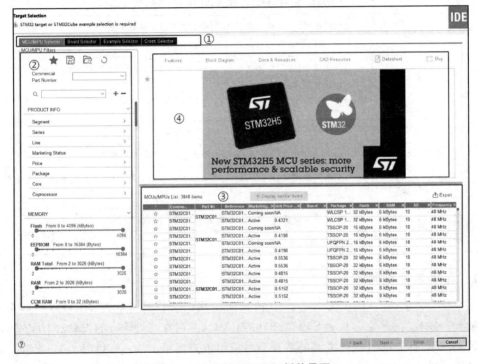

图 2.11　STM32CubeMX 插件界面

表 2.2　STM32CubeMX 插件界面介绍

标　号	选　项	说　明
①	MCU/MPU Selector	MCU/MPU 芯片选择界面,创建项目一般在此进行
	Board Selector	ST 官方的一些开发板选择界面
	Example Selector	示例程序选择界面,ST 官方开发板的一些现有示例
	Cross Selector	交叉引用工具界面,在此选择对应的 CPU 型号,则弹出一个相同系列的 CPU 型号的资源对比界面

续表 2.2

标　号	选　项	说　明
②	Part Number	芯片型号选择,输入芯片型号可以筛选出符合条件的芯片型号
	Core	内核类型选择,如 Cortex－M0、Cortex－M3、Cortex－M4、Cortex－M33 和 ARM Cortex－M7 单核,还有 Cortex－M7、Cortex－M4 以及 STM32MP1 系列对应的 Cortex－A7＋Cortex－M4 双核
	Series	STM 芯片各个系列,包含 ST 的各个产品系列,从 STM32F0 系列到 STM32MP1 系列,以及 STM32WB,STM32WL 系列
	Line	STM 芯片各个产品线,从 STM32F0x0 产品线到 STM32MP151、STM32MP153、STM32MP157 产品线,还有其他 STM32WBxM 模块
	Package	ST 各个产品线的封装类型,如目前 STM32MP1 系类的封装类型有 LFB-GA354、LFBGA448、TFBGA257 和 TFBGA361
	Other	其他选项,如价格范围、I/O 引脚数范围、Flash 和 Ram 大小范围以及主频范围等,可以手动配置对应的范围来进行筛选
	Peripheral	周边设备选项,如可选有无 ADC、有无 FMC、有无 TFTLCD 等,选好以后会列出符合条件的产品型号
③	匹配结果列表	显示符合②处筛选条件的匹配结果
④	Features	芯片特性介绍,详细介绍芯片有哪些资源
	Block Diagram	CPU 功能框图介绍,以框图的形式列出芯片的整体资源
	Docs &.Resources	文档资源浏览,可以下载、在线查看和芯片有关的手册,如数据手册、参考手册、编程手册等
	Datasheet	数据手册下载区,单击可以下载对应芯片的数据手册
	Buy	ST 官方产品购买链接

1. 选择芯片型号

　　选择①处的 MCU/MPU Selector,根据所使用的硬件选择相应的芯片型号,本书以精英开发板为例(主芯片为 STM32F103ZET6),所以在②处输入 STM32F103ZET6,然后按回车键,在③处找到需要的芯片型号就可以直接单击 Next,如图 2.12 所示。

　　于是进入 STM32CubeIDE 工程设置界面,如图 2.13 所示。该界面包括设置工程名称、开发语言等选项。注意,工程名称不能包含中文字符,否则可能导致软件无法正常运行,其余选项一般默认即可。单击 Finish 后弹出一个选择打开此透视图的界面(其实就是工程界面),单击 Yes 选择打开;也可以选中 Remember my decision 选项框,那么下次就不会再跳出此提示界面。

　　接着就来到软件包下载界面,如图 2.14 所示。

　　第一次打开该软件时,由于芯片的软件包之前没有下载,所以提示登录账号后下载软件包,直接单击 OK 即可,后续操作中再下载。

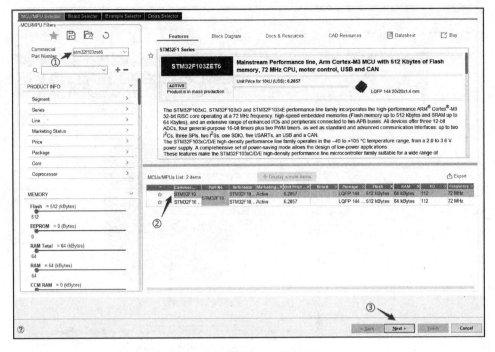

图 2.12　选择对应的芯片型号

图 2.13　工程设置界面

图 2.15 所示的界面功能和 STM32CubeMX 的功能界面完全相同,可以在该界面进行相应的外设功能配置、系统时钟配置、工程管理设置等操作。

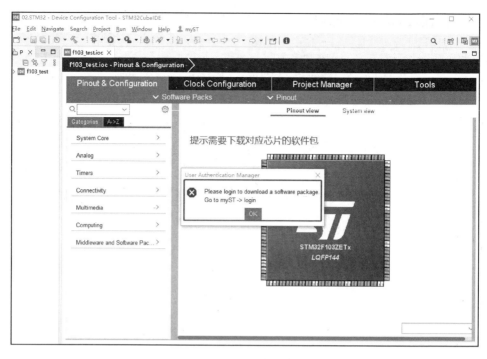

图 2.14 软件包下载提示

图 2.15 功能配置

图 2.14 中的 Pinout&Configuration：外设配置栏用于配置与外设相关的参数，包括 GPIO 的设置、数字/模拟转换、外设初始化等。其中包含的配置项非常丰富，可以进行多种配置操作，如第三方组件和实时操作系统的移植等。

2. 设置时钟来源

该项首先要设置 RCC 时钟源，这里设置高低速时钟源均由外部晶振产生，如图 2.16 所示。

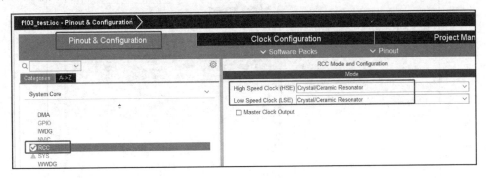

图 2.16　外设配置栏界面

3. GPIO 配置

本章的目的是实现精英开发板的 LED0(PB5)和 LED1(PE5)每 500 ms 翻转一次，所以还要配置 GPIO 的模式以及上下拉等。首先配置 PB5 为 GPIO_Output 模式，如图 2.17 所示。

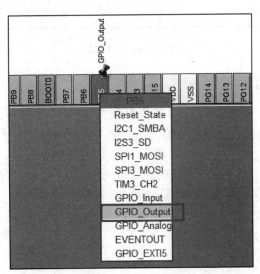

图 2.17　配置 I/O 为输出模式(以 PB5 为例)

本章使用了板载的 LED0 和 LED1，这些 LED 已经连接到开发板上，不需要进行额外的操作。由于这两个 LED 的一端均被上拉，因此只需要将另一端连接到低电平即可点亮,将其连接到高电平则会熄灭。依据这个特性可以设置这两个 I/O 的默认输出电平为高(默认熄灭状态),如图 2.18 所示。

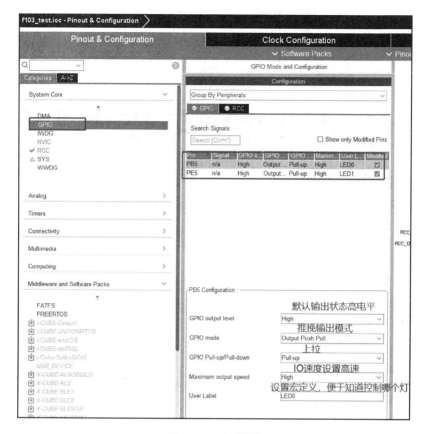

图 2.18 I/O 配置

4. 仿真调试配置

接下来还要配置仿真调试接口。这里打开 SYS 选项,并进行如图 2.19 所示设置。

STM32 一般支持串行接口和 JTAG 接口两种调试方式。JTAG 调试接口(JTAG – DP)需要 5 个引脚,而 SW 调试接口(SW – DP)只需要两个引脚,两者之间存在复用引脚。在 STM32CubeIDE 中可以选择 5pin 或 4pin 的 JTAG 接口,其中 5pin 接口比 4pin 多了一个复位引脚。SW 调试端口采用同步串行协议,SWCLK 引脚为从主机到从机的时钟信号,SWDIO 为双向数据信号。考虑成本效益,采用引脚较少 SW 调试接口的方案显然具有更高的性价比。

5. 时钟树配置

图 2.14 中的 Clock Configuration:该选项用于时钟树的配置,可以直接选择各个节点的分频系数来确定外设的时钟频率。对于初学者来说,时钟树的配置可能比较复杂,但该选项提供了直观的图形表示,使得配置变得非常方便。本书以精英开发板为

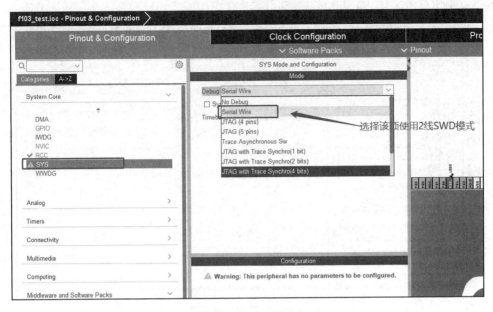

图 2.19　调试接口设置

例,由于板载的外部高速晶振为 8 MHz,且官方推荐主频时钟为 72 MHz,因此具体设置如图 2.20 所示。

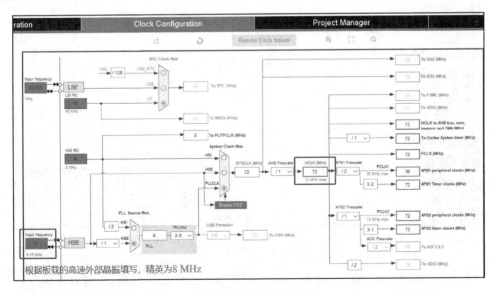

图 2.20　时钟树的配置

6. 工程配置

图 2.14 中的 Project Manager:在工程设置选项中,通常只在创建新工程时进行配置,因为这些设置一般不会改变,而且容易被忽略。以下是一些常见的配置点,其他地

方可以不用过多关注,如图 2.21 和图 2.22 所示。

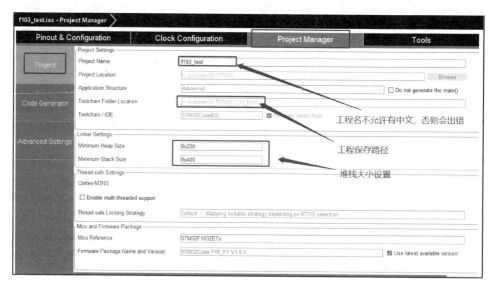

图 2.21　工程设置界面

图 2.22　文件格式设置

图 2.14 中的 Tools:主要用于计算芯片功耗,该功能较少使用,一般直接默认设置即可。

7. 生成工程

完成以上配置后,可以直接单击 按钮生成相应的代码文件,该按钮在图 2.23 所示的方框处。

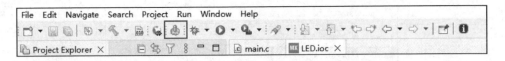

图 2.23　生成代码

8. 安装固件包

首次使用 STM32CubeIDE 生成代码时,如果发现尚未安装与所选芯片相对应的软件包,则自动下载并安装(下载时间较长,需要耐心等待)。下载完成后,就可以开始生成代码文件了。

如果网络不好、下载时间过长,则可以在配套资料的 A 盘资料中找到已经下载好的 STM32Cube 软件包直接安装。选择 Help→Manage embedded software packages 菜单项弹出管理界面,在其上找到 STMF1 列表选项,选中 1.8.5 版本(目前最新版本是 1.8.5 版本,也可以选择自己需要的版本)。关联 STM32Cube 固件包有两个方法,如图 2.24 所示。

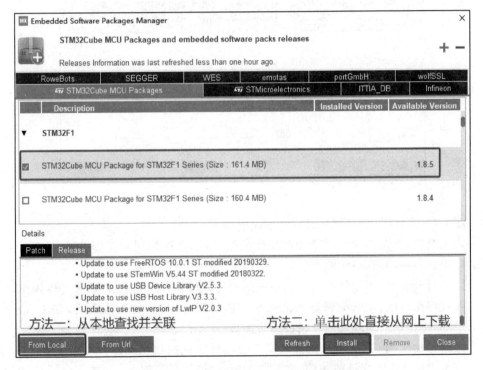

图 2.24　下载和关联 STM32Cube 固件包

如果使用方法二,即上文所述,当软件检测到还未下载相应的软件包时,则自动下载 STM32Cube 包,在该界面中可以自由选择所需下载的 STM32Cube 软件包版本号。

如果使用方法一,单击后弹出如图 2.25 所示界面,选择配套资料中对应的固件包。注意,这里以压缩包的形式来选择的固件包版本。

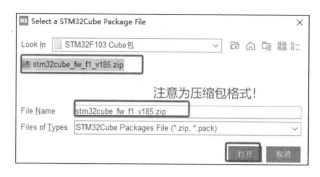

图 2.25 关联本地 STM32Cube 固件包

关联成功后,软件包界面的对应选项框会变成绿色,如图 2.26 所示,这时就可以正常生成代码了。

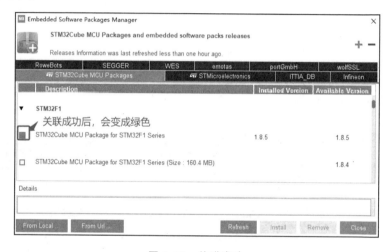

图 2.26 关联成功

图 2.27 是代码生成后的窗口,详细说明如下。

➤ 工具栏:主要包含一些常用的功能按钮,用于快速访问和操作 STM32CubeIDE 中的各种功能,后续章节将详细介绍工具栏的各个功能。

➤ 项目管理区:用于管理嵌入式系统的项目,包括添加、删除、修改文件等操作。

➤ 代码编辑区:用于编辑嵌入式系统的源代码,支持多种编程语言,如 C、C++ 等,也是用户实现代码逻辑的编写窗口。

➤ 编译输出窗口:用于显示嵌入式系统编译生成的代码和链接库的输出信息,如生成的 HEX 文件或 ELF 文件的内容、编译结果等信息。

➤ 内存信息窗口:用于查看嵌入式系统的内存信息,包括内存使用情况、内存信息等。

➤ Outline 窗口:用于显示当前打开的源文件或工程文件的文件结构和代码结构,可以帮助用户更好地管理和组织代码,方便用户查看代码的结构和关系,以及快速定位代码中的各个部分。

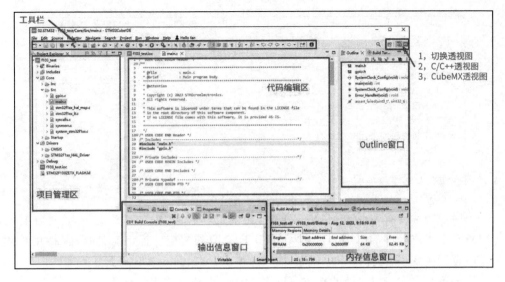

图 2.27　代码生成后的窗口

2.5.2　添加用户驱动代码

前面使用 STM32CubeIDE 生成了基于 HAL 库的 GPIO 初始化代码,还没有控制 LED0 和 LED1 点亮和熄灭的逻辑代码,接下来在这个工程的基础上手动完成这部分内容。

下面直接基于 HAL 库添加控制逻辑代码,从而实现精英开发板的 LED0 和 LED1 每 500 ms 翻转一次。

在 main.c 函数的 while 循环函数里添加如下代码(注意代码添加的位置,要添加在成对出现的 BEGIN 和 END 的区域之间,这样可以避免下次修改.ioc 文件以后再重新生成初始化代码时,自己额外添加的代码被清空了):

```
int main(void)
{
  /* USER CODE BEGIN 1 */
  /* USER CODE END 1 */
  /* MCU Configuration --------------------------------------------------------*/
  /* Reset of all peripherals, Initializes the Flash interface and the Systick. */
  HAL_Init();
  /* USER CODE BEGIN Init */
  /* USER CODE END Init */
  /* Configure the system clock */
  SystemClock_Config();
  /* USER CODE BEGIN SysInit */
  /* USER CODE END SysInit */
  /* Initialize all configured peripherals */
  /* USER CODE BEGIN 2 */   /* USER CODE END 2 */
  /* Infinite loop */
  /* USER CODE BEGIN WHILE */
```

```
    while (1)
    {
        HAL_GPIO_WritePin(LED0_GPIO_Port, LED0_Pin, GPIO_PIN_SET);
        HAL_GPIO_WritePin(LED1_GPIO_Port, LED1_Pin, GPIO_PIN_SET);
        HAL_Delay(500);
        HAL_GPIO_WritePin(LED0_GPIO_Port, LED0_Pin, GPIO_PIN_RESET);
        HAL_GPIO_WritePin(LED1_GPIO_Port, LED1_Pin, GPIO_PIN_RESET);
        HAL_Delay(500);
    /* USER CODE END WHILE */
    /* USER CODE BEGIN 3 */
    }
    /* USER CODE END 3 */
}
```

程序中经常会看到由 BEGIN 和 END 组成的注释对,需要注意的是,这些注释对是用来限定用户程序的。当 STM32CubeIDE 检测到相应的标识时,它会保持用户程序段内容不改变,从而保存用户程序,而只改变 STM32CubeIDE 支配的程序段内容。

切记不要在注释对之外的地方写程序,否则,重新生成工程时程序将全部丢失,除非已经做好了备份。此外,在外设初始化的 .c 文件(如初始化 SPI 生成的 spi.c 文件)中重新生成工程时,勿关闭相关外设。否则,相应的外设初始化 .c 文件将丢失,而 .c 文件内的程序也将丢失。

2.5.3 编译工程

到目前为止,我们已完成了软件的编写工作。接着可单击工具栏的小锤子 🔨 编译程序,编译过程将会在下方的 Console 窗口输出,如图 2.28 所示。

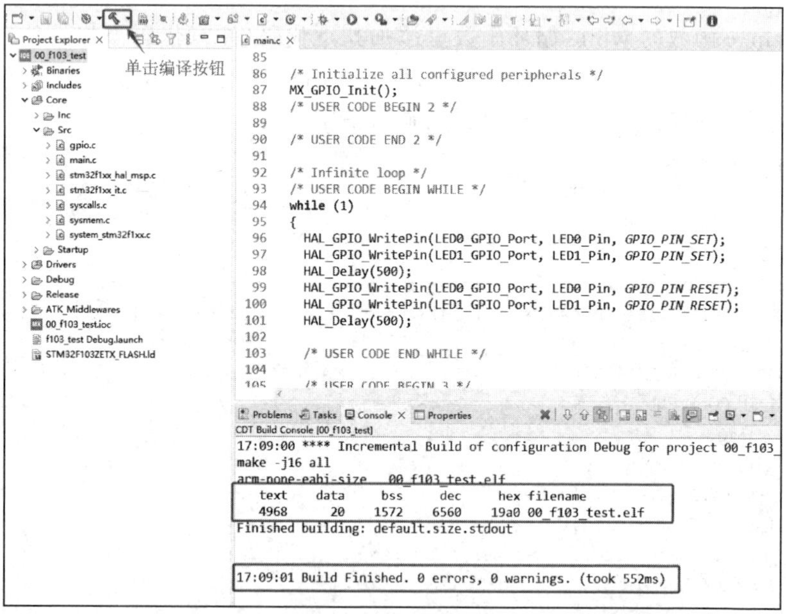

图 2.28 编译程序

编译结束后提示"Build Finished. 0 errors,0 warnings",没有报错。这里解释一下编译结果里面几个数据的意义：

> text 是代码段,用来存放程序执行代码的一块内存区域。
> data(data segment)是已经初始化的变量,属于静态内存分配。
> bss(block started by symbol)是未初始化的全局变量,属于静态内存分配。
> dec(decimal 的缩写,即十进制数)是 text、data 和 bss 的算术和。
> hex 就是十六进制的意思,其对应的数值是 dec 的十六进制格式。

以上是程序没有运行前(程序没有加载到内存前)的 3 段信息。程序的大小就是 text 代码段的大小。

综上可知,编译 0 错误、0 警告代表程序语法没有任何问题。下一节将开始进行程序的下载和调试,并验证程序功能是否正常。

2.5.4　下载验证

1. 下载配置

开发板通过 JTAG 线和 ST‐LINK 连接(如果使用的是 DAP 下载器,则可参考 2.7.1 小节),ST‐LINK 另外一端接电脑的 USB 接口。插上配套电源线给开发板供电,如图 2.29 所示。硬件连接步骤如下：

图 2.29　开发板和 ST‐Link 连接图

① ST‐LINK 通过 USB 线连接电脑,且仿真器的红灯常亮(如果红灯闪烁,则说明没有安装驱动,须安装仿真器驱动)。然后用 20P 的灰排线连接到开发板的 JTAG 座上。

② 确保开发板已经正常供电,蓝色电源灯亮起。

③ 确保 BOOT0 和 BOOT1 均接 GND。

硬件接好以后,开发板上电,选择 STM32CubeIDE 的 Run→Run Configurations 菜单项进入下载配置界面。下面新增一个 Debug 配置项。双击图 2.30 中①处的 STM32 C/C++ Application 就会自动创建和打开名为 f103_test Debug 的配置项。

②处默认选择 Debug 下编译生成的 f103_test.elf 文件,如果没有自动选择对应的.elf 文件,则可以再单击右边选择框搜索对应文件;注意,此项不能空,因为下载以及调试的时候需要将对应的.elf 文件下载到目标板卡的 FLASH 中运行。如果工程没有编译成功,则搜不到.elf 文件。

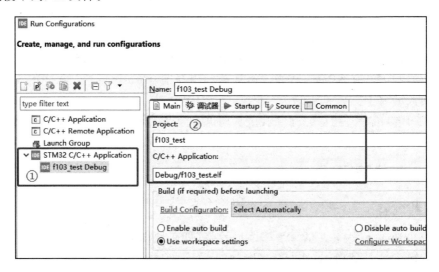

图 2.30 新增一个 Debug 配置项

接着,在这个界面先配置调试选项,单击调试器,进行如图 2.31 所示配置。

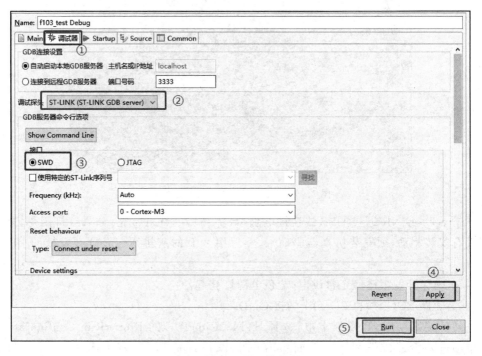

图 2.31 配置下载选项

调试探头选择 ST‑LINK(ST‑LINK GDB server),即用 ST‑LINK 调试。下载接口一般根据实际接线选择,如果用的是 SWD 接口,则选中 SWD;如果是 JTAG,则选 JTAG。这里选择 SWD,其他选项保持默认不变,然后选择 Apply→Run 菜单项开始下载。

2. 更新 ST‑LINK 固件

第一次在 STM32CubeIDE 用 ST‑LINK 下载程序时,系统会提示更新 ST‑LINK 固件,单击 Yes 选择更新,则弹出如图 2.32 所示的 STLinkUpgrade 对话框(本实验用的是 ST‑LINK,如果是 J‑LINK,则提示下载更新 J‑LINK 的驱动)。接下来先拔掉再重新连接下载器的 USB 线,接着单击 Open in update mode(如果不这样操作,则单击 Open in update mode 以后可能提示 ST‑LINK is not in the DFU mode. Please restart it,即要求复位下载器)。

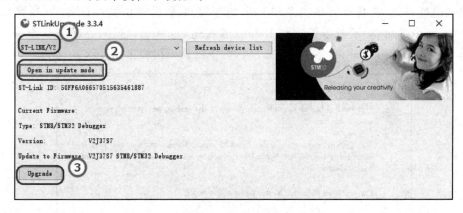

图 2.32　驱动更新操作顺序

单击 Upgrade 更新 ST‑LINK 固件,等待更新进度条加载完成就更新成功了。也可以直接在菜单栏的 Help 处进行更新,选择 Help→ST‑LINK 菜单项同样可以进入前面的 STLinkUpgrade 对话框,后续的操作和前面的一样。

3. 程序下载

更新完 ST‑LINK 固件后回到工程界面,选择 Run→Run Configurations→Run 菜单项下载程序,或直接单击菜单栏的播放图形 ⓞ,如图 2.33 所示,直接下载程序。

图 2.33　下载程序

若 Console 窗口提示 Download verified successfully,则代表下载成功。可以看到,此时精英开发板上的 LED0 和 LED1 每 500 ms 闪烁一次,代表实验成功,如图 2.34 所示。

图 2.34 下载验证

2.5.5 仿真调试

经过上一小节的配置后回到工程界面,选择 Run→Debug Configurations→Debug 菜单项进行调试,或者直接单击菜单栏中的小爬虫 ✿ 进入仿真调试界面,则弹出如图 2.35 所示界面,提示是否切换到 Debug 透视图,也就是调试的界面。单击 Switch 进行切换,选中 Remember my decision 项,则下次就不再弹出此提示。

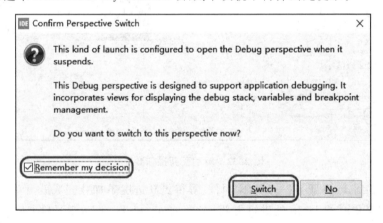

图 2.35 切换到 Debug 透视图

调试界面如图 2.36 所示,接下来介绍界面上常用的一些功能。单击继续运行按钮 ▷ 来运行调试,可以看到开发板底板的 LED0 和 LED1 每 500 ms 闪烁一次,单击 ■ 即可终止调试并退出调试界面。

接下来介绍调试窗口的主要功能。

复位芯片重新调试:其功能等同于硬件上的复位按钮,相当于实现了一次硬复位。按下该按钮之后,代码会重新从头开始执行。

终止并重新启动:终止当前正常执行的程序,退出调试功能,然后重新下载程序进入调试功能。

继续运行:该按钮用来快速执行到断点处。有时并不需要观看每步是怎么执行的,而是想快速执行到程序的某个地方看结果,这个按钮就可以实现这样的功能,前提是在查看的地方设置了断点。

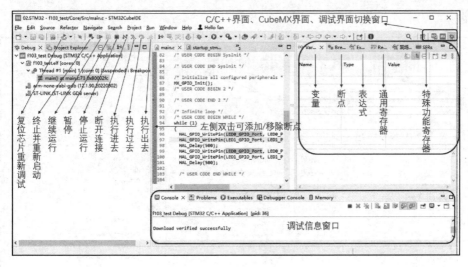

图 2.36　调试界面

暂停：此按钮在程序一直执行时会变为有效，按下该按钮就可以使程序停止并进入单步调试状态。

停止运行：退出调试功能。

断开连接：断开仿真器和开发板的连接，与停止运行类似。

执行进去：该按钮用来实现执行到某个函数里面，在没有函数的情况下，等同于执行过去按钮。

执行过去：在碰到有函数的地方，通过该按钮就可以单步执行过这个函数，而不进入这个函数去单步执行。

执行出去：进入函数单步调试时，有时候可能不必再执行该函数的剩余部分了，通过该按钮就可以一步执行完该函数的剩余部分，并跳出函数，回到函数被调用的位置。

C/C++界面、CubeMX 界面、调试界面切换窗口：可以通过该窗口切换到对应的透视界面。

Debug 工具条上的其他几个按钮用得比较少，这里就不介绍了。

2.6　STM32CubeIDE 使用技巧

前面通过第一个实验初步了解了 STM32CubeIDE 的开发步骤，下面继续对这个IDE 的开发环境做一个简单的介绍。以后的学习中不能纸上谈兵，读者应结合实验多操作，积累更多的实战经验。

2.6.1　STM32CubeIDE 窗口介绍

1. 菜单栏

菜单栏在软件最上方，点开后如图 2.37 所示。菜单栏功能简单说明如表 2.3

所列。

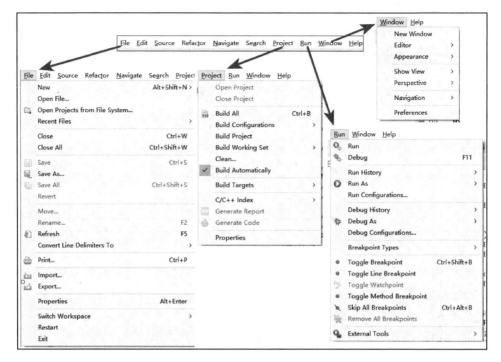

图 2.37　菜单栏

表 2.3　菜单栏功能介绍表

菜　单	说　明
File	新建文件、工程,关闭文件、工程,导入文件、工程,保存、退出工程等操作
Edit	撤销、复制、粘贴、选择、查找、智能插入等操作
Source	添加、删除代码块注释,代码左移、右移,代码对齐、缩进,格式化代码等操作
Refactor	提取局部变量、常数、函数,构建工程历史记录
Navigate	打开函数声明,查看函数调用关系,退回上一次浏览的位置等操作
Search	查找功能
Project	编译、清除、配置工程
Run	运行、调试、配置工程,添加、取消断点等操作
Windows	打开、隐藏菜单栏,打开某个窗口,窗口风格设置等操作
Help	帮助窗口

这里介绍的菜单栏在实践中会经常用到。如果是第一次使用 STM32CubeIDE,则可以通过 Help 菜单获取更多的帮助信息。例如,通过 Information Center 可以返回到 Home 界面、访问 STM32CubeIDE 入门指南、了解 IDE 的使用、访问 ST 支持和社区。此外,还可以通过 Help 菜单检查嵌入式软件包更新、管理嵌入式软件包、更新 ST-LINK 驱动等。

2. 工具栏

鼠标放到对应工具选项就会有英文提示,根据提示可以知道此工具的用途,如图 2.38 所示。其中,窗口切换工具可以进行窗口切换,例如,此时在调试界面,如果想返回 STM32CubeMX 界面,则单击 MX 窗口切换图标即可。

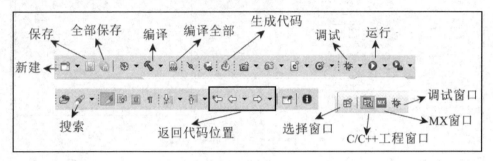

图 2.38　工具栏

3. Debug 窗口

调试窗口如图 2.39 所示。

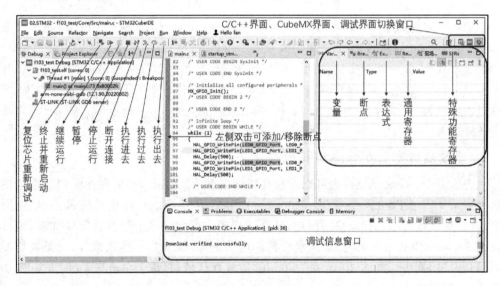

图 2.39　调试窗口

2.6.2　窗口和文本调整

1. 修改函数窗口字体和大小

如果函数窗口显示代码的字体太小,想调大一些,则可以单击代码界面,然后按下键盘的 Ctrl＋"－"来减小字体,按 Ctrl＋Shift＋"＋"来增大字体。也可以通过选择 Window→Preferences 菜单项进入 Preferences 界面来修改,如图 2.40 所示。

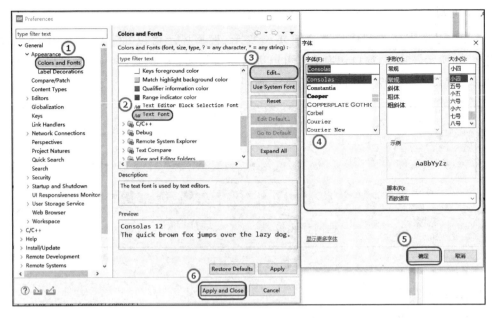

图 2.40　修改窗口字体

　　进入 Preferences 界面后,选择 General→Appearance→Colors and Fonts 菜单项进入 Colors and Fonts 配置选项,这里主要是整个窗口的颜色和字体的配置。选择 Basic→Text Front→Edit→选择字体、字形、大小,然后单击"确定",效果满意后再单击 Apply 或者 Apply and Close 实现修改,则窗口的代码发生变化。如果不想要设置的效果,则可以再进入窗口,选择 Restore Defaults 恢复默认值,再单击 Apply and Close 使修改生效并退出。

2. 修改函数窗口字体颜色和风格

　　进入 Preferences 以后,也可以直接在搜索框里输入 color,然后在搜索到的选项里选择 C/C++→Editor→Syntax Coloring→Code,这里可以修改代码的风格,如关键字、数字等字体的颜色和风格。例如,要修改代码中的数字显示红色且字体加粗,则可以在 Preview 里查看效果,效果满意后再单击 Apply and Close 确认修改;如果要切换回默认设置,则可以单击 Restore Defaults 恢复默认值,再单击 Apply and Close 确认修改,步骤如图 2.41 所示。

3. 修改调试窗口 Console 的字体和大小

　　如果只想修改调试窗口 Console 的字体大小,则可以修改 Colors and Fonts 选项里的 Debug→Console font (overrides default:Text Font)。

4. 修改调试窗口 Console 的字体颜色

　　如果不喜欢调试窗口的字体颜色,则可以选择 Window→Preferences→General→Appearance→Run/Debug→Console 来修改,也可以直接在 Preferences 里搜索 Console

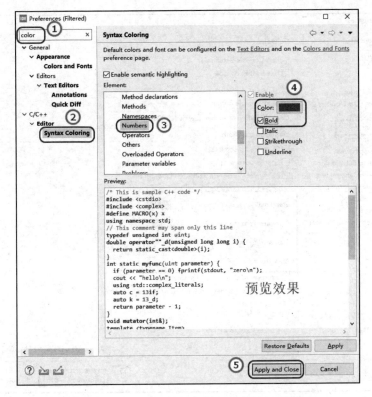

图 2.41　修改函数窗口字体颜色和风格

找到设置的位置，或者在调试窗口 Console 右键选择 Preferences，如图 2.42 所示。

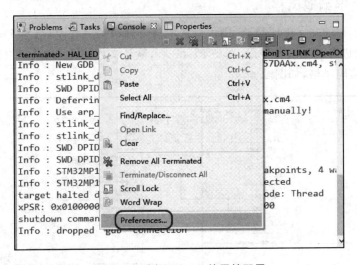

图 2.42　选择 Console 的属性配置

进入 Debug Console Settings 设置界面，选择 Standard Error text color 进行修改；如果不喜欢修改的效果，则可以单击 Restore Defaults 恢复默认值，如图 2.43 所示。

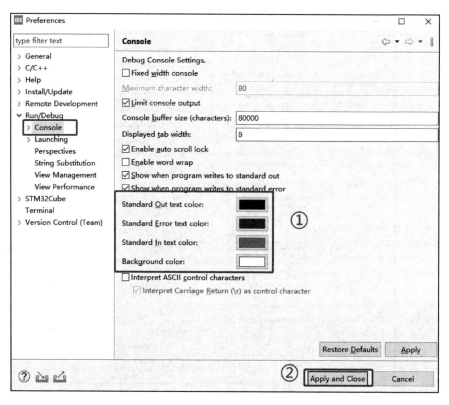

图 2.43　修改 Console 字体颜色

5. 修改文字编码风格

要修改工程的文字编码风格,则可以选中想要修改的工程,再选择 Project→Prop-erties 菜单项进入工程配置界面,选中 Resource,默认文件编码风格是 UTF‒8,也可以选择其他的编码风格,如图 2.44 所示。

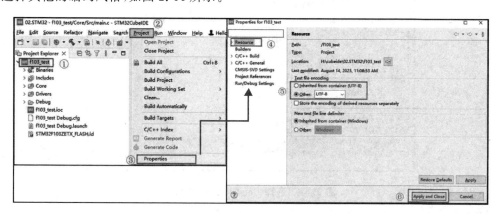

图 2.44　修改文字编码风格

6. 修改界面背景颜色

要修改代码显示区域的背景颜色,则可以在 Windows→Preferences 中配置。进入 Preferences 配置界面以后,依次选择 General→Text Editors→Background color→在 Color 处选择一个背景颜色,然后单击 Apply 查看显示效果,如图 2.45 所示。

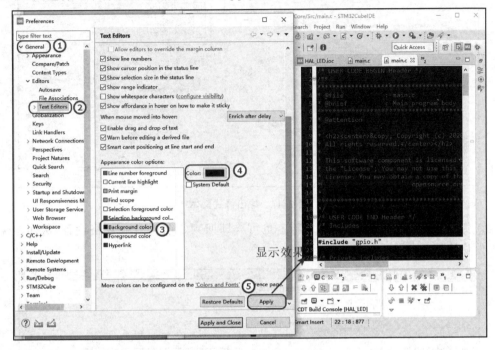

图 2.45　修改界面背景颜色

7. 窗口 & 文本样式文件的导出及导入

成功配置好上述设置后,就可以得到一个符合个人喜好的 STM32CubeIDE 窗口风格。然而,如果更换电脑或卸载重装了该软件,则恢复之前的配置将变得非常麻烦。因此,可以采用另一种方法来解决这个问题。将已经配置好的窗口风格和文本样式文件导出,然后在新安装 STM32CubeIDE 的电脑上直接导入该文件,这样就可以立即回到之前的 IDE 风格设置,从而避免了繁琐的重新配置过程。

窗口风格和文本样式文件导出步骤如图 2.46 及图 2.47 所示。

通过以上设置即可得到后缀为 .epf 的样式文件,接下来演示导入样式文件的过程。

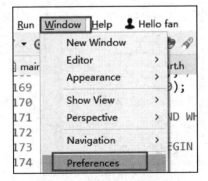

图 2.46　进入窗口配置项

同样,进入 Window 的 Preferences 选项,之后按照如图 2.48 所示步骤操作。这样即使

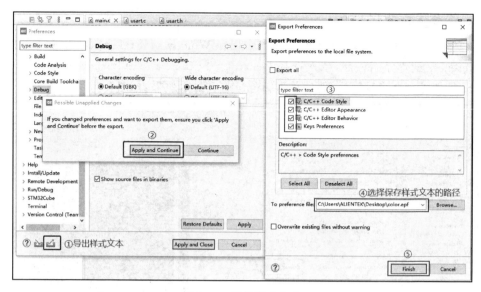

图 2.47　导出样式文本

是在新安装 STM32CubeIDE 的电脑上也可立即回到之前的 IDE 风格设置,从而避免了繁琐的重新配置过程。

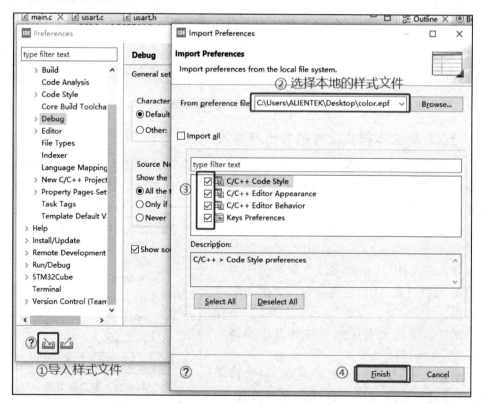

图 2.48　导入样式文件

2.6.3　代码编辑技巧

1. 常用快捷键

STM32CubeIDE 常用的快捷键如表 2.4 所列。

表 2.4　STM32CubeIDE 常用快捷键

快捷键	快捷键说明	快捷键	快捷键说明
Ctrl+S	保存	Ctrl+C	复制
Ctrl+V	粘贴	Ctrl+X	剪切
Ctrl+"7"	快速注释行	Alt+"/"	补全代码
Shift+Tab	代码对齐	Ctrl+D	删除整行
Ctrl+"−"	缩小字体	Ctrl+ Shift+"+"	放大字体
Ctrl+鼠标左键	跳转到声明处	Ctrl+L	跳转至某行
F3	跳转到声明处	Shift+Enter	在下一行新增空行
F2	展开详细信息	Ctrl+E	快速选择已打开文件
Ctrl+Tab	源文件/头文件切换	Alt+"←"/"→"	前一个/后一个页面
Ctrl+Q	跳回最新编辑点	Ctrl+F	文件内内搜索
Ctrl+鼠标滚轮	快速滑动	Ctrl+H	项目内搜索
Ctrl+↑/↓	快速滑动	Ctrl+O	显示大纲(方便跳转)
Ctrl+M	最大化/默认当前窗口	Ctrl+B	编译工程
Ctrl+W	关闭当前窗口	Ctrl+F2	终止运行
F11	启动调试	F6	单步运行(调试时)
F5	跳进函数(调试时)	F8	全速运行(调试时)
F7	跳出函数(调试时)	Ctrl+Y	向前撤回
Ctrl+Z	向后撤回		

(1) 文件中搜索

如果要在某个文件中搜索一个字符串,如要在 main.c 文件中搜索是否有 HAL_Init 函数,则先打开 main.c 文件,然后按下快捷键"Ctrl+F"打开搜索框,在搜索框中输入 HAL_Init 并按下回车就开始搜索,如图 2.49 所示。

(2) 工程中搜索

同样,在工程中搜索 HAL_Init 函数,按下"Ctrl+H"快捷键。Remote Search 搜索框可以搜索整个工作区或者电脑其他盘的文件,如图 2.50 所示,也就是说可以选择搜索的范围,不过不建议用此项来搜索,可能会报内存错误或导致软件崩溃。

File Search 和 C/C++ Search 是两个常用的搜索项。C/C++ Search 用于搜索整个工程的 C/C++文件,并在右下角列出搜索到的文件。File Search 搜索范围是整个工作区的每个文件,右下角会列出包含 HAL_Init 字符串的文件名字,如用 File Search 搜索结果如图 2.51 所示。当然,也可以直接单击菜单栏的 Search 搜索项搜索。

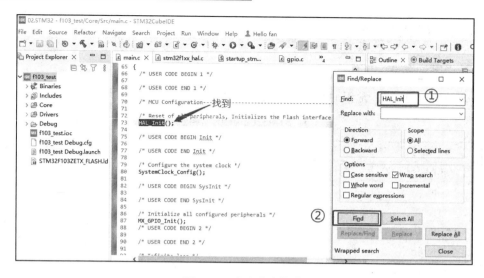

图 2.49　在文件中搜索

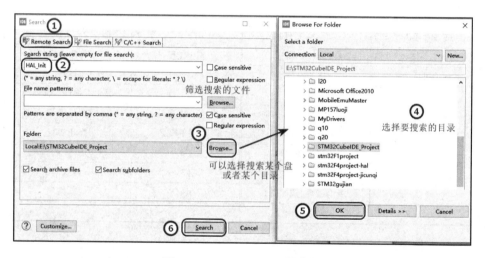

图 2.50　Remote Search 搜索框

2. 定义快捷键

在 Window→Preferences→General→Keys 下可以按照如图 2.52 所示步骤自定义快捷键,如自定义编译工程的快捷键,选中 Command 中的 Build Project 选项,鼠标单击 Binding 方框,并按下键盘的"Shift＋B"组合键,则 Binding 处会显示按下的组合键,单击 Apply and Close 实现修改。以后编译工程时可以直接选中要编译的工程,再按下"Shift＋B"组合键来实现。

3. 快速注释行

选中要注释的代码,按下键盘的"Ctrl＋7"即可用"//"注释掉选中的代码,再次按下键盘的"Ctrl＋7"即可取消注释。

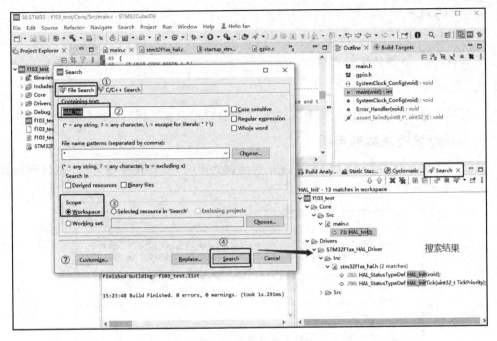

图 2.51　File Search 搜索框

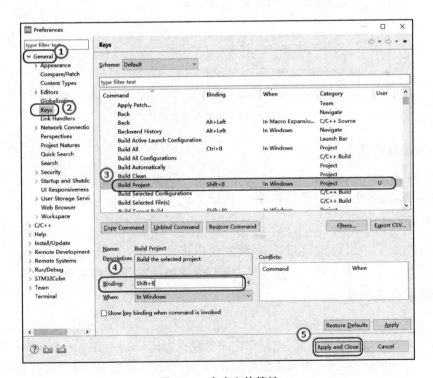

图 2.52　自定义快捷键

4. 代码对齐

选中要调整的代码,按下"Shift + Tab"组合键,代码可以整体往左边移动,按下 Tab 键,代码可以整体往右边移动。

5. 删除整行

光标放在要删除的行上,按下"Ctrl + D"组合键可以将光标所在的行删除。

6. 查看/跳转函数的声明

选中要查看的函数,按下 F2 可以显示函数的声明,或者直接按下 F3 跳转到函数的声明,如图 2.53 所示。

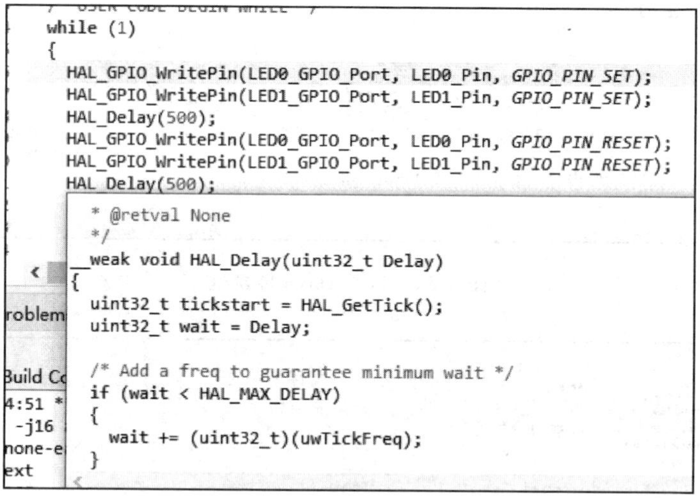

```
/  USER CODE BEGIN WHILE  /
while (1)
{
    HAL_GPIO_WritePin(LED0_GPIO_Port, LED0_Pin, GPIO_PIN_SET);
    HAL_GPIO_WritePin(LED1_GPIO_Port, LED1_Pin, GPIO_PIN_SET);
    HAL_Delay(500);
    HAL_GPIO_WritePin(LED0_GPIO_Port, LED0_Pin, GPIO_PIN_RESET);
    HAL_GPIO_WritePin(LED1_GPIO_Port, LED1_Pin, GPIO_PIN_RESET);
    HAL_Delay(500);

         * @retval None
         */
        __weak void HAL_Delay(uint32_t Delay)
        {
            uint32_t tickstart = HAL_GetTick();
            uint32_t wait = Delay;

            /* Add a freq to guarantee minimum wait */
            if (wait < HAL_MAX_DELAY)
            {
                wait += (uint32_t)(uwTickFreq);
            }
```

图 2.53　查看函数声明

7. 代码格式化

在 Window→Preferences→C/C++→Code Style→Formatter 下按照图 2.54 所示进行配置,在③处选择自己喜欢的代码格式。

8. 手动代码补全

按下"Alt + /"组合键可以手动触发代码提示功能,当编辑代码的时候,按下"Alt + /"组合键,从弹出的选项列表里边选择想要的函数,双击即可补全。

9. 自动代码补全

手动代码补全需要每次按下"Alt + /"组合键才可以开启代码提示功能,如果想实现系统自动开启代码补全功能,则需要在线安装一个 Eclipse 插件。安装完以后还需要配置和导出配置好的插件,因为操作过程复杂、很花时间,这里直接给出插件,读者直接用即可。注意:此插件目前在 STM32CubeIDE 1.13.1 版本上测试过可用,其他版本没有做过测试。

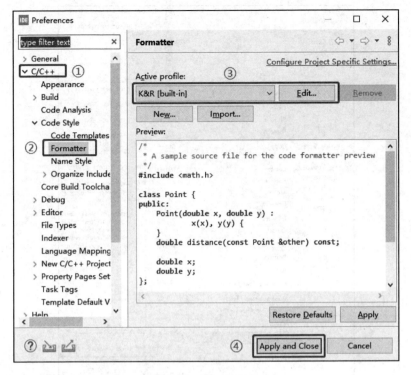

图 2.54　代码格式化

先关闭 STM32CubeIDE,找到 STM32CubeIDE 安装目录下的 STM32CubeIDE\ plugins 路径,将 org. eclipse. cdt. ui_8. 0. 100. 202301281552. jar 插件先重命名为 org. eclipse. cdt. ui_8. 0. 100. 202301281552abc. jar 备份(万一这次操作不成功还可以再替换回去),再将开发板光盘 A-基础资料\3. 软件下的 org. eclipse. cdt. ui_8. 0. 100. 202301281552. jar 复制进去。然后重启 STM32CubeIDE,在窗口代码区输入代码,可以看到,输入代码时不需要再按下"Alt+/"组合键来手动触发代码补全功能,系统会自动补全。

10. 比较文件代码

要对比两个文件的代码,或者要对比这次修改的文件和上次修改的文件代码差异,则可以先选中要对比的其中一个文件,右击后在弹出的界面选择 Compare With。如果选择 Each Other,则表示和其他文件进行对比,选中要对比的文件进行对比就可以了;如果选择 Local History,则表示和此文件以前的版本进行对比,如图 2.55 所示。

11. 查看修改历史

如果要查看某个文件的修改历史记录,则可以右击选中文件,在弹出的下拉选项中选中 Team 查看历史记录,如图 2.56 所示。

找到修改历史以后,可以右击某一项,选择打开此历史记录或者和当前的文件对比,如图 2.57 所示。

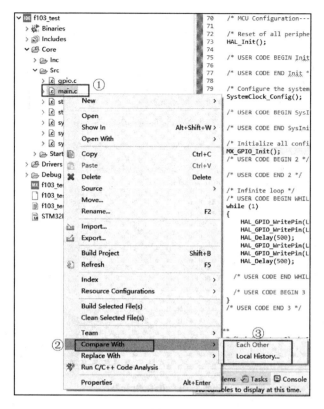

图 2.55　选择代码对比项

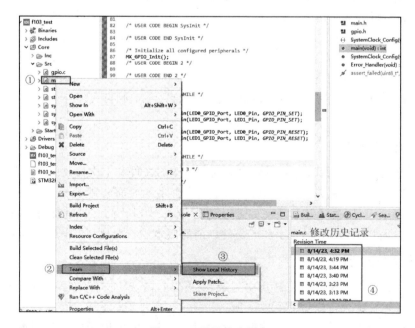

图 2.56　显示修改历史

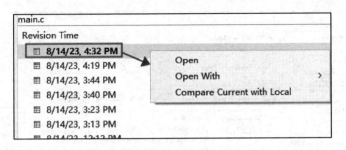

图 2.57　打开修改历史代码

2.6.4　添加自己的代码文件

在复杂的项目中,STM32CubeMX 插件生成的工程目录无法满足我们的需求,很多时候需要在工程中新建文件夹,用于放置对应的文件。然后往新增的文件里添加代码来实现控制逻辑,再在 main.c 函数里调用这些文件。这样做的好处是工程结构逻辑清晰,例如,当工程有很多外设控制逻辑时,采用这样的添加方法一目了然,而且也不会因为修改.ioc 文件不小心清除掉这些代码。下面介绍如何直接在工程界面新建这些文件夹/文件,或者直接在工程中导入已有文件的文件夹。

1. 新建文件夹

右击需要添加文件夹的工程,在弹出的级联菜单中选择 Properties。进入 Properties for f103_test 配置项,依次按照如下操作顺序添加 BSP 文件夹:选择 C/C++General→Paths and Symbols→Includes→GNU C→Add→输入文件夹名字 BSP→OK→Apply→Apply and Close,操作如图 2.58 所示。

单击 Apply,则可以看到 Includes 选项中多出 BSP。

按照同样的操作方式再次进入 Properties 界面,依次按照如下操作顺序对添加的 BSP 文件夹进行关联,即关联到 f103_test 工程中:选择 C/C++General→Paths and Symbols→Source Location→Link Folder→输入文件夹名字 BSP→OK→Apply→Apply and Close,操作如图 2.59 所示。

单击 Apply,则可以看到 Source Location 选项中多出"/f103_test/BSP"。

回到工程界面,可以看到 f103_test 工程下多出了一个文件夹 BSP。注意,此 BSP 文件夹的左上角多了一个"C"字眼的字符,表示这个文件夹和工程关联成功。如果没有看到 BSP 文件夹,则右击 f103_test 工程,在弹出的级联菜单中选择 Refresh 更新工程。

2. 新建文件

添加完文件夹,在文件夹中添加自己的驱动文件。右击 BSP 文件夹,在弹出的级联菜单中选择 New 创建一个文件,先创建头文件,选择 Header File(选择 File 选项也是可以的),如图 2.60 所示。

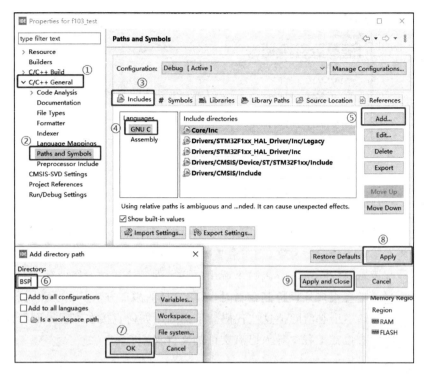

图 2.58　工程文件夹配置步骤

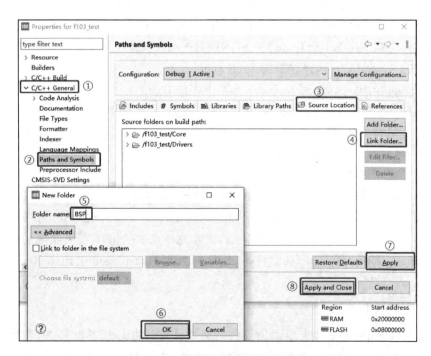

图 2.59　对添加的文件夹进行关联

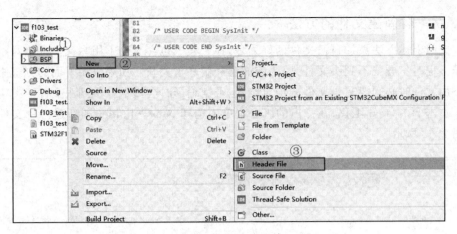

图 2.60　新建头文件

　　输入 Header File 的文件名，这里命名为 led. h。按照同样的方法来创建源文件，设置源文件的名字为 led. c。

　　按照上述操作添加自己的驱动文件，在 main. c 文件中包含新建的 led. h 文件，保存修改以后编译工程，在 Console 中编译成功，如图 2.61 所示。

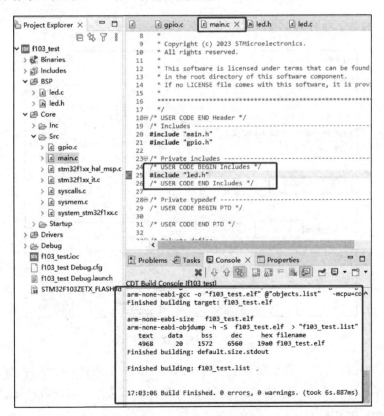

图 2.61　添加头文件路径

3. 另一种新建文件的方法

按照上述方法添加自己文件的好处是,在工程中包含文件不用写文件的绝对路径,编译工程时不会找不到头文件,因为前面已经做好了关联。如果采用下面的方式添加,则添加文件时必须要写出文件的绝对路径,否则编译时会提示找不到头文件。

右击 f103_test 工程,在弹出的级联菜单中选择 New→Folder 即新建一个文件夹,如图 2.62 所示。

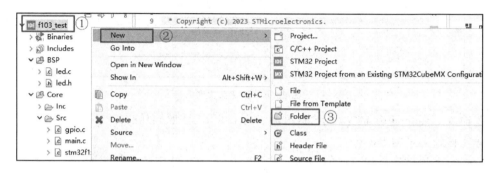

图 2.62 在工程中新建文件夹

文件夹的名字命名为 UART,如图 2.63 所示。

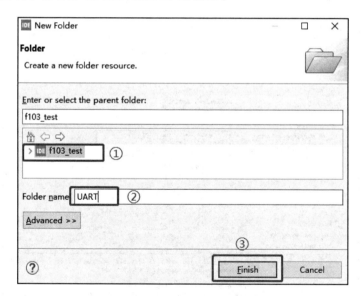

图 2.63 给新建的文件夹命名

右击 UART,在弹出的级联菜单中选择 New→File 来新建一个文件,如图 2.64 所示。文件名为 uart.h,按照同样的方法新建文件 uart.c 文件。文件新建完成,在 main.c 中包含 uart.h 头文件。

保存修改后,编译后报错找不到 uart.h 文件,如图 2.65 所示。

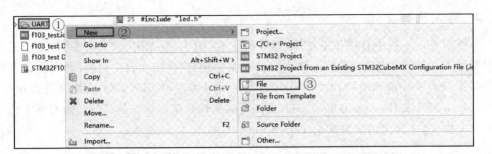

图 2.64　在文件夹中新建一个文件

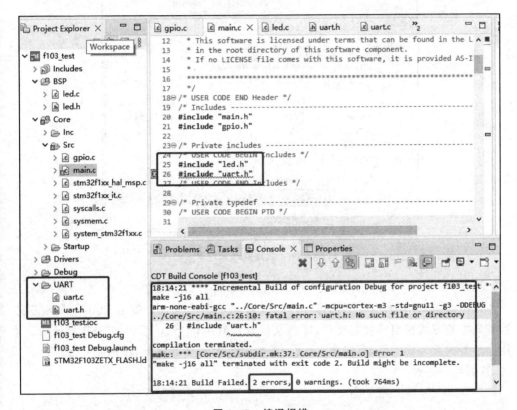

图 2.65　编译报错

注释掉前面添加的 #include "uart.h"代码,并将 uart.h 文件在工程中的绝对路径(这个路径是相对于 main.c 来说的)添加上去:

```
/ * USER CODE BEGIN Includes * /
# include "led.h"
# include"../../UART/uart.h"
/ * USER CODE END Includes * /
```

修改保存并编译就不再报错了。以后添加文件的操作中,须多注意这方面的操作,编译报错找不到头文件时可以写上文件路径的绝对地址。

4. 导入已有文件

前面是在工程中直接新建文件,如果想在工程中导入已有的文件,则可以右击工程中要导入文件的文件夹,然后在弹出的级联菜单中选择 Import。例如,要在前面新建的 BSP 文件夹中导入 STM32CubeIDE 工作目录下 CubeIDE_TEST 文件夹里的 test. c 和 test. h 两个文件(CubeIDE_TEST 文件夹的文件是笔者自己创建的),则右击工程中 BSP 文件夹,在弹出的级联菜单中选择 Import,如图 2.66 所示。

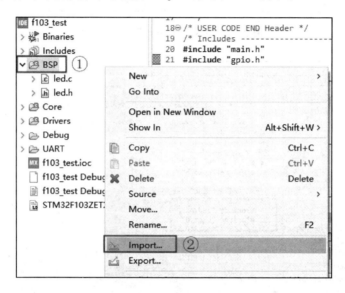

图 2.66　选择导入文件夹

选择 General→File System,再单击 Next,如图 2.67 所示。

按照如图 2.68 所示步骤选择 TEST 文件夹的两个文件。单击 Finish 添加完成。这种添加的方式相当于复制文件,即将文件复制到 f103_test 工程的 BSP 目录下。采用这种方式导入头文件,直接在 main. c 函数中包含 test. h 文件,添加完并保存后再编译,这时编译通过。

```
/* USER CODE BEGIN Includes */
#include "led. h"
#include"../../UART/uart. h"
#include "test. h"
/* USER CODE END Includes */
```

如果添加的文件不想要,则可以右击选中文件,然后在弹出的级联菜单中选择 Delete 删除。

也可以直接选中 STM32CubeIDE 工作目录下 CubeIDE_TEST 文件夹里的 test. c 和 test. h 两个文件,然后拖拽到工程中。例如,直接将上述两个文件拖拽到工程的 BSP 目录下,则弹出如图 2.69 所示选项;如果选择 Copy files,则效果和前面的复制方式一样。

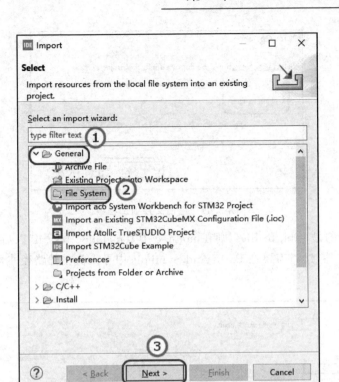

图 2.67　选择 File System

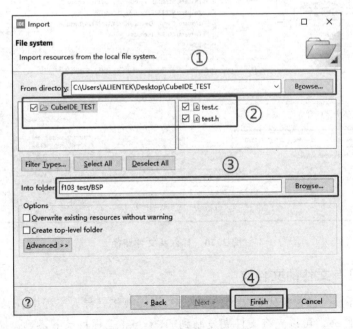

图 2.68　选中要导入的文件

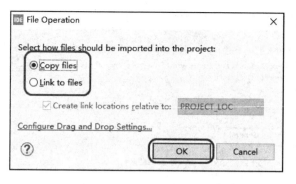

图 2.69　拖拽文件到工程中

如果选择的是 Link to files，则在 main.c 中 #include "test.h" 以后编译会报错找不到 test.h 文件，这时需要在 Paths and Symbols 中导入头文件路径才可以编译通过，如图 2.70 所示。

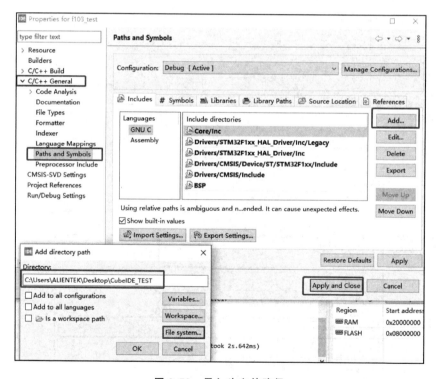

图 2.70　导入头文件路径

5. 导入已有文件的文件夹

如果已有一个包含源代码文件的文件夹，则需要将其导入工程中，比如笔者已有的 SYSTEM 文件夹。可以先将文件夹复制到 f103_test 工程目录下，然后，刷新一下工程就可以看到 f103_test 工程下多了 SYSTEM 文件夹，如图 2.71 所示。

第 2 章　STM32CubeIDE 的使用

选择 f103_test 工程,右击 Properties,在弹出的级联菜单中依次按照如下操作顺序添加 SYSTEM 文件夹中的 delay 文件夹和 sys 文件夹,这一步主要就是往工程中添加头文件,步骤:选择 C/C++ General→Paths and Symbols→Includes→GNU C →Add→File system→选中 delay 文件夹→单击 Apply,如图 2.72 所示。

接着按照同样的操作方法添加 sys 文件夹。添加完成后,在 Includes 中可以看到前面添加的路径,如图 2.73 所示。

再次进入 Properties for f103_test 配置项,依次按照如下操作顺序添加 SYSTEM 文件夹(这一步主要就是将 SYSTEM 文件夹和工程关联起来):选择 C/C++ General → Paths and Symbols → Source Location→Add Folder→选择 SYSTEM 文件夹→OK→Apply and Close,如图 2.74 所示。

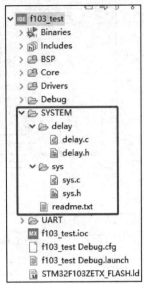

图 2.71　工程中多了一个 SYSTEM 文件夹

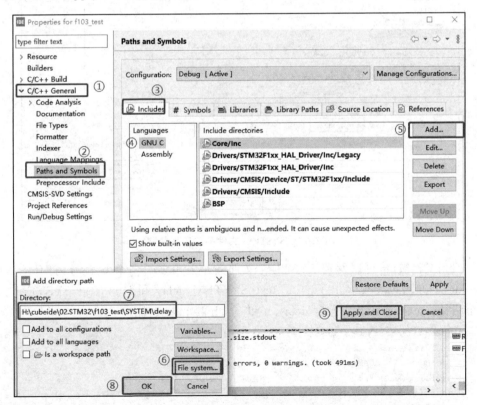

图 2.72　在工程中添加 delay 文件夹

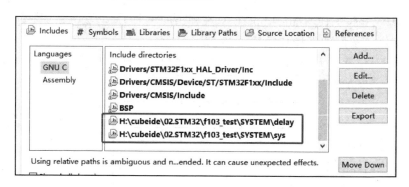

图 2.73 已添加的文件夹路径

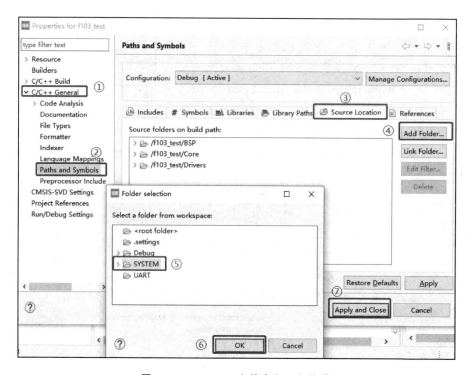

图 2.74 SYSTEM 文件夹和工程关联

回到工程窗口,可以发现 SYSTEM 文件夹左上角多了一个 C 符号,打开工程的 Includes 目录可以发现多出了 f103_test/SYSTEM/delay 和 f103_test/SYSTEM/sys 两个路径。main.c 函数中包含 delay.h 和 sys.h 两个头文件:

```
/ * USER CODE BEGIN Includes * /
# include "led.h"
# include"../../UART/uart.h"
# include "delay.h"
# include "sys.h"
/ * USER CODE END Includes * /
```

修改完 main.c 代码保存并编译,若编译没有报错,则添加成功。

此时打开刚刚导入的文件,如打开 delay.c 文件,可以发现原先的一些中文注释已经变成了乱码。解决方法就是右击 f103_test 工程,在弹出的级联菜单中选择 Properties,并在弹出的界面选择 Resource,在④处选择 GBK;如果没有该选项,则直接输入 GBK,然后单击⑤处即可,如图 2.75 所示。此时可以观察到 delay.c 文件中的中文注释已经恢复正常显示。

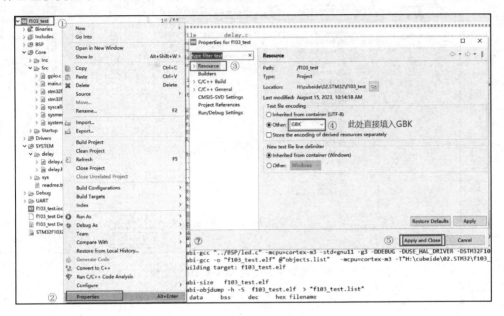

图 2.75　修改成 GBK

2.6.5　编译生成 BIN 或 HEX 文件

默认情况下 STM32CubeIDE 编译后生成的是 ELF 文件,如果想要生成 HEX 或 BIN 文件,则需要右击工程,在弹出的级联菜单中选择 Properties,或者选择 File→Properties→C/C++ Build→Settings→MCU Post build outputs→选中 Convert to binary file(-O binary)和 Convert to Intel Hex file(-O ihex),如图 2.76 所示。

配置好后保存,重新编译工程,则在 f103_test 工程的 Debug 目录下生成 bin 文件、elf 文件和 hex 文件。

2.6.6　调试技巧

下面讲解一些基本的调试技巧,从而帮助读者快速开发,后面的实验还会结合实验介绍一些调试的方法。

1. 启用断言

在项目开发阶段,我们可能会借助断言来判断某个参数是否符合要求,那么就需要开启断言进行调试。什么是断言? 后面的固件库分析和实验中会讲解,下面先讲解怎

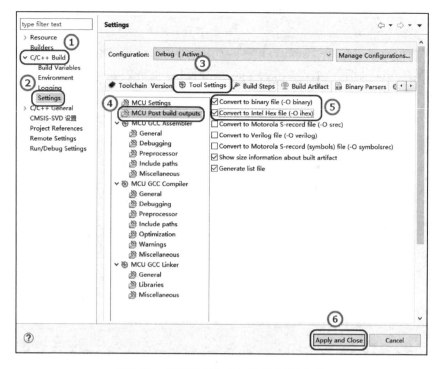

图 2.76 设置编译生成 BIN 和 HEX 文件

么开启断言。

打开 .ioc 文件进入 STM32CubeMX 插件配置界面，在 Project Manager 配置界面的 Code Generator 处配置 HAL 库，选中 Enable Full Assert 开启断言，按下"Ctrl+S"组合键保存修改，重新编译工程。也可以通过手动添加宏定义 USE_FULL_ASSERT 的方式开启断言。

2. 添加宏定义

如果工程中要定义某一个宏，则可以直接在 STM32CubeIDE 上添加。右击 f103_test 工程，在弹出的级联菜单中选择 Properties 进入工程属性设置，依次选择 C/C++ General→Paths and Symbols→Symbols→Add 来添加自己要定义的宏，这里输入 FOR_TEST→单击 OK 确定添加→Apply，如图 2.77 所示。

添加完成后，在 Symbol 处可以看到已经添加的宏定义，添加完宏定义以后须重新编译工程。

3. Debug 模式和 Release 模式切换

STM32CubeIDE 默认采用 Debug 模式。Debug 模式，称为调试版本，编译结果通常包含调试信息，而且不做任何优化，只有 Debug 模式下才能设置断点、进行单步调试。另一个是 Release 模式，称为发布版本，它往往是进行了各种优化，使得程序在代码大小和运行速度上都是最优的。Release 模式下在线单击调试的时候，程序直接运

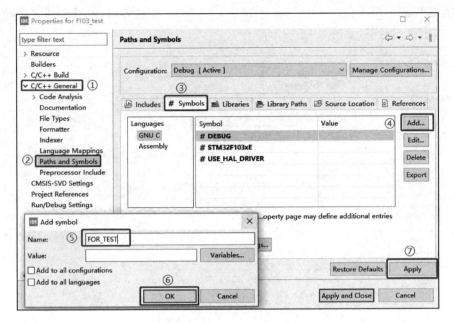

图 2.77 定义一个宏

行,但不能单步调试。如果要改为 Release 模式,则可以按照如下步骤进行配置:单击
Manage Configurations 处,在弹出的配置界面选中 Release,然后选择 Set Active,表示
默认激活单击 Release 模式,然后单击 OK 确认,修改完配置再单击 Apply and Close
使能配置,如图 2.78 所示。

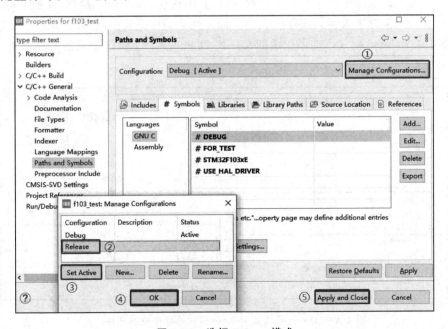

图 2.78 选择 Release 模式

配置完成后再次进入 f103_test 工程的 Properties 配置界面,可以看到之前的 DE-BUG 宏定义不见了,如图 2.79 所示。

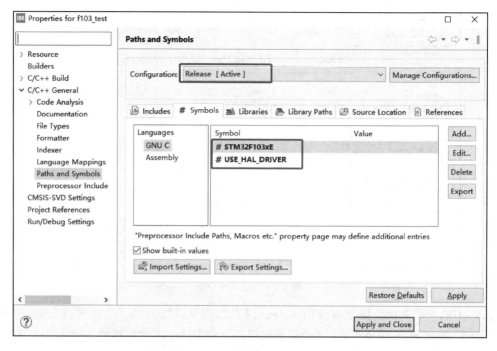

图 2.79　Release 模式配置成功

配置完成后重新编译工程。不管是 Debug 模式还是 Release 模式,工程目录下会单独生成一个文件夹来存放编译生成的工程文件。编译之后可以对比一下生成文件的大小,可见 Release 模式下编译生成的文件比 Debug 模式下编译生成的文件还要小,如图 2.80 所示。

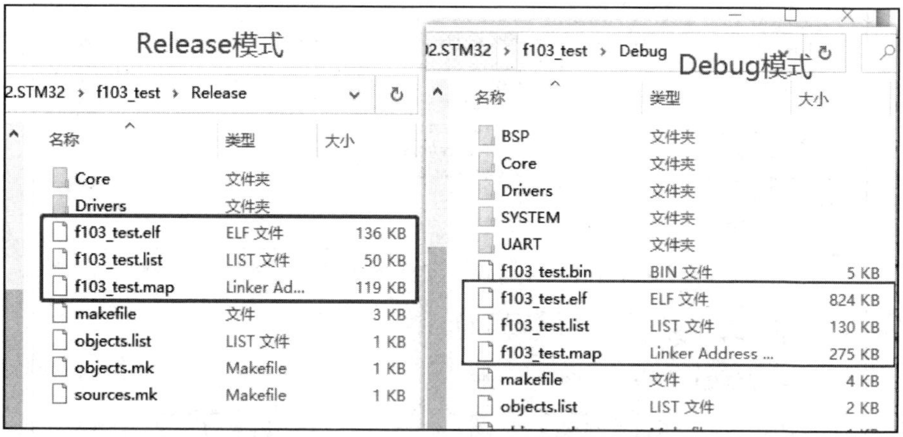

图 2.80　Debug 模式和 Release 模式编译生成的文件对比

如果要编译工程,则可以在小锤子 下面选择编译 Debug 版本或 Release 版本,如图 2.81 所示。或者直接在图 2.82 所示的 Project 菜单栏选择设置激活 Debug 或者 Release 版本。

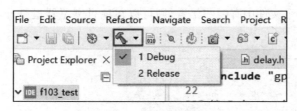

图 2.81　编译版本选择

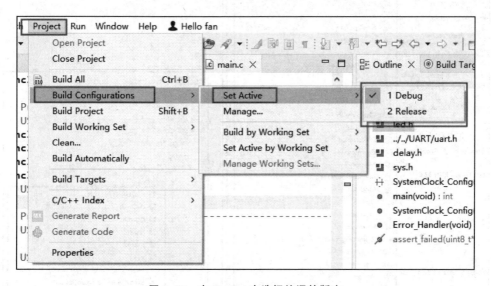

图 2.82　在 Project 中选择编译的版本

同样,调试时也可以选择 Debug 版本或者 Release 版本。注意,如果要单步调试,则一定要选择 Debug 版本。

4. 关闭工程

如果 STM32CubeIDE 中打开了多个工程,则可能干扰我们对某个工程的操作,那么可以关闭其他不用的工程。如图 2.83 所示,笔者打开了 f103_test 工程和 g4_lcd 工程,如果要关闭 g4_lcd 工程,则先右击 g4_lcd 工程,再单击 Close Project 将其关闭。关闭后的效果如图 2.83 所示。

图 2.83　已经关闭工程

5. 打开观察窗口

STM32CubeIDE 上集成了非常多的窗口,通过这些窗口可以获取一些信息。特别是在 Debug 的时候可以选择打开这些窗口,如图 2.84 所示。

这里只列举一部分常用的窗口,后期实验调试中还会遇见一些窗口,结合实验来调试更容易理解。

(1) 查看函数调用关系

如果想查看一个文件中有哪些函数,则可以在项目浏览器里打开此文件,如图 2.85 所示。

 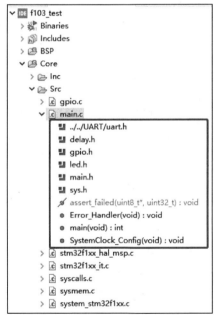

图 2.84　Debug 时可以打开的观察窗口　　　　图 2.85　查看文件调用的函数

如果想看一个函数调用了哪些函数,则可以右击此函数,在弹出的级联菜单中选择 Open Call Hierarchy,如图 2.86 所示。于是可以查看各个函数的具体调用关系,点开 ＞括号还可以层层查看函数的调用层级关系,如图 2.87 所示。

(2) 查看头文件调用关系

要查看一个文件调用了哪些头文件以及这些头文件的调用关系,则可以先右击此文件,然后在弹出的级联菜单中选择 Show In→Include Browser 打开包含关系列表,如图 2.88 所示。

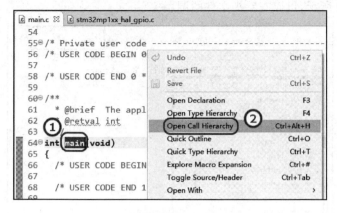

图 2.86　查看 main 函数调用关系

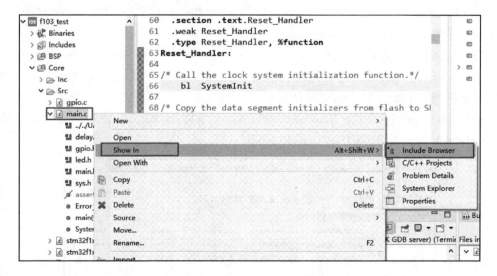

图 2.87　查看函数调用层级关系

图 2.88　选择头文件包含列表

如图 2.89 所示,可以查看头文件的调用关系。

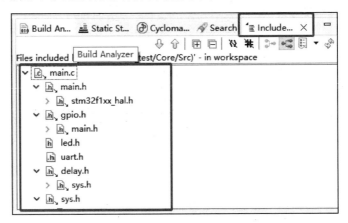

图 2.89 显示函数包含关系列表

(3) 查找工程中某个文件

要查找工程中某个文件,则可以在项目类别里查询;如果工程中文件很多,则也可以直接通过通配符 * 来搜索。选择 Navigate → Open Resource 菜单项,如图 2.90 所示。比如搜索 GPIO 相关的文件,则可以在搜索框中输入 * gpio,这样就会列出 GPIO 相关的函数。

(4) 打开 Build Analyzer 窗口

选择 Window → Show View → Build Analyzer 菜单项可以打开 Build Analyzer 窗口,这里可以查看内存信息。

在 Memory Regions 可以查看内存的分配区域,如图 2.91 所示,内存地址

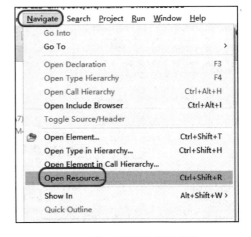

图 2.90 打开资源文件搜索窗口

0x20000000~0x2000ffff 是 RAM 的一个范围,大小是 64 KB,FLASH 内存地址范围是 0x08000000~0x0807ffff,大小是 512 KB。

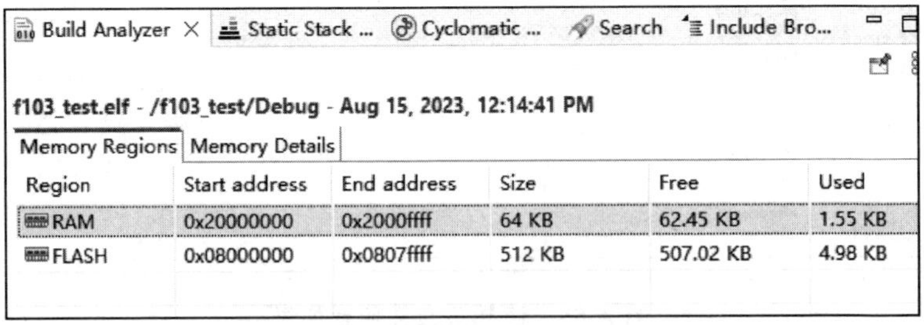

Region	Start address	End address	Size	Free	Used
RAM	0x20000000	0x2000ffff	64 KB	62.45 KB	1.55 KB
FLASH	0x08000000	0x0807ffff	512 KB	507.02 KB	4.98 KB

f103_test.elf - /f103_test/Debug - Aug 15, 2023, 12:14:41 PM

图 2.91 **Memory Regions** 列表

如图 2.92 所示，Memory Details 选项卡中是具体的内存映射关系，其中 VMA 表示虚拟地址，一般是 RAM 位置，LMA 一般是加载地址。

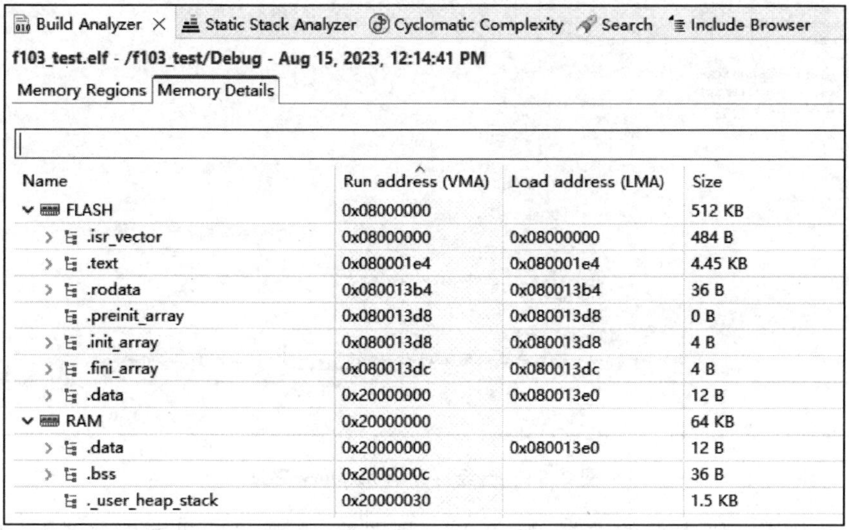

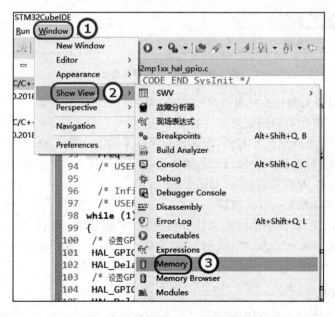

Name	Run address (VMA)	Load address (LMA)	Size
∨ ▦ FLASH	0x08000000		512 KB
> ⌕ .isr_vector	0x08000000	0x08000000	484 B
> ⌕ .text	0x080001e4	0x080001e4	4.45 KB
> ⌕ .rodata	0x080013b4	0x080013b4	36 B
⌕ .preinit_array	0x080013d8	0x080013d8	0 B
> ⌕ .init_array	0x080013d8	0x080013d8	4 B
> ⌕ .fini_array	0x080013dc	0x080013dc	4 B
> ⌕ .data	0x20000000	0x080013e0	12 B
∨ ▦ RAM	0x20000000		64 KB
> ⌕ .data	0x20000000	0x080013e0	12 B
> ⌕ .bss	0x2000000c		36 B
⌕ ._user_heap_stack	0x20000030		1.5 KB

图 2.92　Memory Details 列表

（5）Memory 窗口

和 Build Analyzer 窗口的内存映射关系不一样，Memory 窗口可以查看具体的某个地址的数据，此项在调试时才可以用。例如，进入 Debug 调试模式，然后选择 Window→Show View→Memory 菜单项，操作步骤如图 2.93 所示。

图 2.93　选择打开 Memory 窗口

在 Debug 处打开的 Memory 窗口,如图 2.94 所示。

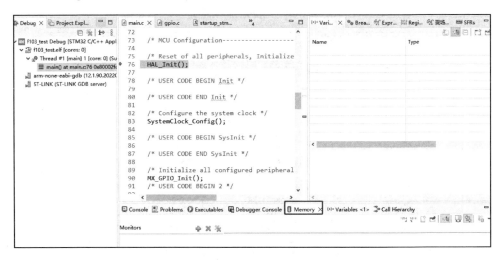

图 2.94　已经打开的 Memory 窗口

要观察某一段内存的数据,则单击＋号图标,在弹出的界面输入地址,如地址 0x20008000,单击 OK,如图 2.95 所示。

图 2.95　添加要观察的地址

Memory 窗口会列出从地址 0x20008000 开始以后的地址数据,是 16 进制的数据, 且每 4 位为一个单元。如果觉得这样看不方便,则可以将 4 位为一个单元改成每一位 为一个单元,在旁边的空白处右击,在弹出的级联菜单中选择 Format,如图 2.96 所示。 然后选择进制数(可以是 8 进制、16 进制、2 进制或者其他)、选择多少位来显示,这里选 择 16 进制、以 1 位为单元来显示,如图 2.97 所示。

(6) Static Stack Analyzer 窗口

Static Stack Analyzer 是静态堆栈分析窗口,如果有必要,也可以打开此窗口进行 分析。选择 Window→Show View→Static Stack Analyzer 打开静态堆栈分析窗口,如 图 2.98 和图 2.99 所示。

6. 单步调试

为了方便讲解调试部分内容,在 main.c 文件的"USER CODE BEGIN"和"USER CODE END"中添加如下代码,重新编译工程:

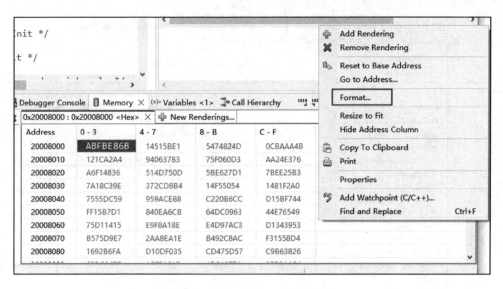

图 2.96　每一位为一个单元显示

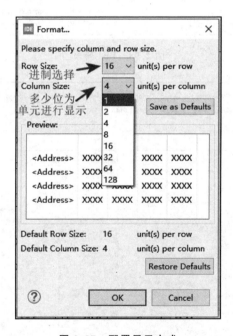

图 2.97　配置显示方式

```
static uint32_t Freq = 0;
Freq = HAL_RCC_GetSysClockFreq();
```

这里定义一个静态局部变量 Freq，初始值为 0。HAL_RCC_GetSysClockFreq 是 HAL 库的一个函数，用于获取系统时钟。这里表示将系统时钟的值赋值给 Freq 变量，通过后面的调试来观察此变量，如图 2.100 所示。

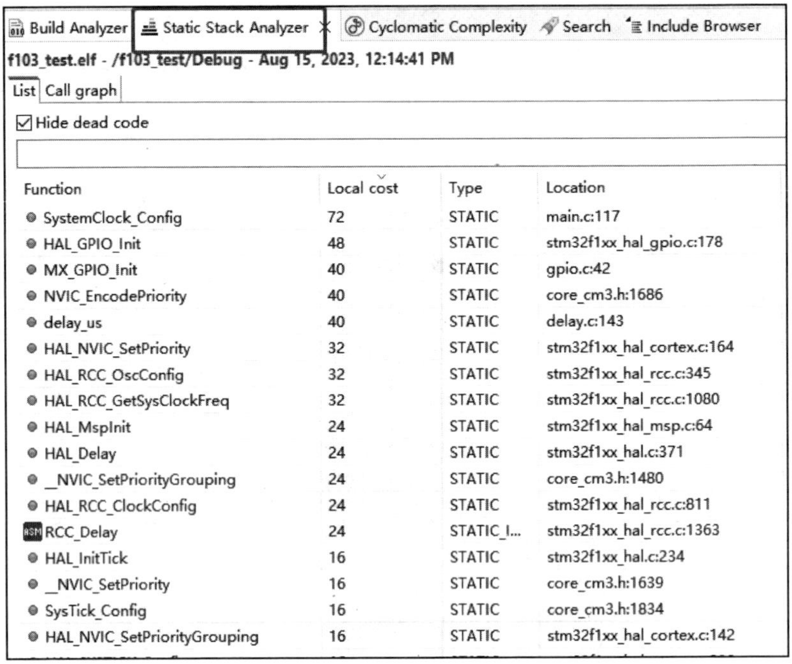

Function	Local cost	Type	Location
SystemClock_Config	72	STATIC	main.c:117
HAL_GPIO_Init	48	STATIC	stm32f1xx_hal_gpio.c:178
MX_GPIO_Init	40	STATIC	gpio.c:42
NVIC_EncodePriority	40	STATIC	core_cm3.h:1686
delay_us	40	STATIC	delay.c:143
HAL_NVIC_SetPriority	32	STATIC	stm32f1xx_hal_cortex.c:164
HAL_RCC_OscConfig	32	STATIC	stm32f1xx_hal_rcc.c:345
HAL_RCC_GetSysClockFreq	32	STATIC	stm32f1xx_hal_rcc.c:1080
HAL_MspInit	24	STATIC	stm32f1xx_hal_msp.c:64
HAL_Delay	24	STATIC	stm32f1xx_hal.c:371
__NVIC_SetPriorityGrouping	24	STATIC	core_cm3.h:1480
HAL_RCC_ClockConfig	24	STATIC	stm32f1xx_hal_rcc.c:811
RCC_Delay	24	STATIC_I...	stm32f1xx_hal_rcc.c:1363
HAL_InitTick	16	STATIC	stm32f1xx_hal.c:234
__NVIC_SetPriority	16	STATIC	core_cm3.h:1639
SysTick_Config	16	STATIC	core_cm3.h:1834
HAL_NVIC_SetPriorityGrouping	16	STATIC	stm32f1xx_hal_cortex.c:142

图 2.98　List 列表

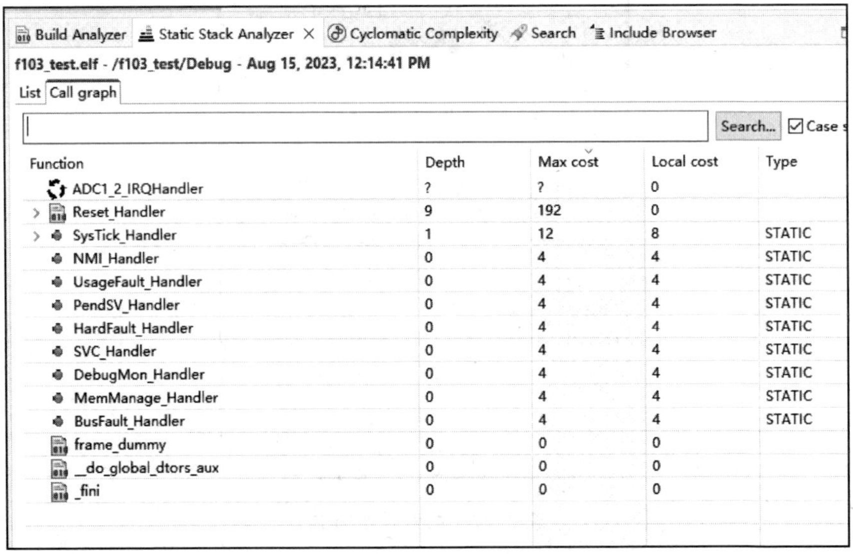

Function	Depth	Max cost	Local cost	Type
ADC1_2_IRQHandler	?	?	0	
Reset_Handler	9	192	0	
SysTick_Handler	1	12	8	STATIC
NMI_Handler	0	4	4	STATIC
UsageFault_Handler	0	4	4	STATIC
PendSV_Handler	0	4	4	STATIC
HardFault_Handler	0	4	4	STATIC
SVC_Handler	0	4	4	STATIC
DebugMon_Handler	0	4	4	STATIC
MemManage_Handler	0	4	4	STATIC
BusFault_Handler	0	4	4	STATIC
frame_dummy	0	0	0	
__do_global_dtors_aux	0	0	0	
_fini	0	0	0	

图 2.99　Call graph 列表

编译不报错以后，开发板通过转接板和 ST－LINK 相连，ST－LINK 通过 USB 线接在电脑 USB 口上。连接好硬件以后，打开开发板的开关，单击 Debug Configurations 进入调试配置界面(如果之前在工程中已经配置过调试选项，则可以直接单击 进行调试)。

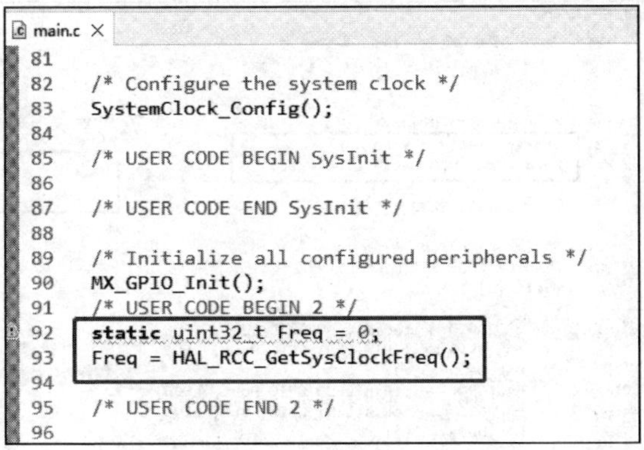

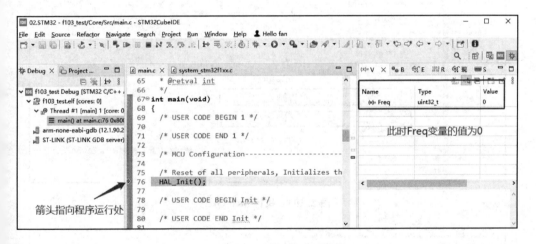

```
81
82    /* Configure the system clock */
83    SystemClock_Config();
84
85    /* USER CODE BEGIN SysInit */
86
87    /* USER CODE END SysInit */
88
89    /* Initialize all configured peripherals */
90    MX_GPIO_Init();
91    /* USER CODE BEGIN 2 */
92    static uint32_t Freq = 0;
93    Freq = HAL_RCC_GetSysClockFreq();
94
95    /* USER CODE END 2 */
96
```

图 2.100　添加代码

进入调试配置项以后,按照 2.5 节操作进入 Debug 界面。然后,箭头默认指向 HAL_Init()函数处,表示程序从此处开始执行,而且可以看到此时的 Freq 变量的值为 0,如图 2.101 所示。

图 2.101　进入 Debug 界面

按下 F6 键或者单击 Step Over 符号(表示执行过去),则箭头跟着移动;继续单击 Step Over 符号,待箭头到了代码第 101 行以后,可以发现 Freq 变量的值变成了 72000000,如图 2.102 所示。

再单击一下 Step Over 符号,箭头到了代码第 102 行以后,开发板底板的 DS0 灯灭了。继续单击 Step Over 符号,箭头到了第 104 行代码以后 DS0 亮了。继续单击,箭头到了第 105 行后 DS1 也亮了。如果此时继续单击 Step Over,箭头就又跳到代码第 101 行处;如果继续单击 Step Over,箭头在 whlie 函数里循环,如图 2.103 所示。

如果在代码第 101 行单击 Step Into 符号或者按下快捷键 F5,则表示执行进去,也就是进入 HAL_GPIO_WritePin 函数里运行,如图 2.104 所示。

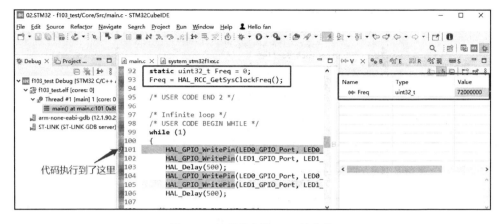

图 2.102　观察变量 Freq 的变化

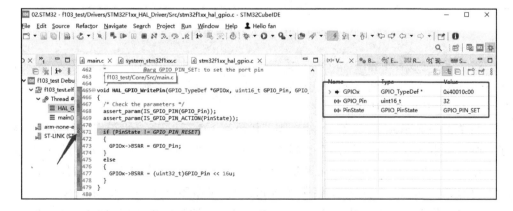

图 2.103　执行 Step Over

图 2.104　执行 Step Into

如果要跳出 HAL_GPIO_WritePin 函数,则按下快捷键 F7 或者单击 Step Re-turn 返回符号。

7. 设置断点

调试过程中也可以通过设置断点来观察程序运行情况。在代码窗口行号的旁边双击即可增加一个断点,再双击即可去掉一个断点。例如,在 HAL_Delay(500)函数行号旁边双击即可添加一个断点,如图 2.105 所示。

```
86
87    /* USER CODE END SysInit */
88
89    /* Initialize all configured peripherals */
90    MX_GPIO_Init();
91    /* USER CODE BEGIN 2 */
92    static uint32_t Freq = 0;
93    Freq = HAL_RCC_GetSysClockFreq();
94
95    /* USER CODE END 2 */
96
97    /* Infinite loop */
98    /* USER CODE BEGIN WHILE */
99    while (1)
100   {
101       HAL_GPIO_WritePin(LED0_GPIO_Port, LED0_Pin, GPIO_PIN_SET);
102       HAL_GPIO_WritePin(LED1_GPIO_Port, LED1_Pin, GPIO_PIN_SET);
103       HAL_Delay(500);
104       HAL_GPIO_WritePin(LED0_GPIO_Port, LED0_Pin, GPIO_PIN_RESET);
105       HAL_GPIO_WritePin(LED1_GPIO_Port, LED1_Pin, GPIO_PIN_RESET);
106       HAL_Delay(500);
107
108       /* USER CODE END WHILE */
110       /* USER CODE BEGIN 3 */
111   }
112   /* USER CODE END 3 */
113 }
114
```

当前执行的位置

双击可添加或去掉断点

图 2.105　添加一个断点

单击运行,程序运行到断点处,如图 2.106 所示。

```
86
87    /* USER CODE END SysInit */
88
89    /* Initialize all configured peripherals */
90    MX_GPIO_Init();
91    /* USER CODE BEGIN 2 */
92    static uint32_t Freq = 0;
93    Freq = HAL_RCC_GetSysClockFreq();
94
95    /* USER CODE END 2 */
96
97    /* Infinite loop */
98    /* USER CODE BEGIN WHILE */
99    while (1)
100   {
101       HAL_GPIO_WritePin(LED0_GPIO_Port, LED0_Pin, GPIO_PIN_SET);
102       HAL_GPIO_WritePin(LED1_GPIO_Port, LED1_Pin, GPIO_PIN_SET);
103       HAL_Delay(500);
104       HAL_GPIO_WritePin(LED0_GPIO_Port, LED0_Pin, GPIO_PIN_RESET);
105       HAL_GPIO_WritePin(LED1_GPIO_Port, LED1_Pin, GPIO_PIN_RESET);
106       HAL_Delay(500);
107
108       /* USER CODE END WHILE */
109
110       /* USER CODE BEGIN 3 */
111   }
```

图 2.106　程序执行到断点处

当然,也可以在 STM32CubeIDE 中设置条件断点,即符合某个条件时才中断断点,不过要编写条件代码,这里就不列举了。

2.6.7 STM32CubeIDE 支持打印浮点数设置

STM32CubeIDE 的默认设置不支持使用 sprintf/printf 函数来发送浮点数。如果需要支持浮点数,则需要进行以下设置:右击需要的工程,在弹出的级联菜单中选择 Properties,然后依次选择 C/C++Build→Settings→选中 MCU Settings 界面中的④处的选项,如图 2.107 所示。

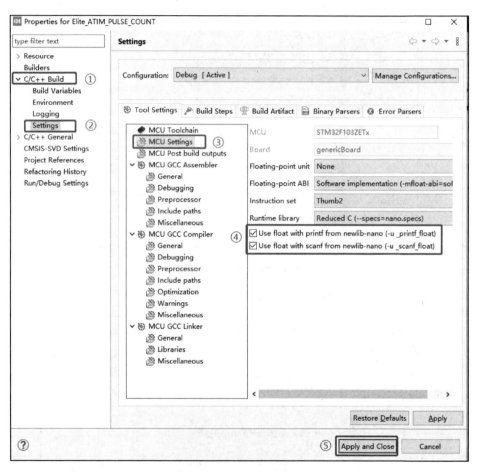

图 2.107　浮点数支持设置

2.7　无线调试器和 DAP 仿真器的使用

本节主要讲解如何使用正点原子的 DAP 仿真器以及无线调试器在 STM32(以精英开发板为例)上进行仿真。正点原子的 DAP 仿真器和无线调试器分为高速版和普速版,相关资料可以参考配套资料。注意,使用仿真器前一定要先认真阅读用户手册!

2.7.1　DAP 仿真器的使用

1. 开发板连接

正常的情况是:开发板上电以后,电源指示灯(蓝灯)正常亮,DAP 仿真器的灯显示为蓝色,如图 2.108 所示。如果 DAP 仿真器的灯始终是红色或者不亮,则说明仿真器没正常连接,须检查 USB 线是否已经接好,可以重新拔插 USB 线。注意,如果此前自己更新过 DAP 仿真器的固件,但没有配置好,则也可能导致 DAP 仿真器的灯不亮,此时可参考正点原子的 DAP 用户使用手册进行操作。

图 2.108　开发板连接

2. STM32CubeIDE 配置

本节实验以上一节新建的工程为例。成功编译工程后,按照如图 2.109 所示步骤进入工程的下载配置界面。选择要用到的编译生成的文件,如图 2.110 所示。

进入调试器配置页面,按照如图 2.111 所示配置。

完成配置后,可以在 STM32CubeIDE 界面的左侧看到刚生成的 .cfg 调试器配置文件,如图 2.112 所示。

可以在自己的 IDE 工程目录下找到 .cfg 文件,并使用 Notepad++ 或 VSCode 等文本编辑器打开,如图 2.113 所示。注意,打开文件后务必将其另存为一个新的 .cfg 文件,以免后续修改时被 IDE 直接覆盖。

由于这里使用的 DAP 仿真器默认不被 STM32 支持,需要进行如图 2.114 所示的改动才可以。

仅需按图 2.114 修改两处即可,即将 stlink-dap.cfg 改为 cmsis-dap.cfg 和将 dapdirect_swd 修改为 swd。注意,一定要将该文件另存,如图 2.115 所示。

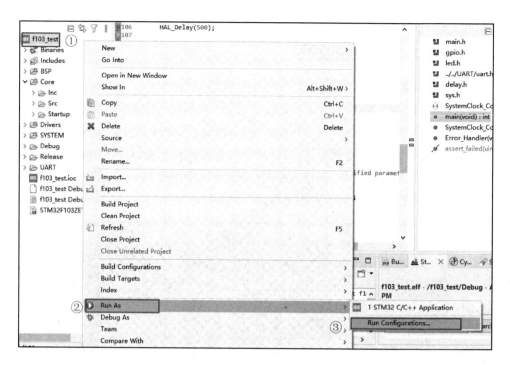

图 2. 109　进入 Debug 配置界面

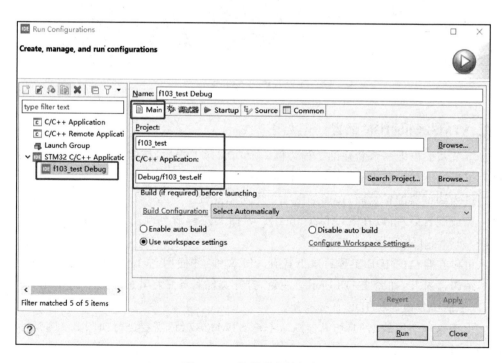

图 2. 110　选择仿真的程序

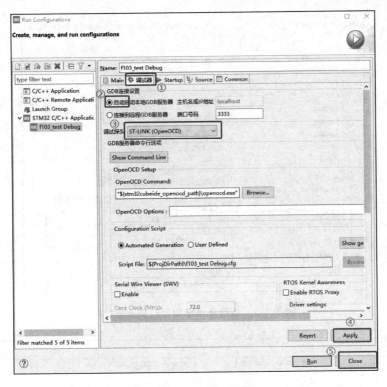

图 2.111　调试器配置图

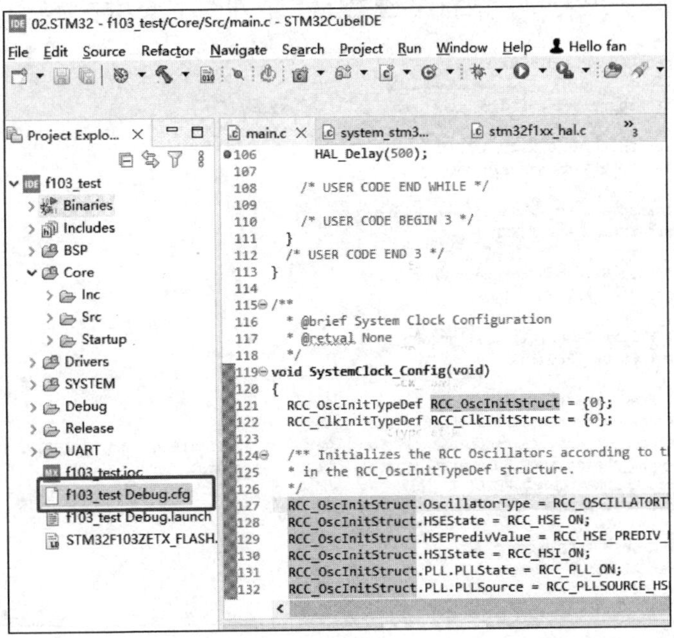

图 2.112　生成的 cfg 文件

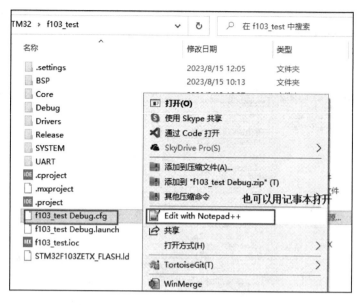

图 2.113　使用文本编辑器打开 cfg 文件

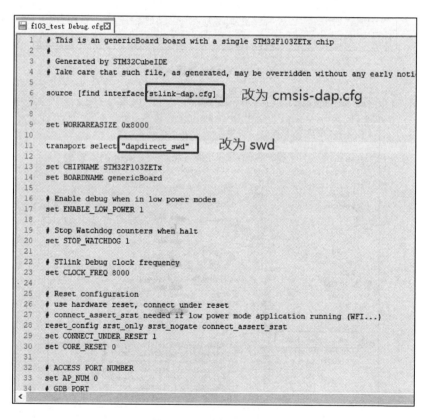

图 2.114　修改 cfg 文件

图 2.115　另存 cfg 文件

再次进入工程的下载配置界面，把刚才修改的文件添加进来，整个设置工作就完成了，如图 2.116 所示。

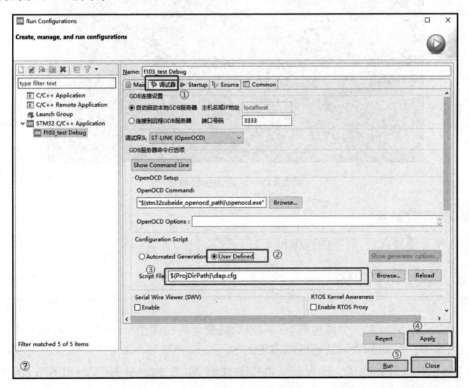

图 2.116　进入下载配置界面

此时回到 STM32CubeIDE 主界面可以直接单击 下载程序。注意,需要使用 DAP 下载程序。下载成功后,程序不能直接运行,需要按下开发板的复位按键才能正常工作。笔者尚未发现解决该问题的方法,如有相关建议或方法,欢迎联系笔者!

Debug 的操作和 2.5.5 小节一样,读者可以参考。

2.7.2 无线调试器的使用

无线调试器的使用步骤大部分和 DAP 仿真器的使用类似,只不过硬件连接方式不一样。

1. 开发板连接

如图 2.117 所示,无线调试器的发送端、接收端通过 USB 线和电脑进行通信,接收端通过 JTAG 接口和开发板连接,两个调试器的灯显示蓝色则说明连接正常。如果调试器的灯是红色或者不亮,则说明连接不正常,须检查 USB 线是否接好或者重新连接。注意,如果此前自己更新过 DAP 仿真器的固件,但没有配置好,则可能导致 DAP 仿真器的灯不亮,可参考正点原子的 DAP 用户使用手册进行操作。

图 2.117　无线调试器链接

2. 仿真前配置

连接好硬件以后,剩下的操作和 2.7.1 小节一样。

2.8　认识时钟树

图 2.118 所示为一个简化的 STM32F1 时钟系统。图中已经把需要主要关注几处标注出来了。A 部分表示其他电路需要的输入源时钟信号。B 为一个特殊的振荡电路 "PLL",由几个部分构成。C 为需要重点关注的 MCU 内注释的 "SYSCLK";AHB 预分频器将 SYSCLK 分频或不分频后分发给其他外设进行处理,包括到 F 部分的 Cortex-M 内核系统的时钟。D 和 E 分别为定时器等外设的时钟源 APB1、APB2。G 是

STM32 的时钟输出功能。其他部分等学到再详细探讨。下面详细介绍这些部分的功能。

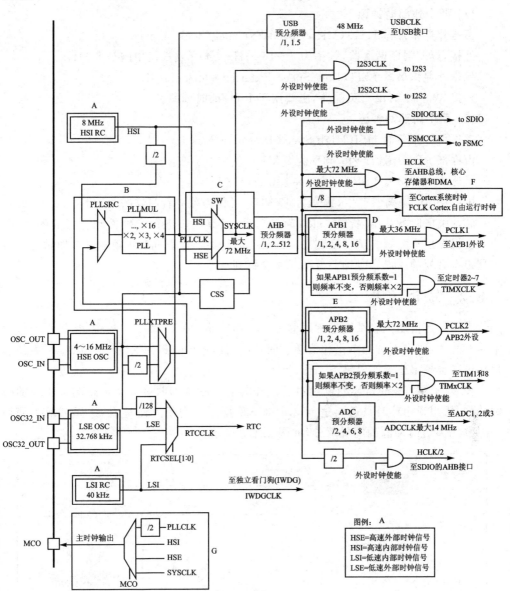

图 2.118　STM32F1 时钟系统图

2.8.1　时钟源

对于 STM32F1,输入时钟源(Input Clock)主要包括 HSI、HSE、LSI、LSE。其中,从时钟频率来分可以分为高速时钟源和低速时钟源,HSI、HSE 是高速时钟,LSI 和 LSE 是低速时钟。从来源可分为外部时钟源和内部时钟源,外部时钟源就是从外部通过接晶振的方式获取时钟源,其中 HSE 和 LSE 是外部时钟源;其他是内部时钟源,芯片上电即可产生,不需要借助外部电路。下面来看看 STM32 的时钟源。

(1) 两个外部时钟源

高速外部振荡器 HSE(High Speed External Clock signal)

外接石英/陶瓷谐振器,频率为 4～16 MHz。本开发板使用的是 8 MHz。

低速外部振荡器 LSE(Low Speed External Clock signal)

外接 32.768 kHz 石英晶体,主要用于 RTC 的时钟源。

(2) 两个内部时钟源

高速内部振荡器 HSI(High Speed Internal Clock signal)

由内部 RC 振荡器产生,频率为 8 MHz。

低速内部振荡器 LSI(Low Speed Internal Clock signal)

由内部 RC 振荡器产生,频率为 40 kHz,可作为独立看门狗的时钟源。

芯片上电时默认由内部的 HSI 时钟启动,只有用户进行了硬件和软件的配置,芯片才会根据用户配置尝试切换到对应的外部时钟源。所以同时了解这几个时钟源信号还是很有必要的。设置时钟的方法后文会提到。

2.8.2 锁相环 PLL

锁相环是自动控制系统中常用的一个反馈电路,在 STM32 主控中,锁相环的作用主要有两个,即输入时钟净化和倍频。前者利用锁相环电路的反馈机制实现,后者使芯片在更高且频率稳定的时钟下工作。

在 STM32 中,锁相环的输出也可以作为芯片系统的时钟源。根据图 2.118 的时钟结构,使用锁相环时只需要进行 3 个部分的配置。为了方便查看,这里截取了使用 PLL 作为系统时钟源的配置部分,如图 2.119 所示。

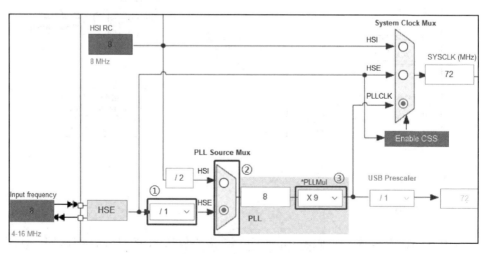

图 2.119　PLL 时钟配置图

图 2.119 借用了在 STM32CubeIDE 下用锁相环配置 72 MHz 时钟的一个示例。

(1) PLLXTPRE：HSE 分频器作为 PLL 输入（HSE divider for PLL entry）

即图 2.119 中标注为①的地方，专门用于 HSE。ST 设计它有两种方式，并把它的控制功能放在 RCC_CFGR 寄存器中，可以从 STM32F103 参考手册中查到如图 2.120 所示设置描述。经过 HSE 分频器处理后的输出振荡时钟信号比直接输入的时钟信号更稳定。

位17	PLLXTPRE：HSE 分频器作为 PLL 输入 由软件置1或清0来分频HSE后作为PLL输入时钟，只能在关闭PLL时才能写入此位。 0：HSE不分频　　　　　1：HSE 2分频

图 2.120　PLLXTPRE 设置选项值

(2) PLLSRC：PLL 输入时钟源（PLL entry clock source）

即图 2.119 中标注为②的地方，同样的，参考 F103 参考手册可查到如图 2.121 所示描述。

位16	PLLSRC：PLL输入时钟源 由软件置1或清0来选择PLL输入时钟源，只能在关闭PLL时才能写入此位。 0：HSI振荡器时钟经2分频后作为PLL输入时钟 1：HSE时钟作为PLL输入时钟

图 2.121　PLLSRC 锁相环时钟源选择

它有两种可选择的输入源，一种是设计为 HSI 的 2 分频时钟，另一种是 A 处的 PLLXTPRE 处理后的 HSE 信号。

(3) PLLMUL：PLL 倍频系数（PLL multiplication factor）

即图 2.119 中③所表示的配置锁相环倍频系数，ST 设置它的有效倍频范围为 2～16 倍。

结合图 2.119 来实现 72 MHz 的主频率时，选择 HSE 不分频作为 PLL 输入的时钟信号，即输入 8 MHz；通过标号③选择倍频因子，可选择 2～16 倍频，这里选择 9 倍频，这样可以得到时钟信号为 8 MHz×9＝72 MHz。

2.8.3　系统时钟 SYSCLK

STM32 的系统时钟 SYSCLK 为整个芯片提供了时序信号。STM32 主控是时序电路链接起来的。对于相同的稳定运行的电路，时钟频率越高，指令的执行速度越快，单位时间能处理的功能越多。STM32 的系统时钟是可配置的，在 STM32F1 系列中，它可以为 HSI、PLLCLK、HSE 中的一个，通过 CFGR 的位 SW[1:0]设置。

前面讲解 PLL 作为系统时钟时，根据本书使用开发板的资源，可以把主频通过 PLL 设置为 72 MHz。这里仍使用 PLL 作为系统时钟源，如果使用 HSI/2，那么可以得到最高主频 8 MHz/2×16＝64 MHz。

从图 2.118 可知，AHB、APB1、APB2、内核时钟等时钟通过系统时钟分频得到。

根据得到的这个系统时钟,下面结合外设来看一看各个外设时钟源。

图 2.122 所示为 STM32F103 系统时钟,标号 C 为系统时钟输入选择,可选时钟信号有外部高速时钟 HSE(8 MHz)、内部高速时钟 HSI(8 MHz)和经过倍频的 PLL CLK(72 MHz),这里选择 PLL CLK 作为系统时钟,此时系统时钟的频率为 72 MHz。系统时钟来到标号 D 的 AHB 预分频器,其中可选择的分频系数为 1、2、4、8、16、32、64、128、256 或不分频,所以 AHB 总线时钟达到最大的 72 MHz。

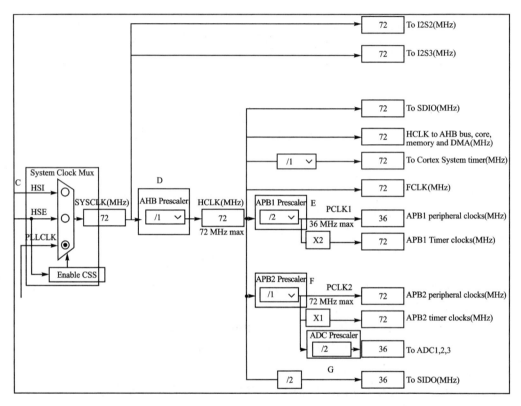

图 2.122　STM32F103 系统时钟生成图

下面介绍一下由 AHB 总线时钟得到的时钟。

① APB1 总线时钟,由 HCLK 经过标号 E 的低速 APB1 预分频器得到,分频因子可以选择 1、2、4、8、16,这里选择 2 分频,所以 APB1 总线时钟为 36 MHz。由于 APB1 是低速总线时钟,所以 APB1 总线最高频率为 36 MHz,片上低速的外设就挂载在该总线上,如看门狗定时器、定时器 2/3/4/5/6/7、RTC 时钟、USART2/3/4/5、SPI2(I2S2) 与 SPI3(I2S3)、I2C1 与 I2C2、CAN、USB 设备和两个 DAC。

② APB2 总线时钟,由 HCLK 经过标号 F 的高速 APB2 预分频器得到,分频因子可以选择 1、2、4、8、16,这里选择 1 即不分频,所以 APB2 总线时钟频率为 72 MHz。与 APB2 高速总线连接的外设有外部中断与唤醒控制、7 个通用目的输入/输出口(PA、PB、PC、PD、PE、PF 和 PG)、定时器 1、定时器 8、SPI1、USART1、3 个 ADC 和内部温度

传感器。其中,标号 G 是 ADC 的预分频器,后面 ADC 实验中会详细说明。

此外,AHB 总线时钟直接作为 SDIO、FSMC、AHB 总线、Cortex 内核、存储器和 DMA 的 HCLK 时钟,并作为 Cortex 内核自由运行时钟 FCLK。

如图 2.123 所示,标号 H 是 USBCLK,是一个通用串行接口时钟,时钟来源于 PLLCLK。STM32F103 内置全速功能的 USB 外设,其串行接口引擎需要一个频率为 48 MHz 的时钟源。该时钟源只能从 PLL 输出端获取,可以选择为 1.5 分频或者 1 分频。也就是说,当需要使用 USB 模块时,PLL 必须使能,并且时钟频率配置为 48 MHz 或 72 MHz。

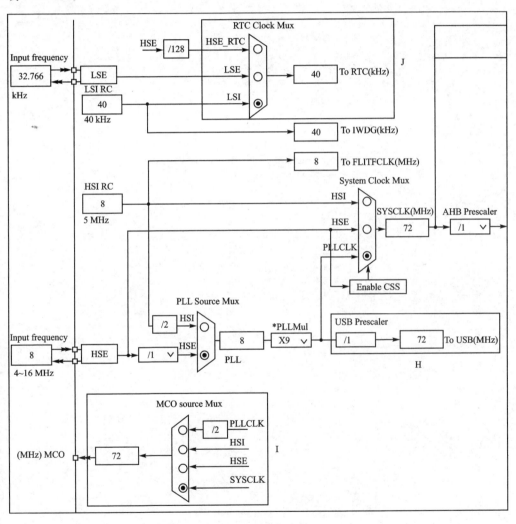

图 2.123 USB、RTC、MCO 相关时钟

标号 I 是 MCO 输出内部时钟,STM32 的一个时钟输出 I/O(PA8),它可以选择一个时钟信号输出,可以选择为 PLL 输出的 2 分频、HSI、HSE 或者系统时钟。这个时钟可以用来给外部其他系统提供时钟源。

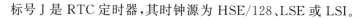

标号 J 是 RTC 定时器,其时钟源为 HSE/128、LSE 或 LSI。

2.8.4　时钟信号输出 MCO

STM32 允许通过设置实现从 MCO 引脚输出一个稳定的时钟信号,即在图 2.222 中标注为 G 的部分。可被选作 MCO 时钟的有 SYSCLK、HSI、HSE 及除 2 的 PLL 时钟。时钟的选择由时钟配置寄存器(RCC_CFGR)中的 MCO[2:0]位控制。

可以通过 MCO 引脚来输出时钟信号,从而测试输出时钟的频率或作为其他需要时钟信号的外部电路的时钟。

第3章

STM32CubeIDE 工程模板分析

第 2 章通过 STM32CubeIDE 在线下载了一个 STM32Cube 固件包，STM32CubeMX 插件就是利用这个固件包来生成初始化代码的，那么这个固件包里有什么？是做什么用的？和 HAL 库有什么关系？前面通过第一个工程实验熟悉了 STM32CubeIDE 的基本使用方法，本章首先分析这个固件包，再以第一个工程为模板，分析一下工程的结构，了解工程中有哪些文件、关系是什么、有什么作用。通过对工程的分析，就可以了解工程和 STM32CubeF1 固件包有着怎样密切的关系。

同时，介绍正点原子提供的 SYSTEM 文件夹，该文件夹包含 sys 及 delay 两个文件夹，分别包含了 sys.s、delay.c 及相关的头文件；这两个 C 源文件提供了系统时钟设置、延时等功能，能够起到快速移植和辅助开发的作用。

3.1 获取 STM32Cube 固件包

STM32Cube 是 ST 公司提供的一套免费的开发工具和 STM32Cube 固件包，覆盖了整个 STM32 产品，可在 STM32 平台上进行快速轻松的开发，从而简化了开发人员的工作。STM32Cube 由以下组件组成，这些组件可以一起使用或独立使用：

> 允许用户通过图形化向导来生成 C 语言工程的图形配置工具 STM32CubeMX。
> 适用于每个 STM32 系列的 STM32Cube MCU 和 MPU 软件包（也叫 STM32Cube 固件包或者 STM32Cube 包）。

前面 STM32CubeIDE 第一个工程实验的创建工程环节中，STM32CubeIDE 已经自动在 C:\Users\自己的用户名称\STM32Cube\Repository\STM32Cube_FW_F1_V1.8.5 路径中下载好了 STM32Cube_FW_F1_V1.8.5 包；这个包就是 STM32F1 的固件包，也可以从 ST 官网下载，目前最新版本是 1.8.5 版本。

进入 ST 官网 https://www.st.com/content/st_com/en.html 以后，在搜索框中输入 STM32CubeF1 进行搜索，如图 3.1 所示。

在配套资料的 A 盘\6.软件资料\1.软件\STM32CubeIDE 中也提供了 STM32F1 的固件包。打开 Drivers 文件夹，看到的 STM32F1xx_HAL_Driver 就是 HAL 库。

图 3.1　搜索 STM32CubeF1 固件包

3.2　STM32CubeF1 固件包目录结构

打开 STM32Cube_FW_F1_V1.8.5 固件包,目录结构如图 3.2 所示。

_htmresc 文件夹中存放的是 ST 公司的 LOGO 图片和一些网站的相关资料,一般用不到的可以不关注。

1. Drivers 文件夹

Drivers 文件夹包含 BSP、CMSIS 和 STM32F1xx_HAL_Driver 共 3 个子文件夹,具体说明如表 3.1 所列。

2. Middlewares 文件夹

该文件夹下面有 ST 和 Third_Party 共两个子文件夹,如表 3.2 所列。ST 文件夹下面存放的是 STM32 相关的一些文件,包括 STemWin 和 USB 库等。Third_Party 文件夹是第三方中间件,这些中间价都是非常成熟的开源解决方案。

图 3.2　固件包目录结构

表 3.1　Drivers 文件夹简介

文件夹		说　明
BSP 文件夹		BSP 也叫板级支持包,提供的是直接与硬件打交道的 API,如触摸屏、LCD、SRAM 以及 EEP-ROM 等板载硬件资源或驱动。目前 STM32CubeF1 固件包中还未添加这部分内容(目前有 LED、COM 端口以及按钮相关的 API),后期 ST 应该会逐渐添加。 BSP 文件夹下还存放了 ST 官方 DISCO 和 EVAL 开发板的硬件驱动 API 文件,每种板对应一个文件夹。可以打开开发板文件夹,根据帮助文档查看 API 文件的内容
CMSIS 文件夹		CMSIS 文件夹用于存放符合 CMSIS 标准的文件,包括 STM32 启动文件、ARM Cortex 内核文件和对应外设头文件
	Core	用于 Cortex - M 处理器内核和外围设备的 API
	Core_A	用于 Cortex - A5/A7/A9 处理器内核和外围设备的 API
	Device	微控制器专用头文件、启动代码、专用系统文件
	DSP	适用于各种数据类型的 DSP 库集合
	Include	STM32F1xx 外围设备访问层头文件
	Lib	ARM、GCC 和 IAR 格式的 DSP 库文件
	NN	神经网络库集合,目的是在 Cortex - M 处理器内核上最大化神经网络的性能并最小化其内存占用
	RTOS	实时操作系统通用 API 相关文件(V1 版本),兼容 RTX4
	RTOS2	对 RTOS V1 的拓展,兼容 RTX5
STM32F1xx_ HAL_Driver 文件夹		HAL 库文件夹,处理 STM32"内部"设备,包含了所有的 STM32F1xx 系列 HAL 库头文件和源文件,也就是所有底层硬件抽象层 API 声明和定义。它的作用是屏蔽了复杂的硬件寄存器操作,统一了外设的接口函数。该文件夹包含 Src 和 Inc 两个子文件夹,其中,Src 子文件夹存放的是.c 源文件,Inc 子文件夹存放的是与之对应的.h 头文件。每个.c 源文件对应一个.h 头文件。前面的 STM32CubeIDE 第一个工程实验中就有用到该文件夹的文件,后面会重点介绍该文件夹中的文件

表 3.2　Middlewares 文件夹介绍

文件夹		说　明	
Middlewares 文件夹	ST 子文件夹	STemWin 文件夹	STemWin 工具包,由 Segger 提供
		STM32_USB_Device_Library 文件夹	USB 从机设备支持包
		STM32_USB_Host_Library 文件夹	USB 主机设备支持包
	Third_Party 子文件夹	FatFs 文件夹	FAT 文件系统支持包,采用的 FATFS 文件系统
		FreeRTOS 文件夹	FreeRTOS 实时系统支持包
		LwIP 文件夹	LwIP 网络通信协议支持包

3. Projects 文件夹

该文件夹存放的是 ST 官方的开发板适配例程,每个文件夹对应一个 ST 官方的 Demo 板,根据型号的不同提供 MDK 和 IAR 等类型的例程;里面有很多实例,读者可以根据需要来参考。

4．Utilities 文件夹

该文件夹是一些公用组件，主要是为 ST 官方 DEMO 板提供的，在例程中使用不多。有兴趣的读者可以深入研究一下，这里不过多介绍。

5．其他文件

文件夹中还有几个单独的文件，用于声明软件版本或者版权信息。我们使用 ST 的芯片已经默认得到这个软件的版权使用授权，可以简单了解一下各文件的内容，实际项目中一般不添加。

License.md：用于声明软件版权信息的文件。

Package.xml：描述固件包版本信息的文件。

Release_Notes.html：超文本文件，用浏览器打开可知它是对固件包的补充描述和固件版本更新的记录说明。

3.3　CMSIS 文件夹关键文件介绍

随着 32 位处理器在嵌入式市场需求量逐渐增多，各家芯片公司推出新型芯片，伴随而来的是开发工具、软件兼容以及代码移植等问题。在这种情况下，各硬件平台的供应商都寻求易于使用且高效的解决方案，其中，ARM 与 Atmel、IAR、KEIL、SEGGER 和 ST 等诸多芯片和软件工具厂商合作，发布了一套 CMSIS 标准。

CMSIS(Cortex Microcontroller Software Interface Standard)，即 ARM Cortex 微控制器软件接口标准。CMSIS 标准提供了内核和外围设备、实时操作系统和中间组件之间的通用 API 接口，从而简化了软件的重复使用，缩短了微控制器开发人员的学习时间，并缩短了新设备的上市时间。图 3.3 是 ARM 公司的 CMSIS 标准结构框图。

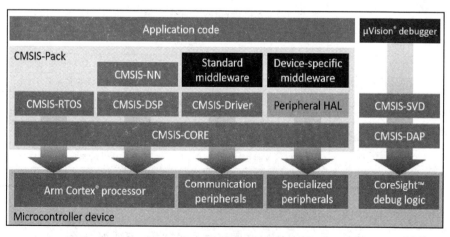

图 3.3　CMSIS 标准结构框图

其中,CMSIS-CORE 层定义了 Cortex-M 以及 Cortex-A 处理器(Cortex-A5/A7/A9)内核和外围设备的标准化 API。CMSIS-Pack 层包含了 CMSIS-Driver 驱动框架、CMSIS-DSP 相关库、CMSIS-RTOS 操作系统 API、中间件 API 和 Peripheral HAL 层 API 等。根据 CMSIS 的标准,ARM 公司整合并提供了 CMSIS 软件包模板,目前最新的是 5.7.0 版本,感兴趣的读者可以在 CMSIS 官网(https://developer.arm.com/tools-and-software/embedded/cmsis)浏览更多信息。

ST 公司基于 ARM 提供的 CMSIS 软件包模板,结合自己芯片的差异进行了修改,并将其整合到了 STM32Cube 固件包中的 CMSIS 文件夹里。CMSIS V5.7.0 的文件夹描述如表 3.3 所列。

表 3.3　CMSIS V5.7.0 的文件夹描述

文件/目录		描　述
LICENSE.txt		Apache 2.0 授权的许可文件
Device		基于 ARM Cortex-M 处理器设备的 CMSIS 参考实现
ARM.CMSIS.pdsc		描述该 CMSIS 包的文件
CMSIS 组件	Documentation	这个数据包的描述文档
	Core	CMSIS-Core(Cortex-M)相关文件的用户代码模板,在 ARM.CMSIS.pdsc 中引用
	Core_A	CMSIS-Core(Cortex-A)相关文件的用户代码模板,在 ARM.CMSIS.pdsc 中引用
	DAP	CMSIS-DAP 调试访问端口源代码和参考实现
	Driver	CMSIS 驱动程序外设接口 API 的头文件
	DSP_Lib	CMSIS-DSP 软件库源代码
	NN	CMSIS-NN 软件库源代码
	Include	CMSIS-Core(Cortex-M)和 CMSIS-DSP 需要包括的头文件等
	Lib	包括 CMSIS 核心(Cortex-M)和 CMSIS-DSP 的文件
	Pack	CMSIS-Pack 示例,包含设备支持、板支持和软件组件的软件包示例
	RTOS	CMSIS-RTOS 版本 1 以及 RTX4 参考实现
	RTOS2	CMSIS-RTOS 版本 2 以及 RTX5 参考实现
	SVD	CMSIS-SVD 样例,规定开发者、制造商、工具制造商的分工和职能
	Utilities	PACK.xsd(CMSIS-Pack 架构文件)、PackChk.exe(检查软件包的工具)、CMSIS-SVD.xsd(MSIS-SVD 架构文件)、SVDConv.exe(SVD 文件的转换工具)

知道了 CMSIS 规定的组件及其文件目录的大概内容后,再来看看 ST 提供的 CMSIS 文件夹,它的位置是"STM32Cube_FW_F1_V1.8.0\Drivers\CMSIS",内容如表 3.4 所列,可以发现它的目录结构完全按照 CMSIS 标准执行,仅仅是做了部分删减。打开固件包中 STM32Cube_FW_F1_V1.8.5\Drivers\CMSIS 目录,其中,Device 文件夹和 Include 文件夹是每个工程都要用到的。下面简单介绍这两个文件夹。

1．Device 文件夹

Device 文件夹关键文件介绍如表 3.4 所列。

表 3.4　Device 文件夹关键文件介绍

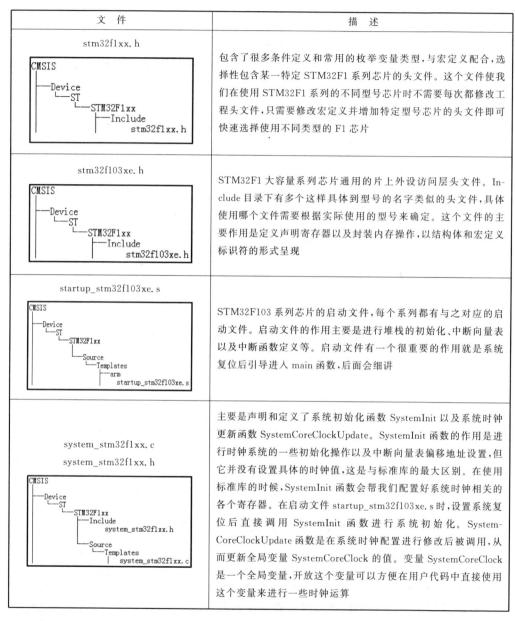

文　件	描　述
stm32f1xx.h CMSIS └─Device 　└─ST 　　└─STM32F1xx 　　　├─Include 　　　　　stm32f1xx.h	包含了很多条件定义和常用的枚举变量类型，与宏定义配合，选择性包含某一特定 STM32F1 系列芯片的头文件。这个文件使我们在使用 STM32F1 系列的不同型号芯片时不需要每次都修改工程头文件，只需要修改宏定义并增加特定型号芯片的头文件即可快速选择使用不同类型的 F1 芯片
stm32f103xe.h CMSIS └─Device 　└─ST 　　└─STM32F1xx 　　　├─Include 　　　　　stm32f103xe.h	STM32F1 大容量系列芯片通用的片上外设访问层头文件。Include 目录下有多个这样具体到型号的名字类似的头文件，具体使用哪个文件需要根据实际使用的型号来确定。这个文件的主要作用是定义声明寄存器以及封装内存操作，以结构体和宏定义标识符的形式呈现
startup_stm32f103xe.s CMSIS └─Device 　└─ST 　　└─STM32F1xx 　　　└─Source 　　　　└─Templates 　　　　　├─arm 　　　　　　startup_stm32f103xe.s	STM32F103 系列芯片的启动文件，每个系列都有与之对应的启动文件。启动文件的作用主要是进行堆栈的初始化、中断向量表以及中断函数定义等。启动文件有一个很重要的作用就是系统复位后引导进入 main 函数，后面会细讲
system_stm32f1xx.c system_stm32f1xx.h CMSIS └─Device 　└─ST 　　└─STM32F1xx 　　　├─Include 　　　　　system_stm32f1xx.h 　　　└─Source 　　　　└─Templates 　　　　　system_stm32f1xx.c	主要是声明和定义了系统初始化函数 SystemInit 以及系统时钟更新函数 SystemCoreClockUpdate。SystemInit 函数的作用是进行时钟系统的一些初始化操作以及中断向量表偏移地址设置，但它并没有设置具体的时钟值，这是与标准库的最大区别。在使用标准库的时候，SystemInit 函数会帮我们配置好系统时钟相关的各个寄存器。在启动文件 startup_stm32f103xe.s 时，设置系统复位后直接调用 SystemInit 函数进行系统初始化。SystemCoreClockUpdate 函数是在系统时钟配置进行修改后被调用，从而更新全局变量 SystemCoreClock 的值。变量 SystemCoreClock 是一个全局变量，开放这个变量可以方便在用户代码中直接使用这个变量来进行一些时钟运算

表 3.4 列出的文件都是正式工程中必需的文件。固件包的 CMSIS 文件包括了所有 STM32F1 芯片型号的文件，而这里只用到 STM32F103 系列，所以只针对此系列文件来介绍。

2. Include 文件夹

Include 文件夹存放了符合 CMSIS 标准的 Cortex - M 内核头文件。想要深入学习内核的读者可以配合相关手册去学习。对于 STM32F1 的工程，只要把需要的添加到工程即可，分别是 cmsis_armcc. h、cmsis_armclang. h、cmsis_compiler. h、cmsis_version. h、core_cm3. h 和 mpu_armv7. h。其中接触较多的是 core_cm3. h。

core_cm3. h 是内核底层的文件，由 ARM 公司提供，包含一些 AMR 内核指令，如软件复位、开关中断等功能。

3.4　STM32CubeIDE 工程文件夹分析

打开前面介绍的第一个工程 00_f103_test 的保存目录，并对比 STM32CubeIDE 软件上的工程浏览窗口，如图 3.4 所示。

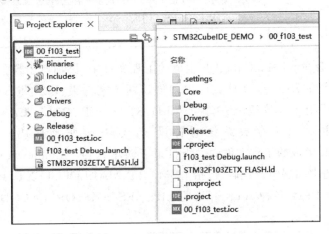

图 3.4　CubeIDE 工程目录

表 3.5 是对 00_f103_test 工程文件的一个汇总。

表 3.5　工程列表

文　件	说　明
. settings 文件夹	位于工程的保存目录中，存放的是 IDE 的配置文件，一般不用管
Binaries 文件夹	位于 STM32CubeIDE 工程列表中，显示编译生成的 .elf 文件
Includes 文件夹	位于 STM32CubeIDE 工程列表中，存放的是工程的头文件路径，编译前可以配置，详见 4.2.3 小节
Core 文件夹	存放的是 STM32CubeIDE 自动生成的操作外设要用到的 API 函数文件和 main 函数文件
Drivers 文件夹	存放的是 HAL 库文件，其中会存放两个关于正点原子的一些 BSP 和 SYSTEM 文件夹。其中，BSP 用于存放板级驱动，SYSTEM 用于存放系统时钟设置、延时等功能驱动

续表 3.5

文　件	说　明
Debug 文件夹	存放的是编译生成的文件,对应 Debug 版本,详见 4.2.5 小节
Release 文件夹	存放的是编译生成的文件,对应 Release 发行版,详见 4.2.5 小节
00_f103_test.ioc 文件	存放的是 STM32CubeMX 插件工程文件,双击可以通过独立的 STM32CubeMX 软件来打开工程
.cproject .project	位于工程的保存目录中,双击可以在 STM32CubeIDE 中打开
f103_test Debug.launch	由 STM32CubeIDE 生成,是调试时对应的配置文件,分别对应 Debug 版本和 Release 版本,这些文件可以不用关注
STM32F103ZETX_FLASH.ld	工程的链接脚本,类似启动文件、堆栈的大小设置、RAM 和 FLASH 的起始地址大小设置等均在此文件
ATK_Middlewares （由读者自己添加的文件）	该文件夹用于存放正点原子的中间层组件代码,包括 USMART、MALLOC、TEXT、T9INPUT、PICTURE、GUI、MJPEG、各种 ATK 开头的 LIB、NES、SMS、QR_ENCODE 等

　　注意,读者会在 STM32CubeIDE 生成的工程文件中,添加属于自己的文件夹以及驱动文件。首先在 Drivers 文件夹中主动创建两个文件夹:BSP 和 SYSTEM,其中,BSP 文件夹主要用于存放板级驱动,如 LED、KEY、LCD、OLED、CAN 等驱动;SYSTEM 文件夹主要用于存放系统时钟设置、延时等驱动代码。另外,还会在 STM32CubeIDE 生成的工程文件的一级目录下创建 ATK_Middlewares 文件夹,用于存放正点原子的中间层组件代码,包括 USMART、MALLOC、TEXT、T9INPUT、PICTURE、GUI、MJPEG、各种 ATK 开头的 LIB、NES、SMS、QR_ENCODE 等,如图 3.5 所示。

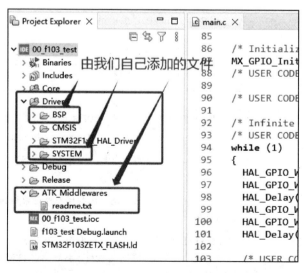

图 3.5　添加自己的文件夹及驱动文件

下面详细介绍 STM32CubeIDE 生成的工程中的文件作用。

1. Binaries

Binaries 下包括 00_f103_test. elf 文件,它指向 Debug 目录下生成的 . elf 文件,编译完以后可以直接看 Binaries 下有没有 . elf 文件,若有则编译成功,如图 3.6 所示。在工程中右击 00_f103_test. elf 文件可以查看 Properties 属性。

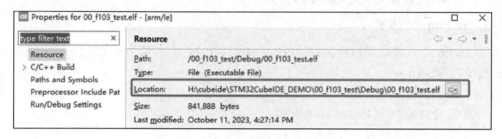

图 3.6　工程中 Binaries 文件夹

2. Core 文件夹

Core 文件夹下存放的主要是 STM32CubeIDE 自动生成外设的 API 函数文件和 main 函数文件。其中,Inc 下主要是 API 的头文件,Src 下主要是 API 的源文件,实验中操作的是 GPIO,所以会看到有关 GPIO 的 API 函数 gpio. c 和 gpio. h;如果此时在工程中配置 UART,那么就会多出 uart. c 和 uart. h 文件。

> gpio. c 文件,是 GPIO 引脚配置的代码,如 GPIO 的时钟使能和 GPIO 的模式配置代码。

> main. c 文件,是主函数文件。

> stm32f1xx_hal_msp. c 文件,用于提供 MSP 初始化和反初始化代码的代码。

> stm32f1xx_it. c 文件,包含异常处理程序和外设中断服务程序,其中调用 HAL_IncTick 函数来保证 Systick 每隔 1 ms 产生一次中断。中断服务函数也可以编写在其他文件中,比如各个硬件的驱动文件里面,既然 STM32CubeIDE 生成了此文件,那就可以利用此文件,如项目开发时中断服务函数可以在此文件中添加。

> syscalls. c 文件,翻译过来是系统调用的意思,是 MCU 最小系统调用文件,由 STM32CubeIDE 自动生成。文件中调用了一些 C 函数库,如标准输入输出函数 stdio. h、返回错误事件错误码的 errno. h 函数等,这些函数的具体实现可以参考 Newlib 或者 libc 说明手册。

注意,Newlib 和 libc 是一个开源的、面向嵌入式系统的 C 运行库,可以将这些库移植到我们工程代码中,详细信息可以参考官网 http://www. gnu. org/software/libc/及 https://sourceware. org/newlib/。

syscalls. c 文件中还有 getpid(取得进程识别码)函数,如_write 函数和_read 函数,当串口实验遇到 printf 的重定向问题时,printf 的调用流程是先调用_write 函数,再调

用 __io_putchar 或 __io_getchar 函数,这时就可以直接调用 syscalls.c 文件,再根据需要修改里边的内容。

> sysmem.c 文件,翻译过来就是和系统内存有关的文件,是 STM32CubeIDE 系统内存调用文件。文件中调用了 _sbrk 函数,将内存分配给 newlib 堆,并由 malloc 使用。其实也是 C 库函数,可以参考 Newlib 或者 libc 说明手册进一步了解,此函数不是重点介绍内容。

3. Startup 文件夹

Startup 下存放的是启动文件 startup_stm32f103zetx.s,是系统上电后第一个运行的程序,主要用于:

① 设置栈指针 SP;
② 设置初始 PC=Reset_Handler;
③ 设置中断向量表入口地址,并初始化向量表;
④ 初始化.data 和.bss 段;
⑤ 跳转到 C 库中的 main。

4. Drivers 文件夹

Drivers 文件夹下就是 HAL 库了,里边存放的文件是 STM32CubeIDE 从之前下载的 STM32CubeF1 固件包中复制的。之前在创建工程时采用默认配置,在 STM32CubeMX 插件中配置了 Copy only the necessary library files 选项,即生成工程时会从 STM32CubeF1 固件包中复制需要用到的 HAL 库文件,没用到的不会复制,这样生成的工程就比较精简和小巧。

5. Debug 文件夹

Debug 文件夹下就是编译生成的文件。Core 和 Drivers 文件夹下有编译生成的中间文件。Debug 文件夹根目录下有编译生成的可执行.elf 文件和 bin 格式文件,这些格式的文件可以通过配置 STM32CubeIDE 生成。.map 文件是地图文件,.list 文件是反汇编文件,makefile 文件是控制工程编译规则的文件。

6. Release 文件夹

对应 Release 发行版编译生成的文件,详见 2.6.6 小节。

3.5　sys 文件夹代码介绍

sys 文件夹内包含了 sys.c 和 sys.h 两个文件。sys.c 文件中主要实现了如下几个函数:

```
/*函数声明*/
void sys_nvic_set_vector_table(uint32_t baseaddr, uint32_t offset);
void sys_standby(void);
void sys_soft_reset(void);
```

```
uint8_t sys_stm32_clock_init(uint32_t plln);
/* 汇编函数 */
void sys_wfi_set(void);
voidsys_intx_disable(void);
voidsys_intx_enable(void);
voidsys_msr_msp(uint32_t addr);
```

sys_nvic_set_vector_table 函数用于设置中断向量表偏移地址,sys_standby 函数用于进入待机模式,sys_soft_reset 函数用于系统软复位,sys_stm32_clock_init 函数是系统时钟初始化函数。sys.h 文件中只对于 sys.c 的函数进行声明。

3.6　delay 文件夹代码介绍

delay 文件夹中包含了 delay.c 和 delay.h 两个文件。delay.h 文件中声明了以下函数:

```
/* 函数声明 */
void delay_init(uint16_t sysclk);        /* 初始化延时功能 */
void delay_us(uint32_t nus);             /* 微秒级延时 */
void delay_ms(uint16_t nms);             /* 毫秒级延时 */
```

以上 3 个函数均在 delay.c 文件中实现,分别用于初始化延时功能、微秒级延时和毫秒级延时,该延时功能区分了裸机和操作系统的两种情况。

在裸机的情况下,该延时为阻塞延时,即 CPU 忙延时,就是"死等",在延时期间,CPU 只会不断地判断延时时间是否超时,而不会做其他任何事情。具体的实现方法是利用 SysTick(SysTick 是一个 24 位的向下递减计数器),在初始化延时功能的时候配置 SysTick 的计数频率为系统时钟频率,即 72 MHz,也就是说 SysTick 的计数值减少 72 就耗时 1 μs(不精确);如果要延时 n μs,那么只要让 SysTick 从 n×72 开始计数,当 SysTick 的计数值为 0 时,就说明延时了 n μs。ms 级延时就是循环延时多个 1 000 μs。

一般操作系统都会提供一个 ms 级的非阻塞延时,那么就可以使用操作系统提供的延时功能来进行 ms 级延时。而 μs 级延时,则先将待延时的 μs 数转换为 ms 数进行 ms 级延时,若还有余数,则使用裸机情况下的 μs 级延时进行延时。

实战篇

本篇将和读者一起来学习 STM32 的一些基础外设,以便将来更好、更快地完成实际项目开发。

本篇涉及的实验在原理部分并未给出详细介绍,而是重点关注如何使用 STM32CubeIDE 进行配置以实现 STM32 的外设功能。对于想要详细了解实验原理部分的读者,可查阅配套资料的"STM32F1 开发指南"文档。

本篇将采取一章一例的方式介绍如何使用 STM32CubeIDE 配置 STM32 常用外设,带领读者熟练掌握使用 STM32CubeIDE 配置 STM32 外设功能。

本篇将分为如下章节:

第 **4** 章

跑马灯实验

本章将通过一个经典的跑马灯程序,带读者了解 STM32 的 I/O 口作为输出使用的方法;通过 STM32CubeIDE 生成代码,并在此基础上增加逻辑代码控制开发板上的两个 LED 灯 DS0 和 DS1 交替闪烁,从而实现类似跑马灯的效果。

4.1　STM32F1 GPIO 简介

GPIO 是控制或者采集外部器件的信息的外设,即负责输入输出。GPIO 具有 8 种工作模式,分别为浮空输入、上拉输入、下拉输入、模拟功能、开漏输出、推挽输出、开漏式复用功能及推挽式复用功能。

4.2　硬件设计

1)例程功能

LED0 和 LED1 以 500 ms 的频率交替闪烁,从而实现类似跑马灯的效果。

2)硬件资源

LED 灯:LED0 – PB5、LED1 – PE5。

3)原理图

本章实验用到两个 STM32 精英开发板板载 LED,分别为 LED0(红色)和 LED1(绿色),与板载 MCU 的连接原理图如图 4.1 所示。可见,LED0 和 LED1 的正极分别经由限流电阻与电源正极相连,而负极则分别与MCU 的 PB5 引脚和 PE5 引脚相连。因此,通过控制 PB5 或 PE5 引脚输出低电平,即可控制 LED0 和 LED1 的点亮,反之,则熄灭。

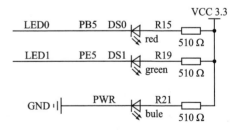

图 4.1　LED 与 MCU 的连接原理图

4.3　程序设计

本章通过 HAL 库的 API 函数来驱动 LED,从而实现 LED0 和 LED1 以 500 ms 交替闪烁,其中会用到 HAL_GPIO_WritePin 和 HAL_GPIO_TogglePin 函数。

4.3.1　配套源码路径

本实验配置好的实验工程已经放到了配套资料中,路径为:开发板光盘 A-基础资料\1、程序源码\4,CubeIDE_project\01_LED。

4.3.2　GPIO 功能引脚配置

新建一个工程 LED,进入 STM32CubeMX 插件配置界面后,在 Pin 搜索管脚处输入 PB5,则引脚排列视图处就可以看到一个引脚在闪烁,这个就是我们要找的 PB5,如图 4.2 所示。

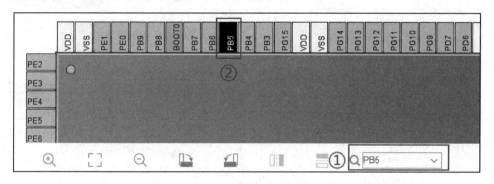

图 4.2　搜索 PB5 引脚

单击闪烁的引脚 PB5,并在弹出的复用功能菜单中选择 GPIO_Output,如图 4.3 所示。

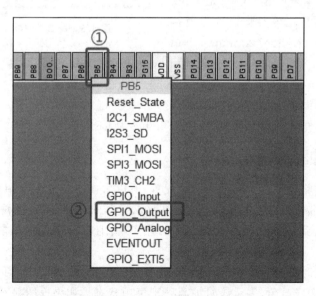

图 4.3　配置 PB5 引脚复用功能

同样的方法配置 PE5。接下来配置 GPIO 的工作模式。设置好的管脚从灰色变成绿色,标识该管脚已经启用,默认的标识字符是用户设置的外设功能,作为输出功能。同时通过 System Core 下的 GPIO 选项可以看到刚刚设置的管脚功能,如图 4.4 所示。

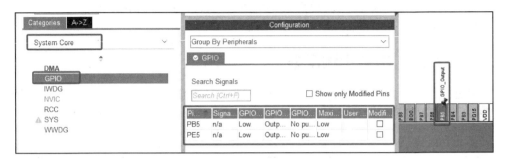

图 4.4 GPIO 设置菜单

单击 PB5 进入 I/O 详情配置,如图 4.5 所示。

图 4.5 中①选项 GPIO output level 用于确定 GPIO 上电时,保持用户想要的电平,这里设置为输出高电平,保持 LED 默认状态为熄灭状态。②选项 GPIO mode 用来设置 I/O 口输出模式为 Output Push Pull(推挽)还是 Output Open Drain(开漏)。本实验设置为推挽输出 Output Push Pull。③选项 GPIO Pull – up/Pull – down 用来设置 I/O 口是上拉、下拉或没有上下拉。本实验设置为上拉 (Pull – up)。④选项 Maximum ouput

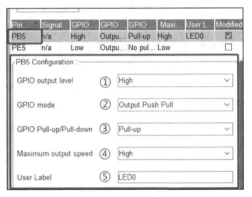

图 4.5 配置 LED0 工作模式

speed 用来设置 I/O 口输出速度为低速(Low)、中速(Medium)或高速(Hign)。本实验设置为高速 High 就可以了。⑤选项 User Label 用来设置初始化 I/O 口的 Pin 值,一般情况可以不用设置,这里填写为 LED0。

按照前面同样的方法配置 PE5,User Label 为 LED1。

4.3.3 时钟和工程配置

后续实验的此步骤基本采用一样的配置,所以后面不再过多介绍此步骤。首先默认 RCC 时钟源都使用内部晶振,这里需要改成外部的晶体/陶瓷振荡器,如图 4.6 所示。此时可以看到芯片这两对管脚已经启用了,并且配置为晶振功能使用,如图 4.7 所示。

接下来修改时钟设置。在 Clock Configuration 界面中,可以看到外部振荡器已经启用,并且框图变成蓝色,表示该时钟源处于可用状态。如果框图显示为灰色,则表示该时钟源无法使用,如图 4.8 所示。

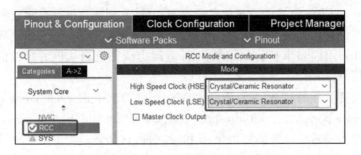

图 4.6　时钟源设置

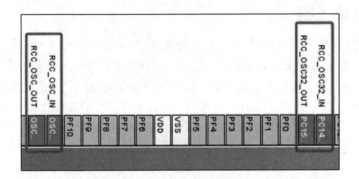

图 4.7　晶振管脚启用

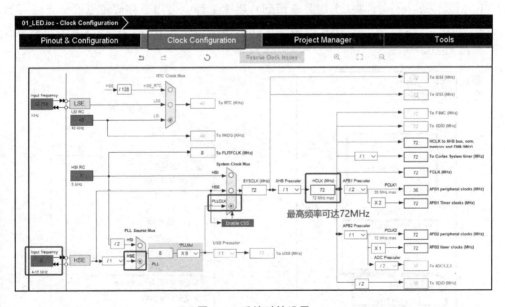

图 4.8　系统时钟设置

本书使用的精英开发板板载的外部高速晶振为 8 MHz,而官方推荐的主频时钟为 72 MHz,因此将其配置为最高推荐主频 72 MHz。当然,也可以选择较低的频率,但这会降低运行速度并影响性能。除非需要进行低功耗设计,否则通常直接将其设置为最大频率。注意,如果配置的参数超出了最高允许范围,则选项框会显示红色警告。

然后配置仿真调试接口。这里打开 SYS 选项,选择 Debug→Serial Wire 菜单项。SW 调试端口采用同步串行协议,SWCLK 引脚为从主机到从机的时钟信号,SWDIO 为双向数据信号。

接下来配置工程的格式。在 Project Manager 选项卡的 Code Generator 中,要注意选中 Generate peripheral initialization as a pair of ".c/.h" files per peripheral 选项,这样可以独立生成对应外设的初始化.h 和.c 文件(这么做是为了不让外设的初始化代码生成在 main.c 文件中,方便查看,也避免 main.c 文件变得臃肿)。

4.3.4　生成工程

修改完之后,按下键盘的"Ctrl+S"组合键保存 01_LED.ioc 文件,则系统开始生成初始化代码。生成工程文件目录以后,在 01_LED 工程的 Drivers 文件夹下新建 BSP、SYSTEM 和 Readme 文件夹。其中,在 BSP 文件夹下创建一个 LED 文件夹,LED 文件夹下创建两个文件,分别是 led.c 文件和 led.h 文件;SYSTEM 文件夹中是正点原子自己写的一些关于系统操作函数以及 μs、ms 延时函数的驱动文件(详情可查看第 7 章);Readme 文件夹用于存放工程说明文件。创建好后的工程文件目录如图 4.9 所示。

为了保持 STM32CubeIDE 的例程格式统一,这里还需要在 01_LED 工程下新建 ATK_Middlewares 文件夹(本例并未用到),后续工程中会用于存放正点原子自己写的一些中间层组件,包括 USMART、MALLOC、TEXT、T9INPUT、PICTURE 等驱动文件,如图 4.10 所示。

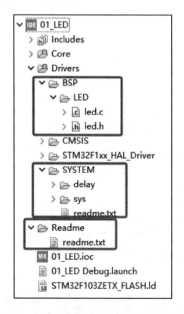

图 4.9　创建好所需文件夹后的 LED 工程　　　图 4.10　新建 ATK_Middlewares 文件夹

添加完以后须在工程中将源文件和工程关联起来（一级目录下新建的文件才需要此操作，如 ATK_Middlewares），如图 4.11 所示。

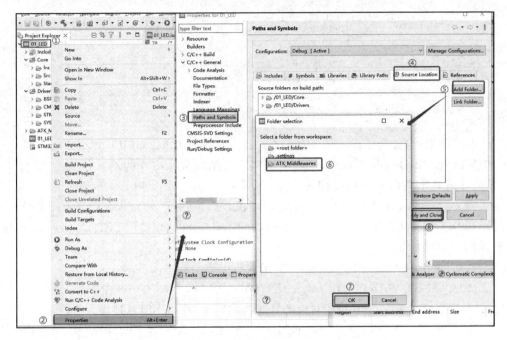

图 4.11 将源文件和工程关联

4.3.5 添加用户驱动代码

1. 逻辑代码实现

前面使用 STM32CubeIDE 生成了基于 HAL 库的 GPIO 初始化代码，还没有控制 LED0、LED1 点亮、熄灭的逻辑代码，接下来在这个工程的基础上手动完成这部分内容。

在 01_LED 工程中的 Drivers 文件夹下新建 BSP 文件夹，专门用于存放自己的逻辑代码；在 BSP 下新建 LED 文件夹，用于存放 LED 的驱动文件，且在 LED 文件夹中分别新建 led.h 和 led.c 文件。

led.h 文件代码如下：

```
#ifndef LED_H_
#define LED_H_
#include"../../SYSTEM/sys/sys.h"

/***************************************************/
/* LED端口定义 */
#define LED0(x)    do{ x ? \
          HAL_GPIO_WritePin(LED0_GPIO_Port, LED0_Pin, GPIO_PIN_SET) : \
        HAL_GPIO_WritePin(LED0_GPIO_Port, LED0_Pin, GPIO_PIN_RESET); \
```

```
                    }while(0)            /* LED0 翻转 */
#define LED1(x)      do { x ? \
           HAL_GPIO_WritePin(LED1_GPIO_Port, LED1_Pin, GPIO_PIN_SET) : \
       HAL_GPIO_WritePin(LED1_GPIO_Port, LED1_Pin, GPIO_PIN_RESET); \
                    }while(0)            /* LED1 翻转 */
/* LED 取反定义 */
#define LED0_TOGGLE()    do{HAL_GPIO_TogglePin(LED0_GPIO_Port,
LED0_Pin); }while(0)          /* 翻转 LED0 */
#define LED1_TOGGLE()    do{HAL_GPIO_TogglePin(LED1_GPIO_Port,
LED1_Pin); }while(0)          /* 翻转 LED1 */
#endif  /* LED_H_ */
```

由上可知,当 x 为 1 即大于 0 的时候,LED0(1)为 HAL_GPIO_WritePin(LED0_GPIO_Port, LED0_Pin, GPIO_PIN_SET),表示设置 LED0 的端口位为 1,端口位 LED0_Pin 输出高电平,LED0 熄灭。

当 x 为 0 的时候,LED0(0)为 HAL_GPIO_WritePin(LED0_GPIO_Port, LED0_Pin, GPIO_PIN_RESET),表示设置 LED0 的端口位为 0,端口位 LED0_Pin 输出低电平,LED0 点亮。

另外,调用 HAL_GPIO_TogglePin 函数将引脚的状态取反。

HAL_GPIO_WritePin(LED0_GPIO_Port, LED0_Pin, GPIO_PIN_SET)表示设置 GPIOB 的第 LED0_Pin 位所对应的管脚为高电平,那么 LED0 熄灭。

HAL_GPIO_WritePin(LED0_GPIO_Port, LED0_Pin, GPIO_PIN_RESET)表示设置 GPIOB 的第 LED0_Pin 位所对应的管脚为低电平,那么 LED0 被点亮。

led.c 文件并未编写任何内容,仅包含了 led.h 头文件,这是由于 LED 的 I/O 初始化已经在生成的文件 gpio.c 中完成初始化了。为了保持文件的完整性,所以我们保留 led.c,后续要实现其他关于 LED 的控制函数,则在 led.c 中添加即可。

2. main 函数调用

main.c 文件的实现:

```
1)   #include"../../BSP/LED/led.h"
2)   #include"../../SYSTEM/delay/delay.h"
3)   int main(void)
4)   {
5)     HAL_Init();
6)     /* 初始化系统时钟 */
7)     SystemClock_Config();
8)     /* 延时初始化(正点原子自编的延时初始化函数) */
9)     delay_init(72);
10)    /* GPIO 初始化 */
11)    MX_GPIO_Init();
12)    while (1)
13)    {
14)      LED0(0);            /* 打开 LED0 */
15)      LED1(1);            /* 关闭 LED1 */
16)      delay_ms(500);      /* 延时 500 ms */
17)      LED0(1);            /* 关闭 LED0 */
```

```
18)        LED1(0);              /* 打开 LED1 */
19)        delay_ms(500);        /* 延时 500 ms */
20)        }
21)    }
```

main. c 中首先要引用对应的头文件,分别是 led. h 和 delay. h。led. h 中使用宏定义的方式控制 LED0 和 LED1 显著提高代码的可读性;delay. h 是正点原子自己编写的延时函数,内部实现了精准的毫秒延时函数和微秒延时函数,可起到辅助开发的作用(HAL 库仅有毫秒延时函数,并没有微秒延时函数)。

第 5 行,初始化 HAL 库。使用 HAL 库函数前,必须在 main 函数中先对 HAL 库进行初始化。

第 7 行,初始化系统时钟。

第 9 行,延时初始化,该函数由正点原子自己编写实现,读者直接移植即可。

第 11 行,初始化已配置的外围设备,这里是初始化 GPIO。

第 14～19 行是 LED0 和 LED1 交替闪烁的初始化代码,调用 delay_ms(500)函数实现每隔 500 ms 交替闪烁一次。

4.4　下载验证

保存修改后单击工具栏的小锤子🔧进行编译;编译无报错后,按照第 2.5.4 小节连接好开发板和 ST - LINK,然后下载程序进板子;下载完之后,运行结果如图 4.12 所示,可以看到 LED0 和 LED1 交替闪烁。

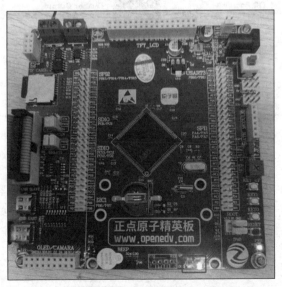

图 4.12　实验现象 LED0 和 LED1 交替闪烁

至此,跑马灯实验的学习就结束了。本章介绍了 STM32F103 I/O 口的使用及注意事项,是后面学习的基础,要好好理解。

第 **5** 章

蜂鸣器实验

本章将通过另外一个例子继续巩固 I/O 口作为输出使用的操作方法,不同的是本章讲的不是用 I/O 口直接驱动器件,而是通过三极管间接驱动。同时,利用一个 I/O 口来控制板载的有源蜂鸣器。

5.1 蜂鸣器简介

蜂鸣器是一种一体化结构的电子讯响器,用于产生声音信号,常用于提醒、警报或音效等应用场景,主要分为压电式和电磁式蜂鸣器两种类型。正点原子 STM32F103 精英开发板板载的蜂鸣器是电磁式的有源蜂鸣器。有源和无源的区别是有无自带振荡电路,有源蜂鸣器自带了振荡电路,一通电就会发声;无源蜂鸣器无自带振荡电路,需要外部提供 2~5 kHz 的方波驱动,如图 5.1 及图 5.2 所示。

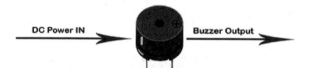

图 5.1 有源蜂鸣器工作发声原理示意图

图 5.2 无源蜂鸣器工作发声原理示意图

尽管 STM32 的 I/O 口可以提供足够的电流来直接驱动蜂鸣器,但综合考虑整个芯片的电流限制,为了确保系统稳定性,使用三极管扩流后再驱动蜂鸣器,这样可以减小对 STM32 的电流负载,提高系统可靠性。

5.2 硬件设计

1) 例程功能

蜂鸣器每隔 500 ms 响或者停一次。LED0 每隔 500 ms 亮或者灭一次。LED0 亮的时候蜂鸣器不响,而 LED0 熄灭的时候蜂鸣器响。

　　2) 硬件资源

➤ LED 灯:LED0 – PB5;

➤ 蜂鸣器:BEEP – PB8。

　　3) 原理图

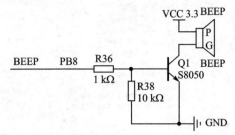

蜂鸣器在硬件上是直接连接好了
的,不需要经过任何设置,直接编写代码
就可以了。蜂鸣器的驱动信号连接在
STM32F1 的 PB8 上,如图 5.3 所示。

图 5.3　蜂鸣器与 STM32F1 连接原理图

　　这里用一个 NPN 三极管(S8050)来驱动蜂鸣器,驱动信号通过 R36 和 R38 间的电压获得,芯片上电时默认电平为低电平,故上电时蜂鸣器不会直接响起。当 PB8 输出高电平的时候,蜂鸣器发声;当 PB8 输出低电平的时候,蜂鸣器停止发声。

5.3　程序设计

　　本章通过 HAL 库的 API 函数来驱动 LED 和蜂鸣器,从而实现蜂鸣器、LED0 和蜂鸣器以 500 ms 间隔交替开启和关闭,其中会用到 HAL 库中的 HAL_GPIO_WritePin 和 HAL_GPIO_TogglePin 函数。

5.3.1　配套源码路径

　　本实验配置好的实验工程已经放到了配套资料中,路径为:开发板光盘 A-基础资料\1、程序源码\4,CubeIDE_project\02_BEEP。

5.3.2　创建和配置工程

　　在跑马灯的基础上复制一份工程文件,如图 5.4 所示。之后在右侧空白处右击,再使用快捷键"Ctrl+V"粘贴工程,并将工程命名为 02_BEEP,如图 5.5 所示。

　　可以看到右侧会出现 02_BEEP 的工程文件,但是它的.ioc 文件名与工程文件名不一致,这样双击.ioc 文件是无法正常打开的,需要重命名,如图 5.6 所示。

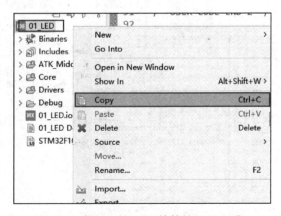

图 5.4　复制一份工程(快捷键"Ctrl+C")

　　通过上述操作可以得到一个 02_BEEP 工程。该工程继承了跑马灯的所有配置。在此基础上添加与 BEEP 相关的功能,从而避免重复配置 LED 部分和系统时钟部分等步骤,可大大提高效率。

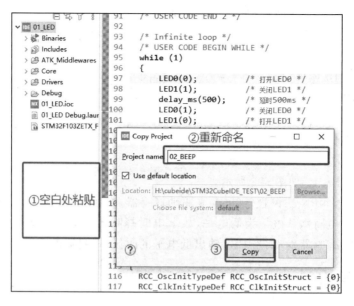

图 5.5　粘贴一份工程

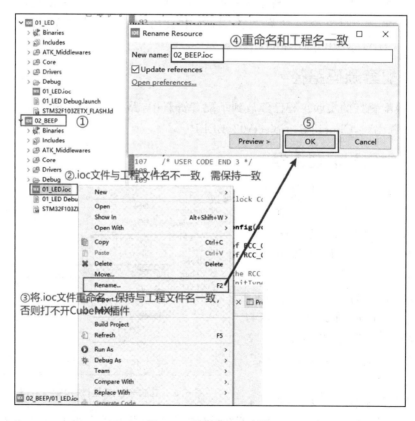

图 5.6　重命名 .ioc 文件

接着双击 02_BEEP.ioc 进入 STM32CubeMX 插件配置界面,在 Pinout & Configuration 处配置 PB8 为 GPIO_Output 模式。接下来配置 GPIO 的工作模式,如图 5.7 所示。

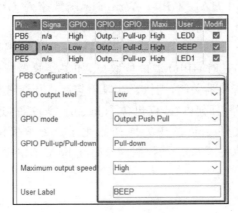

图 5.7　配置 PB8 的工作模式

5.3.3　时钟和工程配置

与跑马灯一致,此工程已继承其所有配置,所以无须另外配置,详细配置步骤可查看 4.3.3 小节。

5.3.4　生成工程

配置好之后,按下键盘的“Ctrl+S”组合键保存 BEEP.ioc 文件,则系统开始生成初始化代码。

5.3.5　添加用户驱动代码

在 Drivers/BSP 文件夹中新建 BEEP 文件夹,然后在 BEEP 文件夹下新建两个文件:beep.c 和 beep.h。

1. beep.h 文件

在 beep.h 文件中添加如下代码:

```
#ifndef BEEP_BEEP_H_
#define BEEP_BEEP_H_
#include"../../SYSTEM/sys/sys.h"
/************************************************************/
/* 蜂鸣器控制 */
#define BEEP(x)            do{ x ? \
            HAL_GPIO_WritePin(BEEP_GPIO_Port, BEEP_Pin, GPIO_PIN_SET) ; \
            HAL_GPIO_WritePin(BEEP_GPIO_Port, BEEP_Pin, GPIO_PIN_RESET); \
                }while(0)
/* BEEP 状态翻转 */
```

```
#define BEEP_TOGGLE()    do{
    HAL_GPIO_TogglePin(BEEP_GPIO_Port, BEEP_Pin); }while(0) /* BEEP = !BEEP */
#endif   /* BEEP_BEEP_H_ */
```

beep.h 文件中调用 HAL_GPIO_WritePin 函数来对 GPIO 端口位写值，调用 HAL_GPIO_TogglePin 函数来对 GPIO 端口位取反。

其中，当宏 BEEP(x)的 x 为 1 时，蜂鸣器响；x 为 0 时，蜂鸣器不响。

宏 BEEP_Toggle()是对 GPIO 端口位取反，如果蜂鸣器开启，则执行这段语句后蜂鸣器关闭；如果此时蜂鸣器关闭，则执行这段语句后打开蜂鸣器。

beep.c 文件并未编写任何内容，仅包含了 beep.h 头文件，这是由于 BEEP 的 I/O 初始化已经在生成的文件 gpio.c 中完成初始化了。为了保持文件的完整性，保留 beep.c，后续要实现其他关于 beep 的控制函数时在 beep.c 中添加即可。

2. main.c 文件

main.c 文件代码：

```
#include"../../BSP/LED/led.h"
#include"../../BSP/BEEP/beep.h"
#include"../../SYSTEM/delay/delay.h"
int main(void)
{
  HAL_Init();
  /* 系统时钟初始化 */
  SystemClock_Config();
  /* 延时初始化 */
  delay_init(72);
  /* GPIO 初始化 */
  MX_GPIO_Init();
  while (1)
  {
      LED0(0);              /* 打开 LED0 */
      BEEP(0);              /* 关闭蜂鸣器 */
      delay_ms(500);        /* 延时 500 ms */
      LED0(1);              /* 关闭 LED0 */
      BEEP(1);              /* 打开蜂鸣器 */
      delay_ms(500);        /* 延时 500 ms */
  }
}
```

首先是包含头文件，然后在 while 循环中蜂鸣器以 0.5 s 的间隔发声。当蜂鸣器响的时候，LED0 灭；当蜂鸣器不响的时候，LED0 亮。

5.4 下载验证

编译下载完之后，可以看到 LED0 亮时，蜂鸣器不响；而 LED0 熄灭时，蜂鸣器响起。间隔为 0.5 s 左右，符合预期设计。

至此，本章的学习就结束了。本章进一步学习 I/O 作为输出的使用方法，同时巩固了前面的知识。

第**6**章

按键输入实验

本章将介绍 I/O 口作为输入使用的操作方法,利用板载的 3 个按键来控制 LED 灯亮、灭以及蜂鸣器的开、关。

6.1 独立按键简介

独立按键是一种通过物理按压来实现电路连接或断开的开关装置,常态下,它是断开的,按下的时候才会闭合。每个独立按键都单独占用一个 I/O 口,根据 I/O 口的高低电平判断按键状态。但由于机械部件的振动或弹性,按键被按下或释放时不会马上就稳定地连接,如图 6.1 所示,因此需要给按键消抖。常用的消抖方法有硬件消抖和软件消抖,本例应用软件消抖。

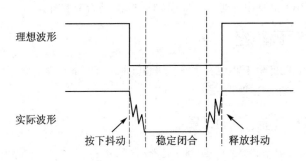

图 6.1 独立按键消抖波形图

6.2 硬件设计

1) 例程功能

通过开发板上的 3 个独立按键控制 LED 灯和蜂鸣器:KEY_UP 控制蜂鸣器翻转,KEY1 控制 LED1 翻转,KEY0 控制 LED0 和 LED1 同时翻转。

2) 硬件资源

➤ LED 灯:LED0 - PB5、LED1 - PE5;

➤ 蜂鸣器:BEEP - PB8;

➤ 独立按键:KEY0 - PE4、KEY1 - PE3、KEY_UP - PA0。

3）原理图

独立按键硬件部分的原理图如图 6.2 所示。

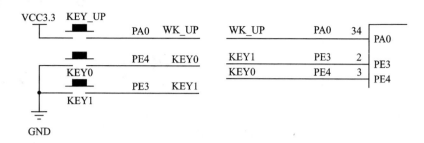

图 6.2　独立按键与 STM32F1 连接原理图

注意，KEY0 和 KEY1 是低电平有效的，而 KEY_UP 则是高电平有效的，并且外部都没有上下拉电阻，所以需要在 STM32F103 内部设置上下拉，从而确定空闲电平状态。

6.3　程序设计

本章节通过 HAL 库的 HAL_GPIO_ReadPin 函数（实际上是操作 IDR 寄存器）来读取按键对应 GPIO 引脚电平状态，从而判断按键是否有按下。

6.3.1　配套源码路径

本实验配置好的实验工程已经放到了配套资料中，路径为：开发板光盘 A-基础资料\1、程序源码\4,CubeIDE_project\03_KEY。

6.3.2　GPIO 功能引脚配置

同样，在 STM32CubeIDE 中复制上一章节的工程，然后将工程文件名和.ioc 文件名均修改为 03_KEY。双击 03_KEY.ioc 进入 STM32CubeMX 插件配置界面后，在 Pinout & Configuration 处配置 PE4、PE3、PA0；注意，须将按键这几个 I/O 都设置成 GPIO_Intput 模式。接下来配置按键 GPIO 的工作模式，除了按键 WKUP 配置为下拉以外，其他按键引脚均配置为上拉。引脚配置结果如图 6.3 所示。

6.3.3　时钟和工程配置

该步骤的配置与前面章节相同（详见 4.4.3 小节），且本工程已经继承了前面章节的所有配置，因此无须进行额外配置。

注意，大部分实验在此步骤中的配置是相同的，因此后续实验将不再赘述此步骤的配置，除非有修改才会提及此步骤。

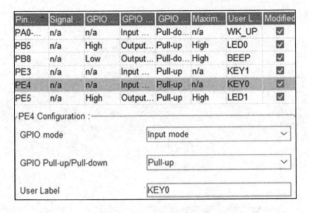

Pin...	Signal	GPIO ...	GPIO ...	GPIO ...	Maxim...	User L...	Modified
PA0-...	n/a	n/a	Input ...	Pull-do...	n/a	WK_UP	☑
PB5	n/a	High	Output...	Pull-up	High	LED0	☑
PB8	n/a	Low	Output...	Pull-do...	High	BEEP	☑
PE3	n/a	n/a	Input ...	Pull-up	n/a	KEY1	☑
PE4	n/a	n/a	Input ...	Pull-up	n/a	KEY0	☑
PE5	n/a	High	Output...	Pull-up	High	LED1	☑

PE4 Configuration :

GPIO mode	Input mode ∨
GPIO Pull-up/Pull-down	Pull-up ∨
User Label	KEY0

图 6.3　按键引脚配置

6.3.4　生成工程

配置好之后,按下键盘的"Ctrl＋S"组合键保存 KEY.ioc 文件,系统开始生成初始化代码。

6.3.5　添加用户驱动代码

在 Drivers/BSP 文件夹中新建 KEY 文件夹,然后在该文件夹下新建两个文件,分别是 key.c 和 key.h。

1. key.h 文件

key.h 文件代码如下:

```
1)   #ifndef KEY_KEY_H_
2)   #define KEY_KEY_H_
3)   #include "../../SYSTEM/sys/sys.h"
4)   /*读取 KEY0 引脚*/
5)   #define KEY0HAL_GPIO_ReadPin(KEY0_GPIO_Port, KEY0_Pin)
6)   /*读取 KEY1 引脚*/
7)   #define KEY1HAL_GPIO_ReadPin(KEY1_GPIO_Port, KEY1_Pin)
8)   /*读取 WKUP 引脚*/
9)   #define WK_UPHAL_GPIO_ReadPin(WK_UP_GPIO_Port, WK_UP_Pin)
10)  #define KEY0_PRES      1              /*KEY0 按下*/
11)  #define KEY1_PRES      2              /*KEY1 按下*/
12)  #define WKUP_PRES      3              /*KEY_UP 按下(即 WK_UP)*/
13)  uint8_t key_scan(uint8_t mode);      /*按键扫描函数*/
14)  #endif  /*KEY_KEY_H_ */
```

key.h 头文件很简单:

➤ 第 4～9 行,通过 HAL_GPIO_ReadPin 函数读取 GPIO 的电平值,也就是读取按键电平值。

➤ 第 10～12 行,定义 3 个宏,分别对应 3 个按键按下。

➤ 第 13 行,声明按键扫描函数 key_scan。

2. key. c 文件

```
#ifndef KEY_KEY_C_
#define KEY_KEY_C_
#include "key.h"
#include "../../SYSTEM/delay/delay.h"
/**
#ifndef KEY_KEY_C_
#define KEY_KEY_C_
#include "key.h"
#include "../../SYSTEM/delay/delay.h"
/**
 * @brief      按键扫描函数
 * @note       该函数有响应优先级(同时按下多个按键):WK_UP > KEY1 > KEY0!!
 * @param      mode:0 / 1,具体含义如下
 *   @arg      0,    不支持连续按(当按键按下不放时,只有第一次调用会返回键值,
 *                   必须松开以后再次按下才会返回其他键值)
 *   @arg      1,    支持连续按(当按键按下不放时,每次调用该函数都会返回键值)
 * @retval     键值,定义如下
 *             KEY0_PRES, 1, KEY0 按下
 *             KEY1_PRES, 2, KEY1 按下
 *             WKUP_PRES, 3, WKUP 按下
 */
uint8_t key_scan(uint8_t mode)
{
    static uint8_t key_up = 1;    /* 按键按松开标志 */
    uint8_t keyval = 0;
    if (mode) key_up = 1;         /* 支持连按 */
    /* 按键松开标志为 1, 且有任意一个按键按下了 */
    if (key_up && (KEY0 == 0 || KEY1 == 0 || WK_UP == 1))
    {
        delay_ms(10);             /* 去抖动 */
        key_up = 0;
        if (KEY0 == 0)   keyval = KEY0_PRES;
        if (KEY1 == 0)   keyval = KEY1_PRES;
        if (WK_UP == 1) keyval = WKUP_PRES;
    }
    else if (KEY0 == 1 && KEY1 == 1 && WK_UP == 0)   /* 没有任何按键按下标记按键松开 */
    {
        key_up = 1;
    }
    return keyval;                /* 返回键值 */
}
#endif/ * KEY_KEY_C_ */
```

key_scan 函数用于扫描这 3 个 I/O 口是否有按键按下,支持两种扫描方式,通过 mode 参数来设置。

当 mode 为 0 的时候,key_scan 函数不支持连续按,该按键按下之后需要松开才能第二次触发,否则不会再响应这个按键。这样的好处是可以防止按一次而多次触发,坏处就是需要长按时不合适。

当 mode 为 1 的时候,key_scan 函数支持连续按;如果某个按键一直按下,则一直返回这个按键的键值,可以方便地实现长按检测。

注意,该函数里面有 static 变量,所以不是一个可重入函数。可以看到该函数的消抖延时是 10 ms。还有一点要注意,该函数的按键扫描是有优先级的,最优先的是 KEY_UP,第二优先的是 KEY1,最后是按键 KEY0。该函数有返回值,如果有按键按下,则返回非 0 值;如果没有按下或者按键不正确,则返回 0。

3. main. c 文件

main. c 文件函数如下:

```
# include "../../BSP/LED/led.h"
# include "../../BSP/BEEP/beep.h"
# include "../../BSP/KEY/key.h"
# include "../../SYSTEM/delay/delay.h"
int main(void)
{
    uint8_t key;
    HAL_Init();
    /* 系统时钟初始化 */
    SystemClock_Config();
    /* 延时初始化 */
    delay_init(72);
    /* GPIO初始化 */
    MX_GPIO_Init();
    while (1)
    {
        key = key_scan(0);                  /* 得到键值 */
        if (key)
        {
            switch (key)
            {
                case WKUP_PRES:             /* 控制蜂鸣器 */
                    BEEP_TOGGLE();          /* BEEP 状态取反 */
                    break;
                case KEY1_PRES:             /* 控制 LED1(GREEN)翻转 */
                    LED1_TOGGLE();          /* LED1 状态取反 */
                    break;
                case KEY0_PRES:             /* 同时控制 LED0, LED1 翻转 */
                    LED0_TOGGLE();          /* LED0 状态取反 */
                    LED1_TOGGLE();          /* LED1 状态取反 */
                    break;
            }
        }
        else
        {
            delay_ms(10);
        }
    }
}
```

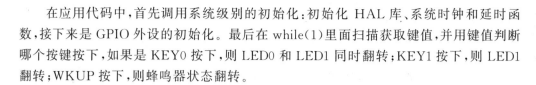

在应用代码中,首先调用系统级别的初始化:初始化 HAL 库、系统时钟和延时函数,接下来是 GPIO 外设的初始化。最后在 while(1)里面扫描获取键值,并用键值判断哪个按键按下,如果是 KEY0 按下,则 LED0 和 LED1 同时翻转;KEY1 按下,则 LED1 翻转;WKUP 按下,则蜂鸣器状态翻转。

6.4 下载验证

完成编译和烧录操作后,可以看到板子上的 LED0 和 LED1 处于熄灭状态。若此时按下 KEY0 按键,则能够看到 LED0 和 LED1 的亮灭状态发生了一次翻转;同样地,按下 KEY1 时,LED1 状态翻转;按下 WKUP 按键,蜂鸣器状态发生一次翻转,与预期的实验现象效果相符。

第 **7** 章

外部中断实验

本章将介绍 STM32 的 I/O 口用作外部中断输入的方法,并通过中断的方式来检测按键的状态。

7.1 NVIC 和 EXTI 简介

NVIC(Nested Vectored Interrupt Controller,嵌套向另中断控制器),用于管理优先级排序系统中的中断请求;EXTI(External Interrupt)是外部中断,允许外部事件触发中断请求,常用于处理外部设备的输入信号。

7.2 硬件设计

1) 例程功能

通过外部中断的方式让开发板上的 3 个独立按键控制 LED 灯:KEY_UP 控制 LED0 翻转,KEY1 控制 LED1 翻转,KEY0 控制 LED0 和 LED1 翻转。

2) 硬件资源

➢ LED 灯:LED0 - PB5、LED1 - PE5;

➢ 独立按键:KEY0 - PE4、KEY1 - PE3、KEY_UP - PA0。

3) 原理图

独立按键与 STM32F1 的连接原理图如图 7.1 所示。注意,KEY0 和 KEY1 设计为采样到按键另一端的低电平为有效,而 KEY_UP 则需要采样到高电平才为按键有效,并且外部都没有上下拉电阻,所以需要在 STM32F103 内部设置上下拉电阻以设置空闲电平。

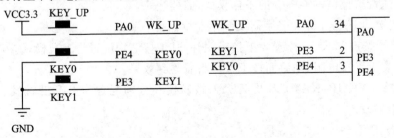

图 7.1 独立按键与 STM32F1 连接原理图

7.3 程序设计

7.3.1 配套源码路径

本实验配置好的实验工程已经放到了配套资料中,路径为:开发板光盘 A-基础资料\1、程序源码\4,CubeIDE_project\04_EXTI。

7.3.2 GPIO 功能引脚配置

在 STM32CubeIDE 中复制第 6 章的工程(03_KEY),然后将工程文件名和.ioc 文件名均修改为 04_EXTI。

双击 04_EXTI.ioc 进入 STM32CubeMX 插件配置界面,在 Pinout & Configuration 处配置 PE4、PE3、PA0。注意,须将按键 WKUP、KEY0 以及 KEY1 分别配置为 GPIO_EXTI0、GPIO_EXTI4、GPIO_EXTI3 外部中断模式,如图 7.2 所示。

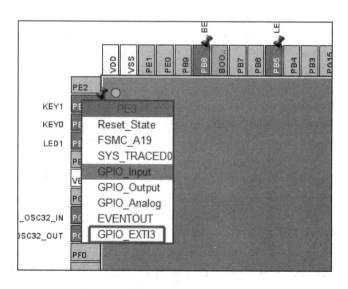

图 7.2 引脚复用配置(以 PE3 为例)

接下来配置按键的 GPIO 的工作模式,需要注意:

① 按键的 User Label 名字需要和第 6 章保持一致。

② 除了按键 WKUP 配置为下拉模式外,其他按键均配置为上拉模式。注意,如果按键不配置上下拉电阻,则后面按下按键将看不到效果。

③ 按键 WKUP、KEY0 以及 KEY1 触发模式分别配置为上升沿触发、下降沿触发、下降沿触发。

GPIO 配置结果如图 7.3 所示。

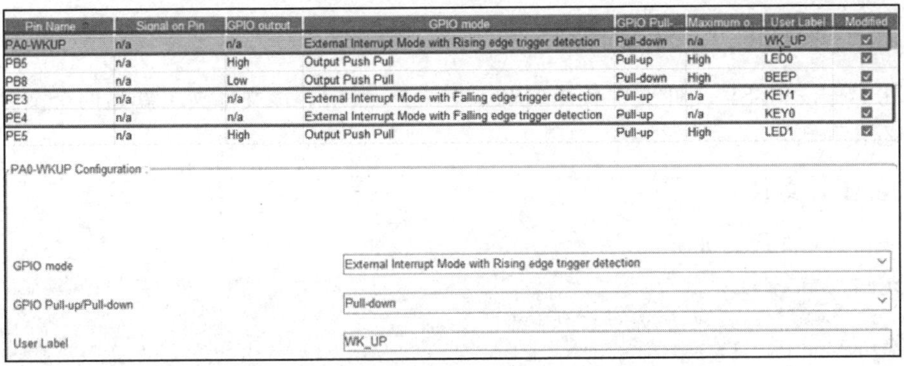

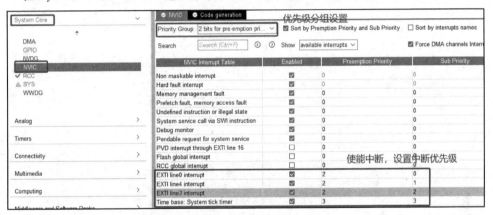

图 7.3　GPIO 配置

7.3.3　NVIC 配置

在 System Core→NVIC 选项中按图 7.4 所示进行配置。

图 7.4　NVIC 设置

在 NVIC 的 NVIC 配置项下可以配置外部中断的优先级,其中,Preemption Priority 是抢占优先级,Sub Priority 是响应优先级(子优先级),Enabled 全局中断使能选项记得选中;

中断优先级分组设置成组 2,即选择 2 bits for pre-emption priority 2;

EXTI0 中断线:抢占优先级为 2,响应优先级为 0;

EXTI4 中断线:抢占优先级为 2,响应优先级为 1;

EXTI3 中断线:抢占优先级为 2,子优先级为 2。

Systick 中断配置成最低优先级即可,因为 HAL_Delay 延时函数是通过 Systick (滴答定时器)来提供时基的。

7.3.4　生成工程

配置好之后,按下键盘的"Ctrl+S"组合键保存 EXTI.ioc 文件,则系统开始生成初始化代码。

7.3.5　添加用户驱动代码

在 Drivers/BSP 文件夹中新建 EXTI 文件夹,然后在该文件夹下新建两个文件,分别是 exti.c 和 exti.h。

1. exti.c 文件

exti.c 文件代码如下:

```
# include "exti.h"
# include "../../SYSTEM/delay/delay.h"
# include "../KEY/key.h"
# include "../LED/led.h"
# include "../BEEP/beep.h"
/**
 * @brief        中断服务程序中需要做的事情
                 在 HAL 库中所有的外部中断服务函数都会调用此函数
 * @param        GPIO_Pin:中断引脚号
 * @retval       无
 */
void HAL_GPIO_EXTI_Callback(uint16_t GPIO_Pin)
{
    delay_ms(20);          /* 消抖 */
    switch(GPIO_Pin)
    {
        case KEY0_Pin:
            if (KEY0 == 0)
            {
                LED0_TOGGLE();   /* LED0 状态取反 */
                LED1_TOGGLE();   /* LED1 状态取反 */
            }
            break;
        case KEY1_Pin:
            if (KEY1 == 0)
            {
                LED0_TOGGLE();   /* LED0 状态取反 */
            }
            break;
        case WK_UP_Pin:
            if (WK_UP == 1)
            {
                BEEP_TOGGLE();   /* 蜂鸣器状态取反 */
            }
            break;
    }
}
```

中断回调函数 HAL_GPIO_EXTI_Callback 被声明为一个__weak 类型的函数,通过重新实现这个函数来实现真正的外部中断控制逻辑。该函数内部通过判断 I/O 引脚号来确定中断来自于哪个 I/O 口,也就是哪个中断线,从而编写相应的控制逻辑。

如果是上升沿中断,则调用 HAL_GPIO_EXTI_Rising_Callback 回调函数;先使用 delay_ms(20)延时 20 ms 消抖,再判断按键 WK_UP 的电平,为高电平则表示 WK-UP 按键按下,蜂鸣器状态翻转。

如果是下降沿中断,则先延时 20 ms 消抖,然后再判断按键的电平,如果 KEY0 电平为 0,表示 KEY0 按下,LED0 和 LED1 状态取反。如果 KEY1 电平为 0,表示 KEY1 按下,LED0 状态取反。

exti. h 文件里没有任何内容,为保持工程代码格式的完整性,所以保留其头文件。

2. main. c 文件

main. c 文件代码如下:

```
# include "../../BSP/LED/led. h"
# include "../../BSP/BEEP/beep. h"
# include "../../BSP/KEY/key. h"
# include "../../SYSTEM/delay/delay. h"
int main(void)
{
    /* 此处省略系统时钟、延时、GPIO 初始化 */
    while (1)
    {
        delay_ms(10);
    }
}
```

main 函数比较简单,while 循环里仅调用延时函数,主要的逻辑控制代码都在中断回调函数中完成。

7.4　下载验证

完成编译和烧录操作后,可以看到板子上的 LED0 和 LED1 处于熄灭状态。此时按下 KEY0 按键,则能够看到 LED0 和 LED1 的亮灭状态发生了一次翻转。同样,按下 KEY1 则 LED1 状态翻转;若此时按下 WKUP 按键,则蜂鸣器状态发生了一次翻转,与预期的实验现象效果相符。

第 **8** 章

串口通信实验

本章将学习 STM32F1 的串口，教读者如何使用 STM32F1 的串口来发送和接收数据。

8.1 STM32F1 串口简介

STM32F103 的串口资源相当丰富，功能也相当强劲。STM32F103ZET6 最多可提供 5 路串口，有分数波特率发生器、支持同步单线通信和半双工单线通信、支持 LIN、支持调制解调器操作、智能卡协议和 IrDA SIR ENDEC 规范、具有 DMA 等。

STM32F1 的串口分为两种：USART（即通用同步异步收发器）和 UART（即通用异步收发器）。UART 是在 USART 基础上裁减掉了同步通信功能，只剩下异步通信功能。简单区分同步和异步就是看通信时需不需要对外提供时钟输出，平时用的串口通信基本都是异步通信。

STM32F1 有 3 个 USART 和 2 个 UART，其中，USART1 的时钟源来于 APB2 时钟，其最大频率为 72 MHz；其他 4 个串口的时钟源可以来源于 APB1 时钟，其最大频率为 36 MHz。

8.2 硬件设计

1) 例程功能

LED0 闪烁提示程序在运行。STM32 通过串口 1 和上位机对话，在收到上位机发过来的字符串（以回车换行结束）后返给上位机。同时，每隔一定时间通过串口 1 输出一段信息到电脑。

2) 硬件资源

➢ LED 灯：LED0 – PB5；

➢ 串口 1（PA9 或 PA10 连接在板载 USB 转串口芯片 CH340C 上面，需要跳线帽连接）。

3) 原理图

USB 转串口硬件部分的原理图如图 8.1 所示。

注意，图 8.1 中 P3 的 RXD 和 PA9、TXD 和 PA10 都用跳线帽连接，如图 8.2

所示。

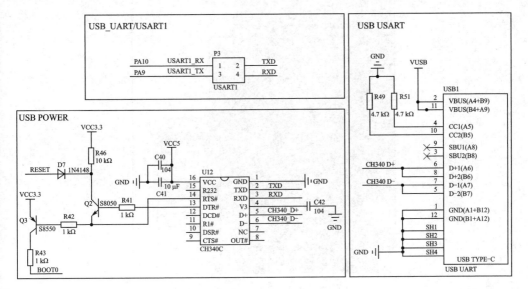

图 8.1　USB 转串口原理图

图 8.2　短路帽连接

8.3　程序设计

8.3.1　配套源码路径

本实验配置好的实验工程已经放到了配套资料中,路径为:开发板光盘 A-基础资料\1、程序源码\4,CubeIDE_project\05_UART。

8.3.2　创建和配置工程

在 STM32CubeIDE 中复制 03_KEY 整个工程,然后将工程文件名和.ioc 文件名均修改为 05_UART。

双击 05_UART.ioc 进入 STM32CubeMX 插件配置界面后,在 Pinout & Configuration 处配置 PA9、PA10。注意,配置 PA9 复用为 USART1_TX,PA10 复用为 USART1_RX,如图 8.3 所示。

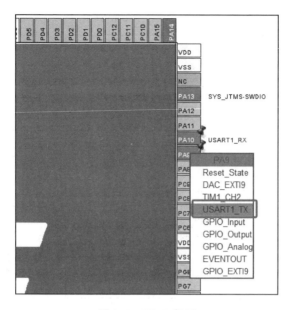

图 8.3　GPIO 复用

8.3.3　配置 USART1 参数

USART1 的参数设置项中 Mode 项选择 Asynchronous(异步通信模式)，波特率为 115 200 Bits/s(平常写作 bit/s)，字长为 8 位，无校验位，1 位停止位，数据方向设置为发送和接收，如图 8.4 所示。

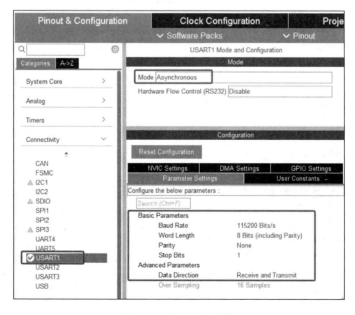

图 8.4　USART1 配置

8.3.4　配置 NVIC

本实验使用串口接收中断,所以要配置 NVIC,须首先开启串口全局中断,配置串口中断优先级分组为 2,抢占优先级和子优先级都是 2,如图 8.5 所示。

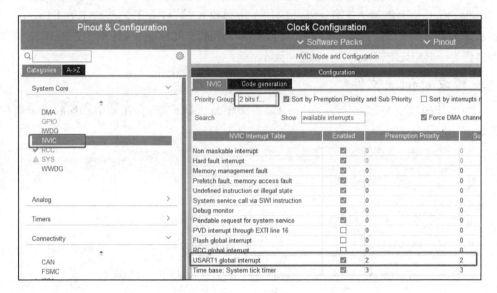

图 8.5　NVIC 配置

8.3.5　生成初始化代码

按下"Ctrl+S"保存配置,生成初始化工程,步骤同前面章节一样,此处不再赘述。

8.3.6　添加用户驱动代码

1. 修改 usart.h 文件

```
#ifndef __USART_H__
#define __USART_H__
#ifdef __cplusplus
extern "C" {
#endif
#include "main.h"
#include "stdio.h"                       /*用于串口重定向*/
extern UART_HandleTypeDef huart1;
/* USER CODE BEGIN Private defines */
#define USART_REC_LEN              200    /*定义最大接收字节数 200*/
#define RXBUFFERSIZE               1      /*缓存大小*/
/*接收缓冲,最大 USART_REC_LEN 个字节.末字节为换行符*/
extern uint8_t  g_usart_rx_buf[USART_REC_LEN];
extern uint16_t g_usart_rx_sta;                /*接收状态标记*/
extern uint8_t g_rx_buffer[RXBUFFERSIZE];      /*HAL 库 USART 接收 Buffer*/
```

```
void MX_USART1_UART_Init(void);
#ifdef __cplusplus
}
#endif
#endif/* __USART_H__ */
```

在 usart.h 中添加头文件 stdio.h,用于串口重定向;接着定义 USART_REC_LEN 表示最大接收字节数,这里定义的是 200 字节,有需求可以改大,这里不改是避免浪费太多内存。RXBUFFERSIZE 是缓冲大小。

2. 修改 usart.c 文件

为了让串口支持 printf,usart.c 中需要对串口进行重定向,在其中添加的重定向代码如下:

```
/* 串口重定向 */
#ifdef __GNUC__
#define PUTCHAR_PROTOTYPE int __io_putchar(int ch)
#else
#define PUTCHAR_PROTOTYPE intfputc(int ch, FILE * f)
#endif
PUTCHAR_PROTOTYPE
{
    HAL_UART_Transmit(&huart1, (uint8_t * )&ch, 1, HAL_MAX_DELAY);
    return ch;
}
```

完成上述重定向串口操作后,就可以使用 printf 语句来打印数据。如果需要打印浮点数,则需要按照 2.6.7 小节的要求进行设置。

本章实验是要实现串口的发送和接收,所以经过串口重定向后就可以通过 printf 完成串口的数据发送了。下面开始完成串口数据接收部分内容。

```
void MX_USART1_UART_Init(void)
{
  huart1.Instance = USART1;
  huart1.Init.BaudRate = 115200;
  huart1.Init.WordLength = UART_WORDLENGTH_8B;
  huart1.Init.StopBits = UART_STOPBITS_1;
  huart1.Init.Parity = UART_PARITY_NONE;
  huart1.Init.Mode = UART_MODE_TX_RX;
  huart1.Init.HwFlowCtl = UART_HWCONTROL_NONE;
  huart1.Init.OverSampling = UART_OVERSAMPLING_16;
  if (HAL_UART_Init(&huart1) != HAL_OK)
  {
    Error_Handler();
  }
/* 该函数会开启接收中断标志位 UART_IT_RXNE,并且设置接收缓冲以及接收缓冲接收最大数
    据量 */
  HAL_UART_Receive_IT(&huart1, (uint8_t *)g_rx_buffer, RXBUFFERSIZE);
}
/* 省略部分代码…… */
```

串口初始化 MX_USART1_UART_Init(void)函数中调用函数 HAL_UART_Receive_IT,作用是开启接收中断,同时设置接收的缓存区以及接收的数据量。

　　中断服务函数里主要调用 HAL 库的串口中断公共处理函数 HAL_UART_IRQHandler(),该函数内部再调用相关的中断回调函数。这里用到串口接收完成中断回调函数 HAL_UART_RxCpltCallback 来处理用户的逻辑代码。

```
/**
 * @brief        串口数据接收回调函数
                 数据处理在这里进行
 * @param        huart:串口句柄
 * @retval       无
 */
void HAL_UART_RxCpltCallback(UART_HandleTypeDef * huart)
{
    if (huart -> Instance == USART1)                    /* 如果是串口 1 */
    {
        if ((g_usart_rx_sta & 0x8000) == 0)            /* 接收未完成 */
        {
            if (g_usart_rx_sta & 0x4000)               /* 收到 0x0d(回车键) */
            {
                /* 接收到的不是 0x0a(即不是换行键) */
                if (g_rx_buffer[0] != 0x0a)
                {
                    g_usart_rx_sta = 0;                /* 接收错误,重新开始 */
                }
                else                                   /* 收到 0x0a(换行键) */
                {
                    g_usart_rx_sta |= 0x8000;          /* 接收完成了 */
                }
            }
            else                                       /* 未收到 0X0d(回车键) */
            {
                if (g_rx_buffer[0] == 0x0d)
                    g_usart_rx_sta |= 0x4000;
                else
                {
                    g_usart_rx_buf[g_usart_rx_sta & 0X3FFF] = g_rx_buffer[0];
                    g_usart_rx_sta + + ;
                    if (g_usart_rx_sta > (USART_REC_LEN - 1))
                    {
                        g_usart_rx_sta = 0;            /* 接收错误,重新接收 */
                    }
                }
            }
        }
        HAL_UART_Receive_IT(&huart1, (uint8_t *)g_rx_buffer, RXBUFFERSIZE);
    }
}
```

　　USART1 的中断回调函数主要用于读取 USART1 接收到的数据,并将其逐一存入接收的缓冲区,接收到"回车"和"换行"后标志数据接收完成。

3. main. c 文件

```
int main(void)
{
    uint8_t len;
    uint16_t times = 0;
    HAL_Init();
    /* 此处省略系统时钟、延时、GPIO、串口初始化 */
    while (1)
    {
        if (g_usart_rx_sta & 0x8000)                /* 接收到数据了吗 */
        {
            len = g_usart_rx_sta & 0x3fff;          /* 得到此次接收到的数据长度 */
            printf("\r\n 您发送的消息为:\r\n");
            /* 发送接收到的数据 */
            HAL_UART_Transmit(&huart1,(uint8_t *)g_usart_rx_buf, len, 1000);
            /* 等待发送结束 */
            while(__HAL_UART_GET_FLAG(&huart1, UART_FLAG_TC) != SET);
            printf("\r\n\r\n");                      /* 插入换行 */
            g_usart_rx_sta = 0;
        }
        else
        {
            times ++ ;
            if (times % 5000 == 0)
            {
                printf("\r\n 正点原子 STM32 开发板 串口实验\r\n");
                printf("正点原子@ALIENTEK\r\n\r\n\r\n");
            }
            if (times % 200 == 0) printf("请输入数据,以回车键结束\r\n");
            if (times % 30 == 0) LED0_TOGGLE(); /* 闪烁 LED,提示系统正在运行. */
            delay_ms(10);
        }
    }
}
```

本实验的代码很简单,完成初始化后不断地通过串口通信驱动提供的数据接收完成标志判断数据是否接收完毕,若未完成数据接收,则每间隔一段时间就使用 printf 函数通过 USART1 打印一段提示信息;若数据接收完毕,则将数据原原本本地使用 printf 函数通过 USART1 打印出去,从而实现数据的回显功能。

8.4   下载验证

完成编译和烧录操作后,将开发板的 USB UART 接口与电脑的 USB 接口连接,并保证 8.2 节中指示跳线帽已正确安装。接着打开 PC 上的 ATK‑XCOM 串口调试助手软件,选择好正确的 COM 端口和相关的配置后,则能看到串口调试助手上每间隔一段时间就打印一次"请输出数据,以回车键结束"。接下来可以根据提示通过串口调试助手发送一段任意的数据(以回车换行结束),随后立马就能看到串口调试助手上显示发送出去的数据。这就是本实验实现的数据回显功能,如图 8.6 所示。

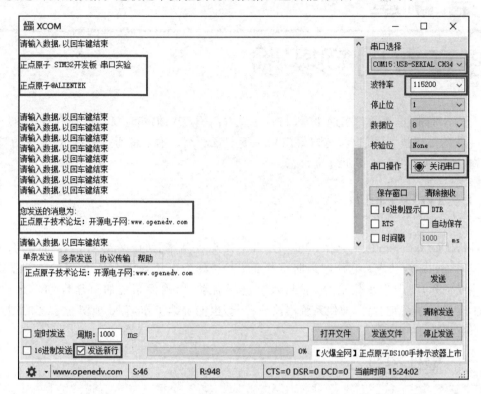

图 8.6　串口助手

可以看到,发送的消息被发送回来了。读者可以试试,如果不发送回车(取消发送新行),在输入内容之后直接按发送是什么结果。

第 **9** 章

独立看门狗实验

STM32F1 内部自带了两个看门狗：独立看门狗（IWDG）和窗口看门狗（WWDG）。这一章只介绍独立看门狗，窗口看门狗在下一章介绍。本章将通过按键 KEY_UP 来喂狗，然后通过 LED0 提示复位状态。

9.1　IWDG 简介

IWDG（Independent Watchdog）是 STM32 微控制器上的一种硬件监控机制，用于监视系统的运行状态。它能够定期检查系统是否处于正常运行状态，如果检测到系统故障或锁死，则产生复位信号，强制系统重新启动，以确保系统的可靠性和稳定性。IWDG 独立于系统时钟，即使系统崩溃或挂起，也能继续工作，有效地防止系统的锁死和卡死现象。

9.2　硬件设计

1）例程功能

配置看门狗后，LED0 将常亮。如果 KEY_UP 按键按下，则喂狗；只要 KEY_UP 不停地按，看门狗就一直不会产生复位，保持 LED0 的常亮。一旦超过看门狗溢出时间（T_{out}）还没按，那么程序重启，于是 LED0 熄灭一次。

2）硬件资源

➢ LED 灯：LED0 - PB5；

➢ 独立按键：WK_UP - PA0；

➢ 独立看门狗。

3）原理图

独立看门狗实验的核心在 STM32F103 内部进行，并不需要外部电路。但是考虑到指示当前状态和喂狗等操作，本实验需要两个 I/O 口，一个用来触发喂狗信号，另外一个用来指示程序是否重启。喂狗操作按下开发板的 KEY_UP 键，而程序重启则通过 LED0 指示。

9.3　程序设计

9.3.1　配套源码路径

本实验配置好的实验工程已经放到了配套资料中,路径为:开发板光盘 A-基础资料\1、程序源码\4、CubeIDE_project\06_IWDG。

9.3.2　创建和配置工程

在 STM32CubeIDE 中复制 05_UART 整个工程,然后将工程文件名和.ioc 文件名均修改为 06_IWDG。

双击 06_IWDG.ioc 进入 STM32CubeMX 插件配置界面,打开左边的 System Core→IWDG 来配置 IWDG 参数。这里配置独立看门狗的溢出时间为 1 s,所以需要进行如下配置:配置 IWDG counter clock prescaler 分频值为 64,IWDG down-counter reload value 重装载值为 625,如图 9.1 所示。

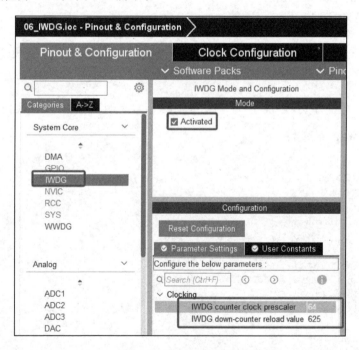

图 9.1　IWDG 参数配置

也就是说,预分频系数为 64,重装载值是 625,可由公式得到 $T_{out} = 64 \times 625 / 40\ \mathrm{kHz} = 1\ 000\ \mathrm{ms}$,即溢出时间为 1 s。只要在 1 s 内有一次写 0xAAAA 到 IWDG_KR,就不会导致看门狗复位(当然写入多次也是可以的)。注意,看门狗的时钟不是准确的 40 kHz,所以喂狗时最好不要太晚了,否则有可能发生看门狗复位。

9.3.3 生成初始化代码

按下"Ctrl＋S"保存配置,生成工程,可以看到工程中多了一个 iwdg. c 文件。iwdg. c 主要用于完成 IWDG 的初始化。

9.3.4 添加用户驱动代码

本实验主要修改 3 个文件,分别是 iwdg. c、iwdg. h、main. c。

1. 修改 iwdg. h 文件

```
#ifndef __IWDG_H__
#define __IWDG_H__
#ifdef __cplusplus
extern "C" {
#endif
#include "main. h"
extern IWDG_HandleTypeDef hiwdg;
void MX_IWDG_Init(void);
/ * USER CODE BEGIN Prototypes * /
void iwdg_feed(void);      / * 喂狗 * /
/ * USER CODE END Prototypes * /
#ifdef __cplusplus
}
#endif
#endif  / * __IWDG_H__ * /
```

该文件比较简单,只添加了一个 iwdg_free 函数声明,此函数用于喂狗。

2. 修改 iwdg. c 文件

```
#include "iwdg. h"
/ * USER CODE BEGIN 0 * /
/ * USER CODE END 0 * /
IWDG_HandleTypeDef hiwdg;
/ * IWDGinit function * /
void MX_IWDG_Init(void)
{
  hiwdg. Instance = IWDG;
  hiwdg. Init. Prescaler = IWDG_PRESCALER_64;
  hiwdg. Init. Reload = 625;
  if (HAL_IWDG_Init(&hiwdg) ! = HAL_OK)
  {
    Error_Handler();
  }
}
/ * USER CODE BEGIN 1 * /
/**
 * @brief        喂独立看门狗
 * @param        无
 * @retval       无
 */
```

```
voidiwdg_feed(void)
{
    HAL_IWDG_Refresh(&hiwdg);        /*重装载计数器*/
}
/*USER CODE END 1*/
```

该文件中添加了 iwdg_feed 函数来喂狗,该函数内部只须调用 HAL 库函数 HAL_IWDG_Refresh 即可实现。

3. 修改 main.c 文件

```
int main(void)
{
    HAL_Init();
    /*系统时钟初始化*/
    SystemClock_Config();
    /*延时初始化*/
    delay_init(72);
    /*GPIO初始化*/
    MX_GPIO_Init();
    /*串口初始化*/
    MX_USART1_UART_Init();
    /*初始化独立看门狗*/
    MX_IWDG_Init();
    /*USER CODE BEGIN 2*/
    delay_ms(100);                /*延时100 ms再初始化看门狗,LED0的变化"可见"*/
    LED0(0);                      /*点亮LED0(红灯)*/
    while (1)
    {
        if (key_scan(1) == WKUP_PRES)        /*如果WK_UP按下,则喂狗*/
        {
            iwdg_feed();                     /*喂狗*/
        }
        delay_ms(10);
    }
}
```

main 函数里先初始化系统和用户的外设代码,再点亮 LED0,在 while(1) 里获取按键的键值并判断按键 WK_UP 是否按下;若检测到按下,则进行喂狗操作,否则延时10 ms,继续上述操作。若1 s 后没测到按键 WK_UP 按下,则 IWDG 产生一次复位信号,于是系统复位,可以看到 LED0 因系统复位熄灭一次后再亮。反之,若按下按键 WK_UP 后,1 s 内再按下按键 WK_UP 就会及时喂狗,则系统不会复位,LED0 也不会闪烁。

9.4　下载验证

下载代码后,LED0 不停地闪烁,证明系统在不停复位,否则 LED0 常亮。这时试试不停地按 WK_UP 按键,就可以看到 LED0 常亮了,不会再闪烁。说明实验设计成功。

第 **10** 章

窗口看门狗实验

本章将介绍如何使用 STM32F1 的另外一个看门狗,窗口看门狗(以下简称 WWDG),将使用窗口看门狗的中断功能来喂狗,并通过 LED0 和 LED1 提示程序的运行状态。

10.1 WWDG 简介

WWDG(Window Watchdog)是 STM32 微控制器上的窗口看门狗,用于监视系统运行状态并在未能喂狗时进行复位。与传统的看门狗相比,窗口看门狗可以在一个可调窗口内进行喂狗;如果系统在窗口内未能喂狗,则产生复位信号,强制系统重新启动,以确保系统的可靠性。

10.2 硬件设计

1) 例程功能

点亮 LED0,延时 300 ms 后初始化窗口看门狗,进入 while(1),关闭 LED0。等待窗口看门狗中断的到来,在中断里面喂狗,并执行 LED1 的翻转操作。通过 LED0 来指示 STM32F1 是否被复位了,如果被复位了,则点亮 LED 灯 300 ms。LED1 用来指示中断喂狗,每次中断喂狗翻转一次。

2) 硬件资源

➤ LED 灯:LED0 - PB5、LED1 - PE5;

➤ 窗口看门狗。

3) 原理图

窗口看门狗属于 STM32F103 的内部资源,只需要软件设置好即可正常工作。通过 LED0 和 LED1 来指示 STM32F103 的复位情况和窗口看门狗的喂狗情况。

10.3 程序设计

10.3.1 配套源码路径

本实验配置好的实验工程已经放到了配套资料中,路径为:开发板光盘 A-基础资

料\1、程序源码\4、CubeIDE_project\07_WWDG。

10.3.2　创建和配置工程

在 STM32CubeIDE 中复制 05_UART 工程，然后将工程文件名和.ioc 文件名均修改为 07_WWDG。双击 07_WWDG.ioc 进入 STM32CubeMX 插件配置界面，打开左边的 System Core→WWDG 来配置 WWDG 参数。配置 WWDG counter clock prescaler 分频值为 8，WWDG window value 窗口寄存器为 5f，WWDG free-running down-counter value 计数器值为 7f，并使能窗口看门狗提前唤醒中断，如图 10.1 所示。

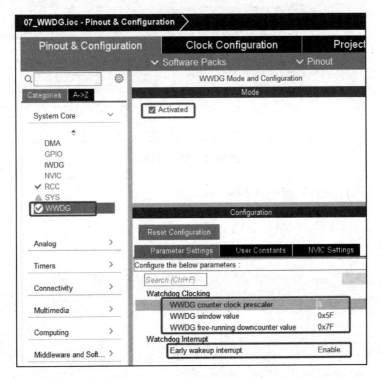

图 10.1　WWDG 参数配置

将配置的数值代入公式得到 $T_{wwdg}=4\,096\times8\times64/36$ MHz$=58.25$ ms，即超时时间就是 58.25 ms。

10.3.3　配置 NVIC

在 NVIC 窗口中使能窗口看门狗中断，并设置窗口看门狗中断的抢占优先级为 2，响应优先级为 1，如图 10.2 所示。

10.3.4　生成初始化代码

按下"Ctrl+S"保存配置，生成工程，可以看到在工程中多了一个 wwdg.c 文件。wwdg.c 主要用于完成 WWDG 的初始化。

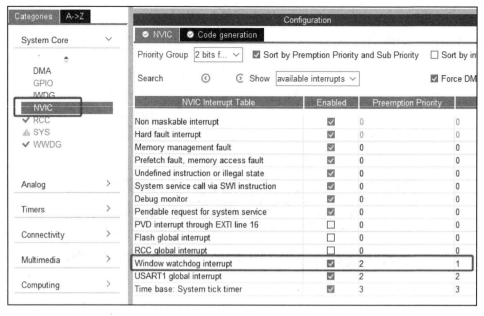

图 10.2　NVIC 配置

10.3.5　添加用户驱动代码

本实验主要修改两个文件，分别是 wwdg.c、main.c。

1. 修改 wwdg.c 文件

```
# include "wwdg.h"
# include "../../BSP/LED/led.h"
WWDG_HandleTypeDef hwwdg;
/ * WWDGinit function * /
void MX_WWDG_Init(void)
{
  hwwdg.Instance = WWDG;
  hwwdg.Init.Prescaler = WWDG_PRESCALER_8;
  hwwdg.Init.Window = 0x5F;
  hwwdg.Init.Counter = 0x7F;
  hwwdg.Init.EWIMode = WWDG_EWI_ENABLE;
  if (HAL_WWDG_Init(&hwwdg) ! = HAL_OK)
  {
    Error_Handler();
  }
}
void HAL_WWDG_MspInit(WWDG_HandleTypeDef * wwdgHandle)
{
  if(wwdgHandle -> Instance == WWDG)
  {
    / * WWDG clock enable * /
    __HAL_RCC_WWDG_CLK_ENABLE();
```

```
    /* WWDG interrupt Init */
    HAL_NVIC_SetPriority(WWDG_IRQn, 2, 1);
    HAL_NVIC_EnableIRQ(WWDG_IRQn);
  }
}
/* USER CODE BEGIN 1 */
/**
 * @brief       窗口看门狗喂狗提醒中断服务回调函数
 * @param       wwdg 句柄
 * @note        此函数会被 HAL_WWDG_IRQHandler()调用
 * @retval      无
 */
voidHAL_WWDG_EarlyWakeupCallback(WWDG_HandleTypeDef * hwwdg)
{
    HAL_WWDG_Refresh(hwwdg);                 /* 更新窗口看门狗值 */
    LED1_TOGGLE();                           /* LED1 闪烁 */
}
```

在窗口看门狗的初始化函数中,设置计数器值为 7f,窗口寄存器为 5f,分频数为 8。由前面的公式得到 T_{wwdg} ＝4 096×8×64/36 MHz＝58.25 ms,即超时时间为 58.25 ms。每 58.25 ms 进入中断一次,在中断回调函数中实现操作逻辑,一中断就喂狗并翻转 LED1。

2. 修改 main.c 文件

```
int main(void)
{
  HAL_Init();
  /* 此处省略系统时钟、延时、GPIO、串口初始化 */
  LED0(0);
  delay_ms(300);            /* 延时 100 ms 再初始化看门狗,LED0 的变化"可见" */
  MX_WWDG_Init();           /* 注意看门狗初始化在 LED0 点亮后再初始化,否则效果不明显 */
  while (1)
  {
      LED0(1);              /* 关闭红灯 */;
  }
}
```

main 函数里先初始化系统和外设代码,点亮 LED0,延时 300 ms 后再初始化窗口看门狗,进入 while(1),关闭 LED0。每间隔 58.25 ms 会触发窗口看门狗的中断回调函数,在里边进行喂狗,并翻转 LED1。注意,一定要先点亮 LED0 再去初始化窗口看门狗,否则现象不明显。

10.4　下载验证

下载代码后,可以看到 LED0 亮了一下就熄灭,紧接着 LED1 开始不停地闪烁。可以接入示波器测试得每秒钟闪烁 17 次左右,说明程序在中断不停地喂狗,和预期的一致。

第 **11** 章

基本定时器实验

STM32F103 有众多的定时器,其中包括两个基本定时器(TIM6 和 TIM7)、4 个通用定时器(TIM2~TIM5)、两个高级控制定时器(TIM1 和 TIM8),这些定时器彼此完全独立,不共享任何资源。本章将介绍如何使用 STM32F103 的基本定时器中断,使用 TIM6 的定时器中断来控制 LED1 的翻转,在主函数中用 LED0 的翻转来提示程序正在运行。

11.1 基本定时器及其中断应用简介

STM32F103 有两个基本定时器,分别是 TIM6 和 TIM7。基本特征如下:16 位自动重载递增计数器;16 位可编程预分频器,用于对计数器时钟频率进行分频(可在运行时修改分频值),分频系数 1~65 535;用于触发 DAC 的同步电路;发生计数器上溢更新事件(UEV)时会生成中断/DMA 请求;基本定时器没有输入/输出通道。

假设计数器计数模式为递增计数模式,实现周期性更新中断原理如图 11.1 所示。图中,CNT 计数器从 0 开始计数,当 CNT 的值与 ARR 的值相等时(t_1),则产生一个更新中断。接着 CNT 复位(清 0),再继续递增计数,依次循环。图中 t_1、t_2、t_3 均为定时器更新中断产生的时刻。

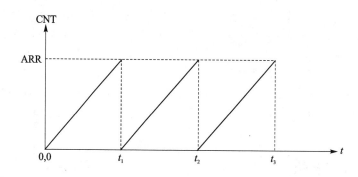

图 11.1 基本定时器中断示意图

若需要改变定时时间,则可以修改 ARR 的值或者修改 PSC 的值来使用不同的计数频率(即改变图中 CNT 斜率)。

11.2 硬件设计

1）例程功能

LED0 用来指示程序运行,每 200 ms 翻转一次。在更新中断中,将 LED1 的状态取反。LED1 用于指示定时器发生更新事件的频率,500 ms 取反一次。

2）硬件资源

- LED 灯:LED0 - PB5、LED1 - PE5;
- 定时器 6。

3）原理图

定时器属于 STM32F103 的内部资源,只需要软件设置好即可正常工作。这里通过 LED1 来指示 STM32F103 的定时器进入中断情况。

11.3 程序设计

11.3.1 配套源码路径

本实验配置好的实验工程已经放到了配套资料中,路径为:开发板光盘 A-基础资料\1、程序源码\4,CubeIDE_project\08_BTIM。

11.3.2 创建和配置工程

在 STM32CubeIDE 中复制 05_UART 工程,并将工程文件名和 .ioc 文件名均修改为 08_BTIM,以进行下一步的实验操作。双击 08_BTIM.ioc 进入 STM32CubeMX 插件配置界面后,打开左边的 Timers→TIM6 来配置 TIM6 参数,如图 11.2 所示。

这里配置预分频器寄存器(TIMx_PSC)的值为 7 200-1;计数模式是向上递增计数,基本定时器的计数模式只有递增模式;自动重载寄存器 (TIMx_ARR)的值为 5 000-1;开启自动重装载模式。注意,自动重载寄存器 (TIMx_ARR)的值不能设置为 0,否则计数器不工作(定时器也就不工作了),另外,要开启自动重装载模式,即定时器溢出时会自动重装初值。

Trigger Output (TRGO) Parameters 选项中,触发输出事件配置为 Reset(UG bit from TIMX_EGR),即 TIMx_EGR 寄存器的 UG 位用作触发输出,触发事件选择为清零。

基本定时器的时钟频率是 72 MHz,以上参数预分频器分频值为 7 200-1,计算出计数器 CK_CNT 的时钟频率是

$$f_{CK\_CNT} = \frac{f_{CK\_PSC}}{PSC[15:0]+1} \frac{72 \text{ MHz}}{7\ 200} = 10 \text{ kHz}$$

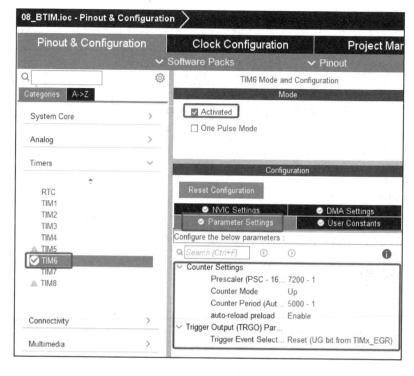

图 11.2　TIM6 参数配置

那么计数器计数 5 000 次就会溢出产生中断,所以每次溢出时间是

$$5\ 000 \times \frac{1}{10\ \text{kHz}} = 0.5\ \text{s}$$

11.3.3　配置 NVIC

定时器每 0.5 s 溢出产生中断,因此使能定时器全局中断并配置中断优先级。如图 11.3 所示,选中 TIM6 定时器全局中断,配置中断优先级分组为 2,抢占优先级为 2,子优先级为 1。

11.3.4　生成初始化代码

按下"Ctrl＋S"保存配置,生成工程,可以看到在工程中多了一个 tim.c 文件。tim.c 主要用于完成 TIM6 的初始化。

11.3.5　添加用户驱动代码

本实验主要修改两个文件,分别是 tim.c 及 main.c。

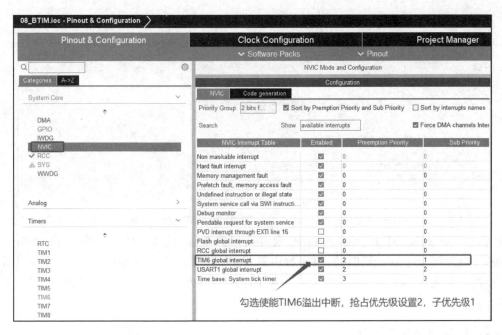

图 11.3　NVIC 配置

1. 修改 tim. c 文件

```
# include "tim.h"
# include "../../BSP/LED/led.h"
TIM_HandleTypeDef htim6;
/ * TIM6init function * /
void MX_TIM6_Init(void)
{
  TIM_MasterConfigTypeDef sMasterConfig = {0};
  htim6. Instance = TIM6;
  htim6. Init. Prescaler = 7200 - 1;
  htim6. Init. CounterMode = TIM_COUNTERMODE_UP;
  htim6. Init. Period = 5000 - 1;
  htim6. Init. AutoReloadPreload = TIM_AUTORELOAD_PRELOAD_ENABLE;
  if (HAL_TIM_Base_Init(&htim6) ! = HAL_OK)
  {
    Error_Handler();
  }
  sMasterConfig. MasterOutputTrigger = TIM_TRGO_RESET;
  sMasterConfig. MasterSlaveMode = TIM_MASTERSLAVEMODE_DISABLE;
  if (HAL_TIMEx_MasterConfigSynchronization(&htim6, &sMasterConfig) ! = HAL_OK)
  {
    Error_Handler();
  }
  / * USER CODE BEGIN TIM6_Init 2 * /
  HAL_TIM_Base_Start_IT(&htim6);        / * 使能定时器 x 及其更新中断 * /
  / * USER CODE END TIM6_Init 2 * /
}
```

```
/ * 省略部分代码… … * /
/**
 * @brief      定时器更新中断回调函数
 * @param      htim:定时器句柄
 * @retval     无
 * /
voidHAL_TIM_PeriodElapsedCallback(TIM_HandleTypeDef * htim)
{
    if (htim ->Instance == TIM6)
    {
        LED1_TOGGLE();   / * LED1 反转 * /
    }
}
```

这里添加 LED 相关的头文件是因为后续需要在中断回调函数中对 LED1 进行翻转操作。在 MX_TIM6_Init 函数中,通过前面的配置,设置 TIM6 每 500 ms 溢出一次,并触发更新中断。同时,在该函数中调用 HAL_TIM_Base_Start_IT(&htim6)函数,用于使能 TIM6 并开启更新中断。在中断回调函数中,判断是否为 TIM6 触发的更新中断,若是,则执行一次 LED1 的翻转操作。

2. 修改 main. c 文件

```
int main(void)
{
  HAL_Init();
  / * 系统时钟初始化 * /
  SystemClock_Config();
  / * 延时初始化 * /
  delay_init(72);
  / * GPIO 初始化 * /
  MX_GPIO_Init();
  / * 串口初始化 * /
  MX_USART1_UART_Init();
  MX_TIM6_Init();
  while (1)
  {
      LED0_TOGGLE();
      delay_ms(200);
  }
}
```

在 main 函数中先初始化系统和用户的外设代码,while(1)里每 200 ms 翻转一次 LED0,实现的内容比较简单。在定时器中断回调函数中设置每 500 ms 中断一次,并翻转一次 LED1。

11.4 下载验证

完成编译和烧录操作后,可以看到板子上的 LED0 和 LED1 都在闪烁,但闪烁频率不同,LED0 每间隔 200 ms 改变一次状态,LED1 每隔 500 ms 改变一次状态。

第 12 章

通用定时器 PWM 输出实验

本章将介绍使用 STM32F103 的通用定时器输出 PWM。

12.1 通用定时器产生 PWM 实验原理

PWM(Pulse Width Modulation,脉冲宽度调制)是一种调制技术,通过改变信号的脉冲宽度来控制信号的平均功率。在微控制器中,PWM 通常用于控制电机速度、LED 亮度调节、数字信号模拟输出等。

图 12.1 就是一个简单的 PWM 原理示意图。假定定时器工作在边沿对齐,向上计数 PWM 模式,且 CNT<CCRx 时输出 0,CNT≥CCRx 时输出 1,那么就可以得到如图 12.1 所示的 PWM 示意图。当 CNT<CCRx 的时候,I/O 输出低电平(0);当 CNT≥CCRx 的时候,I/O 输出高电平(1);当 CNT=ARR 值的时候,重新归零,然后重新向上计数,依次循环。改变 CCRx 的值可以改变 PWM 输出的占空比,改变 ARR 的值可以改变 PWM 输出的频率,这就是 PWM 输出的原理。

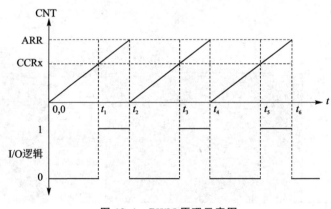

图 12.1　PWM 原理示意图

12.2 硬件设计

1) 例程功能

使用 TIM3 通道 2(由 PB5 复用)输出 PWM,PB5 引脚连接了 LED0,从而实现

PWM 输出控制 LED0 亮度。

　　2）硬件资源

　　➤ LED 灯：LED0 – PB5；

　　➤ 定时器 3 输出通道 2（由 PB5 复用）。

　　3）原理图

　　定时器属于 STM32F103 的内部资源，只需要软件设置好即可正常工作。通过 LED0 来间接指示定时器的 PWM 输出情况。

12.3　程序设计

12.3.1　配套源码路径

　　本实验配置好的实验工程已经放到了配套资料中，路径为：开发板光盘 A–基础资料\1、程序源码\4，CubeIDE_project\09_2_GTIM_PWM。

12.3.2　创建和配置工程

　　在 STM32CubeIDE 中复制 05_UART 工程，并将工程文件名和 .ioc 文件名均修改为 09_2_GTIM_PWM，以进行下一步的实验操作。双击 09_2_GTIM_PWM.ioc 进入 STM32CubeMX 插件配置界面后，在 Pinout & Configuration 处配置 PB5。注意，配置 PB5 复用为 TIM3_CH2，如图 12.2 所示。

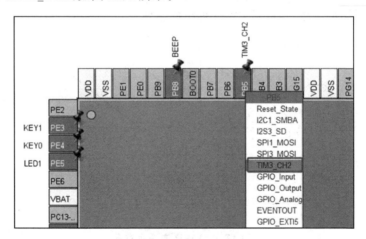

图 12.2　引脚复用

　　接着打开左边的 Timers→TIM3 来配置 TIM3 参数，配置如图 12.3 所示，Clock Source 项选择 Internal Clock，表示选择内部时钟；Channel2 选择 PWM Generation CH2，表示使用 TIM3 的通道 2 产生 PWM 波形；其他选项保持默认配置。

　　在 Parameter Settings 处配置参数如图 12.4 所示。

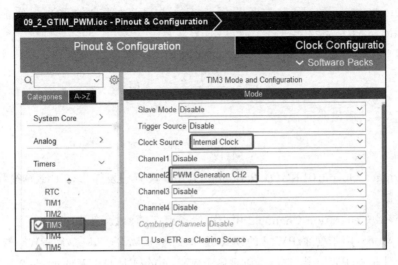

图 12.3　TIM3 内部时钟

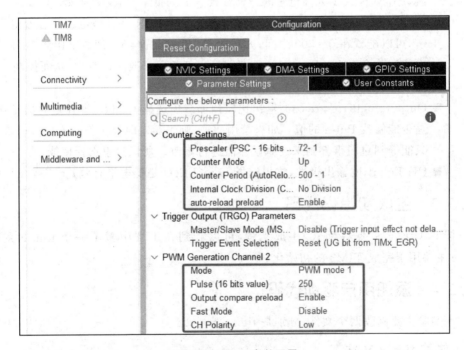

图 12.4　TIM3 参数配置

Counter Settings 用于配置计数器的参数,如下

➢ Prescaler:配置定时器的分频系数,这里配置 72—1;

➢ Counter Mode:定时器的计数模式,这里选择 UP,即向上计数模式;

➢ Counter Period:计数周期,即自动重装载值,也就是装载 TIM3_ARR 的值,这里配置为 500—1;

➢ Internal Clock Division (CKD):内部时钟分频因子,这里就不设置分频了;

➤ auto‐reload preload：这里设置为 Enable，定时器自动重装载使能，即使能 TIMx_ARR 寄存器进行缓冲。

用上述参数可以计算定时器的时钟频率：

$$\frac{72\ \text{MHz}}{(72-1)+1}=1\ \text{MHz}$$

TIM3 的溢出时间：

$$\frac{500}{1\ \text{MHz}}=0.000\ 5\ \text{s}$$

➤ Trigger Output(TRGO) Parameters：用于配置触发输出（TRGO）参数，这里不配置。

PWM Generation Channel2 用于配置通道 2 的参数，其中

■ Mode：用于配置 PWM 的模式，这里选择 PWM mode 1，即 PWM 模式 1。另外还有 PWM 模式 2，可以理解 PWM mode 1 是与 PWM mode 2 模式互补的波，PWM 模式 1 为高电平时 PWM 模式 2 为低电平，反之亦然。

■ Pulse (32 bits value)：是占空比值，即 TIM3_CCR2 的值，也就是有效电平的值，可以配置在 0～500 之间，如配置 0。这里配置 250，即占空比为 50%。后面的实验会对 TIMx_CCR2 寄存器写入新的值来改变占空比，从而控制 LED 逐渐点亮和熄灭。

■ Output compare preload：输出比较预加载项选择 Enable，即在定时器工作时是否能修改 Pulse 的值。如果禁用此项，则表示定时器工作时不能进行修改，只能等到更新事件到来的时候才能进行修改。所以这里选择使能。

■ CH Polarity：输出极性，这里选择 Low（LED0 是低电平有效）。

12.3.3　生成初始化代码

按下"Ctrl＋S"保存配置，生成工程，可以看到在工程中多了一个 tim.c 文件。tim.c 主要用于完成 TIM3 的初始化。

12.3.4　添加用户驱动代码

本实验主要修改两个文件，分别是 tim.c、main.c。

1. 修改 tim.c 文件

```
void MX_TIM3_Init(void)
{
  TIM_ClockConfigTypeDef sClockSourceConfig = {0};
  TIM_MasterConfigTypeDef sMasterConfig = {0};
  TIM_OC_InitTypeDef sConfigOC = {0};
  htim3.Instance = TIM3;
  htim3.Init.Prescaler = 72 - 1;
  htim3.Init.CounterMode = TIM_COUNTERMODE_UP;
```

```
htim3.Init.Period = 500 - 1;
htim3.Init.ClockDivision = TIM_CLOCKDIVISION_DIV1;
htim3.Init.AutoReloadPreload = TIM_AUTORELOAD_PRELOAD_ENABLE;
if (HAL_TIM_Base_Init(&htim3) != HAL_OK)
{
  Error_Handler();
}
sClockSourceConfig.ClockSource = TIM_CLOCKSOURCE_INTERNAL;
if (HAL_TIM_ConfigClockSource(&htim3, &sClockSourceConfig) != HAL_OK)
{
  Error_Handler();
}
if (HAL_TIM_PWM_Init(&htim3) != HAL_OK)
{
  Error_Handler();
}
sMasterConfig.MasterOutputTrigger = TIM_TRGO_RESET;
sMasterConfig.MasterSlaveMode = TIM_MASTERSLAVEMODE_DISABLE;
if (HAL_TIMEx_MasterConfigSynchronization(&htim3, &sMasterConfig) != HAL_OK)
{
  Error_Handler();
}
sConfigOC.OCMode = TIM_OCMODE_PWM1;
sConfigOC.Pulse = 250;
sConfigOC.OCPolarity = TIM_OCPOLARITY_LOW;
sConfigOC.OCFastMode = TIM_OCFAST_DISABLE;
if (HAL_TIM_PWM_ConfigChannel(&htim3, &sConfigOC, TIM_CHANNEL_2) != HAL_OK)
{
  Error_Handler();
}
/* USER CODE BEGIN TIM3_Init 2 */
HAL_TIM_PWM_Start(&htim3, TIM_CHANNEL_2);          /* 开启对应 PWM 通道 */
/* USER CODE END TIM3_Init 2 */
HAL_TIM_MspPostInit(&htim3);
}
/* 省略部分代码……*/
```

这段代码用于初始化 TIM3,配置参数前面已经介绍过了;主要在该函数中添加了函数 HAL_TIM_PWM_Start,该函数用于使能 TIM3 以及使能 PWM 通道 TIM3_CH2 输出。

2. 修改 main.c 文件

```
int main(void)
{
  uint16_t ledrpwmval = 0;
  uint8_t dir = 1;
  HAL_Init();
  /* 此处省略系统时钟、延时初始化 */
  MX_GPIO_Init();
  /* 串口初始化 */
```

```
MX_USART1_UART_Init();
/* TIM3 初始化 */
MX_TIM3_Init();
while (1)
{
    delay_ms(10);
    if (dir)ledrpwmval++;                           /* dir == 1 ledrpwmval 递增 */
    else ledrpwmval--;                              /* dir == 0 ledrpwmval 递减 */
    if (ledrpwmval > 300)dir = 0;                   /* ledrpwmval 到达 300 后,方向为递减 */
    if (ledrpwmval == 0)dir = 1;                    /* ledrpwmval 递减到 0 后,方向改为递增 */
    /* 修改比较值控制占空比 */
    __HAL_TIM_SET_COMPARE(&htim3, TIM_CHANNEL_2, ledrpwmval);
}
}
```

可以看到,初始化完 TIM3 输出 PWM 后,则不断地改变 TIM3 通道 2 的比较值,以达到改变 PWM 占空比的目的。又因为 PWM 由 PB5 引脚输出、PB5 引脚连接至 LED0,所以 LED0 的亮度也会随之发生变化,从而实现呼吸灯的效果。

12.4　下载验证

在完成编译和烧录后,可以看到板子上的 LED0 先由暗再逐渐变亮,依此循环,实现了呼吸灯的效果。

第 **13** 章
通用定时器输入捕获实验

本章将介绍 STM32F103 通用定时器的输入捕获功能。

13.1 通用定时器输入捕获简介

通用定时器的输入捕获功能是指对 TIMx_CHy 通道输入信号的上升沿、下降沿或者双边沿进行捕获/检测,在边沿信号发生跳变(比如上升沿/下降沿)时捕获到这些信号,并将计数器的计数值 TIMx_CNT 保存到对应通道的捕获/比较寄存器中(TIMx_CCRy)完成一次捕获。图 13.1 中的 ARR 是自动重载寄存器(TIMx_ARR)的值,CCRx 是捕获时计数器(TIMx_CNT)的值。

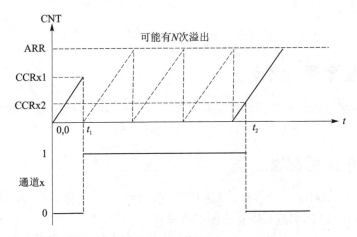

图 13.1　输入捕获示意图

图 13.1 就是输入捕获测量高电平脉宽的原理,假定定时器工作在向上计数模式,$t_1 \sim t_2$ 的时间就是需要测量的高电平时间。测量方法如下:首先设置定时器通道 x 为上升沿捕获,这样,t_1 时刻就会捕获到当前的 CNT 值,然后立即清零 CNT,并设置通道 x 为下降沿捕获,到 t_2 时刻又会发生捕获事件,得到此时的 CNT 值记为 CCRx2。这样,根据定时器的计数频率就可以算出 $t_1 \sim t_2$ 的时间,从而得到高电平脉宽。

$t_1 \sim t_2$ 之间可能产生 N 次定时器溢出,这就要求对定时器溢出做处理,防止高电平太长,导致数据不准确。$t_1 \sim t_2$ 之间 CNT 计数的次数等于 $N(ARR+1)+CCRx2$。

这个计数次数再乘以 CNT 的计数周期即可得到 $t_2 - t_1$ 的时间长度,即高电平持续时间。输入捕获的原理就介绍到这。

13.2　硬件设计

1)例程功能

使用 TIM5_CH1 做输入捕获,捕获 PA0 上的高电平脉宽,并将脉宽时间通过串口打印出来。然后通过按 WK_UP 按键模拟输入高电平,例程中能测试的最长高电平脉宽时间为 4 194 303 μs。LED0 闪烁指示程序运行。

2)硬件资源

➤ LED 灯:LED0 - PB5;

➤ 独立按键:WK_UP - PA0;

➤ 定时器 5:使用 TIM5 通道 1,将 PA0 复用为 TIM5_CH1。

3)原理图

定时器属于 STM32F103 的内部资源,只需要软件设置好即可正常工作。本实验借助 WK_UP 作为输入脉冲源,并通过串口上位机来监测定时器输入捕获的情况。

13.3　程序设计

13.3.1　配套源码路径

本实验配置好的实验工程已经放到了配套资料中,路径为:开发板光盘 A-基础资料\1、程序源码\4、CubeIDE_project\09_3_GTIM_CAP。

13.3.2　创建和配置工程

在 STM32CubeIDE 中复制 05_UART 工程,并将工程文件名和 .ioc 文件名均修改为 09_3_GTIM_CAP,以进行下一步的实验操作。

双击 09_3_GTIM_CAP.ioc 进入 STM32CubeMX 插件配置界面,再在 Pinout & Configuration 处配置 PA0。注意,置 PA0 复用为 TIM5_CH1。

因为按键 WKUP 是高电平有效的,所以还须将 PA0 配置为下拉,User Label 配置为 WK_UP 保持一致,如图 13.2 所示。

13.3.3　配置 TIM5 时基和捕获参数

继续打开左边的 Timers→TIM5 来配置 TIM5 参数,如图 13.3 所示,选中 Internal Clock,表示选择内部时钟;Channel1 选择 Input Capture direct mode,表示使用 TIM5 的通道 1 输入捕获模式;其他选项保持默认配置。

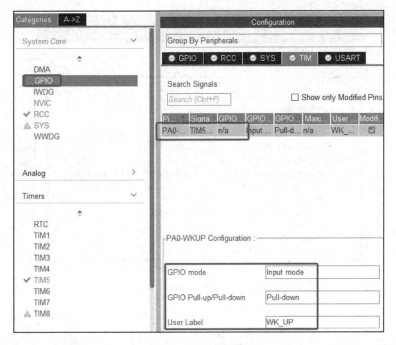

图 13.2　GPIO 配置

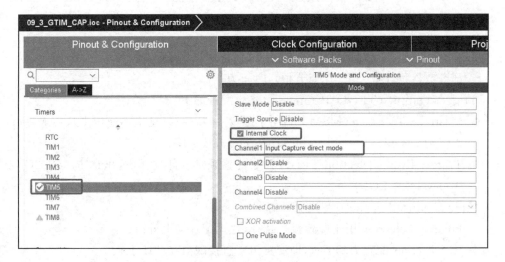

图 13.3　TIM5 时钟配置

在 Parameter Settings 处配置参数如图 13.4 所示。

图 13.4 的 Counter Settings（计数器）配置如下：

➢ Prescaler 用于配置定时器预分频值，这里配置为 72−1；

➢ Counter Mode 用于配置计数模式，这里选择向上计数 Up；

➢ Counter Period 用于配置定时器自动重装载值，这里设置为 65 536−1（或者写为 0xffff−1），即只是用了低 16 位；也可以设置最大为 0xffffffff−1，因为 TIM5

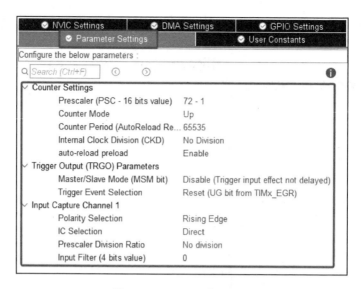

图 13.4　TIM5 通道一配置

是 32 位的；

> Internal Clock Division (CKD)配置为 No Division,即内部时钟不分频;

> auto – reload preload 用于配置自动重载是否使能,这里选择 Enable 使能自动
> 重载,上述参数可以计算定时器的时钟频率为

$$\frac{72\,\text{MHz}}{(72-1)+1} = 1\,\text{MHz}$$

即计数器每计数一下(一个节拍),时间为 $1\,\mu s$。

Trigger Output (TRGO)Parameters 参数配置如下:

> Master/Slave Mode(MSM bit)用于配置主/从模式,这里不使用主从模式,所以
> 配置为 Disable(Trigger input effect not delayed);

> Trigger Event Selection TRGO 用于配置触发事件选择,这里选 Reset(UG bit
> from TIMX_EGR)。

Input Capture Channel1 参数配置如下:

> Polarity Selection 用于配置极性选择,这里配置为上升沿;

> IC Selection 配置为 Direct,即配置 IC1 直接映射在 TI1 上;

> Prescaler Division Ratio 用于配置配置输入分频,这里选择为 No division,即不
> 分频;

> Input Filter (4 bits value)配置输入滤波器,这里配置为 0,即不滤波。

13.3.4　配置 NVIC

本实验要用到定时器输入捕获中断来完成捕获功能,所以要使能定时器全局中断,
并配置中断优先级。如图 13.5 所示,选中 TIM5 定时器全局中断,配置中断优先级分

组为 2，抢占优先级为 2，子优先级为 1。

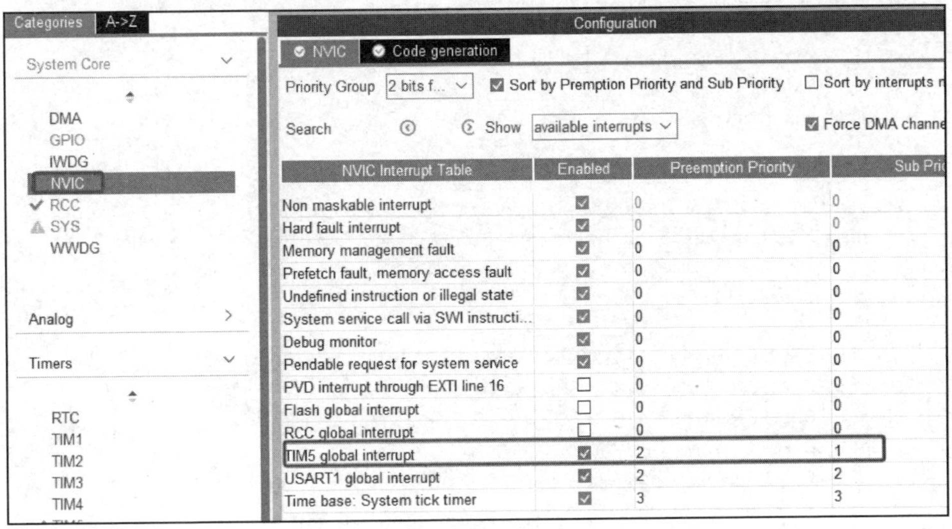

图 13.5　NVIC 配置

13.3.5　生成初始化代码

按下“Ctrl＋S”保存配置，生成工程，可以看到在工程中多了一个 tim.c 文件。tim.c 主要用于完成 TIM5 的初始化。

13.3.6　添加用户驱动代码

本实验主要修改两个文件，分别是 tim.c、main.c。

1. 修改 tim.c 文件

```
void MX_TIM5_Init(void)
{
  TIM_ClockConfigTypeDef sClockSourceConfig = {0};
  TIM_MasterConfigTypeDef sMasterConfig = {0};
  TIM_IC_InitTypeDef sConfigIC = {0};
  htim5.Instance = TIM5;
  htim5.Init.Prescaler = 72 - 1;
  htim5.Init.CounterMode = TIM_COUNTERMODE_UP;
  htim5.Init.Period = 65535;
  htim5.Init.ClockDivision = TIM_CLOCKDIVISION_DIV1;
  htim5.Init.AutoReloadPreload = TIM_AUTORELOAD_PRELOAD_ENABLE;
  if (HAL_TIM_Base_Init(&htim5) != HAL_OK)
  {
    Error_Handler();
  }
  sClockSourceConfig.ClockSource = TIM_CLOCKSOURCE_INTERNAL;
  if (HAL_TIM_ConfigClockSource(&htim5, &sClockSourceConfig) != HAL_OK)
```

```
    {
        Error_Handler();
    }
    if (HAL_TIM_IC_Init(&htim5) != HAL_OK)
    {
        Error_Handler();
    }
    sMasterConfig.MasterOutputTrigger = TIM_TRGO_RESET;
    sMasterConfig.MasterSlaveMode = TIM_MASTERSLAVEMODE_DISABLE;
    if (HAL_TIMEx_MasterConfigSynchronization(&htim5, &sMasterConfig) != HAL_OK)
    {
        Error_Handler();
    }
    sConfigIC.ICPolarity = TIM_INPUTCHANNELPOLARITY_RISING;
    sConfigIC.ICSelection = TIM_ICSELECTION_DIRECTTI;
    sConfigIC.ICPrescaler = TIM_ICPSC_DIV1;
    sConfigIC.ICFilter = 0;
    if (HAL_TIM_IC_ConfigChannel(&htim5, &sConfigIC, TIM_CHANNEL_1) != HAL_OK)
    {
        Error_Handler();
    }
    /* USER CODE BEGIN TIM5_Init 2 */
    __HAL_TIM_ENABLE_IT(&htim5, TIM_IT_UPDATE);          /* 使能更新中断 */
    HAL_TIM_IC_Start_IT(&htim5, TIM_CHANNEL_1);          /* 开始捕获 TIM5 的通道 1 */
    /* USER CODE END TIM5_Init 2 */
}
/* 省略部分代码…… */
/* 输入捕获状态(g_timxchy_cap_sta)
 * [7]     :0,没有成功的捕获;1,成功捕获到一次
 * [6]     :0,还没捕获到高电平;1,已经捕获到高电平了
 * [5:0]   :捕获高电平后溢出的次数,最多溢出 63 次,所以最长捕获值 = 63 * 65 536 + 65 535 =
 *          4 194 303
 *   注意:为了通用,我们默认 ARR 和 CCRy 都是 16 位寄存器,32 位的定时器(如 TIM5)也只按
 *        16 位使用
 *   按 1 μs 的计数频率,最长溢出时间为 4 194 303 μs,约 4.19 s
 *
 *   (说明一下:正常 32 位定时器来说,1 μs 计数器加 1,溢出时间:4 294 s)
 */
uint8_tg_timxchy_cap_sta = 0;      /* 输入捕获状态 */
uint16_tg_timxchy_cap_val = 0;     /* 输入捕获值 */
/**
 * @brief     定时器输入捕获中断处理回调函数
 * @param     htim:定时器句柄指针
 * @note      该函数在 HAL_TIM_IRQHandler 中会被调用
 * @retval    无
 */
void HAL_TIM_IC_CaptureCallback(TIM_HandleTypeDef * htim)
{
    if (htim->Instance == TIM5)
    {
```

```
        if ((g_timxchy_cap_sta & 0X80) == 0)              /* 还未成功捕获 */
        {
            if (g_timxchy_cap_sta & 0X40)                 /* 捕获到一个下降沿 */
            {
                g_timxchy_cap_sta |= 0X80;                         /* 标记成功捕获一次高电平脉宽 */
                g_timxchy_cap_val = HAL_TIM_ReadCapturedValue(&htim5,
                TIM_CHANNEL_1);                          /* 获取当前的捕获值 */
                /* 一定要先清除原来的设置 */
                TIM_RESET_CAPTUREPOLARITY(&htim5, TIM_CHANNEL_1);
                TIM_SET_CAPTUREPOLARITY(&htim5, TIM_CHANNEL_1,
                TIM_ICPOLARITY_RISING);                  /* 配置 TIM5 通道 1 上升沿捕获 */
            }
            else   /* 还未开始,第一次捕获上升沿 */
            {
                g_timxchy_cap_sta = 0;                    /* 清空 */
                g_timxchy_cap_val = 0;
                g_timxchy_cap_sta |= 0X40;               /* 标记捕获到了上升沿 */
                __HAL_TIM_DISABLE(&htim5);               /* 关闭定时器 5 */
                __HAL_TIM_SET_COUNTER(&htim5, 0);  /* 定时器 5 计数器清零 */
                /* 一定要先清除原来的设置!! */
                TIM_RESET_CAPTUREPOLARITY(&htim5, TIM_CHANNEL_1);
                TIM_SET_CAPTUREPOLARITY(&htim5, TIM_CHANNEL_1,
                TIM_ICPOLARITY_FALLING);      /* 定时器 5 通道 1 设置为下降沿捕获 */
                __HAL_TIM_ENABLE(&htim5);  /* 使能定时器 5 */
            }
        }
    }
}
/**
 * @brief      定时器更新中断回调函数
 * @param      htim:定时器句柄指针
 * @note       此函数会被定时器中断函数共同调用的
 * @retval     无
 */
void HAL_TIM_PeriodElapsedCallback(TIM_HandleTypeDef * htim)
{
    if (htim ->Instance == TIM5)
    {
        if ((g_timxchy_cap_sta & 0X80) == 0)              /* 还未成功捕获 */
        {
            if (g_timxchy_cap_sta & 0X40)                 /* 已经捕获到高电平了 */
            {
                if ((g_timxchy_cap_sta & 0X3F) == 0X3F) /* 高电平太长了 */
                {
                    /* 一定要先清除原来的设置 */
                    TIM_RESET_CAPTUREPOLARITY(&htim5, TIM_CHANNEL_1);
                    TIM_SET_CAPTUREPOLARITY(&htim5, TIM_CHANNEL_1,
                    TIM_ICPOLARITY_RISING);          /* 配置 TIM5 通道 1 上升沿捕获 */
                    g_timxchy_cap_sta |= 0X80;  /* 标记成功捕获了一次 */
                    g_timxchy_cap_val = 0XFFFF;
                }
```

```
                else      /* 累计定时器溢出次数 */
                {
                    g_timxchy_cap_sta + + ;
                }
            }
        }
    }
}
```

该代码的 MX_TIM5_Init 函数添加了两个函数,即 __HAL_TIM_ENABLE_IT 和
HAL_TIM_IC_Start_IT,一个用于使能更新中断,一个用于开启 TIM5 通道 1 的捕获
并使能捕获中断。

另外两个中断回调函数就用于处理捕获的主要逻辑,在 TIM5 的中断回调函数中
会依次捕获输入信号的上升沿和下降沿,并在第一次捕获到信号上升沿时清空 TIM5
的计数值。随后在捕获到信号下降沿的时候读取 TIM5 的计数值,该值就是该输入信
号高电平脉宽对应的计数值;只要根据 TIM5 的计数频率,就能够计算出输入信号高电
平脉宽的时间。TIM5 的更新中断用于处理计数溢出。

2. 修改 main. c 文件

```
int main(void)
{
  uint32_t temp = 0;
  uint8_t t = 0;
  HAL_Init();
  /* 系统时钟初始化 */
  SystemClock_Config();
  /* 延时初始化 */
  delay_init(72);
  /* GPIO 初始化 */
  MX_GPIO_Init();
  /* 串口初始化 */
  MX_USART1_UART_Init();
  /* TIM5 初始化 */
  MX_TIM5_Init();
  while (1)
  {
      if (g_timxchy_cap_sta & 0X80)            /* 成功捕获到了一次高电平 */
      {
          temp = g_timxchy_cap_sta & 0X3F;
          temp * = 65536;                      /* 溢出时间总和 */
          temp + = g_timxchy_cap_val;          /* 得到总的高电平时间 */
          printf("HIGH: % lu us\r\n", temp);   /* 打印总的高点平时间 */
          g_timxchy_cap_sta = 0;               /* 开启下一次捕获 */
      }
      t + + ;
      if (t > 20)                              /* 200 ms 进入一次 */
      {
          t = 0;
```

```
            LED0_TOGGLE();              /* LED0 闪烁,提示程序运行 */
        }
        delay_ms(10);
    }
}
```

经过前面的配置可计算出 TIM5 的计数频率 1 MHz,即 1 μs 计数一次,捕获时间精度是 1 μs。定时器的溢出时间是 65 536 μs。

while(1)通过判断 g_timxchy_cap_sta 的第 7 位来获知有无成功捕获到一次高电平,若成功捕获,则先计算总的高电平时间,再通过串口传输到电脑。

13.4 下载验证

在完成编译和烧录后,可以看到 LED0 在闪烁,说明程序已经正常在跑了。打开串口调试助手,选择对应的串口端口,笔者的是 COM15,按 KEY_UP 按键可以看到串口打印的高电平持续时间,如图 13.6 所示。

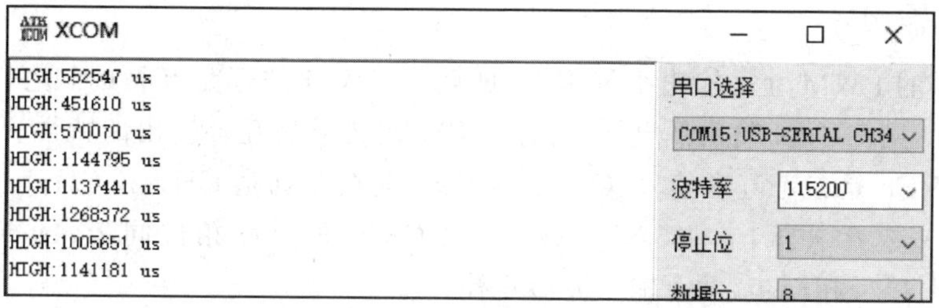

图 13.6 打印捕获到的高电平时间

第 **14** 章

高级定时器互补输出带死区控制实验

本章将介绍使用 STM32F103 输出带死区和刹车控制的两路互补 PWM。

14.1 高级定时器互补输出、死区时间简介

1. 互补输出

定时器的 PWM 互补输出很好理解,即两个 PWM 波形是互补的状态,如果 CHx 输出高电平,则 CHxN 输出低电平,两者的 PWM 波形是互补输出的特性。如图 14.1 所示,OCxREF 是参考基准信号,OCx 和 OCxN 是两个通道 CHx 和 CHxN 的输出,即主输出 OCx 或互补输出 OCxN、OCxN 与 OCXREF 时序相位同步,OCXN 信号与 OCXREF 时序反相同步,两个输出波形互补。

2. 死区时间

如图 14.2 所示,OCxREF 是参考基准信号,OCx 和 OCxN 是两个通道 CHx 和 CHxN 的输出,OCxN 与 OCxREF 时序相位同步,只是其上升沿相对 OCxREF 上升沿存在延迟;OCxN 信号与 OCxREF 时序反相同步,并且其上升沿相对 OCxREF 下降沿存在延迟,这个延迟时间就是插入的死区时间。

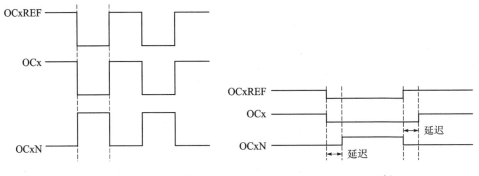

图 14.1 定时器的 PWM 互补输出波形   图 14.2 死区时间

高级控制定时器(TIM1/TIM8)可以输出两路互补信号,并管理死区时间,用户

必须根据与输出相连接的器件及其特性(电平转换器的固有延迟、开关器件产生的延迟)来调整死区时间;每路输出可以独立选择输出极性(主输出 OCx 或互补输出 OCxN),可通过对 TIMx_CCER 寄存器中的 CCxP 和 CCxNP 位执行写操作来完成极性选择。注意,如果延迟时间大于有效输出(OCx 或 OCxN)的宽度,则相应通道的输出呈无效状态,即不会产生相应的脉冲。

14.2　硬件设计

1) 例程功能
➢ 利用 TIM1_CH1(PE8)输出 70% 占空比的 PWM 波,则它的互补输出通道(PE9)是输出 30% 占空比的 PWM 波。
➢ 刹车功能,当给刹车输入引脚(PE15)输入高电平时进行刹车,即 PE8 和 PE9 停止输出 PWM 波。
➢ LED0 闪烁指示程序运行。
2) 硬件资源
➢ LED 灯:LED0 - PB5;
➢ 定时器 1:TIM1 正常输出通道 PE9、TIM1 互补输出通道 PE8、TIM1 刹车输入 PE15。
3) 原理图
定时器属于 STM32F103 的内部资源,只需要软件设置好即可正常工作。这里需要通过示波器观察 PE8 和 PE9 引脚 PWM 输出的情况,还可以通过给 PE15 引脚接入高电平进行刹车。

14.3　程序设计

14.3.1　配套源码路径

本实验配置好的实验工程已经放到了配套资料中,路径为:开发板光盘 A-基础资料\1、程序源码\4、CubeIDE_project\10_3_ATIM_CPLM_PWM。

14.3.2　创建和配置工程

在 STM32CubeIDE 中复制 05_UART 工程,并将工程文件名和.ioc 文件名均修改为 10_3_ATIM_CPLM_PWM,以进行下一步的实验操作。

双击 10_3_ATIM_CPLM_PWM.ioc 进入 STM32CubeMX 插件配置界面后,在 Pinout & Configuration 处配置 PE8、PE9、PE15,将 PE8、PE9 分别复用为 TIM1_CH1 和 TIM1_CH1N 用于互补输出,将 PE15 复用为 TIM1_BKIN 用于测试刹车功能,如图 14.3 所示。

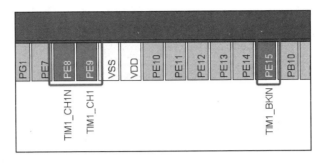

图 14.3　GPIO 复用

14.3.3　配置 TIM1 时基等参数

在 Timers→TIM1 中先配置 TIM1 的模式，如图 14.4 所示，这里选择内部时钟，选择 PWM Generation CH1 CH1N，即通道 1 和互补通道 1 产生 PWM。

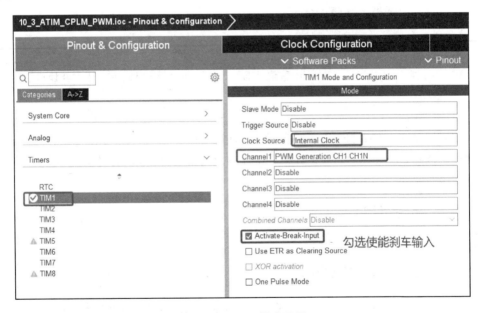

图 14.4　TIM1 模式配置

接下来配置 TIM1 的时基参数、通道 1 以及互补通道 1 的参数，图 14.5 中方框部分需要手动配置，其他部分保持默认配置。

Counter Settings 参数前面已经分析过多次，这里不再赘述。注意，Internal Clock Division(CKD)选择 Division by 4，即 4 分频，72 MHz/4＝18 MHz。

Break And Dead Time management – BRK Configuration 用于配置刹车输入，配置如下：

➢ BRK State 用于配置刹车状态，这里配置为 Enable，即打开刹车电平；

➢ BRK Polarity 用于配置刹车极性，这里配置为 High，即刹车电平为高。

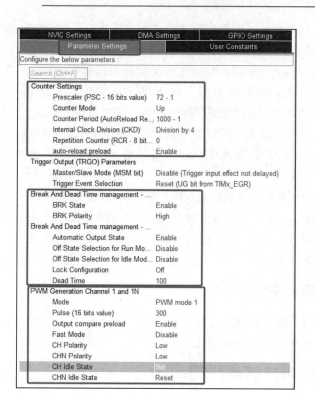

图 14.5　参数配置

Break And Dead Time management-Output Configuration 用于配置死区(停滞)时间,配置如下:

> Automatic Output State 用于配置自动输出状态,这里选择使能 Enable,即将 TIMx_BDTR 寄存器的 AOE 置 1,所以只要断路输入(BRK)为无效状态,使能主输出 MOE 位以后 OCx 和 OCxN 就有输出;

> Off State Selection for Run Mode(OSSR)即运行模式下"关闭状态"选择,这里选 Disable,即关闭;

> Off State Selection forldle Mode(OSSl)即空闲模式下"关闭状态"选择,这里选择 Disable,即关闭;

> Lock Configuration,锁定设置选择 Off,即关闭。

Dead Time 用于配置死区延时时间,这里配置死区发生器为十进制数的 100,也就是本例程 DTG[7:0]位设置为十进制 100,即二进制数 0110 0100。DTG[7:5]=011。符合 DT=DTG[7:0] · t_{dtg},其中 $t_{dtg}=t_{DTS}$。DT 是死区时间,可以得到 DT=100× 55.56 ns=5.56 μs。后面下载验证一节再通过示波器验证这个死区时间计算的理论值和实际值是否一样。

PWM Generation Channel1 and 1N 配置如下:

> Mode 选择 PWM mode 1,即 PWM 模式 1;

> Pulse(16 bits value)用于配置通道 1 的占空比,这里配置为 300,即 30% 的占空比,那么通道 1 对应的互补输出通道的占空比为 70%;

> Output compare preload 输出比较预加载项选择 Enable,即在定时器工作时是否能修改 Pulse 的值,如果禁用此项,则表示定时器工作时不能修改,只能等到更新事件到来的时候才能进行修改,所以这里选择使能;

> Fast Mode 用于配置 PWM 脉冲快速模式,这里不需要,可以不配置;

> CHN Polarity 用于配置互补输出通道电平极性,这里选择为 Low,即低电平有效;

> CH Polarity 用于输出极性,这里选择 Low,即低电平有效;

> CH Idle State 用于配置通道的空闲状态的电平,这里默认选择 Set 为低电平;

> CHN IdleStateSet 用于配置互补输出通道的空闲状态的电平,这里默认选择 Reset 为高电平。

14.3.4 生成初始化代码

按下"Ctrl+S"保存配置,生成工程,可以看到在工程中多了一个 tim.c 文件。tim.c 主要用于完成 TIM1 的初始化。

14.3.5 添加用户驱动代码

本实验主要修改两个文件,分别是 tim.c、main.c。

1. 修改 tim.c 文件

```
void MX_TIM1_Init(void)
{
  TIM_ClockConfigTypeDef sClockSourceConfig = {0};
  TIM_MasterConfigTypeDef sMasterConfig = {0};
  TIM_OC_InitTypeDef sConfigOC = {0};
  TIM_BreakDeadTimeConfigTypeDef sBreakDeadTimeConfig = {0};
  htim1.Instance = TIM1;
  htim1.Init.Prescaler = 72 - 1;
  htim1.Init.CounterMode = TIM_COUNTERMODE_UP;
  htim1.Init.Period = 1000 - 1;
  htim1.Init.ClockDivision = TIM_CLOCKDIVISION_DIV4;
  htim1.Init.RepetitionCounter = 0;
  htim1.Init.AutoReloadPreload = TIM_AUTORELOAD_PRELOAD_ENABLE;
  if (HAL_TIM_Base_Init(&htim1) != HAL_OK)
  {
    Error_Handler();
  }
  sClockSourceConfig.ClockSource = TIM_CLOCKSOURCE_INTERNAL;
  if (HAL_TIM_ConfigClockSource(&htim1, &sClockSourceConfig) != HAL_OK)
  {
    Error_Handler();
  }
  if (HAL_TIM_PWM_Init(&htim1) != HAL_OK)
```

```
   {
       Error_Handler();
   }
   sMasterConfig.MasterOutputTrigger = TIM_TRGO_RESET;
   sMasterConfig.MasterSlaveMode = TIM_MASTERSLAVEMODE_DISABLE;
   if (HAL_TIMEx_MasterConfigSynchronization(&htim1, &sMasterConfig)! = HAL_OK)
   {
       Error_Handler();
   }
   sConfigOC.OCMode = TIM_OCMODE_PWM1;
   sConfigOC.Pulse = 300;
   sConfigOC.OCPolarity = TIM_OCPOLARITY_LOW;
   sConfigOC.OCNPolarity = TIM_OCNPOLARITY_LOW;
   sConfigOC.OCFastMode = TIM_OCFAST_DISABLE;
   sConfigOC.OCIdleState = TIM_OCIDLESTATE_SET;
   sConfigOC.OCNIdleState = TIM_OCNIDLESTATE_RESET;
   if (HAL_TIM_PWM_ConfigChannel(&htim1, &sConfigOC, TIM_CHANNEL_1) ! = HAL_OK)
   {
       Error_Handler();
   }
   sBreakDeadTimeConfig.OffStateRunMode = TIM_OSSR_DISABLE;
   sBreakDeadTimeConfig.OffStateIDLEMode = TIM_OSSI_DISABLE;
   sBreakDeadTimeConfig.LockLevel = TIM_LOCKLEVEL_OFF;
   sBreakDeadTimeConfig.DeadTime = 100;
   sBreakDeadTimeConfig.BreakState = TIM_BREAK_ENABLE;
   sBreakDeadTimeConfig.BreakPolarity = TIM_BREAKPOLARITY_HIGH;
   sBreakDeadTimeConfig.AutomaticOutput = TIM_AUTOMATICOUTPUT_ENABLE;
   if (HAL_TIMEx_ConfigBreakDeadTime(&htim1, &sBreakDeadTimeConfig) ! = HAL_OK)
   {
       Error_Handler();
   }
   /* USER CODE BEGIN TIM1_Init 2 */
   HAL_TIM_PWM_Start(&htim1, TIM_CHANNEL_1);          /* 使能 OCy 输出 */
   HAL_TIMEx_PWMN_Start(&htim1, TIM_CHANNEL_1);       /* 使能 OCyN 输出 */
   /* USER CODE END TIM1_Init 2 */
   HAL_TIM_MspPostInit(&htim1);
}
```

在 TIM1 的初始化函数中需要添加 HAL_TIM_PWM_Start 函数和 HAL_TIMEx_
PWMN_Start 函数,用于启动通道输出和互补通道输出。

2. 修改 main.c 文件

```
int main(void)
{
   /* USER CODE BEGIN 1 */
   uint8_t t = 0;
   /* USER CODE END 1 */
   HAL_Init();
   MX_GPIO_Init();
   /* 此处省略系统时钟、延时、GPIO 初始化 */
   MX_USART1_UART_Init();
```

```
/* TIM1 初始化 */
MX_TIM1_Init();
/* USER CODE BEGIN 2 */
while (1)
{
    delay_ms(10);
    t++;
    if (t >= 20)
    {
        LED0_TOGGLE();    /* LED0(RED)闪烁 */
        t = 0;
    }
}
}
```

main 函数中调用系统初始化以及外设初始化即可,然后 while 循环中实现 LED0 的间隔翻转,代表程序正常运行。

14.4 下载验证

下载代码后,可以看到 LED0 在闪烁,说明程序已经正常在跑了。需要借助示波器观察 PE9 正常输出和 PE8 互补输出 PWM 的情况,示波器显示如图 14.6 所示。

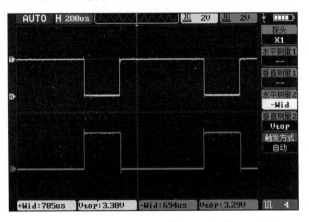

图 14.6 PE8 正常输出和 PE9 互补输出 PWM 的情况

图 14.6 由上到下分别是 PE9 输出 70% 占空比的 PWM 波和 PE8 互补输出 30% 占空比的 PWM 波。互补输出的 PWM 波的正脉宽减去正常的 PWM 负脉宽的值除以 2 就是死区时间,也可以是正常的 PWM 正脉宽减去互补输出的 PWM 负脉宽的值除以 2。使用第一种方法得到死区时间 $=(705-694)/2\ \mu s=5.5\ \mu s$,与理论值 $5.56\ \mu s$ 基本一样,在误差范围内。

因为使能了刹车和自动输出功能,因此将 PE15 引脚接入有效的高电平后,可以看到两路 PWM 都被禁止输出了,撤销 PE15 引脚接入的高电平后可以看到两路 PWM 又自动恢复输出。

第 **15** 章

OLED 显示实验

本书使用的开发板上已经预留了 OLED 模块接口,另外需要准备一个 OLED 显示模块。本章来学习点亮 OLED,并实现 ASCII 字符的显示。

15.1　OLED 模块简介

OLED 模块是一种集成了 OLED 显示屏和控制电路的显示器件,通常包括 OLED 面板、驱动芯片、接口电路和电源管理等组件。OLED 模块可以直接连接到微控制器或其他主控设备,通过 8080 接口或 SPI 接口即可实现图像和文字的显示。

15.2　硬件设计

(1) 例程功能

使用 8080 并口模式驱动 OLED 模块,不停地显示 ASCII 码和码值。LED0 闪烁,提示程序运行。

(2) 硬件资源

➤ LED 灯:DS0,LED0 – PB5;

➤ 正点原子 0.96 寸 OLED 模块,硬件上与开发板 I/O 口对应关系如下:

OLED_CS 对应 OV_WRST,即 PD6;

OLED_RS 对应 OV_SCL,即 PD3,高电平为命令,低电平为数据;

OLED_WR 对应 OV_RRST,即 PG14;

OLED_RD 对应 DCMI_SDA,即 PG13;

OLED_RST 对应 DCMI_RESET,即 PG15;

OLED_D[7:0]对应 DCMI_D[7:0],即 PC[7:0]。

(3) 原理图

OLED 模块的原理图在前面已有详细说明了,这里介绍 OLED 模块与本书使用的开发板的连接。开发板上有一个 OLED/CAMERA 的接口(P4 接口)可以和正点原子 OLED 模块直接对插(靠左插),如图 15.1 所示。开发板上的这些 I/O 与 OLED 模块 I/O 的对应关系如表 15.1 所列。

表 15.1 OLED 模块与开发板连接示意图

开发板 I/O	OLED 模块 I/O	STM32 芯片对应 GPIO
VCC3.3	VCC3.3	
OV_WRST	OLED_CS	PD6
OV_RRST	OLED_RW	PG14
OV_OE	OLED_RST	PG15
OV_D1	OLED_D1	PC1
OV_D3	OLED_D3	PC3
OV_D5	OLED_D5	PC5
OV_D7	OLED_D7	PC7
GND	GND	
OV_SCL	OLED_DC	PD3
OV_SDA	OLED_RD	PG13
OV_D0	OLED_D0	PC0
OV_D2	OLED_D2	PC2
OV_D4	OLED_D4	PC4
OV_D6	OLED_D6	PC6
OV_RCLK	悬空	悬空

开发板的内部已经把线连接好了,我们只需要将 OLED 模块插上去就好了。这里的 OLED_D[7:0]分别连接到连续的 GPIOC[7:0]上,所以只需要读一次 PC 就可以得到对应的显示数据。实物连接如图 15.2 所示。

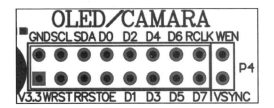

图 15.1 OLED 模块与开发板连接示意图

图 15.2 OLED 模块与开发板连接实物图

15.3 程序设计

15.3.1 配套源码路径

本实验配置好的实验工程已经放到了配套资料中,路径为:开发板光盘 A-基础资

料\1、程序源码\4,CubeIDE_project\12_OLED。

15.3.2　创建和配置工程

在 STM32CubeIDE 中复制 05_UART 工程,并将工程文件名和.ioc 文件名均修改为 12_OLED,以进行下一步的实验操作。双击 12_OLED.ioc 进入 STM32CubeMX 插件配置界面后,开始配置需要用到的 I/O。这些前面都已经详细讲解过了,这里不再重复。I/O 配置结果如图 15.3 所示。

Pin N...	Signal o...	GPIO ou...	GPIO m...	GPIO Pu...	Maximu...	User Label	Modified
PA0-WK...	n/a	Low	Output P...	Pull-down	High	WK_UP	☑
PB5	n/a	High	Output P...	Pull-up	High	LED0	☑
PB8	n/a	Low	Output P...	Pull-down	High	BEEP	☑
PC0	n/a	High	Output P...	Pull-up	High	OLED_S...	☑
PC1	n/a	High	Output P...	Pull-up	High	OLED_S...	☑
PC2	n/a	High	Output P...	Pull-up	High		☑
PC3	n/a	High	Output P...	Pull-up	High		☑
PC4	n/a	High	Output P...	Pull-up	High		☑
PC5	n/a	High	Output P...	Pull-up	High		☑
PC6	n/a	High	Output P...	Pull-up	High		☑
PC7	n/a	High	Output P...	Pull-up	High		☑
PD3	n/a	High	Output P...	Pull-up	High	OLED_S...	☑
PD6	n/a	High	Output P...	Pull-up	High	OLED_S...	☑
PE3	n/a	High	Output P...	Pull-up	High	KEY1	☑
PE4	n/a	High	Output P...	Pull-up	High	KEY0	☑
PE5	n/a	High	Output P...	Pull-up	High	LED1	☑
PG13	n/a	High	Output P...	Pull-up	High		☑
PG14	n/a	High	Output P...	Pull-up	High		☑
PG15	n/a	High	Output P...	Pull-up	High	OLED_S...	☑

图 15.3　I/O 配置

15.3.3　生成工程并添加文件

配置好之后,按下键盘的"Ctrl+S"组合键保存 12_OLED.ioc 文件,系统开始生成初始化代码。接着在 Drivers/BSP 文件夹中新建 OLED 文件夹,继续在 OLED 文件夹下新建 5 个文件,分别是 oled.c 和 oled.h、font.c 和 font.h、oledfont.h 文件。其中,font.c 和 font.h 用于存放汉字和图片的字符集点阵数据,oledfont.h 用于存放 ASCII 码字符集点阵数据。

1. 添加 oledfont.h 文件代码

oledfont.h 文件用于存放 ASCII 字符集点阵数据,也就是 ASCII 字符集取模后得到的数据,这里把 ASCII 字符集按字宽和字高为 12×12、16×16 和 24×24 的大小取模出来。这里以字宽和字高为 12×12 为例讲解。设置字体为隶书,字宽和字高都为12,取模方式设置:阴码+逐列式+顺向+C51 格式,如图 15.4 所示。最后将以下ASCII 码字符复制到输入框(注意,第一个字符是空格): !"#$%&'()*+,-./0123456789:;<=>?@ABCDEFGHIJKLMNOPQRSTUVWXYZ[\]^_`abcdefghijklmnopqrstuvwxyz{|}~

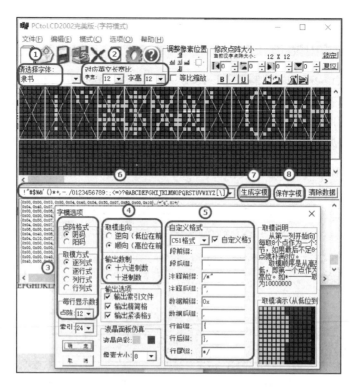

图 15.4   设置取模方式

最后，将数据保存在一个 .tex 文件中，得到的数据如图 15.5 所示。

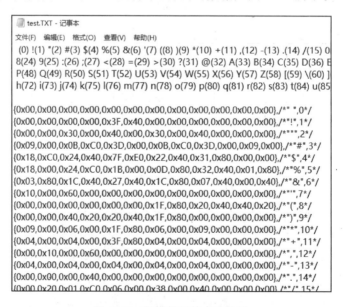

图 15.5   取模得到的点阵数据

其他字宽和字高为 16×16 和 24×24 的数据生成也是同样的方法。oledfont.h 文件的代码已经在本实验的工程中给出，读者可以直接使用。

2. 添加 font.c 和 font.h 文件代码

　　font.c 和 font.h 用于存放汉字和图片的字符集点阵数据，这里以取汉字"正点原子"、大小 16×16 及 32×32 为例，如图 15.6 和 15.7 所示。

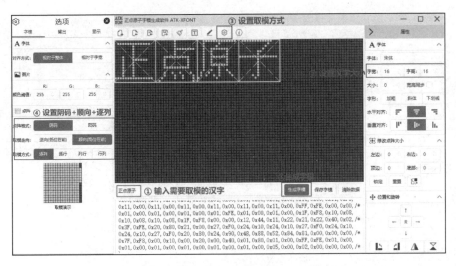

图 15.6　汉字取模

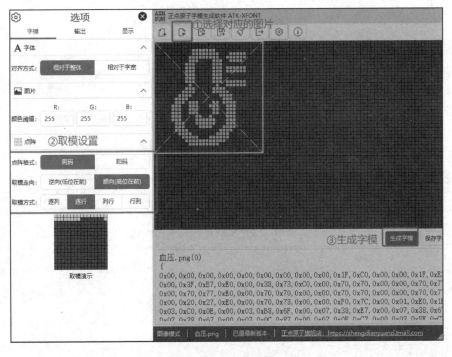

图 15.7　图片取模

其他大小的汉字和图片生成也是同样的方法。font. c 和 font. h 文件的代码已经在本实验的工程中给出,读者可以直接使用。

3. 添加 oled. h 文件代码

oled. h 文件代码如下:

```
/* OLED 8080 模式相关端口控制函数
 * 注意:OLED_RST/OLED_CS/OLED_RS 这 3 个和 80 并口模式共用,即 80 模式也必须实现这 3 个函数
 */
#define OLED_RST(x)        do{ x ? \
                           HAL_GPIO_WritePin(OLED_RST_GPIO_Port,
                           OLED_RST_Pin, GPIO_PIN_SET) : \
                           HAL_GPIO_WritePin(OLED_RST_GPIO_Port,
                           OLED_RST_Pin, GPIO_PIN_RESET); \
                           }while(0)        /* 设置 RST 引脚 */

#define OLED_CS(x)         do{ x ? \
                           HAL_GPIO_WritePin(OLED_CS_GPIO_Port,
                           OLED_CS_Pin, GPIO_PIN_SET) : \
                           HAL_GPIO_WritePin(OLED_CS_GPIO_Port,
                           OLED_CS_Pin, GPIO_PIN_RESET); \
                           }while(0)          /* 设置 CS 引脚 */
#define OLED_RS(x)         do{ x ? \
                           HAL_GPIO_WritePin(OLED_RS_GPIO_Port,
                           OLED_RS_Pin, GPIO_PIN_SET) : \
                           HAL_GPIO_WritePin(OLED_RS_GPIO_Port,
                           OLED_RS_Pin, GPIO_PIN_RESET); \
                           }while(0)          /* 设置 RS 引脚 */

#define OLED_WR(x)         do{ x ? \
                           HAL_GPIO_WritePin(OLED_WR_GPIO_Port,
                           OLED_WR_Pin, GPIO_PIN_SET) : \
                           HAL_GPIO_WritePin(OLED_WR_GPIO_Port,
                           OLED_WR_Pin, GPIO_PIN_RESET); \
                           } while(0)          /* 设置 WR 引脚 */

#define OLED_RD(x)         do{ x ? \
                           HAL_GPIO_WritePin(OLED_RD_GPIO_Port,
                           OLED_RD_Pin, GPIO_PIN_SET) : \
                           HAL_GPIO_WritePin(OLED_RD_GPIO_Port,
                           OLED_RD_Pin, GPIO_PIN_RESET); \
                           }while(0)          /* 设置 RD 引脚 */

/* 命令/数据 定义 */
#define OLED_CMD           0       /* 写命令 */
#define OLED_DATA          1       /* 写数据 */
/* OLED 分辨率 定义 */
#define OLED_H             64      /* 垂直分辨率 */
#define OLED_W             128     /* 水平分辨率 */
```

上述代码主要实现了 8080 并口模式相关端口控制函数定义、写命令和写数据宏

定义。

4. 添加 oled. c 文件代码

下面重点分析 oled. c 文件，其中有很多函数，这里主要分析几个重要函数。所有函数的代码可查看工程文件中的 oled. c 文件。

(1) oled_init 初始化函数

```
/**
 * @brief        初始化 OLED(SSD1306)
 * @param        无
 * @retval       无
 */
void oled_init(void)
{
    /* 此处为 8080 方式的 I/O 初始化,已在 main 函数中初始化对应 I/O 了,这里无需再初始
       化 I/O */
    OLED_WR(1);
    OLED_RD(1);
    OLED_CS(1);
    OLED_RS(1);
    OLED_RST(0);
    delay_ms(100);
    OLED_RST(1);
    oled_wr_byte(0xAE, OLED_CMD);    /* 关闭显示 */
    oled_wr_byte(0xD5, OLED_CMD);    /* 设置时钟分频因子,振荡频率 */
    oled_wr_byte(80, OLED_CMD);      /* [3:0],分频因子;[7:4],振荡频率 */
    oled_wr_byte(0xA8, OLED_CMD);    /* 设置驱动路数 */
    oled_wr_byte(0X3F, OLED_CMD);    /* 默认 0X3F(1/64) */
    oled_wr_byte(0xD3, OLED_CMD);    /* 设置显示偏移 */
    oled_wr_byte(0X00, OLED_CMD);    /* 默认为 0 */
    oled_wr_byte(0x40, OLED_CMD);    /* 设置显示开始行 [5:0],行数 */
    oled_wr_byte(0x8D, OLED_CMD);    /* 电荷泵设置 */
    oled_wr_byte(0x14, OLED_CMD);    /* bit2,开启/关闭 */
    oled_wr_byte(0x20, OLED_CMD);    /* 设置内存地址模式 */
    oled_wr_byte(0x02, OLED_CMD);    /* 00,列地址模式;01,行地址模式;10,页地址模式 */
    oled_wr_byte(0xA1, OLED_CMD);    /* 段重定义设置,bit0:0,0->0;1,0->127; */
    oled_wr_byte(0xC8, OLED_CMD);
    oled_wr_byte(0xDA, OLED_CMD);    /* 设置 COM 硬件引脚配置 */
    oled_wr_byte(0x12, OLED_CMD);    /* [5:4]配置 */
    oled_wr_byte(0x81, OLED_CMD);    /* 对比度设置 */
    oled_wr_byte(0xEF, OLED_CMD);    /* 1~255;默认 0X7F(亮度设置,越大越亮) */
    oled_wr_byte(0xD9, OLED_CMD);    /* 设置预充电周期 */
    oled_wr_byte(0xf1, OLED_CMD);    /* [3:0],PHASE 1;[7:4],PHASE 2; */
    oled_wr_byte(0xDB, OLED_CMD);    /* 设置 VCOMH 电压倍率 */
    oled_wr_byte(0x30, OLED_CMD);
    oled_wr_byte(0xA4, OLED_CMD);    /* 显示开启;bit0:1,开启;0,关闭;(白屏/黑屏) */
    oled_wr_byte(0xA6, OLED_CMD);    /* 设置显示方式;bit0:1,反相显示;0,正常显示 */
    oled_wr_byte(0xAF, OLED_CMD);    /* 开启显示 */
    oled_clear();
}
```

OLED 初始化函数中主要实现的是一些初始化序列,按照厂家提供的资料来做就可以。注意,因为 OLED 是无背光的,且初始化之后把显存都清空了,所以此时在屏幕上是看不到任何内容的,就像没通电一样,不要以为这就是初始化失败,要写入数据模块才会显示。

(2) oled_refresh_gram 更新显存到 OLED 函数

接下来介绍的是 oled_refresh_gram 更新显存到 OLED 函数,该函数的作用是把程序中定义的二维数组 g_oled_gram 值一次性刷新到 OLED 的显存 GRAM 中。在 oled.c 文件开头定义了如下二维数组:

```
/*
 * OLED 的显存
 * 每个字节表示 8 个像素,128 表示有 128 列,8 表示有 64 行,高位表示行数
 * 比如 g_oled_gram[0][0]包含了第一列,第 1～8 行的数据 g_oled_gram[0][0]中 0 即表示坐
   标(0,0)
 * 类似的: g_oled_gram[1][0]中 6 表示坐标(1,1), g_oled_gram[10][1]中 2 表示坐标(10,
   10),
 * 存放格式如下(高位表示高行数)
 * [0]0 1 2 3 ... 127
 * [1]0 1 2 3 ... 127
 * [2]0 1 2 3 ... 127
 * [3]0 1 2 3 ... 127
 * [4]0 1 2 3 ... 127
 * [5]0 1 2 3 ... 127
 * [6]0 1 2 3 ... 127
 * [7]0 1 2 3 ... 127
 */
static uint8_t g_oled_gram[128][8];
```

该数组值与 OLED 显存 GRAM 值一一对应。操作时只需要先修改该数组的值,再通过调用 oled_refresh_gram 函数把数组的值一次性刷新到 OLED 的 GRAM 上。oled_refresh_gram 函数定义如下:

```
/**
 * @brief     更新显存到 OLED
 * @param     无
 * @retval    无
 */
void oled_refresh_gram(void)
{
    uint8_t i, n;
    for (i = 0; i < 8; i++)
    {
        oled_wr_byte (0xb0 + i, OLED_CMD);    /* 设置页地址(0～7) */
        oled_wr_byte (0x00, OLED_CMD);         /* 设置显示位置—列低地址 */
        oled_wr_byte (0x10, OLED_CMD);         /* 设置显示位置—列高地址 */
        for (n = 0; n < 128; n++)
        {
            oled_wr_byte(g_oled_gram[n][i], OLED_DATA);
        }
    }
```

```
      }
  }
```

oled_refresh_gram 函数先设置页地址，再写入列地址（也就是纵坐标），然后从 0 开始写入 128 个字节，写满该页。最后循环把 8 页的内容都写入，就实现了从 STM32 显存到 OLED 显存的复制操作。

oled_refresh_gram 函数还调用了 oled_wr_byte 函数，该函数和硬件相关，8080 并口模式下该函数定义如下：

```
/**
 * @brief        向 OLED 写入一个字节
 * @param        data：要输出的数据
 * @param        cmd：数据/命令标志 0，表示命令；1，表示数据
 * @retval       无
 */
static void oled_wr_byte(uint8_t data, uint8_t cmd)
{
    oled_data_out(data);
    OLED_RS(cmd);
    OLED_CS(0);
    OLED_WR(0);
    OLED_WR(1);
    OLED_CS(1);
    OLED_RS(1);
}
```

8080 并口模式下的 oled_wr_byte 函数还调用 oled_data_out 函数，其定义如下：

```
/**
 * @brief        通过拼凑的方法向 OLED 输出一个 8 位数据
 * @param        data：要输出的数据
 * @retval       无
 */
static void oled_data_out(uint8_t data)
{
    GPIOC ->ODR = (GPIOC ->ODR & 0XFF00) | (data & 0X00FF);
}
```

oled_data_out 函数的处理方法就是前面说的，因为 OLED 的 D0～D7 对于精英开开发板来说正好顺序接到了 GPIOC[0:7]，所以只要向 GPIOC 的低位输出一次数据即可实现并口数据输出。

如果使用 SPI 模式，则操作模块时会调用函数接口按以下的软件 SPI 方式实现：

```
/**
 * @brief        向 OLED 写入一个字节
 * @param        data：要输出的数据
 * @param        cmd：数据/命令标志 0，表示命令；1，表示数据
 * @retval       无
 */
static void oled_wr_byte(uint8_t data, uint8_t cmd)
{
```

```
    uint8_t i;
    OLED_RS(cmd);    /* 写命令 */
    OLED_CS(0);
    for (i = 0; i < 8; i++)
    {
        OLED_SCLK(0);
        if (data & 0x80)
        OLED_SDIN(1);
        else
        OLED_SDIN(0);
        OLED_SCLK(1);
        data <<= 1;
    }
    OLED_CS(1);
    OLED_RS(1);
}
```

两种模式下的 oled_wr_byte 函数形参是一样的。第一个形参 data 就是要写的内容。第二个形参 cmd 是通过选用 OLED_CMD 和 OLED_DATA 两个宏定义的其中一个，从而控制选择写命令还是写数据。

(3) OLED 画点函数

```
/**
 * @brief       OLED 画点
 * @param       x   : 0~127
 * @param       y   : 0~63
 * @param       dot: 1 填充 0,清空
 * @retval      无
 */
void oled_draw_point(uint8_t x, uint8_t y, uint8_t dot)
{
    uint8_t pos, bx, temp = 0;
    if (x > 127 || y > 63) return;  /* 超出范围了 */
    pos = y/8;  /* 计算 GRAM 里面的 y 坐标所在的字节,每个字节可以存储 8 个行坐标 */
    bx = y%8;   /* 取余数,方便计算 y 在对应字节里面的位置,及行(y)位置 */
    temp = 1 << bx;     /* 高位表示高行号,得到 y 对应的 bit 位置,将该 bit 先置 1 */
    if (dot)                    /* 画实心点 */
    {
        g_oled_gram[x][pos] |= temp;
    }
    else                        /* 画空点,即不显示 */
    {
        g_oled_gram[x][pos] &= ~temp;
    }
}
```

该函数有 3 个形参,前两个是横纵坐标,第三个 t 为要写入 1 还是 0,实现了在 OLED 模块任意位置画点的功能。

(4) 显示字符 oled_show_char 函数

取模方式是从上到下,从左到右,高位在前。下面就根据取模的方式来编写显示字

符 oled_show_char 函数,如下:

```c
/**
 * @brief          在指定位置显示一个字符,包括部分字符
 * @param          x  : 0~127
 * @param          y  : 0~63
 * @param          size:选择字体 12/16/24
 * @param          mode: 0,反白显示;1,正常显示
 * @retval 无
 */
void oled_show_char(uint8_t x,uint8_t y,uint8_t chr,uint8_t size,uint8_t mode)
{
    uint8_t temp, t, t1;
    uint8_t y0 = y;
    uint8_t * pfont = 0;
    /* 得到字体一个字符对应点阵集所占的字节数 */
    uint8_t csize = (size / 8 + ((size % 8) ? 1 : 0)) * (size / 2);
    chr = chr - ' ';/* 得到偏移后的值,因为字库是从空格开始存储的,第一个字符是空格 */
    if (size == 12)            /* 调用 1206 字体 */
    {
        pfont = (uint8_t * )oled_asc2_1206[chr];
    }
    else if (size == 16)       /* 调用 1608 字体 */
    {
        pfont = (uint8_t * )oled_asc2_1608[chr];
    }
    else if (size == 24)       /* 调用 2412 字体 */
    {
        pfont = (uint8_t * )oled_asc2_2412[chr];
    }
    else                        /* 没有的字库 */
    {
        return;
    }
    for (t = 0; t < csize; t++)
    {
        temp = pfont[t];
        for (t1 = 0; t1 < 8; t1++)
        {
            if (temp & 0x80)oled_draw_point(x, y, mode);
            else oled_draw_point(x, y, !mode);
            temp <<= 1;
            y++;
            if ((y - y0) == size)
            {
                y = y0;
                x++;
                break;
            }
        }
    }
}
```

该函数为字符以及字符串显示的核心部分,函数中"chr=chr-'';"是要得到字符点阵数据里面的实际地址,这是因为这里的取模是从空格键开始的,如 oled_asc2_1206[0][0]代表空格符开始的点阵码。接下来的代码也是按照从上到小(先 y++)、从左到右(再 x++)的取模方式来编写的,先得到最高位,然后判断是写 1 还是 0 来画点,接着读第二位,如此循环,直到一个字符的点阵全部取完。这其中涉及列地址和行地址的自增,根据取模方式来理解就不难了。

(5) 图片显示函数 oled_draw_bitmap

```
/**
 * @brief        显示图片
 * @param        x,y        :起始坐标
 * @param        *bitmap    :位图地址
 * @param        p_w        :图片的宽度
 * @param        p_h        :图片的高度
 * @param        mode       :0,反白显示;1,正常显示
 * @retval       无
 */
void oled_draw_bitmap(int16_t x, int16_t y, uint8_t * bitmap, uint16_t p_w, uint16_t
                      p_h, uint8_t mode)
{
    if (x > (OLED_W-1) || y > (OLED_H-1)) return;
    uint8_t color;
    int16_t x0 = x;
    uint16_t col_bytes = (p_w >> 3) + ((p_w % 8) ? 1 : 0);      /* 一行字节数 */
    for (int col_i = 0; col_i < p_h; col_i++)                   /* 行++ */
    {
        for (int col = 0; col < col_bytes; col++)              /* 显示一行 */
        {
            uint8_t temp = bitmap[col_i * col_bytes + col];
            for (int i = 0; i < 8; i++)                        /* 显示一个字节 */
            {
                if (x >= 0 && y >= 0)
                {
                    color = mode ? (temp & 0x80) : !(temp & 0x80);
                    oled_draw_point(x, y, color);
                }
                temp <<= 1;
                x++;
                /* 显示达到宽度或大于限制窗口,换行 */
                if ((x - x0) == p_w || x > (OLED_W-1))
                {
                    x = x0;
                    y++;                                       /* 指向下一行(逐行式) */
                    if (y > (OLED_H-1)) return;                /* 达到限制窗口退出 */
                    break;
                }
            }
            if (x == x0) break; //换行
        }
```

```
      }
   }
```

该函数为图片显示的核心部分,通过 bitmap 找到位图地址,之后先得到最高位,判断是写 1 还是 0 来画点;接着读第二位,如此循环,直到一个图片的点阵全部取完。

(6) 指定大小的汉字显示函数 show_font

```
/**
 * @brief      显示一个指定大小的汉字
 * @param    x,y      :    汉字的坐标
 * @param    font     :    汉字 GBK 码
 * @param    f_h      :    字高
 * @param    mode     :    0,反白显示;1,正常显示
 * @retval    无
 */
void show_font(uint16_t x, uint16_t y, const char * str, struct _font * font, uint8_t mode)
{
    uint16_t fontset;
    uint8_t temp, t, t1;
    uint16_t y0 = y;
    /* 得到自由分辨字符所占的字节数 */
    uint8_t csize = (font ->h / 8 + ((font ->h % 8) ? 1 : 0)) * font ->w;
    /* 计算 font_table 对应字库的数组下标 */
    for(fontset = 0; fontset < (strlen(font ->index) >> 1); fontset ++ )
    {
        if(font ->index[2 * fontset] == str[0] && font ->index[2 * fontset + 1] == str[1])
        {
            break;
        }
    }
    /* font_table 中没有 font 该字 */
    if(fontset >= (strlen(font ->index) >> 1)) return;

    for(t = 0; t < csize; t ++ )
    {
        /* 找到某个汉字对应的字模数据 */
        temp = * (font ->bitmap + fontset * csize + t);        /* 调用相应字库内容 */
        for(t1 = 0; t1 < 8; t1 ++ )
        {
            if(temp & 0x80) oled_draw_point(x, y, mode);
            else oled_draw_point(x, y, !mode);
            temp <<= 1;
            y ++ ;
            if((y - y0) == font ->h)
            {
                y = y0;
                x ++ ;
                break;
            }
        }
    }
```

```
        }
    }
```

该函数为一个汉字以及汉字串显示的核心部分,首先通过 font→index 找到汉字索引,之后调用对应的汉字字库,先得到最高位,然后判断是写 1 还是 0 来画点,接着读第二位,如此循环,直到一个汉字的点阵全部取完。

5. 修改 main.c 文件

```
int main(void)
{
    /* USER CODE BEGIN 1 */
    uint8_t t = 0;
    /* USER CODE END 1 */
    HAL_Init();
    /* 系统时钟初始化 */
    SystemClock_Config();
    /* 延时初始化 */
    delay_init(72);
    /* GPIO 初始化 */
    MX_GPIO_Init();
    /* 串口初始化 */
    MX_USART1_UART_Init();
    /* USER CODE BEGIN 2 */
    oled_init();                                  /* 初始化 OLED */
    show_str(32, 4, "正点原子", 24, &font_24x24_mis, 1);
    oled_draw_bitmap(0, 0, (uint8_t *)zdyz_32x32_logo, 32, 32 , 1);
    oled_show_string(0, 36, "0.96' OLED TEST", 16);
    oled_show_string(0, 52, "ASCII:", 12);
    oled_show_string(64, 52, "CODE:", 12);
    oled_refresh_gram();                          /* 更新显示到 OLED */
    t = ' ';
    /* USER CODE END 2 */
    /* Infinite loop */
    /* USER CODE BEGIN WHILE */
    while (1)
    {
        oled_show_char(36, 52, t, 12, 1);         /* 显示 ASCII 字符 */
        oled_show_num(94, 52, t, 3, 12);          /* 显示 ASCII 字符的码值 */
        oled_refresh_gram();                      /* 更新显示到 OLED */
        t++;
        if (t > '~')
        {
            t = ' ';
        }
        delay_ms(500);
        LED0_TOGGLE();                            /* LED0 闪烁 */
    }
}
```

main.c 主要功能就是在 OLED 上显示一些实验信息字符、汉字以及图片,从空格键开始不停地循环显示 ASCII 字符集,并显示该字符的 ASCII 值。最后,LED0 闪烁提示程序正在运行。

15.4　下载验证

下载代码后,LED0 不停地闪烁提示程序已经在运行了。同时,OLED 模块显示 ASCII 字符集等信息,如图 15.8 所示(本实验使用的 OLED 模块是双色的,显示的颜色有两种)。

图 15.8　OLED 显示效果

OLED 显示了 3 种尺寸的字符:24×12(ALIENTEK)、16×8(0.96' OLED TEST)和 12×6(剩下的内容)。说明我们的实验是成功的,实现了 3 种不同尺寸 ASCII 字符的显示,最后一行不停地显示 ASCII 字符及其码值。

本章介绍了正点原子 OLED 模块的使用,调试代码时又多了一种显示信息的途径,以后程序编写时可以好好利用。

第 **16** 章

TFTLCD(MCU 屏)实验

前面介绍的 OLED 模块只能显示单色或双色,不能显示彩色,而且尺寸也较小。本章将介绍正点原子的 TFTLCD 模块(MCU 屏),该模块采用 TFTLCD 面板,可以显示 16 位色的真彩图片。本章将使用开发板底板上的 TFTLCD 接口(仅支持 MCU 屏,本章仅介绍 MCU 屏的使用)来点亮 TFTLCD,实现 ASCII 字符和彩色的显示等功能,并在串口打印 LCD 控制器 ID,同时在 LCD 上面显示。

16.1 硬件设计

(1) 例程功能

使用开发板的 MCU 屏接口连接正点原子 TFTLCD 模块(仅限 MCU 屏模块),从而实现 TFTLCD 模块的显示。把 LCD 模块插入底板上的 TFTLCD 模块接口,按下复位就可以看到 LCD 模块不停地显示一些信息并不断切换底色。同时该实验会显示 LCD 驱动器的 ID,并且会在串口打印(按复位一次,打印一次)。LED0 闪烁用于提示程序正在运行。

(2) 硬件资源

➢ LED 灯:LED0 - PB5;

➢ 串口 1(PA9 或 PA10 连接在板载 USB 转串口芯片 CH340 上面);

➢ 正点原子 TFTLCD 模块(仅限 MCU 屏,16 位 8080 并口驱动)。

(3) 原理图

TFTLCD 模块的接口如图 16.1 所示,开发板的 LCD 接口和正点原子 TFTLCD 模块直接可以对插,如图 16.2 所示。

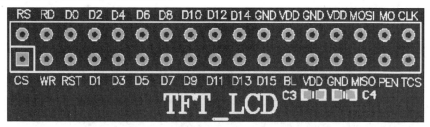

图 16.1 TFTLCD 模块与开发板对接的 LCD 接口示意图

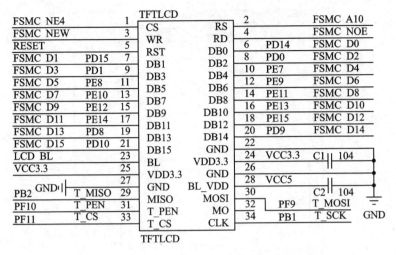

图 16.2　TFTLCD 模块与开发板的连接原理图

在硬件上,TFTLCD 模块与开发板的 I/O 口对应关系如下:LCD_BL(背光控制)对应 PB0、LCD_CS 对应 PG12 即 FSMC_NE4、LCD_RS 对应 PG0 即 FSMC_A10、LCD_WR 对应 PD5 即 FSMC_NWE、LCD_RD 对应 PD4 即 FSMC_NOE。LCD_D[15:0]则直接连接在 FSMC_D15～FSMC_D0。开发板的内部已经将这些线连接好了,只需要将 TFTLCD 模块插上去就可以了。

需要说明的是,开发板上设计的 TFTLCD 模块插座已经把 RST 信号线直接连接到开发板的复位脚上,所以不需要软件控制就可以省下来一个 I/O 口。另外还需要一个背光控制线来控制 LCD 的背光灯,因为 LCD 不会自发光,没有背光灯就看不到 LCD 上显示的内容。所以,总共需要的 I/O 口数目为 22 个。

16.2　程序设计

16.2.1　配套源码路径

本实验配置好的实验工程已经放到了配套资料中,路径为:开发板光盘 A-基础资料\1、程序源码\4、CubeIDE_project\13_TFTLCD。

16.2.2　创建和配置工程

在 STM32CubeIDE 中复制 05_UART 工程,并将工程文件名和.ioc 文件名均修改为 13_TFTLCD,以进行下一步的实验操作。双击 13_TFTLCD.ioc 进入 STM32CubeMX 插件配置界面,再在 Pinout & Configuration 处配置 LCD 的背光引脚 PB0 为 GPIO_Output,如图 16.3 所示。

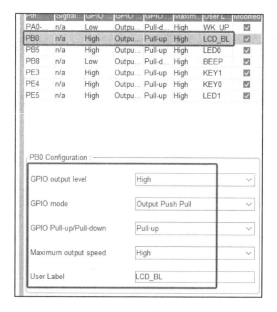

图 16.3　引脚配置

16.2.3　配置 FSMC 参数

在 Connectivity→FSMC 中配置 FSMC 的参数,如图 16.4 所示。

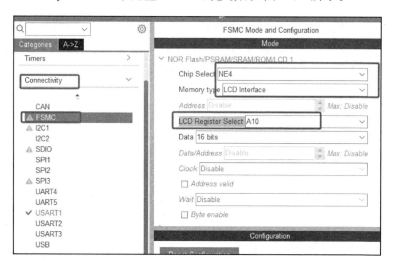

图 16.4　FSMC 配置

> NOR Flash/PSRAM/SRAM/ROM/LCD1:这里选择 STM32 的 FSMC 存储块
  1(Bank1)。

> Chip Select:这里选择 NE4,表示 Bank1 的第四区,这部分是根据原理图的映射
  管脚选择的,不同区对应的引脚是不同的。

> Memory type：存储类型，这里驱动 LCD 设备，所以选择 LCD 接口。
> LCD Register Select：这里选择 RS 脚，也就是命令/数据选择位，同样根据原理图得知这里应该选择 A10。
> Data：数据位，TFTLCD 使用的是 16 位数据宽度，所以这里选择 16 bit 就可以。

FSMC 的参数配置如图 16.5 所示。其中，Address setup time in HCLK clock cycles 为地址建立的时钟周期，Data setup time in HCLK clock cycles 为数据建立的时钟周期，Busturn around time in HCLK clock cycles 为总线转阶段持续时间，Extended address setup time 为扩展地址建立时间，Extended data setup time 为扩展数据建立时间，Extended busturn around time 为扩展总线建立时间，Access mode 和 Extended access mode 代表读/写时序控制模式，这里选择模式 A 来表示支持独立的读/写时序控制。这里需要使能读/写不同的时序，也就是使能 Write operation 和 Extended mode。

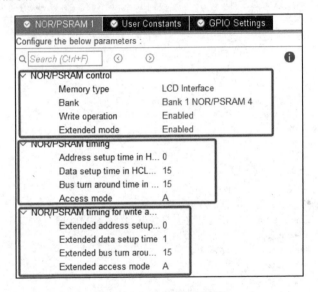

图 16.5　FSMC 参数配置

上述参数中，扩展属于写时序，其他的属于读时序。这些参数设置须根据 LCD 芯片手册中的驱动时序填写，不同芯片需要根据不同的手册进行计算，但计算的方法都一样。

注意，建议将目前使用的所有引脚使能情况与原理图中的一一对应检查一遍，花不了多少时间，但是可以防止出错。

16.2.4　生成工程并添加文件

配置好之后，按下键盘的"Ctrl＋S"组合键保存 13_TFTLCD.ioc 文件，于是系统开始生成初始化代码。接着在 Drivers/BSP 文件夹中新建 LCD 文件夹，再在 LCD 文件夹下新建 4 个文件，分别是 lcd.c 和 lcd.h、lcd_ex.c 和 lcdfont.h 文件。其中，lcd.c 和 lcd.h 文件包含驱动函数、引脚接口宏定义以及函数声明等。lcd_ex.c 存放各个

LCD 驱动 IC 的寄存器初始化部分代码,是 lcd. c 文件的补充文件,起到简化 lcd. c 文件的作用。lcdfont. h 头文件存放了 4 种字体大小不一样的 ASCII 字符集(12×12、16×16、24×24 和 32×32),与 oledfont. h 头文件一样,只是这里多了 32×32 的 ASCII 字符集。

1. 添加 lcd. h 文件代码

```
/******************************************************/
/* FSMC 相关参数 定义
 * 注意:默认通过 FSMC 块 1 来连接 LCD, 块 1 有 4 个片选:FSMC_NE1~4
 * 修改 LCD_FSMC_NEX,对应的 LCD_CS_GPIO 相关设置也得改
 * 修改 LCD_FSMC_AX , 对应的 LCD_RS_GPIO 相关设置也得改
 */
#define LCD_FSMC_NEX      4          /* 使用 FSMC_NE4 接 LCD_CS,取值范围只能是:1~4 */
#define LCD_FSMC_AX       10         /* 使用 FSMC_A10 接 LCD_RS,取值范围是:0~25 */
/* BCR 寄存器,根据 LCD_FSMC_NEX 自动计算 */
#define LCD_FSMC_BCRX     FSMC_Bank1 ->BTCR[(LCD_FSMC_NEX - 1) * 2]
/* BTR 寄存器,根据 LCD_FSMC_NEX 自动计算 */
#define LCD_FSMC_BTRX     FSMC_Bank1 ->BTCR[(LCD_FSMC_NEX - 1) * 2 + 1]
/* BWTR 寄存器,根据 LCD_FSMC_NEX 自动计算 */
#define LCD_FSMC_BWTRX    FSMC_Bank1E ->BWTR[(LCD_FSMC_NEX - 1) * 2]
/******************************************************/
/* LCD 重要参数集 */
typedef struct
{
    uint16_t width;      /* LCD 宽度 */
    uint16_t height;     /* LCD 高度 */
    uint16_t id;         /* LCD ID */
    uint8_t dir;         /* 横屏还是竖屏控制:0,竖屏;1.横屏 */
    uint16_t wramcmd;    /* 开始写 gram 指令 */
    uint16_t setxcmd;    /* 设置 x 坐标指令 */
    uint16_t setycmd;    /* 设置 y 坐标指令 */
} _lcd_dev;
/* LCD 参数 */
extern _lcd_dev lcddev; /* 管理 LCD 重要参数 */
/* LCD 的画笔颜色和背景色 */
extern uint32_t  g_point_color;      /* 默认红色 */
extern uint32_t  g_back_color;       /* 背景颜色.默认为白色 */
/* LCD 背光控制 */
#define LCD_BL(x)    do{ x ? \
                    HAL_GPIO_WritePin(LCD_BL_GPIO_Port, LCD_BL_Pin, GPIO_PIN_SET) : \
                    HAL_GPIO_WritePin(LCD_BL_GPIO_Port, LCD_BL_Pin, GPIO_PIN_RESET); \
                    }while(0)
/* LCD 地址结构体 */
typedef struct
{
    volatile uint16_t LCD_REG;
    volatile uint16_t LCD_RAM;
} LCD_TypeDef;
/* LCD_BASE 的详细解算方法:
```

```
 * 一般使用 FSMC 的块 1(BANK1)来驱动 TFTLCD 液晶屏,块 1 地址范围总大小为 256 MB,均分成 4 块:
 * 存储块 1(FSMC_NE1)地址范围: 0X6000 0000~0X63FF FFFF
 * 存储块 2(FSMC_NE2)地址范围: 0X6400 0000~0X67FF FFFF
 * 存储块 3(FSMC_NE3)地址范围: 0X6800 0000~0X6BFF FFFF
 * 存储块 4(FSMC_NE4)地址范围: 0X6C00 0000~0X6FFF FFFF
 *
 * 我们需要根据硬件连接方式选择合适的片选(连接 LCD_CS)和地址线(连接 LCD_RS)
 * 精英 F103 开发板使用 FSMC_NE4 连接 LCD_CS,FSMC_A10 连接 LCD_RS ,16 位数据线,计算方
 * 法如下:
 * FSMC_NE4 的基地址为: 0X6C00 0000;          NEx 的基址为(x = 1/2/3/4): 0X6000 0000 +
 *                                            (0X400 0000 * (x-1))
 * FSMC_A10 对应地址值: 2^10 * 2 = 0X800;      FSMC_Ay 对应的地址为(y = 0~25): 2^y * 2
 *
 * LCD ->LCD_REG,对应 LCD_RS = 0(LCD 寄存器); LCD ->LCD_RAM,对应 LCD_RS = 1(LCD 数据)
 * 则 LCD ->LCD_RAM 的地址为: 0X6C00 0000 + 2^10 * 2 = 0X6C00 0800
 *    LCD ->LCD_REG 的地址可以为 LCD ->LCD_RAM 之外的任意地址.
 * 由于我们使用结构体管理 LCD_REG 和 LCD_RAM(REG 在前,RAM 在后,均为 16 位数据宽度)
 * 因此 结构体的基地址(LCD_BASE) = LCD_RAM - 2 = 0X6C00 0800 - 2
 *
 * 更加通用的计算公式为((片选脚 FSMC_NEx)x = 1/2/3/4,(RS 接地址线 FSMC_Ay)y = 0~25:
 *      LCD_BASE = (0X6000 0000 + (0X400 0000 * (x-1))) | (2^y * 2-2)
 *      等效于(使用移位操作)
 *      LCD_BASE = (0X6000 0000 + (0X400 0000 * (x-1))) | ((1 << y) * 2-2)
 */
#define LCD_BASE          (uint32_t)((0X60000000 + (0X4000000 * (LCD_FSMC_NEX-1)))) |
                          (((1 << LCD_FSMC_AX) * 2)-2))
#define LCD               ((LCD_TypeDef *) LCD_BASE)
/****************************************************************/
/*LCD 扫描方向和颜色 定义 */
/*扫描方向定义 */
#define L2R_U2D          0            /* 从左到右,从上到下 */
#define L2R_D2U          1            /* 从左到右,从下到上 */
#define R2L_U2D          2            /* 从右到左,从上到下 */
#define R2L_D2U          3            /* 从右到左,从下到上 */
#define U2D_L2R          4            /* 从上到下,从左到右 */
#define U2D_R2L          5            /* 从上到下,从右到左 */
#define D2U_L2R          6            /* 从下到上,从左到右 */
#define D2U_R2L          7            /* 从下到上,从右到左 */
#define DFT_SCAN_DIR     L2R_U2D      /*默认的扫描方向 */
/* 常用画笔颜色 */
#define WHITE            0xFFFF       /* 白色 */
#define BLACK            0x0000       /* 黑色 */
#define RED              0xF800       /* 红色 */
#define GREEN            0x07E0       /* 绿色 */
#define BLUE             0x001F       /* 蓝色 */
#define MAGENTA          0XF81F       /* 品红色/紫红色 = BLUE + RED */
#define YELLOW           0XFFE0       /* 黄色 = GREEN + RED */
#define CYAN             0X07FF       /* 青色 = GREEN + BLUE */
/* 非常用颜色 */
#define BROWN            0XBC40       /* 棕色 */
#define BRRED            0XFC07       /* 棕红色 */
```

```
#define GRAY            0X8430      /* 灰色 */
#define DARKBLUE        0X01CF      /* 深蓝色 */
#define LIGHTBLUE       0X7D7C      /* 浅蓝色 */
#define GRAYBLUE        0X5458      /* 灰蓝色 */
#define LIGHTGREEN      0X841F      /* 浅绿色 */
#define LGRAY           0XC618      /* 浅灰色(PANNEL),窗体背景色 */
#define LGRAYBLUE       0XA651      /* 浅灰蓝色(中间层颜色) */
#define LBBLUE          0X2B12      /* 浅棕蓝色(选择条目的反色) */
/*******************************************************************/
/* SSD1963 相关配置参数(一般不用改) */
/* LCD 分辨率设置 */
#define SSD_HOR_RESOLUTION      800     /* LCD 水平分辨率 */
#define SSD_VER_RESOLUTION      480     /* LCD 垂直分辨率 */
/* LCD 驱动参数设置 */
#define SSD_HOR_PULSE_WIDTH     1       /* 水平脉宽 */
#define SSD_HOR_BACK_PORCH      46      /* 水平前廊 */
#define SSD_HOR_FRONT_PORCH     210     /* 水平后廊 */
#define SSD_VER_PULSE_WIDTH     1       /* 垂直脉宽 */
#define SSD_VER_BACK_PORCH      23      /* 垂直前廊 */
#define SSD_VER_FRONT_PORCH     22      /* 垂直前廊 */
/* 如下几个参数,自动计算 */
#define SSD_HT      (SSD_HOR_RESOLUTION + SSD_HOR_BACK_PORCH + SSD_HOR_FRONT_PORCH)
#define SSD_HPS     (SSD_HOR_BACK_PORCH)
#define SSD_VT      (SSD_VER_RESOLUTION + SSD_VER_BACK_PORCH + SSD_VER_FRONT_PORCH)
#define SSD_VPS     (SSD_VER_BACK_PORCH)
/*******************************************************************/
/* 函数申明 */
void lcd_wr_data(volatile uint16_t data);           /* LCD 写数据 */
void lcd_wr_regno(volatile uint16_t regno);         /* LCD 写寄存器编号/地址 */
void lcd_write_reg(uint16_t regno, uint16_t data);  /* LCD 写寄存器的值 */
void lcd_init(void);                                /* 初始化 LCD */
void lcd_display_on(void);                          /* 开显示 */
void lcd_display_off(void);                         /* 关显示 */
void lcd_scan_dir(uint8_t dir);                     /* 设置屏扫描方向 */
void lcd_display_dir(uint8_t dir);                  /* 设置屏幕显示方向 */
void lcd_ssd_backlight_set(uint8_t pwm);            /* SSD1963 背光控制 */
void lcd_write_ram_prepare(void);                   /* 准备些 GRAM */
void lcd_set_cursor(uint16_t x, uint16_t y);        /* 设置光标 */
uint32_t lcd_read_point(uint16_t x, uint16_t y);    /* 读点(32 位颜色,兼容 LTDC) */
void lcd_draw_point(uint16_t x, uint16_t y, uint32_t color);
void lcd_clear(uint16_t color);                     /* LCD 清屏 */
void lcd_fill_circle(uint16_t x, uint16_t y, uint16_t r, uint16_t color);
void lcd_draw_circle(uint16_t x0, uint16_t y0, uint8_t r, uint16_t color);
void lcd_draw_hline(uint16_t x, uint16_t y, uint16_t len, uint16_t color);
void lcd_set_window(uint16_t sx, uint16_t sy, uint16_t width, uint16_t height);
                                                    /* 设置窗口 */
void lcd_fill(uint16_t sx, uint16_t sy, uint16_t ex, uint16_t ey, uint32_t color);
                                                    /* 纯色填充矩形(32 位颜色,兼容 LTDC) */
void lcd_color_fill(uint16_t sx, uint16_t sy, uint16_t ex, uint16_t ey, uint16_t * color);
                                                    /* 彩色填充矩形 */
void lcd_draw_line(uint16_t x1, uint16_t y1, uint16_t x2, uint16_t y2, uint16_t color);
```

```
                                /* 画直线 */
    void lcd_draw_rectangle(uint16_t x1, uint16_t y1, uint16_t x2, uint16_t y2, uint16_t color);
                                /* 画矩形 */
    void lcd_show_char(uint16_t x, uint16_t y, char chr, uint8_t size, uint8_t mode, uint16_t color);
                                /* 显示一个字符 */
    void lcd_show_num(uint16_t x, uint16_t y, uint32_t num, uint8_t len, uint8_t size, uint16_t
color);                         /* 显示数字 */
    void lcd_show_xnum(uint16_t x, uint16_t y, uint32_t num, uint8_t len, uint8_t size, uint8_
t mode, uint16_t color);        /* 扩展显示数字 */
    void lcd_show_string(uint16_t x, uint16_t y, uint16_t width, uint16_t height, uint8_t
size, char * p, uint16_t color); /* 显示字符串 */
```

该文件有个重要的结构体_lcd_dev,用于保存一些 LCD 重要参数信息,比如 LCD 的长宽、LCD ID(驱动 IC 型号)、LCD 横竖屏状态等。这个结构体虽然占用了十几个字节的内存,但却可以让我们的驱动函数支持不同尺寸的 LCD,同时可以实现 LCD 横竖屏切换等重要功能,所以利大于弊。最后声明_lcd_dev 结构体类型变量 lcddev,lcd-dev 在 lcd.c 中定义。

紧接着就是 g_point_color 和 g_back_color 变量的声明,它们也在 lcd.c 中被定义。g_point_color 变量用于保存 LCD 的画笔颜色,g_back_color 则用于保存 LCD 的背景色。同时还使用宏定义背光引脚,使得操作更加便捷。

2. 添加 lcd.c 文件代码

该文件包含大量内容,这里仅重点介绍其中一些关键函数,详细可查阅源代码。

```
/**
 * @brief       初始化 LCD
 * @note        该初始化函数可以初始化各种型号的 LCD(详见本.c 文件最前面的描述)
 *
 * @param       无
 * @retval      无
 */
void lcd_init(void)
{
    delay_ms(50);           /* 初始化 FSMC 后,必须等待一定时间才能开始初始化 */
    /* 尝试 9341 ID 的读取 */
    lcd_wr_regno(0XD3);
    lcddev.id = lcd_rd_data();  /* dummy read */
    lcddev.id = lcd_rd_data();  /* 读到 0X00 */
    lcddev.id = lcd_rd_data();  /* 读取 0X93 */
    lcddev.id <<= 8;
    lcddev.id |= lcd_rd_data();  /* 读取 0X41 */
    if (lcddev.id != 0X9341)    /* 不是 9341,尝试看看是不是 ST7789 */
    {
        lcd_wr_regno(0X04);
        lcddev.id = lcd_rd_data();      /* dummy read */
        lcddev.id = lcd_rd_data();      /* 读到 0X85 */
        lcddev.id = lcd_rd_data();      /* 读取 0X85 */
        lcddev.id <<= 8;
        lcddev.id |= lcd_rd_data();     /* 读取 0X52 */
```

```
    if (lcddev.id == 0X8552)              /* 将 8552 的 ID 转换成 7789 */
    {
        lcddev.id = 0x7789;
    }
    if (lcddev.id != 0x7789)              /* 也不是 ST7789，尝试是不是 NT35310 */
    {
        lcd_wr_regno(0xD4);
        lcddev.id = lcd_rd_data();  /* dummy read */
        lcddev.id = lcd_rd_data();  /* 读回 0x01 */
        lcddev.id = lcd_rd_data();  /* 读回 0x53 */
        lcddev.id <<= 8;
        lcddev.id |= lcd_rd_data();  /* 这里读回 0x10 */
        if (lcddev.id != 0x5310)     /* 也不是 NT35310,尝试看看是不是 ST7796 */
        {
            lcd_wr_regno(0XD3);
            lcddev.id = lcd_rd_data();   /* dummy read */
            lcddev.id = lcd_rd_data();   /* 读到 0X00 */
            lcddev.id = lcd_rd_data();   /* 读取 0X77 */
            lcddev.id <<= 8;
            lcddev.id |= lcd_rd_data();   /* 读取 0X96 */
            /* 也不是 ST7796,尝试看看是不是 NT35510 */
            if (lcddev.id != 0x7796)
            {
                /* 发送密钥(厂家提供) */
                lcd_write_reg(0xF000, 0x0055);
                lcd_write_reg(0xF001, 0x00AA);
                lcd_write_reg(0xF002, 0x0052);
                lcd_write_reg(0xF003, 0x0008);
                lcd_write_reg(0xF004, 0x0001);
                lcd_wr_regno(0xC500);          /* 读取 ID 低 8 位 */
                lcddev.id = lcd_rd_data();     /* 读回 0x55 */
                lcddev.id <<= 8;
                lcd_wr_regno(0xC501);          /* 读取 ID 高 8 位 */
                lcddev.id |= lcd_rd_data();    /* 读回 0x10 */
                delay_ms(5);
                /* 也不是 NT5510,尝试看看是不是 ILI9806 */
                if (lcddev.id != 0x5510)
                {
                    lcd_wr_regno(0XD3);
                    lcddev.id = lcd_rd_data();   /* dummy read */
                    lcddev.id = lcd_rd_data();   /* 读回 0X00 */
                    lcddev.id = lcd_rd_data();   /* 读回 0X98 */
                    lcddev.id <<= 8;
                    lcddev.id |= lcd_rd_data();   /* 读回 0X06 */
                    /* 也不是 ILI9806,尝试看看是不是 SSD1963 */
                    if (lcddev.id != 0x9806)
                    {
                        lcd_wr_regno(0xA1);
                        lcddev.id = lcd_rd_data();
                        lcddev.id = lcd_rd_data();   /* 读回 0x57 */
                        lcddev.id <<= 8;
```

```
                        lcddev.id|= lcd_rd_data();  /* 读回 0x61 */
                        /* SSD1963 读回的 ID 是 5761H,我们强制设置为 1963 */
                        if (lcddev.id == 0x5761) lcddev.id = 0x1963;
                    }
                }
            }
        }
    }
}
```

该函数首先读取 LCD 控制器的型号,根据控制 IC 的型号执行不同的初始化代码,从而提高整个程序的通用性。为了简化 lcd.c 的初始化程序,不同控制 IC 的芯片对应的初始化程序(如 lcd_ex_st7789_reginit()、lcd_ex_ili9341_reginit()等)放在 lcd_ex.c 文件中,这些初始化代码用于初始化 LCD 寄存器,由 LCD 厂家提供,一般不需要做任何修改,直接调用就可以了。

下面是 6 个简单但很重要的函数:

```
/**
 * @brief       LCD 写数据
 * @param       data:要写入的数据
 * @retval      无
 */
void lcd_wr_data(volatile uint16_t data)
{
    data = data;                  /* 使用 -O2 优化的时候必须插入的延时 */
    LCD ->LCD_RAM = data;
}
/**
 * @brief       LCD 写寄存器编号/地址函数
 * @param       regno:寄存器编号/地址
 * @retval      无
 */
void lcd_wr_regno(volatile uint16_t regno)
{
    regno = regno;                /* 使用 -O2 优化的时候必须插入的延时 */
    LCD ->LCD_REG = regno;        /* 写入要写的寄存器序号 */
}
/**
 * @brief       LCD 写寄存器
 * @param       regno:寄存器编号/地址
 * @param       data:要写入的数据
 * @retval      无
 */
void lcd_write_reg(uint16_t regno, uint16_t data)
{
    LCD ->LCD_REG = regno;    /* 写入要写的寄存器序号 */
    LCD ->LCD_RAM = data;     /* 写入数据 */
}
/**
 * @brief         LCD 延时函数,仅用于部分在 mdk -O1 时间优化时需要设置的地方
```

```
 *  @param            t:延时的数值
 *  @retval           无
 */
static void lcd_opt_delay(uint32_t i)
{
    while (i--); /* 使用 AC6 时空循环可能被优化,可使用 while(1) __asm volatile(""); */
}
/**
 *  @brief            LCD 读数据
 *  @param            无
 *  @retval           读取到的数据
 */
static uint16_t lcd_rd_data(void)
{
    volatile uint16_t ram;   /* 防止被优化 */
    lcd_opt_delay(2);
    ram = LCD ->LCD_RAM;
    return ram;
}
/**
 *  @brief            准备写 GRAM
 *  @param            无
 *  @retval           无
 */
void lcd_write_ram_prepare(void)
{
    LCD ->LCD_REG = lcddev.wramcmd;
}
```

FSMC 自动控制了 WR/RD/CS 等信号,所以这 6 个函数实现起来都非常简单。
下面要介绍的是坐标设置函数,代码如下:

```
/**
 *  @brief            设置光标位置(对 RGB 屏无效)
 *  @param            x,y: 坐标
 *  @retval           无
 */
void lcd_set_cursor(uint16_t x, uint16_t y)
{
    if (lcddev.id == 0X1963)
    {
        if (lcddev.dir == 0)              /* 竖屏模式,x 坐标需要变换 */
        {
            x = lcddev.width - 1 - x;
            lcd_wr_regno(lcddev.setxcmd);
            lcd_wr_data(0);
            lcd_wr_data(0);
            lcd_wr_data(x >> 8);
            lcd_wr_data(x & 0XFF);
        }
        else                              /* 横屏模式 */
```

```
        {
            lcd_wr_regno(lcddev.setxcmd);
            lcd_wr_data(x >> 8);
            lcd_wr_data(x & 0XFF);
            lcd_wr_data((lcddev.width - 1) >> 8);
            lcd_wr_data((lcddev.width - 1) & 0XFF);
        }
        lcd_wr_regno(lcddev.setycmd);
        lcd_wr_data(y >> 8);
        lcd_wr_data(y & 0XFF);
        lcd_wr_data((lcddev.height - 1) >> 8);
        lcd_wr_data((lcddev.height - 1) & 0XFF);
    }
    else if (lcddev.id == 0X5510)
    {
        lcd_wr_regno(lcddev.setxcmd);
        lcd_wr_data(x >> 8);
        lcd_wr_regno(lcddev.setxcmd + 1);
        lcd_wr_data(x & 0XFF);
        lcd_wr_regno(lcddev.setycmd);
        lcd_wr_data(y >> 8);
        lcd_wr_regno(lcddev.setycmd + 1);
        lcd_wr_data(y & 0XFF);
    }
    else       /* 9341/5310/7789/7796/9806 等设置坐标 */
    {
        lcd_wr_regno(lcddev.setxcmd);
        lcd_wr_data(x >> 8);
        lcd_wr_data(x & 0XFF);
        lcd_wr_regno(lcddev.setycmd);
        lcd_wr_data(y >> 8);
        lcd_wr_data(y & 0XFF);
    }
}
```

　　该函数用于实现将 LCD 的当前操作点设置到指定坐标(x,y),因为 9341、5310、1963、5510 等的设置不太一样,所以进行了区别对待。

　　接下来介绍画点函数,其定义如下:

```
/**
 * @brief       画点
 * @param       x,y: 坐标
 * @param       color: 点的颜色(32 位颜色,方便兼容 LTDC)
 * @retval      无
 */
void lcd_draw_point(uint16_t x, uint16_t y, uint32_t color)
{
    lcd_set_cursor(x, y);        /* 设置光标位置 */
    lcd_write_ram_prepare();     /* 开始写入 GRAM */
    LCD -> LCD_RAM = color;
}
```

然后介绍字符显示函数 lcd_show_char,该函数同前面 OLED 模块的字符显示函数差不多,但是多了一个功能,即可以以叠加方式或者以非叠加方式显示。其中,叠加方式显示多用于在显示的图片上再显示字符,非叠加方式一般用于普通的显示。该函数实现代码如下:

```
/**
 * @brief          在指定位置显示一个字符
 * @param          x,y   : 坐标
 * @param          chr   : 要显示的字符:" " --> "~"
 * @param          size  : 字体大小 12/16/24/32
 * @param          mode  : 叠加方式(1);非叠加方式(0)
 * @retval         无
 */
void lcd_show_char(uint16_t x, uint16_t y, char chr, uint8_t size,
                   uint8_t mode, uint16_t color)
{
    uint8_t temp, t1, t;
    uint16_t y0 = y;
    uint8_t csize = 0;
    uint8_t * pfont = 0;
    /* 得到字体一个字符对应点阵集所占的字节数 */
    csize = (size / 8 + ((size % 8) ? 1 : 0)) * (size / 2);
    /* 得到偏移后的值(ASCII 字库是从空格开始取模,所以 -' ' 就是对应字符的字库) */
    chr = chr - ' ';
    switch (size)
    {
        case 12:
            pfont = (uint8_t * )asc2_1206[chr];   /* 调用 1206 字体 */
            break;
        case 16:
            pfont = (uint8_t * )asc2_1608[chr];   /* 调用 1608 字体 */
            break;
        case 24:
            pfont = (uint8_t * )asc2_2412[chr];   /* 调用 2412 字体 */
            break;
        case 32:
            pfont = (uint8_t * )asc2_3216[chr];   /* 调用 3216 字体 */
            break;
        default:
            return ;
    }
    for (t = 0; t < csize; t ++)
    {
        temp = pfont[t];                          /* 获取字符的点阵数据 */
        for (t1 = 0; t1 < 8; t1 ++)               /* 一个字节 8 个点 */
        {
            if (temp & 0x80)                      /* 有效点,需要显示 */
            {
                lcd_draw_point(x, y, color);      /* 画点出来,要显示这个点 */
            }
```

```
        else if (mode == 0)                    /* 无效点,不显示 */
        {
            /* 画背景色,相当于这个点不显示(注意背景色由全局变量控制) */
            lcd_draw_point(x, y, g_back_color);
        }
        temp <<= 1;                            /* 移位,以便获取下一个位的状态 */
        y++;
        if (y >= lcddev.height)return;         /* 超区域了 */
        if ((y - y0) == size)                  /* 显示完一列了吗 */
        {
            y = y0;                            /* y 坐标复位 */
            x++;                               /* x 坐标递增 */
            if (x >= lcddev.width)return;      /* x 坐标超区域了 */
            break;
        }
    }
}
}
}
```

lcd_show_char 函数里用到了 4 个字符集点阵数据数组 asc2_1206、asc2_1608、asc2_2412 和 asc2_3216。lcd.c 的函数比较多,其他的可参见配套资料中的源码。

3. 修改 main.c 代码

```
int main(void)
{
    /* USER CODE BEGIN 1 */
    uint8_t x = 0;
    uint8_t lcd_id[12];
    /* USER CODE END 1 */
    HAL_Init();
    /* 系统时钟初始化 */
    SystemClock_Config();
    /* 延时初始化 */
    delay_init(72);
    /* GPIO 初始化 */
    MX_GPIO_Init();
    /* FSMC 初始化 */
    MX_FSMC_Init();
    /* 串口初始化 */
    MX_USART1_UART_Init();
    /* USER CODE BEGIN 2 */
    lcd_init();                                               /* 初始化 LCD */
    g_point_color = RED;
    sprintf((char *)lcd_id, "LCD ID:%04X", lcddev.id);        /* ID 打印到 lcd_id 数组 */
    /* USER CODE END 2 */
    while (1)
    {
        switch (x)
        {
        case 0:
```

```
        lcd_clear(WHITE);
        break;
    case 1:
        lcd_clear(BLACK);
        break;
    case 2:
        lcd_clear(BLUE);
        break;
    case 3:
        lcd_clear(RED);
        break;
    case 4:
        lcd_clear(MAGENTA);
        break;
    case 5:
        lcd_clear(GREEN);
        break;
    case 6:
        lcd_clear(CYAN);
        break;
    case 7:
        lcd_clear(YELLOW);
        break;
    case 8:
        lcd_clear(BRRED);
        break;
    case 9:
        lcd_clear(GRAY);
        break;
    case 10:
        lcd_clear(LGRAY);
        break;
    case 11:
        lcd_clear(BROWN);
        break;
    }
    lcd_show_string(10, 40, 240, 32, 32, "STM32", RED);
    lcd_show_string(10, 80, 240, 24, 24, "TFTLCD TEST", RED);
    lcd_show_string(10, 110, 240, 16, 16, "ATOM@ALIENTEK", RED);
    lcd_show_string(10, 130, 240, 16, 16, (char *)lcd_id, RED);
    x++;
    if (x == 12)
        x = 0;
    LED0_TOGGLE(); /* 红灯闪烁 */
    delay_ms(1000);
    }
}
```

  main 函数功能主要是显示一些固定的字符,字体大小包括 32×16、24×12、16×8 和 12×6 共 4 种,同时显示 LCD 驱动 IC 的型号,然后不停切换背景颜色,每秒切换一次。而 LED0 也会不停地闪烁,指示程序已经在运行了。其中用到一个 sprintf 的函数,该函数用法同 printf,只是 sprintf 把打印内容输出到指定的内存区间上,最终在死循环中通过 lcd_show_strinig 函数进行屏幕显示。

　　注意,串口要初始化,因为 lcd_init 函数里面调用了 printf,去掉这个初始化就会死机。实际上,只要代码用到 printf,就必须初始化串口,否则都会死机,停在 usart.c 里面的 fputc 函数出不来。修改好上述文件后,直接编译工程就会发现有编译错误,如图 16.6 所示。

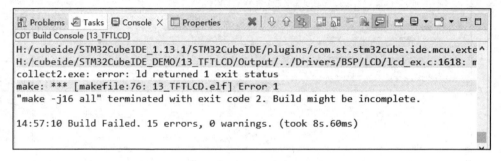

图 16.6　编译失败提示

　　这是因为 lcd.c 中使用了 include 的形式添加 lcd_ex.c 文件,所以不能在工程中对它进行编译,那应该如何过滤掉该文件呢? 可以按图 16.7 及图 16.8 步骤设置。最后再单击 Apply and Close 选项即可保存设置,保存后可以看到 13_TFTLCD 工程的 BSP/LCD 文件夹下的 lcd_ex.c 有个小斜杠,如图 16.9 所示,代表过滤器设置成功,且该文件不会被编译。完成以上设置再去编译即可成功。

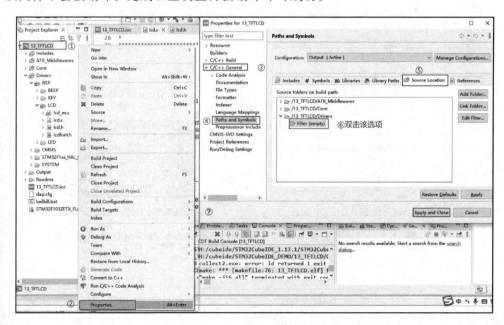

图 16.7　设置过滤器步骤一

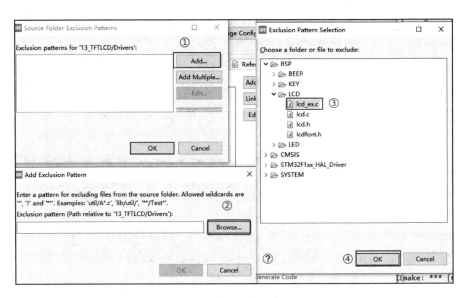

图 16.8　设置过滤器步骤二

16.3　下载验证

编译并下载代码成功后，可以看到 LED0 不停地闪烁，提示程序已经在运行了。同时可以看到 TFTLCD 模块的显示背景色不停切换，如图 16.10 所示。

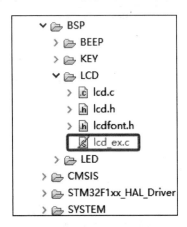

图 16.9　过滤器设置

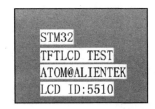

图 16.10　TFTLCD 显示效果图

第 17 章

RTC 实时时钟实验

实时时钟能为系统提供一个准确的时间,即使系统复位或主电源断电,RTC 依然能够运行,因此 RTC 也经常用于各种低功耗场景。本章介绍 STM32F103 实时时钟(RTC)的使用。

17.1 RTC 时钟简介

STM32F1 系列微控制器的 RTC(Real－Time Clock,实时时钟)模块用于提供精确的时间和日期信息,通常包括一个独立的 32.768 kHz 振荡器作为时钟源相关的计数器、寄存器和控制逻辑。

STM32F1 的 RTC 模块具有以下特点

➤ 精确的时钟源:RTC 模块通常采用 32.768 kHz 的振荡器作为时钟源,提供高精度的时钟信号。

➤ 持久存储:RTC 模块可以在断电情况下保持时间和日期的信息,通常具有备用电源供电或者内置的电池供电功能。

➤ 多种功能:RTC 模块通常具有秒、分、时、日、月、年等多种时间和日期的计数、显示功能,可以支持闹钟、定时器、唤醒功能等。

➤ 低功耗:RTC 模块通常具有低功耗设计,可以在低功耗模式下工作,以满足长时间运行的需求。

➤ 易于使用:STM32F1 系列微控制器的 RTC 模块提供了简单易用的编程接口和控制寄存器,方便开发者进行时间和日期的设置、读取和更新。

17.2 硬件设计

1)例程功能

本实验通过 LCD 显示 RTC 时间,并设置 RTC 闹钟,还可以写入或者读取 RTC 后备区域 SRAM。LED0 闪烁提示程序运行。

2)硬件资源

➤ LED 灯:LED0 - PE5、LED1 - PB5;

➤ 串口 1(PA9 或 PA10 连接在板载 USB 转串口芯片 CH340 上面);

➤ RTC(实时时钟);

➤ 正点原子 TFTLCD 模块(仅限 MCU 屏,16 位 8080 并口驱动)。

3) 原理图

RTC 属于 STM32F103 内部资源,通过软件设置好就可以了。不过 RTC 不能断电,否则数据就丢失了,想让时间在断电后还可以继续走就必须确保开发板的电池有电。

17.3　程序设计

17.3.1　配套源码路径

本实验配置好的实验工程已经放到了配套资料中,路径为:开发板光盘 A-基础资料\1、程序源码\4,CubeIDE_project\15_RTC。

17.3.2　创建和配置工程

在 STM32CubeIDE 中复制前面介绍过的任一工程,并将工程文件名和.ioc 文件名均修改为 15_RTC,以进行下一步的实验操作。

双击 15_RTC.ioc 进入 STM32CubeMX 插件配置界面,然后打开左边的 System Core→RCC 来配置使用外部低速晶振,如图 17.1 所示。

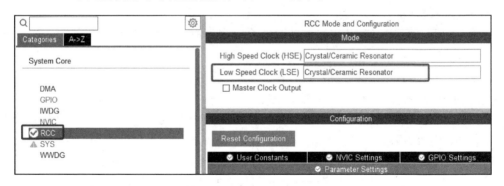

图 17.1　RCC 配置

配置 RTC 的时钟源为 LSE 提供,如图 17.2 所示。

接着打开左边的 Timers→RTC 来配置 RTC,并激活时钟源、激活日历,如图 17.3 所示。

本示例中将 RTC 配置为 2023 年 8 月 23 日 09:00:00,这里将使用自定义函数来实现日期和时间的设置,所以该设置将不会生效。具体原因如下:实验中没有使用 HAL 库自带的设置 RTC 时间的函数 HAL_RTC_SetTime、设置 RTC 日期的函数 HAL_RTC_SetDate、获取当前 RTC 日期的函数 HAL_RTC_GetTime。原因在于 HAL 库的版本不满足同时更新年月日时分秒的要求,且在实测中发现写时间会覆盖

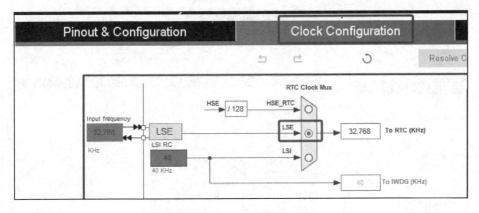

图 17.2　RTC 时钟源选择

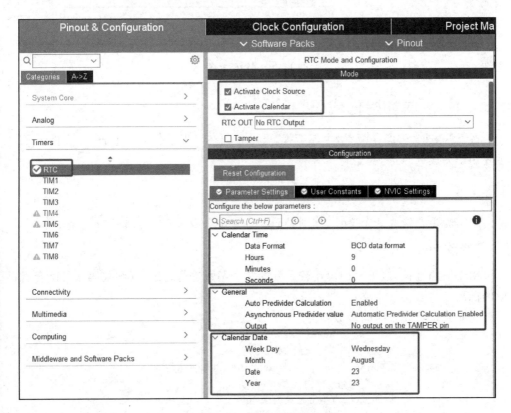

图 17.3　RTC 参数配置

日期,写日期亦然,所以直接通过操作寄存器的方式去编写功能更加全面的函数。

17.3.3　配置 NVIC

NVIC 配置如图 17.4 所示,选中 RTC 全局中断,配置中断优先级分组为 2,抢占优先级和子优先级为 2。

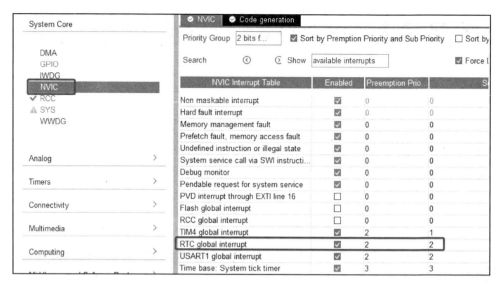

图 17.4　NVIC 配置

17.3.4　生成初始化代码

按下"Ctrl＋S"保存配置,生成工程,可以看到在工程中多了一个 rtc.c 文件。rtc.c 主要用于完成 RTC 的初始化。

17.3.5　添加用户驱动代码

本实验主要修改 3 个文件,分别是 rtc.c、main.c 及 stm32f1xx_it.c。

1. 修改 rtc.c 文件

由于篇幅过长,这里只列出比较重要的几个函数进行讲解,详细代码参见配套资料中的源码。

首先先来看设置时间函数:

```
/**
 * @brief      设置时间,包括年月日时分秒
 * @note       以 1970 年 1 月 1 日为基准,往后累加时间
 *             合法年份范围为:1970~2105 年
 *             HAL 默认为年份起点为 2000 年
 * @param      syear :年份
 * @param      smon  :月份
 * @param      sday  :日期
 * @param      hour  :小时
 * @param      min   :分钟
 * @param      sec   :秒钟
 * @retval     0,成功;1,失败
 */
```

```
uint8_t rtc_set_time(uint16_t syear, uint8_t smon, uint8_t sday, uint8_t hour, uint8_t
min, uint8_t sec)
{
    uint32_t seccount = 0;
    /* 将年月日时分秒转换成总秒钟数 */
    seccount = rtc_date2sec(syear, smon, sday, hour, min, sec);
    __HAL_RCC_PWR_CLK_ENABLE();          /* 使能电源时钟 */
    __HAL_RCC_BKP_CLK_ENABLE();          /* 使能备份域时钟 */
    HAL_PWR_EnableBkUpAccess();          /* 取消备份域写保护 */
    /* 上面 3 步是必需的！ */
    RTC->CRL |= 1 << 4;                  /* 进入配置模式 */
    RTC->CNTL = seccount & 0xffff;
    RTC->CNTH = seccount >> 16;
    RTC->CRL &= ~(1 << 4);               /* 退出配置模式 */
    /* 等待 RTC 寄存器操作完成, 即等待 RTOFF == 1 */
    while (!__HAL_RTC_ALARM_GET_FLAG(&g_rtc_handle, RTC_FLAG_RTOFF));
    return 0;
}
```

　　该函数用于设置时间,把输入的时间转换为以 1970 年 1 月 1 日 0 时 0 分 0 秒作为起始时间的秒钟信号,后续计算都以这个时间为基准。STM32 的秒钟计数器可以保存 136 年的秒钟数据,这样就可以计时到 2106 年。

　　接下来介绍 rtc_set_alarma 函数,该函数用于设置闹钟时间,同 rtc_set_time 函数几乎一样,主要区别就是将 RTC→CNTL、RTC→CNTH 换成了 RTC→ALRL、RTC→ALRH,用于设置闹钟时间。RTC 其实是有闹钟中断的,这里并没有用到,本实验用到了秒中断,所以在秒中断里顺带处理闹钟中断的事情。具体代码参见本例程源码。

　　注意,假如只使用 HAL 库的 __HAL_RTC_ALARM_ENABLE_IT 函数来使能闹钟中断,但是没有设置闹钟相关的 NVIC 和 EXTI,则实际上不会产生闹钟中断,只会产生闹钟标志(RTC→CRL 的 ALRL 置位)。可以通过读取闹钟标志来判断是否发生闹钟事件。

　　接下来介绍 rtc_get_time 函数,其定义如下:

```
/**
 * @brief       得到当前的时间
 * @note        该函数不直接返回时间, 时间数据保存在 calendar 结构体里面
 * @param       无
 * @retval      无
 */
void rtc_get_time(void)
{
    static uint16_t daycnt = 0;
    uint32_t seccount = 0;
    uint32_t temp = 0;
    uint16_t temp1 = 0;
    /* 平年的月份日期表 */
    const uint8_t month_table[12] = {31,28,31,30,31,30,31,31,30,31,30,31};
    seccount = RTC->CNTH;                    /* 得到计数器中的值(秒钟数) */
```

```
seccount <<= 16;
seccount += RTC->CNTL;

temp = seccount / 86400;                    /* 得到天数(秒钟数对应的) */
if (daycnt != temp)                         /* 超过一天了 */
{
    daycnt = temp;
    temp1 = 1970;                           /* 从 1970 年开始 */
    while (temp >= 365)
    {
        if (rtc_is_leap_year(temp1))        /* 是闰年 */
        {
            if (temp >= 366)
            {
                temp -= 366;                /* 闰年的秒钟数 */
            }
            else
            {
                break;
            }
        }
        else
        {
            temp -= 365;                    /* 平年 */
        }
        temp1++;
    }
    calendar.year = temp1;                  /* 得到年份 */
    temp1 = 0;
    while (temp >= 28)                      /* 超过了一个月 */
    {
        /* 当年是不是闰年/2 月份 */
        if (rtc_is_leap_year(calendar.year) && temp1 == 1)
        {
            if (temp >= 29)
            {
                temp -= 29;                 /* 闰年的秒钟数 */
            }
            else
            {
                break;
            }
        }
        else
        {
            if (temp >= month_table[temp1])
            {
                temp -= month_table[temp1]; /* 平年 */
            }
            else
            {
```

```
                break;
            }
            temp1 ++ ;
        }
        calendar.month = temp1 + 1;            /* 得到月份 */
        calendar.date = temp + 1;              /* 得到日期 */
    }
    temp = seccount % 86400;                   /* 得到秒钟数 */
    calendar.hour = temp / 3600;               /* 小时 */
    calendar.min = (temp % 3600) / 60;         /* 分钟 */
    calendar.sec = (temp % 3600) % 60;         /* 秒钟 */
    /* 获取星期 */
    calendar.week = rtc_get_week(calendar.year, calendar.month, calendar.date);
}
```

　　该函数其实就是将存储在秒钟寄存器 RTC→CNTL 和 RTC→CNTH 中的秒钟数据转换为真正的时间和日期。该代码还用到了一个 calendar 的结构体，calendar 是 rtc.h 里面将要定义的一个时间结构体，用来存放时钟的年月日时分秒等信息。因为 STM32 的 RTC 只有秒钟计数器，而年月日时分秒则需要自己软件计算，并把计算好的值保存在 calendar 里面，方便其他函数调用。

　　接着介绍使用次数最多的函数 rtc_date2sec，代码如下：

```
/**
 * @brief      将年月日时分秒转换成秒钟数
 * @note       以 1970 年 1 月 1 日为基准，1970 年 1 月 1 日，0 时 0 分 0 秒，表示第 0 秒钟
 *             最大表示到 2105 年，因为 uint32_t 最大表示 136 年的秒钟数(不包括闰年)!
 *             本代码参考只 linux mktime 函数，原理说明见此贴：
 *             http://www.openedv.com/thread - 63389 - 1 - 1.html
 * @param      syear  ：年份
 * @param      smon   ：月份
 * @param      sday   ：日期
 * @param      hour   ：小时
 * @param      min    ：分钟
 * @param      sec    ：秒钟
 * @retval     转换后的秒钟数
 */
static long rtc_date2sec(uint16_t syear, uint8_t smon, uint8_t sday,
                        uint8_t hour, uint8_t min, uint8_t sec)
{
    uint32_t Y, M, D, X, T;
    signed char monx = smon;      /* 将月份转换成带符号的值，方便后面运算 */
    if (0 >= (monx -= 2))         /* 1..12 ->11,12,1..10 */
    {
        monx += 12;                   /* Puts Feb last since it has leap day */
        syear -= 1;
    }
/* 公元元年 1 到现在的闰年数 */
    Y = (syear - 1) * 365 + syear / 4 - syear / 100 + syear / 400;
    M = 367 * monx / 12 - 30 + 59;
```

```
        D = sday - 1;
        X = Y + M + D - 719162;                    /* 减去公元元年到 1970 年的天数 */
        T = ((X * 24 + hour) * 60 + min) * 60 + sec;   /* 总秒钟数 */
        return T;
    }
```

该函数参考了 Linux 的 mktime 函数,用于将年月日时分秒转化成秒钟数被其他函数使用,如 rtc_set_time 和 rtc_set_alarm。那两个函数的形参是需要使用 rtc_date2sec 函数获取的秒钟数,进而操作寄存器把总秒数写入特定的寄存器完成相对功能。

最后再来看下我们的 RTC 初始化函数:

```
void MX_RTC_Init(void)
{
  /* USER CODE BEGIN RTC_Init 0 */
    /* 检查是不是第一次配置时钟 */
    uint16_t bkpflag = 0;
  /* USER CODE END RTC_Init 0 */
  RTC_TimeTypeDef sTime = {0};
  RTC_DateTypeDef DateToUpdate = {0};
  hrtc.Instance = RTC;
  hrtc.Init.AsynchPrediv = RTC_AUTO_1_SECOND;
  hrtc.Init.OutPut = RTC_OUTPUTSOURCE_NONE;
  if (HAL_RTC_Init(&hrtc) != HAL_OK)
  {
    Error_Handler();
  }
  /* USER CODE BEGIN Check_RTC_BKUP */
  bkpflag = rtc_read_bkr(0);          /* 读取 BKP0 的值 */
  if (bkpflag != 0X5050)              /* 之前未初始化过,重新配置 */
  {
  /* USER CODE END Check_RTC_BKUP */
  sTime.Hours = 0x9;
  sTime.Minutes = 0x0;
  sTime.Seconds = 0x0;
  if (HAL_RTC_SetTime(&hrtc, &sTime, RTC_FORMAT_BCD) != HAL_OK)
  {
    Error_Handler();
  }
  DateToUpdate.WeekDay = RTC_WEEKDAY_WEDNESDAY;
  DateToUpdate.Month = RTC_MONTH_AUGUST;
  DateToUpdate.Date = 0x23;
  DateToUpdate.Year = 0x23;
  if (HAL_RTC_SetDate(&hrtc, &DateToUpdate, RTC_FORMAT_BCD) != HAL_OK)
  {
    Error_Handler();
  }
  /* USER CODE BEGIN RTC_Init 2 */
      rtc_set_time(2023, 9, 10, 12, 0, 0);        /* 设置时间 */
      rtc_write_bkr(0, 0X5050);    /* 写入 0x5050,以便不会重复初始化 RTC 的时间 */
```

```
}
    __HAL_RTC_ALARM_ENABLE_IT(&hrtc, RTC_IT_SEC);        /* 允许秒中断 */
    rtc_get_time();                                       /* 更新时间 */
    /* USER CODE END RTC_Init 2 */
}
```

该函数用来初始化 RTC 配置以及日期、时钟,但只在第一次时设置时间,重新上电/复位时都不再进行时间设置了(前提是备份电池有电)。这里设置时间和日期是通过 rtc_set_time 函数来实现的,不用 HAL 库自带的设置时间和日期的函数的原因前面已经说过了。

2. 修改 stm32f1xx_it. c 文件

由于重新在 STM32CubeIDE 中生成了代码,所以在 stm32f1xx_it. c 文件中的 TIM4 中断服务函数又被定义了,这样会和 USMART 部分的 TIM4 中断服务函数发生重定义,所以首先屏蔽 stm32f1xx_it. c 中断文件中的 TIM4 中断服务函数。接着在 stm32f1xx_it. c 文件中添加 RTC 秒中断以及闹钟中断处理逻辑的相关内容,如下:

```
void RTC_IRQHandler(void)
{
    /* USER CODE BEGIN RTC_IRQn 0 */
    if (__HAL_RTC_ALARM_GET_FLAG(&hrtc, RTC_FLAG_SEC) != RESET) /* 秒中断 */
    {
        rtc_get_time();                                        /* 更新时间 */
        __HAL_RTC_ALARM_CLEAR_FLAG(&hrtc, RTC_FLAG_SEC);       /* 清除秒中断 */
        //printf("sec: % d\r\n", calendar.sec);                /* 打印秒钟 */
    }
    /* 顺带处理闹钟标志 */
    if (__HAL_RTC_ALARM_GET_FLAG(&hrtc, RTC_FLAG_ALRAF) != RESET)
    {
        __HAL_RTC_ALARM_CLEAR_FLAG(&hrtc, RTC_FLAG_ALRAF);     /* 清除闹钟标志 */
        printf("Alarm Time: % d - % d - % d % d: % d: % d\n", calendar. year, calendar.
        month, calendar.date, calendar.hour, calendar.min, calendar.sec);
    }
    __HAL_RTC_ALARM_CLEAR_FLAG(&hrtc, RTC_FLAG_OW);            /* 清除溢出中断标志 */
    /* 等待 RTC 寄存器操作完成, 即等待 RTOFF == 1 */
    while (!__HAL_RTC_ALARM_GET_FLAG(&hrtc, RTC_FLAG_RTOFF));
    /* USER CODE END RTC_IRQn 0 */
    HAL_RTCEx_RTCIRQHandler(&hrtc);
    /* USER CODE BEGIN RTC_IRQn 1 */
    /* USER CODE END RTC_IRQn 1 */
}
```

RTC_IRQHandle 中断服务函数用于 RTC 秒中断,由于 MX_RTC_Init 中已经配置好了时钟周期为 1 s,所以每秒都会跳进 RTC 中断服务函数中。函数中先判断秒中断是否触发,由于每一次都是秒中断触发,所以可以先更新时间,然后去掉 printf 的注释看一下,是不是每秒打印一下。接着判断闹钟标志是否置位,这个闹钟标志与 rtc_set_alarm 函数有关,假设到了闹钟设置的时间,就会跳进该秒中断中顺带处理闹钟标志,并执行函数体的指令。执行完上述任务之后,需要在最后清除溢出中断标志。

3. 修改 main.c 文件

```c
int main(void)
{
  /* USER CODE BEGIN 1 */
    uint8_t tbuf[40];
    uint8_t t = 0;
  /* USER CODE END 1 */
  HAL_Init();
  /* 系统时钟初始化 */
  SystemClock_Config();
  /* 延时初始化 */
  delay_init(72);
  /* GPIO 初始化 */
  MX_GPIO_Init();
  /* FSMC 初始化 */
  MX_FSMC_Init();
  /* 串口初始化 */
  MX_USART1_UART_Init();
  /* RTC 初始化 */
  MX_RTC_Init();
  /* USER CODE BEGIN 2 */
  rtc_set_alarm(2023, 9, 10, 12, 3, 0);      /* 设置一次闹钟 */
  lcd_init();                                /* 初始化 LCD */
  lcd_show_string(30, 50, 200, 16, 16, "STM32", RED);
  lcd_show_string(30, 70, 200, 16, 16, "RTC TEST", RED);
  lcd_show_string(30, 90, 200, 16, 16, "ATOM@ALIENTEK", RED);
  /* USER CODE END 2 */
  while (1)
  {
      t++;
      if ((t % 10) == 0)                     /* 每 100 ms 更新一次显示数据 */
      {
          rtc_get_time();
          sprintf((char *)tbuf, "Time:%02d:%02d:%02d", calendar.hour,
          calendar.min, calendar.sec);
          lcd_show_string(30, 120, 210, 16, 16, (char *)tbuf, RED);
          sprintf((char *)tbuf, "Date:%04d-%02d-%02d", calendar.year,
          calendar.month, calendar.date);
          lcd_show_string(30, 140, 210, 16, 16, (char *)tbuf, RED);
          sprintf((char *)tbuf, "Week:%s", weekdays[calendar.week]);
          lcd_show_string(30, 160, 210, 16, 16, (char *)tbuf, RED);
      }
      if ((t % 20) == 0)
      {
          LED0_TOGGLE();                     /* 每 200 ms,翻转一次 LED0 */
      }
      delay_ms(10);
  }
}
```

无限循环中每 100 ms 读取 RTC 的时间和日期(一次),并显示在 LCD 上面,每 200 ms 翻转一次 LED0。

4. 修改 usmart_config.c 文件

为方便 RTC 相关函数的调用验证,在 usmart_config.c 里面修改了 usmart_nametab 如下:

```
/* 函数名列表初始化(用户自己添加)
 * 用户直接在这里输入要执行的函数名及其查找串
 */
struct _m_usmart_nametab usmart_nametab[] =
{
#if USMART_USE_WRFUNS == 1        /* 如果使能了读/写操作 */
    (void *)read_addr, "uint32_t read_addr(uint32_t addr)",
    (void *)write_addr, "void write_addr(uint32_t addr,uint32_t val)",
#endif
    (void *)delay_ms, "void delay_ms(uint16_t nms)",
    (void *)delay_us, "void delay_us(uint32_t nus)",
    (void *)rtc_read_bkr, "uint16_t rtc_read_bkr(uint32_t bkrx)",
    (void *)rtc_write_bkr, "void rtc_write_bkr(uint32_t bkrx, uint16_t data)",
    (void *)rtc_get_week, "uint8_t rtc_get_week(uint16_t year, uint8_t month, uint8_t day)",
    (void *)rtc_set_time, "uint8_t rtc_set_time(uint16_t syear, uint8_t smon, uint8_t
                sday, uint8_t hour, uint8_t min, uint8_t sec)",
    (void *)rtc_set_alarm, "uint8_t rtc_set_alarm(uint16_t syear, uint8_t smon, uint8_t
                sday, uint8_t hour, uint8_t min, uint8_t sec)",
};
```

将 RTC 的一些相关函数加入了 USMART,这样通过串口就可以直接设置 RTC 时间、闹钟。至此,RTC 的软件设计就完成了,接下来检验一下程序是否正确。

17.4　下载验证

完成编译和烧录操作后,可以看到 LCD 上实时显示着 RTC 的时间,并且可以看到 LED0 在闪烁。此时可以通过串口调试助手调用 USMART 调试组件的 rtc_set_alarma()函数来设置 RTC 的闹钟,当通过 LCD 观察到 RTC 的时间达到设置的闹钟时间后,就可以看到串口调试助手上打印了"ALARM A!\r\n"的字符串提示。

第 **18** 章

PVD 电压监控实验

PVD(Programmable Voltage Detector,电源电压监测器)可以设置一个电压阈值,当监测到电源电压低于该阈值时,就可以触发中断,并完成一些紧急处理的情况。本章介绍 STM32F103 电源电压监测器的使用。

18.1 PVD 电压监控实验

STM32F103 的 PVD 是一种可编程电压检测器,用于监测芯片供电电压是否在设定的范围内。当供电电压低于或超过预设的阈值时,PVD 将产生中断或复位信号,以便处理低电压保护或异常电压情况。PVD 可以有效保护系统免受供电电压异常情况的影响,从而提高系统的稳定性和可靠性。

18.2 硬件设计

(1) 例程功能

若开发板供电正常,则 LCD 屏会显示"PVD Voltage OK!"。若供电电压过低,则通过 PVD 中断服务函数将 LED1 点亮;当供电电压正常后,则在 PVD 中断服务函数将 LED1 熄灭。LED0 闪烁提示程序运行。

(2) 硬件资源

➢ LED 灯:LED0 – PB5、LED1 – PE5;

➢ PVD(可编程电压监测器);

➢ 正点原子 TFTLCD 模块(仅限 MCU 屏,16 位 8080 并口驱动)。

(3) 原理图

PVD 属于 STM32F103 的内部资源,只需要软件设置好即可正常工作。利用 LED0 和 LCD 来指示进入 PVD 中断的情况。

18.3 程序设计

18.3.1 配套源码路径

本实验配置好的实验工程已经放到了配套资料中,路径为:开发板光盘 A–基础资料\1、程序源码\4．CubeIDE_project\16_1_LowPower_PVD。

18.3.2　创建和配置工程

在 STM32CubeIDE 中复制 13_TFTLCD 工程，并将工程文件名和.ioc 文件名均修改为 16_1_LowPower_PVD，以进行下一步的实验操作。

18.3.3　添加文件

本实验是在 13_TFTLCD 的基础上进行改动的，不需要另外配置.ioc 文件，可直接添加驱动文件。在 Drivers/BSP 文件夹中新建 PWR 文件夹，并在 PWR 文件夹下新建两个文件，分别是 pwr.c 和 pwr.h 文件，其中 pwr.h 头文件只有函数声明。

1. 修改 pwr.c 文件

```
# include "pwr.h"
# include "../LED/led.h"
# include "../LCD/lcd.h"
/**
 * @brief        初始化 PVD 电压监视器
 * @param        pls：电压等级（PWR_PVD_detection_level）
 *   @arg        PWR_PVDLEVEL_0,2.2V;
 *   @arg        PWR_PVDLEVEL_1,2.3V;
 *   @arg        PWR_PVDLEVEL_2,2.4V;
 *   @arg        PWR_PVDLEVEL_3,2.5V;
 *   @arg        PWR_PVDLEVEL_4,2.6V;
 *   @arg        PWR_PVDLEVEL_5,2.7V;
 *   @arg        PWR_PVDLEVEL_6,2.8V;
 *   @arg        PWR_PVDLEVEL_7,2.9V;
 * @retval       无
 */
void pwr_pvd_init(uint32_t pls)
{
    PWR_PVDTypeDef pwr_pvd = {0};
    __HAL_RCC_PWR_CLK_ENABLE();                      /* 使能 PWR 时钟 */
    pwr_pvd.PVDLevel = pls;                          /* 检测电压级别 */
    /* 使用中断线的上升沿和下降沿双边缘触发 */
    pwr_pvd.Mode = PWR_PVD_MODE_IT_RISING_FALLING;
    HAL_PWR_ConfigPVD(&pwr_pvd);
    HAL_NVIC_SetPriority(PVD_IRQn, 3 ,3);
    HAL_NVIC_EnableIRQ(PVD_IRQn);
    HAL_PWR_EnablePVD();                             /* 使能 PVD 检测 */
}
/**
 * @brief        PVD 中断服务函数
 * @param        无
 * @retval       无
 */
void PVD_IRQHandler(void)
{
```

```
    HAL_PWR_PVD_IRQHandler();
}
/**
 * @brief          PVD 中断服务回调函数
 * @param          无
 * @retval         无
 */
void HAL_PWR_PVDCallback(void)
{
    if (__HAL_PWR_GET_FLAG(PWR_FLAG_PVDO))        /* 电压比 PLS 所选电压还低 */
    {
        /* LCD 显示电压低 */
        lcd_show_string(30, 130, 200, 16, 16, "PVD Low Voltage!", RED);
        LED1(0);                                   /* 点亮绿灯，表明电压低了 */
    }
    else
    {
        /* LCD 显示电压正常 */
        lcd_show_string(30, 130, 200, 16, 16, "PVD Voltage OK! ", BLUE);
        LED1(1);                                   /* 灭掉绿灯 */
    }
}
```

首先是 PVD 初始化函数，设置 PVD 中断线选择的是上升沿和下降沿双边沿触发；然后是 PVD 中断服务函数及其回调函数 HAL_PWR_PVDCallback。回调函数中首先判断 V_{DD} 电压是否比 PLS 所选电压还低，是则在 LCD 显示"PVD Low Voltage!"并且点亮 LED1；否则，在 LCD 显示"PVD Voltage OK!"，并且关闭 LED1。

2. 修改 main. c 文件

```
int main(void)
{
    /* USER CODE BEGIN 1 */
    uint8_t t = 0;
    /* USER CODE END 1 */
    HAL_Init();
    /* 此处省略系统时钟、延时、GPIO 初始化 */
    MX_FSMC_Init();
    /* 串口初始化 */
    MX_USART1_UART_Init();
    /* USER CODE BEGIN 2 */
    lcd_init();                                /* 初始化 LCD */
    pwr_pvd_init(PWR_PVDLEVEL_7);              /* PVD 2.9 V 检测 */
    lcd_show_string(30, 50, 200, 16, 16, "STM32", RED);
    lcd_show_string(30, 70, 200, 16, 16, "PVD TEST", RED);
    lcd_show_string(30, 90, 200, 16, 16, "ATOM@ALIENTEK", RED);
    /* 默认 LCD 显示电压正常 */
    lcd_show_string(30, 110, 200, 16, 16, "PVD Voltage OK! ", BLUE);
    /* USER CODE END 2 */
    while (1)
```

```
    {
        if ((t % 20) == 0)
        {
            LED0_TOGGLE();                    /* 每 200 ms,翻转一次 LED0 */
        }
        delay_ms(10);
        t++;
    }
}
```

这里选择 PVD 的检测电压阈值为 2.9 V,其他的代码很好理解,最后下载验证。

18.4　下载验证

完成编译和烧录操作后,若系统的供电正常,则可以在 LCD 上看到"PVD Voltage OK!"的提示,并且 LED1 处于熄灭状态;若系统的供电低于设置的 PVD 电压阈值 2.9 V,则在 LCD 上看到"PVD Low Voltage!"的提示,并且 LED1 亮起(系统供电过低时可能出现很多意想不到的结果,因此可能看不到部分现象)。

第**19**章

睡眠模式实验

本章介绍 STM32F103 低功耗模式中的睡眠模式,通过调用 WFI 命令进入睡眠模式后,ARM Cortex - M3 内核将停止以降低功耗,在该睡眠模式下可以被任意中断唤醒。

19.1　STM32F103 睡眠模式简介

STM32F103 的低功耗模式中的睡眠模式是一种极低功耗的状态,这时 CPU 暂停执行、大部分外设处于停止状态、时钟频率降低至最低限度,以最大程度地减少功耗。在睡眠模式下,只有外部中断或特定的唤醒事件(如定时器中断、外部中断)才能唤醒微控制器,以实现在低功耗状态下的待机和节能运行。

19.2　硬件设计

(1) 例程功能

LED0 闪烁表明代码正在运行。按下 KEY0 后,LED1 点亮,提示进入睡眠模式,此时 LED0 不再闪烁,说明已经进入睡眠模式。按下 WK_UP 后 LED1 熄灭,提示退出睡眠模式,此时 LED0 继续闪烁,说明已经退出睡眠模式。

(2) 硬件资源

➤ LED 灯:LED0 - PB5、LED1 - PE5;

➤ 独立按键:KEY0 - PE4、WK_UP - PA0;

➤ 电源管理(低功耗模式-睡眠模式);

➤ 正点原子 TFTLCD 模块(仅限 MCU 屏,16 位 8080 并口驱动)。

(3) 原理图

PWR 属于 STM32F103 的内部资源,只需要软件设置好即可正常工作。通过 KEY0 让 CPU 进入睡眠模式,再通过 WK_UP 触发 EXTI 中断来唤醒 CPU。LED0 指示程序是否执行,LED1 指示 CPU 是否进入睡眠模式。

19.3　程序设计

19.3.1　配套源码路径

本实验配置好的实验工程已经放到了配套资料中,路径为:开发板光盘 A-基础资

料\1、程序源码\4、CubeIDE_project\16_2_LowPower_Sleep。

19.3.2　创建和配置工程

在 STM32CubeIDE 中复制 16_1_LowPower_PVD 工程，并将工程文件名和.ioc 文件名均修改为 16_2_LowPower_Sleep，以进行下一步的实验操作。

双击 16_2_LowPower_Sleep.ioc 进入 STM32CubeMX 插件配置界面后，在 Pinout & Configuration 处进行如图 19.1 所示配置：由于需要通过 PA0 的外部中断唤醒睡眠模式，所以将 PA0 复用为 GPIO_EXTI0；将 PA0 参数配置为下拉，上升沿触发。

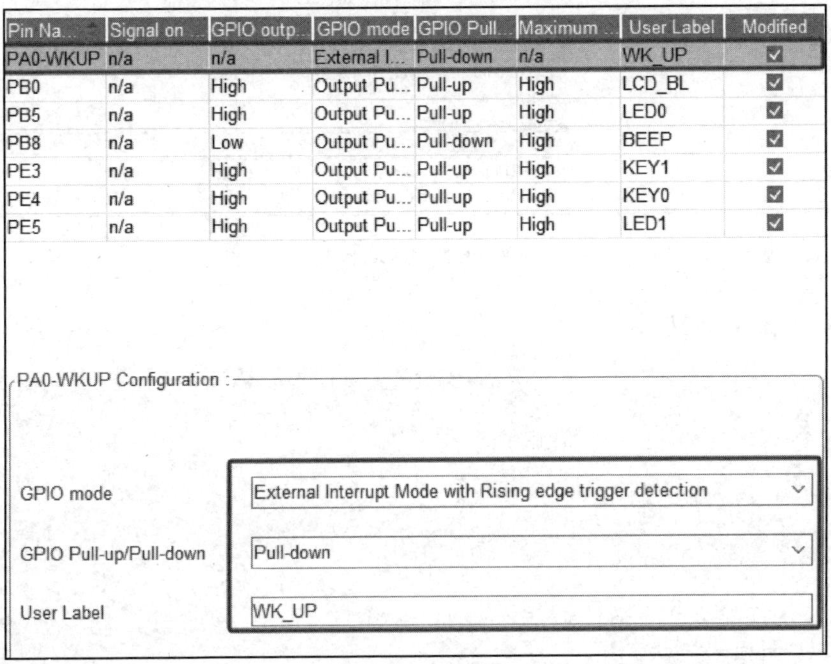

Pin Na...	Signal on	GPIO outp...	GPIO mode	GPIO Pull...	Maximum	User Label	Modified
PA0-WKUP	n/a	n/a	External I...	Pull-down	n/a	WK_UP	☑
PB0	n/a	High	Output Pu...	Pull-up	High	LCD_BL	☑
PB5	n/a	High	Output Pu...	Pull-up	High	LED0	☑
PB8	n/a	Low	Output Pu...	Pull-down	High	BEEP	☑
PE3	n/a	High	Output Pu...	Pull-up	High	KEY1	☑
PE4	n/a	High	Output Pu...	Pull-up	High	KEY0	☑
PE5	n/a	High	Output Pu...	Pull-up	High	LED1	☑

PA0-WKUP Configuration :

GPIO mode	External Interrupt Mode with Rising edge trigger detection
GPIO Pull-up/Pull-down	Pull-down
User Label	WK_UP

图 19.1　I/O 配置

19.3.3　配置 NVIC

NVIC 配置如图 19.2 所示，选中使能外部中断线 0，配置中断优先级分组为 2，抢占优先级和子优先级为 2。

19.3.4　生成并修改代码

按下"Ctrl+S"保存配置，生成工程。由于本实验是在 16_1_LowPower_PVD 的基础上进行改动的，所以直接在 Drivers/BSP/PWR 文件夹的 pwr.c 文件中添加本例所需的驱动代码 pwr.c 和 pwr.h 即可。

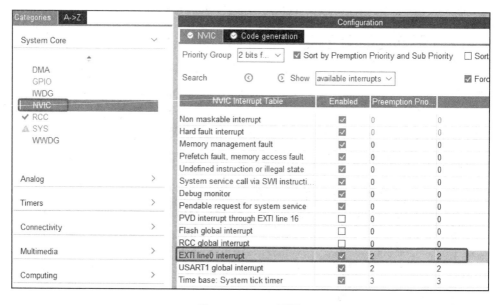

图 19.2　NVIC 配置

1. 修改 pwr.c 文件

```
/************************睡眠模式实验程序 ********************/
/**
 * @brief        进入 CPU 睡眠模式
 * @param        无
 * @retval       无
 */
void pwr_enter_sleep(void)
{
    /* 暂停滴答时钟,防止通过滴答时钟中断唤醒 */
    HAL_SuspendTick();
    /* 执行 WFI 指令,进入睡眠模式 */
    HAL_PWR_EnterSLEEPMode(PWR_MAINREGULATOR_ON, PWR_SLEEPENTRY_WFI);
}
/**
 * @brief        外部中断回调函数
 * @param        GPIO_Pin:中断线引脚
 * @note         此函数会被 PWR_WKUP_INT_IRQHandler()调用
 * @retval       无
 */
void HAL_GPIO_EXTI_Callback(uint16_t GPIO_Pin)
{
    if (GPIO_Pin == WK_UP_Pin)
    {
        /* HAL_GPIO_EXTI_IRQHandler()函数已经为我们清除了中断标志位,所以进了回调函
           数可不操作 */
    }
}
```

pwr_enter_sleep 函数内直接调用 HAL_PWR_EnterSLEEPMode 函数使用 WFI 指令进入睡眠模式。

在 WK_UP 按键外部中断服务函数中调用 HAL 库的 HAL_GPIO_EXTI_IRQHandler 函数来处理外部中断。该函数会调用__HAL_GPIO_EXTI_CLEAR_IT 函数取消屏蔽对应的外部中断线位,这里是 EXTI_CPUIMR1 寄存器相应位,还有其他寄存器控制其他外部中断线。这里只是唤醒睡眠模式,不需要其他的逻辑程序,所以 HAL_GPIO_EXTI_Callback 回调函数可以什么都不用做,甚至也可以不重新定义这个回调函数(屏蔽该回调函数也可以)。

2. 修改 main.c 文件

```
int main(void)
{
    /* USER CODE BEGIN 1 */
    uint8_t t = 0;
    uint8_t key = 0;
    /* USER CODE END 1 */
    HAL_Init();
    /* 此处省略系统时钟、延时、GPIO、FSMC、串口初始化函数 */
    SystemClock_Config();
    /* USER CODE BEGIN 2 */
    lcd_init();                              /* 初始化 LCD */
    lcd_show_string(30, 50, 200, 16, 16,  "STM32", RED);
    lcd_show_string(30, 70, 200, 16, 16,  "SLEEP TEST", RED);
    lcd_show_string(30, 90, 200, 16, 16,  "ATOM@ALIENTEK", RED);
    lcd_show_string(30, 110, 200, 16, 16, "KEY0:Enter SLEEP MODE", RED);
    lcd_show_string(30, 130, 200, 16, 16, "KEY_UP:Exit SLEEP MODE", RED);
    /* USER CODE END 2 */
    while (1)
    {
        key = key_scan(0);
        if (key == KEY0_PRES)
        {
            LED1(0);                         /* 点亮绿灯,提示进入睡眠模式 */
            pwr_enter_sleep();               /* 进入睡眠模式 */
            HAL_ResumeTick();                /* 恢复滴答时钟 */
            LED1(1);                         /* 关闭绿灯,提示退出睡眠模式 */
        }
        if ((t % 20) == 0)
        {
            LED0_TOGGLE();                   /* 每 200 ms,翻转一次 LED0 */
        }
        delay_ms(10);
        t++;
    }
}
```

该部分程序功能就是按下 KEY0 后点亮 LED1,进入睡眠模式,然后一直等待外部中断唤醒。按下按键 WK_UP 则触发外部中断,睡眠模式就被唤醒,然后继续执行后面的程序,如关闭 LED1 等。

19.4　下载验证

　　完成编译和烧录操作后,可以看到 LED0 闪烁提示系统程序正在运行。此时按下 KEY0 按键可以看到 LED1 亮起,但 LED0 不再闪烁,这是因为系统已经进入睡眠模式了;再按下 KEY_UP 按键即可从睡眠模式下唤醒,可以看到 LED1 熄灭,LED0 继续闪烁。

第 **20** 章

停止模式实验

本章介绍 STM32F103 低功耗模式中的停止模式,进入停止模式后,所有的时钟都被停止以降低功耗,且可以被任意中断唤醒。

20.1 STM32F103 停止模式简介

STM32F103 低功耗模式中的停止模式是一种极低功耗的状态,这时 CPU 和大多数外设都被停止、时钟树被关闭以尽量降低功耗。在停止模式下,只有外部中断或特定的唤醒事件(如 RTC 闹钟、外部中断)才能唤醒微控制器。这种模式适用于需要极低功耗和长时间待机的应用场景,以实现节能和延长电池寿命。

20.2 硬件设计

(1) 例程功能

LED0 闪烁表明代码正在运行。按下按键 KEY0 后 LED1 点亮,提示进入停止模式,此时 LED0 不再闪烁,说明已经进入停止模式。按下按键 WK_UP 后 LED1 熄灭,提示退出停止模式,此时 LED0 继续闪烁,说明已经退出停止模式。

(2) 硬件资源

➢ LED 灯:LED0 – PB5、LED1 – PE5;

➢ 独立按键:KEY0 – PE4、WK_UP – PA0;

➢ 电源管理(低功耗模式-停止模式);

➢ 正点原子 TFTLCD 模块(仅限 MCU 屏,16 位 8080 并口驱动)。

(3) 原理图

PWR 属于 STM32F103 的内部资源,只需要软件设置好即可正常工作。通过 KEY0 让 CPU 进入停止模式,再通过 WK_UP 触发 EXTI 中断来唤醒 CPU。LED0 指示程序是否执行,LED1 指示 CPU 是否进入停止模式。

20.3 程序设计

20.3.1 配套源码路径

本实验配置好的实验工程已经放到了配套资料中,路径为:开发板光盘 A-基础资

料\1、程序源码\4,CubeIDE_project\16_3_LowPower_Stop。

20.3.2 创建和配置工程

在 STM32CubeIDE 中复制 16_2_LowPower_Sleep 工程,并将工程文件名和.ioc 文件名均修改为 16_3_LowPower_Stop,以进行下一步的实验操作。

本实验是在 16_2_LowPower_Sleep 的基础上复制而来的,所以外部中断配置已经将这些配置好了,不需要额外修改.ioc 文件,直接在 pwr.c 文件中添加停止模式的驱动代码即可。

20.3.3 控制逻辑代码实现

1. 修改 pwr.c 文件

```
/************************停止模式实验程序 ************************/

/**
 * @brief        进入停止模式
 * @param        无
 * @retval       无
 */
void pwr_enter_stop(void)
{
    __HAL_RCC_PWR_CLK_ENABLE();        /* 使能电源时钟 */
    HAL_SuspendTick();                 /* 暂停滴答时钟,防止通过滴答时钟中断唤醒 */
    /* 进入停止模式,设置稳压器为低功耗模式,等待中断唤醒 */
    HAL_PWR_EnterSTOPMode(PWR_LOWPOWERREGULATOR_ON, PWR_STOPENTRY_WFI);
}
```

因为该函数涉及电源控制寄存器的操作,所以先调用__HAL_RCC_PWR_CLK_ENABLE 函数去使能 PWR 时钟,然后调用 HAL_PWR_EnterSTOPMode 函数进入停止模式;形参 1 即 PWR_LOWPOWERREGU LATOR_ON 设置稳压器为低功耗模式,形参 2 则设置使用 WFI 指令进入 STOP 模式。

2. 修改 main.c 文件

```
int main(void)
{
    /* USER CODE BEGIN 1 */
    uint8_t t = 0;
    uint8_t key = 0;
    /* USER CODE END 1 */
    HAL_Init();
    /* 系统时钟初始化 */
    SystemClock_Config();
    /* 延时初始化 */
    delay_init(72);
    /* GPIO 初始化 */
```

```
    MX_GPIO_Init();
    /* FSMC 初始化 */
    MX_FSMC_Init();
    /* 串口初始化 */
    MX_USART1_UART_Init();
    /* USER CODE BEGIN 2 */
    lcd_init();                                    /* 初始化 LCD */
    lcd_show_string(30,  50, 200, 16, 16, "STM32", RED);
    lcd_show_string(30,  70, 200, 16, 16, "STOP TEST", RED);
    lcd_show_string(30,  90, 200, 16, 16, "ATOM@ALIENTEK", RED);
    lcd_show_string(30, 110, 200, 16, 16, "KEY0:Enter STOP MODE", RED);
    lcd_show_string(30, 130, 200, 16, 16, "KEY_UP:Exit STOP MODE", RED);
    /* USER CODE END 2 */
    while (1)
    {
        key = key_scan(0);
        if (key == KEY0_PRES)
        {
            LED1(0);                               /* 点亮绿灯,提示进入停止模式 */
            pwr_enter_stop();                      /* 进入停止模式 */
            /* 从停止模式唤醒,需要重新设置系统时钟 72 MHz */
            SystemClock_Config();
            HAL_ResumeTick();                      /* 恢复滴答时钟 */
            LED1(1);                               /* 关闭绿灯,提示退出停止模式 */
        }
        if ((t % 20) == 0)
        {
            LED0_TOGGLE();                         /* 每 200 ms 翻转一次 LED0 */
        }
        delay_ms(10);
        t++;
    }
}
```

该部分程序功能是按下 KEY0 时,LED1 亮起并进入停止模式,此时等待外部中断唤醒。按下按键 WK_UP 时触发外部中断,停止模式被唤醒。继续执行后面的程序,如重新设置系统时钟 72 MHz、延时初始化、关闭 LED1 等。

20.4　下载验证

完成编译和烧录操作后,可以看到 LED0 闪烁提示系统正在运行。此时可以按下 KEY0 按键,LED1 亮,但 LED0 不再闪烁,这是因为系统已经进入停止模式,此时再按下 KEY_UP 按键即可从停止模式下唤醒,LED1 熄灭,LED0 继续闪烁。

第 **21** 章

待机模式实验

本章介绍 STM32F103 低功耗模式中的待机模式。进入待机模式后,MCU 内部的电压调压器将断开 1.8 V 电源域的电源,这意味着内核和外设都将停止工作,并且内核寄存器和内存中的数据都将丢失,但这也是功耗最低的模式;待机模式下可被 WKUP 引脚的上升沿唤醒。

21.1 STM32 待机模式简介

STM32F103 低功耗模式的待机模式是一种极低功耗的模式,其中 CPU、外设和时钟树都被停止,以最大程度地降低功耗。在待机模式下,只有外部中断或特定的唤醒事件(如 RTC 闹钟、外部中断)才能唤醒微控制器。待机模式适用于需要极低功耗和长时间待机的应用场景,以实现节能和延长电池寿命。

21.2 硬件设计

(1) 例程功能

LED0 闪烁,表明代码正在运行。按下 KEY0 后进入待机模式,待机模式下大部分引脚处于高阻态,这时候 LED0 会熄灭,TFTLCD 也会熄灭。按下 WK_UP 按键后退出待机模式(相当于复位操作),程序重新执行,LED0 继续闪烁,TFTLCD 屏点亮。

(2) 硬件资源

➤ LED 灯:LED0 - PB5;

➤ 独立按键:KEY0 - PE4、WK_UP - PA0;

➤ 电源管理(低功耗模式-待机模式);

➤ 正点原子 TFTLCD 模块(仅限 MCU 屏,16 位 8080 并口驱动)。

(3) 原理图

PWR 属于 STM32F103 的内部资源,只需要软件设置好即可正常工作。通过 KEY0 让 CPU 进入待机模式,再通过 WK_UP 上升沿唤醒 CPU。LED0 指示程序是否执行。

21.3　程序设计

21.3.1　配套源码路径

本实验配置好的实验工程已经放到了配套资料中,路径为:开发板光盘 A-基础资料\1、程序源码\4,CubeIDE_project\16_4_LowPower_Standby。

21.3.2　创建和配置工程

在 STM32CubeIDE 中复制 16_3_LowPower_Stop 工程,并将工程文件名和.ioc 文件名均修改为 16_4_LowPower_Standby,以进行下一步的实验操作。

本实验是在 16_3_LowPower_Stop 的基础上复制而来的,所以外部中断都已经配置好了,不需要额外修改.ioc 文件,直接在 pwr.c 文件中添加待机模式的驱动代码即可。

21.3.3　添加用户驱动代码

1. 修改 pwr.c 文件

```
/********************待机模式 ********************/
/**
 * @brief        进入待机模式
 * @param        无
 * @retval       无
 */
void pwr_enter_standby(void)
{
    __HAL_RCC_PWR_CLK_ENABLE();                    /* 使能电源时钟 */

    HAL_PWR_EnableWakeUpPin(PWR_WAKEUP_PIN1);  /* 使能 KEY_UP 引脚的唤醒功能 */
    __HAL_PWR_CLEAR_FLAG(PWR_FLAG_WU);          /* 需要清此标记,否则将保持唤醒状态 */
    HAL_PWR_EnterSTANDBYMode();                    /* 进入待机模式 */
}
```

该函数首先调用__HAL_RCC_PWR_CLK_ENABLE 来使能 PWR 时钟,然后调用函数 HAL_PWR_EnableWakeUpPin 设置 WK_UP 引脚作为唤醒源。进入待机模式前还得调用__HAL_PWR_CLEAR_FLAG 函数清除唤醒标志,要不然会保持唤醒状态。最后调用函数 HAL_PWR_EnterSTANDBYMode 进入待机模式。

2. 修改 main.c 文件

```
int main(void)
{
  /* USER CODE BEGIN 1 */
    uint8_t t = 0;
```

```
    uint8_t key = 0;
 /* USER CODE END 1 */
HAL_Init();
 /* 系统时钟初始化 */
SystemClock_Config();
 /* 延时初始化 */
delay_init(72);
 /* GPIO 初始化 */
MX_GPIO_Init();
 /* FSMC 初始化 */
MX_FSMC_Init();
 /* 串口初始化 */
MX_USART1_UART_Init();
 /* USER CODE BEGIN 2 */
lcd_init();                              /* 初始化 LCD */
lcd_show_string(30,  50, 200, 16, 16, "STM32", RED);
lcd_show_string(30,  70, 200, 16, 16, "STANDBY TEST", RED);
lcd_show_string(30,  90, 200, 16, 16, "ATOM@ALIENTEK", RED);
lcd_show_string(30, 110, 200, 16, 16, "KEY0:Enter STANDBY MODE", RED);
lcd_show_string(30, 130, 200, 16, 16, "KEY_UP:Exit STANDBY MODE", RED);
 /* USER CODE END 2 */
while (1)
{
    key = key_scan(0);
    if (key == KEY0_PRES)
    {
        pwr_enter_standby();           /* 进入待机模式 */
        /* 从待机模式唤醒相当于系统重启(复位),因此不会执行到这里 */
    }
    if ((t % 20) == 0)
    {
        LED0_TOGGLE();                 /* 每 200 ms,翻转一次 LED0 */
    }
    delay_ms(10);
    t++;
}
}
```

该部分程序先是一系列初始化,判断到 KEY0 按下时,则调用 pwr_enter_standby 函数进入待机模式,等待按下 WK_UP 按键产生 WKUP 上升沿唤醒 CPU。注意,待机模式唤醒后系统会进行复位。

21.4　下载验证

完成编译和烧录操作后,可以看到 LED0 闪烁,表明代码正在运行。按下按键 KEY0 后 TFTLCD 屏熄灭,此时 LED0 不再闪烁,说明已经进入待机模式。按下按键 WK_UP 后 TFTLCD 屏点亮,LED0 闪烁,说明系统从待机模式中唤醒,相当于复位。

第 22 章

DMA 实验

本章介绍 STM32F103 直接存储器(Direct Memory Access,DMA)的使用。DMA 能够在无 CPU 干预的情况下,实现外设与存储器或存储器与存储器之间数据的高速传输,从而节省 CPU 资源来执行其他操作。

22.1 DMA 简介

STM32F1 系列微控制器内置了 DMA,它允许外设和内存之间直接进行数据传输,无需 CPU 的干预。DMA 可以在数据传输过程中暂时控制系统总线,实现高速、高效的数据传输,从而释放 CPU 的负担,提高系统的性能和效率。STM32F1 的 DMA 支持多种传输模式和通道配置,可用于处理各种数据传输需求,如 ADC、DAC、串口、存储器等外设的数据传输。

22.2 硬件设计

1)例程功能

每次按下按键 KEY0,串口 1 就会以 DMA 方式发送数据,同时在 LCD 上面显示传送进度。打开串口调试助手,可以收到 DMA 发送的内容。LED0 闪烁用于提示程序正在运行。

2)硬件资源

➤ LED 灯:LED0 – PB5;

➤ 独立按键:KEY0 – PE4;

➤ 串口 1(PA9 或 PA10 连接在板载 USB 转串口芯片 CH340 上面);

➤ 正点原子 TFTLCD 模块(仅限 MCU 屏,16 位 8080 并口驱动)。

3)原理图

DMA 属于 STM32F103 内部资源,通过软件设置好就可以了。

22.3 程序设计

22.3.1 配套源码路径

本实验配置好的实验工程已经放到了配套资料中,路径为:开发板光盘 A-基础资

料\1、程序源码\4,CubeIDE_project\17_DMA。

22.3.2　创建和配置工程

在 STM32CubeIDE 中复制 13_TFTLCD 工程,并将工程文件名和.ioc 文件名均修改为 17_DMA,以进行下一步的实验操作。

双击 17_DMA.ioc 进入 STM32CubeMX 插件配置界面,串口 1 已经在工程中配置好了,只须打开左边的 System Core→DMA 来配置 DMA 参数即可。由于 USART1 与 DMA1 相关联,所以在 DMA1 处新增 DMA 请求,如图 22.1 所示。

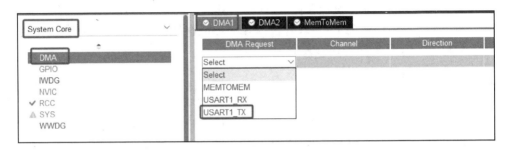

图 22.1　添加 DMA 请求

DMA1 请求选择 USART1_TX,通道选择 DMA1 Channel4,传输方向选择 Memory To Peripheral,传输速率设置为中速,如图 22.2 所示。

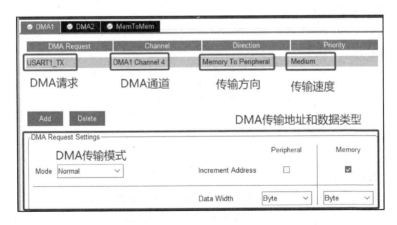

图 22.2　配置 DMA 参数

DMA Request 是 DMA 请求,即 DMA 传输的对应外设,这里选择 USART1 的发送端。

Channel 是 DMA 通道。前面分析了 DMA1 有 1~7(共 7 个)通道,不同外设匹配的通道不一样,可查看《STM32 中文参考手册》10.3.7 小节。

Direction 是 DMA 传输方向,有 4 种传输方向,分别是外设到内存、内存到外设、内存到内存及外设到外设。

Priority 是传输速度,可选最高优先级 Very Hight、高优先级 Hight、中等优先级 Medium 和低优先级 Low。

Mode 是 DMA 的传输模式。Normal 表示正常模式,当一次 DMA 数据传输完后就停止 DMA 传送,也就是只传输一次就停止了。Circular 是循环模式,传输完成后又重新开始继续传输,即不断循环永不停止传输。Src Memory 表示外设地址寄存器,设置传输数据的时候外设地址是不变还是递增。如果设置为递增,那么下一次传输的时候地址加 Data Width 个字节。

Dst Memory 表示内存地址寄存器,设置传输数据时内存地址是否递增。如果设置为递增,那么下一次传输的时候地址加 Data Width 个字节。

由于串口数据发送寄存器只能存储 8 bit,每次发送一个字节,所以数据长度选择 Byte。

22.3.3　生成初始化代码

按下"Ctrl+S"保存配置,生成工程,可以看到在工程中多了一个 dma.c 文件。dma.c 主要用于完成 DMA 的初始化。

22.3.4　添加用户驱动代码

本实验中关于 DMA 的初始化代码在 dma.c 文件中生成了,USART1 的初始化代码在 usart.c 中生成。下面直接手动添加用户代码,实现串口 DMA 发送一串字符。在 main.c 中添加如下代码:

```
/* USER CODE BEGIN PFP */
const uint8_t TEXT_TO_SEND[] = {"正点原子 STM32 DMA 串口实验"};    /* 字符串 */
/* 发送数据长度,等于 sizeof(TEXT_TO_SEND) + 2 的 200 倍. */
#define SEND_BUF_SIZE        (sizeof(TEXT_TO_SEND) + 2) * 200
uint8_t g_sendbuf[SEND_BUF_SIZE];    /* 发送数据缓冲区 */
extern DMA_HandleTypeDef hdma_usart1_tx;
/* USER CODE END PFP */
int main(void)
{
  /* USER CODE BEGIN 1 */
  uint8_t  key = 0;
  uint16_t i, k;
  uint16_t len;
  uint8_t  mask = 0;
  float pro = 0;          /* 进度 */
  /* USER CODE END 1 */
  HAL_Init();
  /* 系统时钟初始化 */
  SystemClock_Config();
  /* 延时初始化 */
  delay_init(72);
  /* GPIO 初始化 */
```

```
MX_GPIO_Init();
/* DMA 初始化 */
MX_DMA_Init();
/* FSMC 初始化 */
MX_FSMC_Init();
/* 串口初始化 */
MX_USART1_UART_Init();
/* USER CODE BEGIN 2 */
lcd_init();                                              /* 初始化 LCD */
lcd_show_string(30, 50, 200, 16, 16, "STM32", RED);
lcd_show_string(30, 70, 200, 16, 16, "DMA TEST", RED);
lcd_show_string(30, 90, 200, 16, 16, "ATOM@ALIENTEK", RED);
lcd_show_string(30, 110, 200, 16, 16, "KEY0:Start", RED);
len = sizeof(TEXT_TO_SEND);
k = 0;
for (i = 0; i < SEND_BUF_SIZE; i++) /* 填充 ASCII 字符集数据 */
{
    if (k >= len)   /* 入换行符 */
    {
        if (mask)
        {
            g_sendbuf[i] = 0x0a;
            k = 0;
        }
        else
        {
            g_sendbuf[i] = 0x0d;
            mask++;
        }
    }
    else       /* 复制 TEXT_TO_SEND 语句 */
    {
        mask = 0;
        g_sendbuf[i] = TEXT_TO_SEND[k];
        k++;
    }
}
i = 0;
/* USER CODE END 2 */
/* USER CODE BEGIN WHILE */
while (1)
{
    key = key_scan(0);
    if (key == KEY0_PRES)          /* KEY0 按下 */
    {
        printf("\r\nDMA DATA:\r\n");
        lcd_show_string(30, 130, 200, 16, 16, "Start Transimit....", BLUE);
        lcd_show_string(30, 150, 200, 16, 16, "   %", BLUE);  /* 显示百分号 */
        HAL_UART_Transmit_DMA(&huart1, g_sendbuf, SEND_BUF_SIZE);
        /* 等待 DMA 传输完成,此时我们来做另外一些事情,比如点灯
```

```
 *  实际应用中,传输数据期间可以执行另外的任务
 */
while (1)
{
    /* 等待 DMA1_Channel4 传输完成 */
    if ( __HAL_DMA_GET_FLAG(&hdma_usart1_tx, DMA_FLAG_TC4))
    {
        /* 清除 DMA1_Channel4 传输完成标志 */
        __HAL_DMA_CLEAR_FLAG(&hdma_usart1_tx, DMA_FLAG_TC4);
        HAL_UART_DMAStop(&huart1);       /* 传输完成以后关闭串口 DMA */
        break;
    }
    pro = __HAL_DMA_GET_COUNTER(&hdma_usart1_tx);
    len = SEND_BUF_SIZE;                 /* 总长度 */
    pro = 1 - (pro / len);               /* 得到百分比 */
    pro *= 100;                          /* 扩大 100 倍 */
    lcd_show_num(30, 150, pro, 3, 16, BLUE);
}
lcd_show_num(30, 150, 100, 3, 16, BLUE);     /* 显示 100% */
lcd_show_string(30, 130, 200, 16, 16, "Transimit Finished!", BLUE);
}
i++;
delay_ms(10);
if (i == 20)
{
    LED0_TOGGLE();   /* LED0 闪烁,提示系统正在运行 */
    i = 0;
}
}
}
```

　　main 函数的流程大致:先初始化发送数据缓冲区 g_sendbuf 的值;然后通过 KEY0 开启串口 DMA 发送,在发送过程中,通过 __HAL_DMA_GET_COUNTER (&g_dma_handle)获取当前还剩余的数据量来计算传输百分比;最后在传输结束之后清除相应标志位,提示已经传输完成。

22.4　下载验证

　　将程序下载到开发板,可以看到 LED0 不停地闪烁,提示程序已经在运行了。LCD 显示的内容如图 22.3 所示。

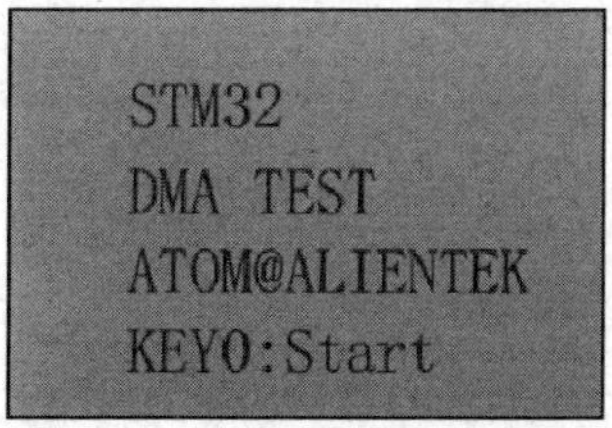

　　打开串口调试助手,然后按 KEY0,串口显示如图 22.4 所示的内容。可以看到串口收到了开发板发送过来的数据,同时 TFTLCD 上显示了进度等信息,如图 22.5 所示。

STM32
DMA　TEST
ATOM@ALIENTEK
KEY0:Start

图 22.3　DMA 实验测试图

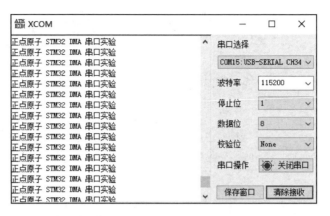

图 22.4　串口收到的数据内容

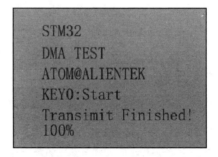

图 22.5　DMA 串口数据传输中

第 *23* 章

单通道 ADC 采集实验

本章介绍使用 STM32F103 模数转换器（Analog-to-Digital Converter，ADC）进行带通道的电压采集。

23.1 ADC 简介

STM32F1 系列微控制器内置了模数转换器，用于将模拟信号转换为数字信号。STM32F1 的 ADC 模块通常具有多个通道，可以同时转换多路模拟信号，具有较高的分辨率和采样率。ADC 模块支持多种转换模式和触发方式，可以实现单次转换、连续转换、定时转换等不同的转换方式。

STM32F103 系列芯片拥有 3 个 ADC(C8T6 只有两个)，这些 ADC 可以独立使用，其中 ADC1 和 ADC2 还可以组成双重模式(提高采样率)。STM32 的 ADC 是 12 位逐次逼近型的模拟数字转换器，有 18 个通道，可测量 16 个外部和两个内部信号源。其中，ADC3 据 CPU 引脚的不同拥有不同通道数，一般有 8 个外部通道。ADC 中各个通道的 A/D 转换可以单次、连续、扫描或间断模式执行。ADC 的结果可以以左对齐或者右对齐公式存储在 16 位数据寄存器中。

23.2 硬件设计

1) 例程功能

使用 ADC1 采集通道 1(PA1)的电压，在 LCD 模块上显示 ADC 规则数据寄存器的 12 位转换值，并将该值换算成电压值。使用短路帽将 ADC 和 RV1 排针连接，使得 PA1 连接到电位器上，再将 ADC 采集到的数据和转换后的电压值在 TFTLCD 屏中显示。用户可以通过调节电位器的旋钮改变电压值。LED0 闪烁，提示程序运行。

2) 硬件资源

➢ LED 灯：LED0 - PB5；

➢ 串口 1(PA9 或 PA10 连接在板载 USB 转串口芯片 CH340 上面)；

➢ 正点原子 TFTLCD 模块(仅限 MCU 屏，16 位 8080 并口驱动)；

➢ ADC1：通道 1 - PA1。

3）原理图

ADC 属于 STM32F103 内部资源，只需要软件设置就可以正常工作，另外需要将待测量的电压源连接到 ADC 通道上，以便 ADC 测量。本实验通过 ADC1 的通道 1 来采集外部电压值。开发板有一个电位器，可调节的电压范围是 0～3.3 V。可以通过跳线帽将 PA1 与电位器连接，如图 23.1 所示。

使用短路帽将 ADC 和 RV1 排针连接好，下载程序后，就可以用螺丝刀调节电位器来变换多种电压值进行测试。

若想测试其他地方的电压值，则可以使用杜邦线，一端接到 ADC 排针上，另外一端接要测试的电压点。注意，一定要保证测试点的电压在 0～3.3 V 的电压范围，否则可能烧坏 ADC，甚至是整个主控芯片。

图 23.1　PA1（对应 ADC 排针）与电位器示意图

23.3　程序设计

23.3.1　配套源码路径

本实验配置好的实验工程已经放到了配套资料中，路径为：开发板光盘 A-基础资料\1、程序源码\4、CubeIDE_project\18_1_ADC_Single_Channel。

23.3.2　创建和配置工程

在 STM32CubeIDE 中复制 13_TFTLCD 工程，并将工程文件名和 .ioc 文件名均修改为 18_1_ADC_Single_Channel，以进行下一步的实验操作。

1. 引脚配置

双击 18_1_ADC_Single_Channel.ioc 进入 STM32CubeMX 插件配置界面，在 Pinout & Configuration 处配置 PA1。注意，配置 PA1 复用为 ADC1_IN1。

2. 配置 ADC 参数

在 Analog→ADC1 处配置 ADC。如图 23.2 所示，有 IN0～IN15 共 16 个通道，本实验用到 ADC1 的通道 1，所以选中 IN1。对以上的 ADC 参数配置选项进行介绍。

ADCs_Common_Settings（ADC 工作模式配置）：这里配置为独立模式，是指在同一个管脚上只有一个 ADC 采集其电压信号。如果只用了一个 ADC，则配置为独立模式。

除了独立模式，还有双重模式以及三重模式等多重模式。多重模式是指双 ADC 共同工作，需要两个 ADC 同步时使用此模式。

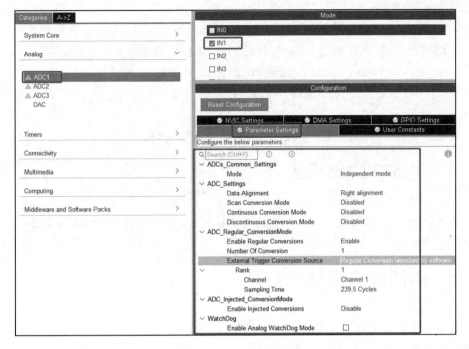

图 23.2　ADC1 模式配置

ADC_Settings（ADC 参数设置）：

➢ Data Alignment 用于配置数据对齐方式，这里选择右对齐。

➢ Scan Conversion Mode 用于配置扫描模式，有多个通道需要采集信号时必须开启扫描模式，此时 ADC 将会按设定的顺序轮流采集各通道信号；单通道转换不需要使用此功能，这里选择 Disabled。

➢ Continuous Conversion Mode 用于配置自动连续转换还是单次转换。使用 Enable 配置为使能自动连续转换；使用 Disabled 配置为单次转换，转换一次后停止需要手动控制才重新启动转换，这里选择 Disabled。

➢ Discontinuous Conversion Mode 用于配置是否使用不连续的转换模式。不连续是指，比如要转换的通道有 1、2、5、7、8、9，那么第一次触发会进行通道 1 与通道 2，下次触发就是转换通道 5 与通道 7，这样不连续地转换，依次类推。这里选择禁用不连续的转换模式 Disabled。

ADCRegular_ConversionMode（ADC 常规通道转换模式）：

➢ Enable Regular Conversions 选择 Enable，启用常规转换。

➢ Number Of Conversion 转换通道数量，此参数会影响可供设置的通道数，按实际使用的通道数来选择即可，这里是 1。

➢ External Trigger Conversion Source 外部触发转换模式配置。ADC 在接收到触发信号后才开始进行模数转换，触发源可以是定时器触发、外部中断触发等硬件触发，也可以是软件控制触发。这里选择软件触发，工程中需要添加启动

ADC 的代码。

➤ Rank 配置模拟信号采集及转换的次序,默认是 1。其中,Channel 用于选择转换的通道,这里选择通道 1;Sampling Time 采样周期选择 239.5 Cycle。

ADC_Injected_ConversionMode(ADC 注入通道转换模式)的 Enable Injected Conversions 用于配置注入通道转换模式,这里不需要使用注入通道,所以此项配为 Disable。

后面是模拟量看门狗的设置,这里不需要,不配置即可。

23.4　生成初始化代码

按下"Ctrl+S"保存配置,生成工程,可以看到在工程中多了一个 adc.c 文件。adc.c 主要用于完成 ADC1 的初始化。

23.5　添加用户驱动代码

本实验主要修改 3 个文件,分别是 adc.c、adc.h、main.c。其中,adc.h 仅声明 adc.c 中的一些功能函数,这里不过多赘述。

1. 修改 adc.c 文件

```
void MX_ADC1_Init(void)
{
  ADC_ChannelConfTypeDef sConfig = {0};
  hadc1.Instance = ADC1;
  hadc1.Init.ScanConvMode = ADC_SCAN_DISABLE;
  hadc1.Init.ContinuousConvMode = DISABLE;
  hadc1.Init.DiscontinuousConvMode = DISABLE;
  hadc1.Init.ExternalTrigConv = ADC_SOFTWARE_START;
  hadc1.Init.DataAlign = ADC_DATAALIGN_RIGHT;
  hadc1.Init.NbrOfConversion = 1;
  if (HAL_ADC_Init(&hadc1) != HAL_OK)
  {
    Error_Handler();
  }
  sConfig.Channel = ADC_CHANNEL_1;
  sConfig.Rank = ADC_REGULAR_RANK_1;
  sConfig.SamplingTime = ADC_SAMPLETIME_239CYCLES_5;
  if (HAL_ADC_ConfigChannel(&hadc1, &sConfig) != HAL_OK)
  {
    Error_Handler();
  }
  /* USER CODE BEGIN ADC1_Init 2 */
  HAL_ADCEx_Calibration_Start(&hadc1);          /* 校准 ADC */
  /* USER CODE END ADC1_Init 2 */
```

```
}
/* 省略部分代码……*/
/* USER CODE BEGIN 1 */
/**
 * @brief        设置 ADC 通道采样时间
 * @param        adcx：adc 句柄指针，ADC_HandleTypeDef
 * @param        ch   ：通道号，ADC_CHANNEL_0～ADC_CHANNEL_17
 * @param        stime：采样时间   0～7，对应关系为：
 *      @arg     ADC_SAMPLETIME_1CYCLE_5，1.5 个 ADC 时钟周期
 *               ADC_SAMPLETIME_7CYCLES_5，7.5 个 ADC 时钟周期
 *      @arg     ADC_SAMPLETIME_13CYCLES_5，13.5 个 ADC 时钟周期
 *               ADC_SAMPLETIME_28CYCLES_5，28.5 个 ADC 时钟周期
 *      @arg     ADC_SAMPLETIME_41CYCLES_5，26.5 个 ADC 时钟周期
 *               ADC_SAMPLETIME_55CYCLES_5，55.5 个 ADC 时钟周期
 *      @arg     ADC_SAMPLETIME_71CYCLES_5，71.5 个 ADC 时钟周期
 *               ADC_SAMPLETIME_239CYCLES_5，239.5 个 ADC 时钟周期
 * @param        rank：多通道采集时需要设置的采集编号
 *               假设定义 channle1 的 rank = 1，channle2 的 rank = 2
 *               那么对应在 DMA 缓存空间的变量数组 AdcDMA[0] 就是 channle1 的转换结
 *               果，AdcDMA[1] 就是通道 2 的转换结果
 *               单通道 DMA 设置为 ADC_REGULAR_RANK_1
 *      @arg     编号 1～16；ADC_REGULAR_RANK_1～ADC_REGULAR_RANK_16
 * @retval       无
 */
void adc_channel_set (ADC_HandleTypeDef * adc_handle, uint32_t ch, uint32_t rank, uint32_t
                stime)
{
    ADC_ChannelConfTypeDef adc_ch_conf;
    adc_ch_conf.Channel = ch;                                   /* 通道 */
    adc_ch_conf.Rank = rank;                                    /* 序列 */
    adc_ch_conf.SamplingTime = stime;                          /* 采样时间 */
    HAL_ADC_ConfigChannel(adc_handle, &adc_ch_conf);          /* 通道配置 */
}


/**
 * @brief        获得 ADC 转换后的结果
 * @param        ch：通道值 0～17，取值范围为 ADC_CHANNEL_0～ADC_CHANNEL_17
 * @retval       无
 */
uint32_t adc_get_result(uint32_t ch)
{
    adc_channel_set(&hadc1 , ch, ADC_REGULAR_RANK_1,
    ADC_SAMPLETIME_239CYCLES_5);                               /* 设置通道,序列和采样时间 */
    HAL_ADC_Start(&hadc1);                                     /* 开启 ADC */
    HAL_ADC_PollForConversion(&hadc1, 10);                     /* 轮询转换 */
    return (uint16_t)HAL_ADC_GetValue(&hadc1);                /* 返回最近一次 ADC1 转换结果 */
}
/**
 * @brief        获取通道 ch 的转换值,取 times 次,然后平均
 * @param        ch       ：通道号,0～17
 * @param        times    ：获取次数
```

```
 * @retval        通道 ch 的 times 次转换结果平均值
 */
uint32_t adc_get_result_average(uint32_t ch, uint8_t times)
{
    uint32_t temp_val = 0;
    uint8_t t;
    for (t = 0; t < times; t ++)        /* 获取 times 次数据 */
    {
        temp_val += adc_get_result(ch);
        delay_ms(5);
    }
    return temp_val / times;            /* 返回平均值 */
}
/* USER CODE END 1 */
```

首先在函数 MX_ADC1_Init 中初始化 ADC,在其中添加 HAL_ADCEx_Calibration_Start 函数用于校准 ADC。

接着介绍笔者自己编写的几个函数。第一个是 adc_channel_set 函数,通过调用 HAL_ADC_ConfigChannel 函数选择要配置的 ADC 规则组通道,并设置通道的序列号、采样时间。

第二个是 adc_get_result 函数,该函数先调用自定义的 adc_channel_set 函数选择 ADC 通道、设置转换序列号和采样时间等,接着调用 HAL_ADC_Start 启动转换,再调用 HAL_ADC_PollForConversion 函数等待转换完成,最后调用 HAL_ADC_GetValue 函数获取转换结果。

第三个是 adc_get_result_average 函数,用于获取 ADC 多次转换结果的平均值,从而提高准确度。

2. 修改 main.c 文件

```
int main(void)
{
    /* USER CODE BEGIN 1 */
    uint16_t adcx;
    float temp;
    /* USER CODE END 1 */
    HAL_Init();
    /* 此处省略系统时钟、延时、GPIO、FSMC、串口、初始化 */
    MX_ADC1_Init();
    /* USER CODE BEGIN 2 */
    lcd_init();                                              /* 初始化 LCD */
    lcd_show_string(30, 50, 200, 16, 16, "STM32", RED);
    lcd_show_string(30, 70, 200, 16, 16, "ADC TEST", RED);
    lcd_show_string(30, 90, 200, 16, 16, "ATOM@ALIENTEK", RED);
    lcd_show_string(30, 110, 200, 16, 16, "ADC1_CH1_VAL:", BLUE);
    lcd_show_string(30, 130, 200, 16, 16, "ADC1_CH1_VOL:0.000V", BLUE);
    /* USER CODE END 2 */
    while (1)
    {
```

```
/*获取通道 5 的转换值,10 次取平均*/
adcx = adc_get_result_average(ADC_CHANNEL_1, 10);
/*显示 ADCC 采样后的原始值*/
lcd_show_xnum(134, 110, adcx, 5, 16, 0, BLUE);
/*获取计算后的带小数的实际电压值,比如 3.1111*/
temp = (float)adcx * (3.3 / 4096);
adcx = temp;              /*赋值整数部分给 adcx 变量,因为 adcx 为 u16 整形*/
/*显示电压值的整数部分,若为 3.1111,则这里就是显示 3*/
lcd_show_xnum(134, 130, adcx, 1, 16, 0, BLUE);
temp -= adcx;       /*把已经显示的整数部分去掉,留下小数部分*/
temp *= 1000;          /*小数部分乘以 1 000,相当于保留 3 位小数。*/
/*显示小数部分(前面转换为了整形显示),这里显示的就是 111.*/
lcd_show_xnum(150, 130, temp, 3, 16, 0X80, BLUE);
LED0_TOGGLE();
delay_ms(100);
    }
}
```

此部分代码在 TFTLCD 模块上显示一些提示信息后,将每隔 100 ms 读取一次 ADC 通道 1 的转换值并显示,然后转换成模拟量。同时控制 LED0 闪烁,以提示程序正在运行。ADC 值的显示简单介绍一下:首先在液晶固定位置显示了小数点,计算出整数部分在小数点前面显示,然后计算出小数部分,在小数点后面显示,这样就能在液晶上面显示转换结果的整数和小数部分。

23.6　下载验证

下载代码后,可以看到 LCD 显示如图 23.3 所示。图中使用短路帽将 ADC 和 RV1 排针连接,使得 PA1 连接到电位器上。测试电位器的电压时,可以通过螺丝刀调节电位器电压值范围为 0～3.3 V。LED0 闪烁,提示程序运行。

也可以用杜邦线将 ADC 排针接到其他待测量的电压点,看看测量到的电压值是否准确。注意,一定要保证测试点的电压在 0～3.3 V 的电压范围,否则可能烧坏 ADC,甚至是整个主控芯片。

```
STM32
ADC TEST
ATOM@ALIENTEK
ADC1_CH1_VAL:2119
ADC1_CH1_VOL:1.707V
```

图 23.3　单通道 ADC 采集实验测试图

第 **24** 章

单通道 ADC 采集(DMA 读取)实验

本章介绍使用 STM32F103 的 DMA 进行单通道的 ADC 采集。ADC 模块还具有 DMA 传输、校准、温度传感器检测等附加功能,可满足各种应用需求,如传感器数据采集、电池电压监测等。

24.1 硬件设计

1) 例程功能

使用 ADC 采集(DMA 读取)通道 1(PA1)上面的电压,在 LCD 模块上面显示 ADC 转换值以及换算成电压后的电压值。使用杜邦线将 ADC 和 RV1 排针连接,使得 PA1 连接到电位器上,然后将 ADC 采集到的数据和转换后的电压值在 TFTLCD 屏中显示。用户可以通过调节电位器的旋钮改变电压值。LED0 闪烁,提示程序运行。

2) 硬件资源

➤ LED 灯:LED0 – PB5;

➤ 串口 1(PA9 或 PA10 连接在板载 USB 转串口芯片 CH340 上面);

➤ 正点原子 TFTLCD 模块(仅限 MCU 屏,16 位 8080 并口驱动);

➤ ADC1:通道 1 – PA1;

➤ DMA(DMA1 通道 1)。

3) 原理图

ADC 属于 STM32F103 内部资源,只需要软件设置就可以正常工作;还需要将待测量的电压源连接到 ADC 通道上,以便 ADC 测量。本实验通过 ADC1 的 PA1 来采集外部电压值,开发板有一个电位器,可调节的电压范围是 0~3.3 V。可以通过跳线帽将 PA1 与电位器连接,如图 24.1 所示。

使用短路帽将 ADC 和 RV1 排针连接好并下载程序,然后就可以用螺丝刀调节电位器变换多种电压值进行测量。

若想测试其他地方的电压值,则可以使用杜邦线,一端接到 P7 的 ADC 排针上,另外一端就接需要

图 24.1 PA1(对应 ADC 排针) 与电位器示意图

测试的电压点。注意,测试点的电压在 0～3.3 V 的电压范围。

24.2　程序设计

24.2.1　配套源码路径

本实验配置好的实验工程已经放到了配套资料中,路径为:开发板光盘 A-基础资料\1、程序源码\4,CubeIDE_project\18_2_ADC_DMA_Single_Channel。

24.2.2　创建和配置工程

在 STM32CubeIDE 中复制 18_1_ADC_Single_Channel 工程,并将工程文件名和.ioc 文件名均修改为 18_2_ADC_DMA_Single_Channel,以进行下一步的实验操作。

本实验是基于上个工程来实现的,所以 ADC 引脚无须另外配置,修改 ADC 参数以及配置 DMA 即可。

1. 配置 ADC 参数

该配置相较于第 23 章只需要修改一处,即将 Continuous Conversion Mode 设置为 Enable,表示使能自动连续转换,如图 24.2 所示。

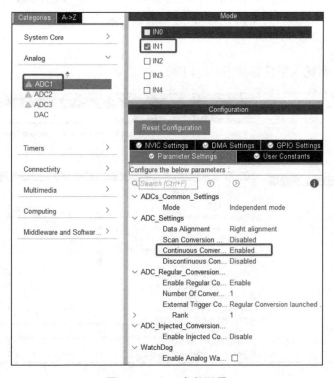

图 24.2　ADC 参数配置

2. 配置 DMA 参数

本实验要使用 DMA 将 ADC 转换后存在 ADC_DR 寄存器的数据传输到自定义的一段内存中,所以需要配置 DMA,如图 24.3 所示。

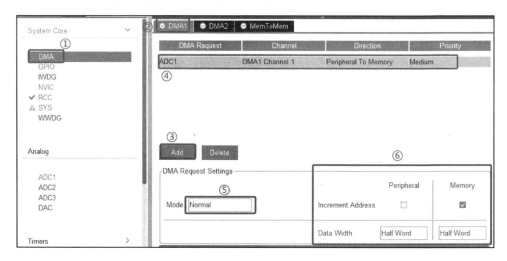

图 24.3　DMA 参数配置

选择通道为 DMA1_Channel 1,数据方向为外设到内存,速度等级为中等,DMA 请求为正常模式(Normal),选中内存递增,这里选择字宽为半字。

3. 配置 NVIC 参数

DMA 的中断优先级设置如图 24.4 所示。

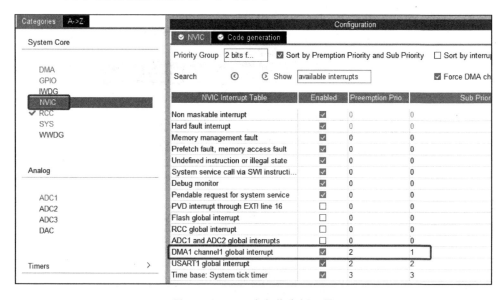

图 24.4　DMA 中断优先级配置

24.2.3　生成初始化代码

按下"Ctrl+S"保存配置,生成工程。

24.2.4　添加用户驱动代码

本实验主要讲解以下几个文件,分别是 adc.c、dma.c、main.c、stm32f1xx_it.c。

1. dma.c 文件

```
void MX_DMA_Init(void)
{
  /* DMA controller clock enable */
  __HAL_RCC_DMA1_CLK_ENABLE();
  /* DMA interrupt init */
  /* DMA1_Channel1_IRQn interrupt configuration */
  HAL_NVIC_SetPriority(DMA1_Channel1_IRQn, 2, 1);
  HAL_NVIC_EnableIRQ(DMA1_Channel1_IRQn);
}
```

DMA 的初始化函数中主要是使能 DMA1 的时钟、DMA1 通道 1 的中断以及配置中断优先级,该文件不需要改动。

2. 修改 adc.c 文件

```
void MX_ADC1_Init(void)
{
  ADC_ChannelConfTypeDef sConfig = {0};
  hadc1.Instance = ADC1;
  hadc1.Init.ScanConvMode = ADC_SCAN_DISABLE;
  hadc1.Init.ContinuousConvMode = ENABLE;
  hadc1.Init.DiscontinuousConvMode = DISABLE;
  hadc1.Init.ExternalTrigConv = ADC_SOFTWARE_START;
  hadc1.Init.DataAlign = ADC_DATAALIGN_RIGHT;
  hadc1.Init.NbrOfConversion = 1;
  if (HAL_ADC_Init(&hadc1) != HAL_OK)
  {
    Error_Handler();
  }
  sConfig.Channel = ADC_CHANNEL_1;
  sConfig.Rank = ADC_REGULAR_RANK_1;
  sConfig.SamplingTime = ADC_SAMPLETIME_239CYCLES_5;
  if (HAL_ADC_ConfigChannel(&hadc1, &sConfig) != HAL_OK)
  {
    Error_Handler();
  }
  /* USER CODE BEGIN ADC1_Init 2 */
  HAL_ADCEx_Calibration_Start(&hadc1);              /* 校准 ADC */
  /* USER CODE END ADC1_Init 2 */
}
/* 省略部分代码…… */
```

```
/* USER CODE BEGIN 1 */
/**
 * @brief        使能一次 ADC DMA 传输
 *    @note       该函数用寄存器操作,防止用 HAL 库操作对其他参数有修改,也为了兼容性
 * @param        ndtr: DMA 传输的次数
 * @retval       无
 */
void adc_dma_enable(uint16_t cndtr)
{
    ADC1 ->CR2 & = ~(1 << 0);                    /* 先关闭 ADC */
    DMA1_Channel1 ->CCR & = ~(1 << 0);           /* 关闭 DMA 传输 */
    while (DMA1_Channel1 ->CCR & (1 << 0));      /* 确保 DMA 可以被设置 */
    DMA1_Channel1 ->CNDTR = cndtr;               /* DMA 传输数据量 */
    DMA1_Channel1 ->CCR|= 1 << 0;                /* 开启 DMA 传输 */
    ADC1 ->CR2|= 1 << 0;                         /* 重新启动 ADC */
    ADC1 ->CR2|= 1 << 22;                        /* 启动规则转换通道 */
}
/* USER CODE END 1 */
```

首先,在函数 MX_ADC1_Init 中初始化 ADC 以及 DMA 的一些参数,参数配置前面已经介绍过,其中添加了 HAL_ADCEx_Calibration_Start 函数用于校准 ADC。

接着是函数 adc_dma_enable,该函数使用寄存器来操作,防止用 HAL 库相关宏操作会对其他参数进行修改,也为了兼容后面的实验。HAL_DMA_Start_IT 函数已经配置好了 DMA 传输的源地址和目标地址,本函数只需要调用"ADC_ADCX_DMACx →CNDTR＝cndtrp;"语句给 DMA_CNDTRx 寄存器写入要传输的数据量,启动 DMA 就可以传输了。

3. 修改 stm32f1xx_it.c 文件

```
void DMA1_Channel1_IRQHandler(void)
{
    /* USER CODE BEGIN DMA1_Channel1_IRQn 0 */
    if (ADC_ADCX_DMACx_IS_TC())
    {
        g_adc_dma_sta = 1;                       /* 标记 DMA 传输完成 */
        ADC_ADCX_DMACx_CLR_TC();                 /* 清除 DMA1 数据流 7 传输完成中断 */
    }
    HAL_DMA_IRQHandler(&hdma_adc1);
    /* USER CODE END DMA1_Channel1_IRQn 1 */
}
```

DMA 的采集中断中添加了以上代码。该函数判断 DMA 传输完成标志位是否是 1,是 1 就给 g_adc_dma_sta 变量赋值为 1,标记 DMA 传输完成,最后清除 DMA 的传输完成标志位。

4. 修改 main.c 文件

```
/* USER CODE BEGIN PFP */
# define ADC_DMA_BUF_SIZE            100         /* ADC DMA 采集 BUF 大小 */
```

```
uint16_t g_adc_dma_buf[ADC_DMA_BUF_SIZE];        /* ADC DMA BUF */
extern uint8_t g_adc_dma_sta;                    /* DMA 状态标志,0,未完成;1,已完成 */
/* USER CODE END PFP */
int main(void)
{
  /* USER CODE BEGIN 1 */
    uint16_t i;
    uinl16_t adcx;
    uint32_t sum;
    float temp;
  /* USER CODE END 1 */
  HAL_Init();
  /* 此处省略系统时钟、延时、GPIO、DMA、FSMC、串口初始化 */
  MX_ADC1_Init();
  /* USER CODE BEGIN 2 */
  /* 启动 DMA,并开启中断 */
  HAL_DMA_Start_IT(&hdma_adc1, (uint32_t)&ADC1->DR, (uint32_t)&g_adc_dma_buf,0);
  /* 开启 ADC,通过 DMA 传输结果 */
  HAL_ADC_Start_DMA(&hadc1, (uint32_t *)&g_adc_dma_buf, 0);
  lcd_init();                                  /* 初始化 LCD */
  lcd_show_string(30,  50, 200, 16, 16, "STM32", RED);
  lcd_show_string(30,  70, 200, 16, 16, "ADC DMA TEST", RED);
  lcd_show_string(30,  90, 200, 16, 16, "ATOM@ALIENTEK", RED);
  lcd_show_string(30, 110, 200, 16, 16, "ADC1_CH1_VAL:", BLUE);
  lcd_show_string(30, 130, 200, 16, 16, "ADC1_CH1_VOL:0.000V", BLUE);
  adc_dma_enable(ADC_DMA_BUF_SIZE);            /* 启动 ADC DMA 采集 */
  /* USER CODE END 2 */
  while (1)
  {
      if (g_adc_dma_sta == 1)
      {
          /* 计算 DMA 采集到的 ADC 数据的平均值 */
          sum = 0;
          for (i = 0; i < ADC_DMA_BUF_SIZE; i++)   /* 累加 */
          {
              sum += g_adc_dma_buf[i];
          }
          adcx = sum / ADC_DMA_BUF_SIZE;              /* 取平均值 */
          /* 显示结果 */
          lcd_show_xnum(134, 110, adcx, 4, 16, 0, BLUE);
          temp = (float)adcx * (3.3/4096); /* 获取计算后的带小数的实际电压值 */
          adcx = temp;            /* 赋值整数部分给 adcx 变量,因为 adcx 为 u16 整形 */
          lcd_show_xnum(134, 130, adcx, 1, 16, 0, BLUE);
          temp -= adcx;            /* 把已经显示的整数部分去掉,留下小数部分 */
          temp *= 1000;            /* 小数部分乘以 1000 */
          lcd_show_xnum(150, 130, temp, 3, 16, 0X80, BLUE);
          g_adc_dma_sta = 0;          /* 清除 DMA 采集完成状态标志 */
          adc_dma_enable(ADC_DMA_BUF_SIZE);          /* 启动下一次 ADC DMA 采集 */
      }
      LED0_TOGGLE();
      delay_ms(100);
```

```
    }
  }
```

此部分代码和单通道 ADC 采集实验相似,只是这里使能了 DMA 传输数据,DMA 传输的数据存放在 g_adc_dma_buf 数组里,这里对数组的数据取平均值,从而减少误差。LCD 屏显示结果的处理和单通道 ADC 采集实验一样,首先在液晶固定位置显示了小数点,先计算出整数部分在小数点前面显示,然后计算出小数部分显示在小数点后面,这样就能在液晶上面显示转换结果的整数和小数部分。

24.3　下载验证

完成编译和烧录操作后,可以看到 LCD 显示如图 24.5 所示。在精英开发板上使用短路帽将 P7 的 ADC 和 RV1 连接,使得 PA1 连接到电位器上。测试电位器的电压时可以通过螺丝刀调节电位器改变电压值,范围为 0～3.3 V。LED0 闪烁,提示程序运行。也可以用杜邦线将 ADC 排针接到其他待测量的电压点,看看测量到的电压值是否准确。

```
STM32
ADC DMA TEST
ATOM@ALIENTEK
ADC1_CH1_VAL:3692
ADC1_CH1_VOL:2.947V
```

图 24.5　单通道 ADC 采集
(DMA 读取)实验测试图

第25章

光敏传感器实验

本章介绍 STM32 开发板板载的光敏传感器的使用。通过 ADC 采集电压来获取光敏传感器的电阻变化,从而得出环境光线的变化,并在 TFTLCD 上面显示出来。

25.1 光敏传感器简介

光敏传感器是一种能够感知光线强度或光线变化的传感器,利用光敏材料的电学特性来实现对光的检测和测量。光敏传感器通常包括光敏电阻(光电阻)和光电二极管等元件,其电阻或电压会随着光照强度的变化而变化。根据应用需求,光敏传感器可以用于测量环境光强度、检测物体的接近或远离、实现光控开关等。由于简单、灵敏和低成本的特点,光敏传感器在许多领域(如照明、安防、工业自动化等)都有广泛的应用。

25.2 硬件设计

1)例程功能

通过 ADC3 的通道 6(PF8)读取光敏传感器(LS1)的电压值,并转换为 0～100 的光线强度值,显示在 LCD 模块上面。光线越亮,值越大;光线越暗,值越小。可以用手指遮挡 LS1 和用手电筒照射 LS1 来查看光强变化。LED0 闪烁用于提示程序正在运行。

2)硬件资源

➤ LED 灯:LED0 - PB5;

➤ 串口 1(PA9 或 PA10 连接在板载 USB 转串口芯片 CH340 上面);

➤ 正点原子 TFTLCD 模块(仅限 MCU 屏,16 位 8080 并口驱动);

➤ ADC3:通道 6 - PF8;

➤ 光敏传感器。

3)原理图

光敏传感器和开发板的连接如图 25.1 所示。图中,LS1 是光敏二极管,外观与贴片 LED 类似(位于 OLED 插座旁边),R34 为其提供反向电压。当环境光线变化时,LS1 两端的电压也随之改变,通过 ADC3_IN6 通道读取 LIGHT_SENSOR(PF8)上面的电压即可得到环境光线的强弱。光线越强,电压越低;光线越暗,电压越高。

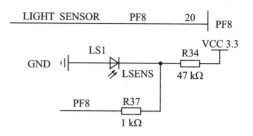

图 25.1 光敏传感器与开发板连接示意图

25.3 程序设计

25.3.1 配套源码路径

本实验配置好的实验工程已经放到了配套资料中,路径为:开发板光盘 A-基础资料\1、程序源码\4,CubeIDE_project\20_LSENS。

25.3.2 创建和配置工程

在 STM32CubeIDE 中复制 13_TFTLCD 工程,并将工程文件名和.ioc 文件名均修改为 20_LSENS,以进行下一步的实验操作。

1. 配置 ADC3 的通道

本实验使用 ADC3 的通道 6,配置如图 25.2 所示。

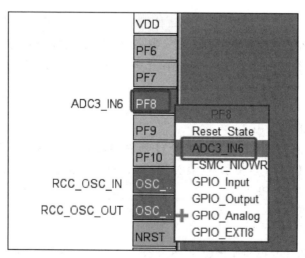

图 25.2 ADC3 通道 I/O 配置

2. 配置 ADC3 的参数

在 Analog→ADC3 处配置 ADC。本实验用到 ADC3 的通道 6，所以选中 IN6，如图 25.3 所示。

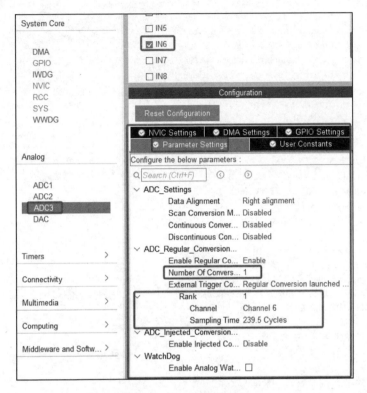

图 25.3　ADC3 参数配置

注意，这里只使用单个通道，所以 Scan Conversion Mode 配置为 Disabled，并且 Number Of Conversion 转换通道数量配置为 1，在配置过程中需要选择 Channel 6。

25.3.3　生成初始化工程

按下"Ctrl+S"保存配置，生成工程，可以看到在工程中多了一个 adc.c 文件。adc.c 主要用于完成 ADC3 的初始化。

25.3.4　添加用户驱动代码

在 Drivers/BSP 文件夹中新建 LSENS 文件夹，然后在该文件夹下新建两个文件，分别是 lsens.c 和 lsens.h 文件。

本实验主要修改 5 个文件，分别是 adc.c、adc.h、lsens.c、lsens.h 和 main.c，其中，adc.h 仅声明 adc.c 中的一些功能函数，lsens.h 仅声明 lsens.c 中的一些功能函数，这里不过多赘述此文件。

1. 修改 adc.c 文件

```
void MX_ADC3_Init(void)
{
  ADC_ChannelConfTypeDef sConfig = {0};
  hadc3.Instance = ADC3;
  hadc3.Init.ScanConvMode = ADC_SCAN_DISABLE;
  hadc3.Init.ContinuousConvMode = DISABLE;
  hadc3.Init.DiscontinuousConvMode = DISABLE;
  hadc3.Init.ExternalTrigConv = ADC_SOFTWARE_START;
  hadc3.Init.DataAlign = ADC_DATAALIGN_RIGHT;
  hadc3.Init.NbrOfConversion = 1;
  if (HAL_ADC_Init(&hadc3) != HAL_OK)
  {
    Error_Handler();
  }
  sConfig.Channel = ADC_CHANNEL_6;
  sConfig.Rank = ADC_REGULAR_RANK_1;
  sConfig.SamplingTime = ADC_SAMPLETIME_239CYCLES_5;
  if (HAL_ADC_ConfigChannel(&hadc3, &sConfig) != HAL_OK)
  {
    Error_Handler();
  }
  /* USER CODE BEGIN ADC3_Init 2 */
  HAL_ADCEx_Calibration_Start(&hadc3);                    /* 校准 ADC */
  /* USER CODE END ADC3_Init 2 */
}
/* 省略部分代码…… */
/* USER CODE BEGIN 1 */
/**
 * @brief      设置 ADC 通道采样时间
 * @param      adcx: adc 句柄指针,ADC_HandleTypeDef
 * @param      ch  : 通道号, ADC_CHANNEL_0～ADC_CHANNEL_17
 * @param      stime: 采样时间  0～7, 对应关系为:
 *    @arg      ADC_SAMPLETIME_1CYCLE_5, 1.5 个 ADC 时钟周期
 *              ADC_SAMPLETIME_7CYCLES_5, 7.5 个 ADC 时钟周期
 *    @arg      ADC_SAMPLETIME_13CYCLES_5, 13.5 个 ADC 时钟周期
 *              ADC_SAMPLETIME_28CYCLES_5, 28.5 个 ADC 时钟周期
 *    @arg      ADC_SAMPLETIME_41CYCLES_5, 41.5 个 ADC 时钟周期
 *              ADC_SAMPLETIME_55CYCLES_5, 55.5 个 ADC 时钟周期
 *    @arg      ADC_SAMPLETIME_71CYCLES_5, 71.5 个 ADC 时钟周期
 *              ADC_SAMPLETIME_239CYCLES_5, 239.5 个 ADC 时钟周期
 * @param      rank: 多通道采集时需要设置的采集编号
 *              假设定义 channle1 的 rank = 1.channle2 的 rank = 2
 *              那么对应 DMA 缓存空间的变量数组 AdcDMA[0] 就是 channle1 的转换结果
 *              AdcDMA[1] 就是通道 2 的转换结果
 *              单通道 DMA 设置为 ADC_REGULAR_RANK_1
 *    @arg      编号 1～16: ADC_REGULAR_RANK_1～ADC_REGULAR_RANK_16
 * @retval     无
 */
void adc3_channel_set (ADC_HandleTypeDef * adc_handle, uint32_t ch, uint32_t rank,
                    uint32_t stime)
```

```
{
    ADC_ChannelConfTypeDef adc_ch_conf;
    adc_ch_conf.Channel = ch;                              /* 通道 */
    adc_ch_conf.Rank = rank;                               /* 序列 */
    adc_ch_conf.SamplingTime = stime;                      /* 采样时间 */
    HAL_ADC_ConfigChannel(adc_handle, &adc_ch_conf);       /* 通道配置 */
}
/**
 * @brief      获得 ADC 转换后的结果
 * @param      ch：通道值 0~17，取值范围为 ADC_CHANNEL_0~ADC_CHANNEL_17
 * @retval     无
 */
uint32_t adc3_get_result(uint32_t ch)
{
    adc3_channel_set(&hadc3 , ch, ADC_REGULAR_RANK_1,
    ADC_SAMPLETIME_239CYCLES_5);                   /* 设置通道,序列和采样时间 */
    HAL_ADC_Start(&hadc3);                         /* 开启 ADC */
    HAL_ADC_PollForConversion(&hadc3, 10);         /* 轮询转换 */
    return (uint16_t)HAL_ADC_GetValue(&hadc3);     /* 返回 ADC3 规则组的转换结果 */
}
/**
 * @brief      获取通道 ch 的转换值,取 times 次,然后平均
 * @param      ch        : 通道号, 0~17
 * @param      times     : 获取次数
 * @retval     通道 ch 的 times 次转换结果平均值
 */
uint32_t adc3_get_result_average(uint32_t ch, uint8_t times)
{
    uint32_t temp_val = 0;
    uint8_t t;
    for (t = 0; t < times; t++)          /* 获取 times 次数据 */
    {
        temp_val += adc3_get_result(ch);
        delay_ms(5);
    }
    return temp_val / times;             /* 返回平均值 */
}
/* USER CODE END 1 */
```

adc.c 文件的代码和单通道 ADC 采集实验的 adc.c\h 文件的代码几乎一样,这里就不再赘述了。

2. 添加 lsens.c 文件

```
# include "adc.h"
# include "lsens.h"
/**
 * @brief      读取光敏传感器值
 * @param      无
 * @retval     0~100:0,最暗;100,最亮
 */
uint8_t lsens_get_val(void)
```

```
{
    uint32_t temp_val = 0;
    temp_val = adc3_get_result_average(LSENS_ADC3_CHX, 10);    /* 读取平均值 */
    temp_val /= 40;
    if (temp_val > 100)temp_val = 100;
    return (uint8_t)(100 - temp_val);
}
```

lsens_get_val 函数用于获取当前光照强度,其通过调用 adc3_get_result_average 函数得到通道 6 转换的电压值,简单量化后处理成 0～100 的光强值。其中,0 对应最暗,100 对应最亮。

3. 修改 main. c 文件

```
int main(void)
{
  /* USER CODE BEGIN 1 */
    short adcx;
  /* USER CODE END 1 */
  HAL_Init();
  /* 此处省略系统时钟、延时、GPIO、FSMC、串口、ADC3 初始化 */
  /* USER CODE BEGIN 2 */
  lcd_init();                                           /* 初始化 LCD */
  lcd_show_string(30,  50, 200, 16, 16, "STM32", RED);
  lcd_show_string(30,  70, 200, 16, 16, "LSENS TEST", RED);
  lcd_show_string(30,  90, 200, 16, 16, "ATOM@ALIENTEK", RED);
  lcd_show_string(30, 110, 200, 16, 16, "LSENS_VAL:", BLUE);
  /* USER CODE END 2 */
  while (1)
  {
      adcx = lsens_get_val();
      lcd_show_xnum(30 + 10 * 8, 110, adcx, 3, 16, 0, BLUE); /* 显示 ADC 的值 */
      LED0_TOGGLE();                                         /* LED0 闪烁,提示程序运行 */
      delay_ms(250);
  }
}
```

该部分的代码逻辑很简单,初始化各个外设之后进入死循环,通过 lsens_get_val 获取光敏传感器得到的光强值(0～100),并显示在 TFTLCD 上面。

25.4   下载验证

将程序下载到开发板后,可以看到 LED0 不停地闪烁,提示程序已经在运行了。LCD 显示的内容如图 25.4 所示。

可以通过给 LS1 不同的光照强度来观察 LSENS_VAL 值的变化,光照越强,该值越大;光照越弱,该值越小。LSENS_VAL 值的范围是 0～100。

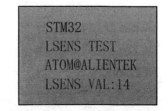

图 25.4   光敏传感器实验测试图

第 26 章

DAC 输出实验

本章介绍使用 STM32F103 的 DAC 输出指定的电压值。

26.1 DAC 简介

STM32F103 的 DAC 模块(数字/模拟转换模块)是 12 位数字输入、电压输出型的 DAC,可以配置为 8 位或 12 位模式,也可以与 DMA 控制器配合使用。DAC 工作在 12 位模式时,数据可以设置成左对齐或右对齐。DAC 模块有两个输出通道,每个通道都有单独的转换器。在双 DAC 模式下,两个通道可以独立转换,也可以同时转换并同步更新两个通道的输出。DAC 可以通过引脚输入参考电压 V_{ref+} (同 ADC 共用)来获得更精确的转换结果。

STM32 的 DAC 模块主要特点有:
➢ 两个 DAC 转换器,每个转换器对应一个输出通道;
➢ 8 位或者 12 位单调输出;
➢ 12 位模式下数据左对齐或者右对齐;
➢ 同步更新功能;
➢ 噪声或三角波形生成;
➢ 双 DAC 双通道同时或者分别转换;
➢ 每个通道都有 DMA 功能。

26.2 硬件设计

1)例程功能

使用 KEY1 及 KEY_UP 两个按键控制 STM32 内部 DAC 的通道 1 输出电压,然后通过 ADC3 的通道 1 采集 DAC 输出的电压,并在 LCD 模块上面显示采集到的电压值以及 DAC 设定的输出电压值等信息。也可以通过 USMART 调用 dac_set_voltage 函数来直接设置 DAC 输出电压。LED0 闪烁,提示程序运行。

2)硬件资源
➢ LED 灯:LED0 - PB5;
➢ 串口 1(PA9 或 PA10 连接在板载 USB 转串口芯片 CH340 上面);

> 正点原子 TFTLCD 模块(仅限 MCU 屏,16 位 8080 并口驱动);
> 独立按键:KEY1 - PE3、WK_UP - PA0;
> ADC3:通道 1 - PA1;
> DAC1:通道 1 - PA4。

3)原理图

原理图上 ADC3 通道 1(PA1)和 DAC1 通道 1(PA4)引出来的引脚如图 26.1 所示。只需要通过杜邦线连接 ADC 和 DAC 就可以使 ADC3 通道 1(PA1)和 DAC1 通道 1(PA4)连接起来,对应的硬件连接如图 26.2 所示。

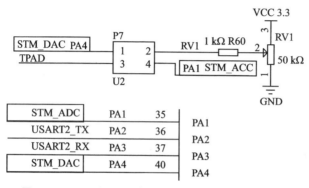

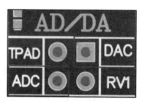

图 26.1　ADC 和 DAC 在开发板上的连接关系原理图　　图 26.2　硬件连接示意图

26.3　程序设计

26.3.1　配套源码路径

本实验配置好的实验工程已经放到了配套资料中,路径为:开发板光盘 A-基础资料\1、程序源码\4,CubeIDE_project\21_1_DAC_Output。

26.3.2　创建和配置工程

在 STM32CubeIDE 中复制 13_TFTLCD 工程,并将工程文件名和.ioc 文件名均修改为 21_1_DAC_Output,进行下一步的实验操作。

1. 配置 ADC3 的通道以及参数

双击 21_1_DAC_Output.ioc 文件进入配置界面,先配置 ADC3 通道的引脚,本实验使用 ADC3 的通道 1,如图 26.3 所示。ADC3 的参数配置如图 26.4 所示。

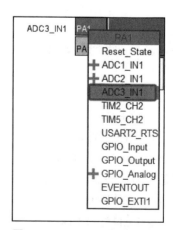

图 26.3　ADC3 通道 I/O 配置

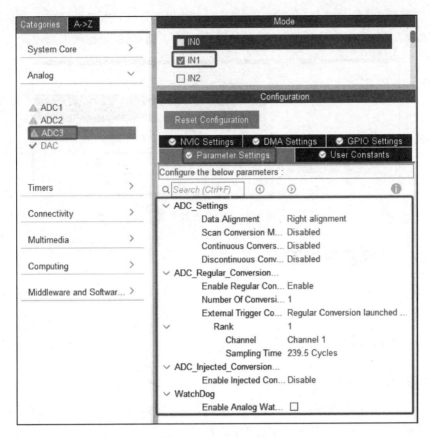

图 26.4　ADC3 参数配置

2. 配置 DAC 的通道以及参数

本实验用到了 DAC 的输出通道 1,所以如图 26.5 进行配置。

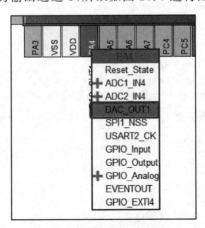

图 26.5　DAC 通道配置

接着配置 DAC 的参数,如图 26.6 所示。其中,Output Buffer 配置不使能;Trigger 配置触发源,可以配置软件触发、硬件触发以及不触发,此处配置不触发。

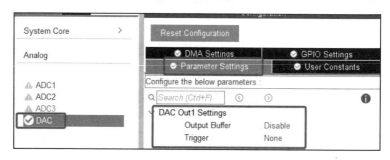

图 26.6　DAC 参数配置

26.3.3　生成初始化工程

按下"Ctrl+S"保存配置,生成工程,可以看到在工程中多了一个 adc. c、dac. c 文件。adc. c 主要用于完成 ADC3 的初始化,dac. c 主要用于完成 DAC 通道 1 的初始化。

26.3.4　添加用户驱动代码

1. 修改 dac. c 文件

ADC 的初始化代码在前面章节的实验已经介绍过,这里就不再介绍了。DAC 的初始化代码在 dac. c 文件及其头文件中,如下:

```
void MX_DAC_Init(void)
{
  DAC_ChannelConfTypeDef sConfig = {0};
  hdac. Instance = DAC;
  if (HAL_DAC_Init(&hdac) ! = HAL_OK)
  {
    Error_Handler();
  }
  sConfig. DAC_Trigger = DAC_TRIGGER_NONE;
  sConfig. DAC_OutputBuffer = DAC_OUTPUTBUFFER_DISABLE;
  if (HAL_DAC_ConfigChannel(&hdac, &sConfig, DAC_CHANNEL_1) ! = HAL_OK)
  {
    Error_Handler();
  }
}
/ * 省略部分代码…… * /
/ * USER CODE BEGIN 1 * /
/**
 * @brief       设置通道 1/2 输出电压
 * @param       outx:1,通道 1; 2,通道 2
 * @param       vol:0~3300,代表 0~3.3 V
 * @retval      无
```

```
    * /
void dac_set_voltage(uint8_t outx, uint16_t vol)
{
    double temp = vol;
    temp / = 1000;
    temp = temp * 4096 / 3.3;
    if (temp >= 4096)temp = 4095;      /* 如果值大于等于 4 096，则取 4 095 */
    if (outx == 1)    /* 通道 1 */
    {
        /* 12 位右对齐数据格式设置 DAC 值 */
        HAL_DAC_SetValue(&hdac, DAC_CHANNEL_1, DAC_ALIGN_12B_R, temp);
    }
    else                  /* 通道 2 */
    {
        /* 12 位右对齐数据格式设置 DAC 值 */
        HAL_DAC_SetValue(&hdac, DAC_CHANNEL_2, DAC_ALIGN_12B_R, temp);
    }
}
/* USER CODE END 1 */
```

MX_DAC_Init 函数用于初始化 DAC，参数配置在前面已经讲过，不再赘述。dac_set_voltage 函数将电压值转换为 DAC 输入值，形参 1 用于设置通道，形参 2 用于设置要输出的电压值，设置的范围为 0～3 300，代表 0～3.3 V。

2. 修改 main. c 文件

```
int main(void)
{
    /* USER CODE BEGIN 1 */
    uint16_t adcx;
    float temp;
    uint8_t t = 0;
    uint16_t dacval = 0;
    uint8_t key;
    /* USER CODE END 1 */
    HAL_Init();
    /* 系统时钟初始化 */
    SystemClock_Config();
    /* 延时初始化 */
    delay_init(72);
    /* GPIO 初始化 */
    MX_GPIO_Init();
    /* FSMC 初始化 */
    MX_FSMC_Init();
    /* 串口初始化 */
    MX_USART1_UART_Init();
    /* ADC3 初始化 */
    MX_ADC3_Init();
    /* DAC 初始化 */
    MX_DAC_Init();
    /* USER CODE BEGIN 2 */
```

```
        lcd_init();                                    /* 初始化 LCD */
        HAL_DAC_Start(&hdac,DAC_CHANNEL_1);            /* 开启 DAC 通道 1 */
        lcd_show_string(30,  50, 200, 16, 16, "STM32F103", RED);
        lcd_show_string(30,  70, 200, 16, 16, "DAC TEST", RED);
        lcd_show_string(30,  90, 200, 16, 16, "ATOM@ALIENTEK", RED);
        lcd_show_string(30, 110, 200, 16, 16, "WK_UP:+   KEY1:-", RED);
        lcd_show_string(30, 130, 200, 16, 16, "DAC VAL:", BLUE);
        lcd_show_string(30, 150, 200, 16, 16, "DAC VOL:0.000V", BLUE);
        lcd_show_string(30, 170, 200, 16, 16, "ADC VOL:0.000V", BLUE);
    /* USER CODE END 2 */
    while (1)
    {
        t ++ ;
        key = key_scan(0);              /* 按键扫描 */
        if (key == WKUP_PRES)
        {
            if (dacval < 4000)dacval += 200;
            /* 输出增大 200 */
            HAL_DAC_SetValue(&hdac, DAC_CHANNEL_1, DAC_ALIGN_12B_R, dacval);
        }
        else if (key == KEY1_PRES)
        {
            if (dacval > 200)dacval -= 200;
            else dacval = 0;
            /* 输出减少 200 */
            HAL_DAC_SetValue(&hdac, DAC_CHANNEL_1, DAC_ALIGN_12B_R, dacval);
        }
        /* WKUP/KEY1 按下了，或者定时时间到了 */
        if (t == 10 || key == KEY1_PRES || key == WKUP_PRES)
        {
            /* 读取前面设置 DAC1_OUT1 的值 */
            adcx = HAL_DAC_GetValue(&hdac, DAC_CHANNEL_1);
            lcd_show_xnum(94, 130, adcx, 4, 16, 0, BLUE);      /* 显示 DAC 寄存器值 */
            temp = (float)adcx * (3.3 / 4096);                /* 得到 DAC 电压值 */
            adcx = temp;
            lcd_show_xnum(94, 150, temp, 1, 16, 0, BLUE);      /* 显示电压值整数部分 */
            temp -= adcx;
            temp *= 1000;
            /* 显示电压值的小数部分 */
            lcd_show_xnum(110, 150, temp, 3, 16, 0X80, BLUE);
            /* 得到 ADC3 通道 1 的转换结果 */
            adcx = adc3_get_result_average(ADC_CHANNEL_1, 20);
            temp = (float)adcx * (3.3 / 4096);
            adcx = temp;
            lcd_show_xnum(94, 170, temp, 1, 16, 0, BLUE);      /* 显示电压值整数部分 */
            temp -= adcx;
            temp *= 1000;
            lcd_show_xnum(110, 170, temp, 3, 16, 0X80, BLUE);
            LED0_TOGGLE();   /* LED0 闪烁 */
            t = 0;
        }
```

```
        delay_ms(10);
    }
}
```

此部分代码通过 KEY_UP(WKUP 按键)和 KEY1(也就是上下键)来实现对 DAC 输出的幅值控制,按下 KEY_UP 增加,按 KEY1 减小。同时,在 LCD 上面显示 DHR12R1 寄存器的值、DAC 设置输出电压以及 ADC 采集到的 DAC 输出电压。

26.4　下载验证

在完成编译和烧录操作后,可以看到 LED0 不停地闪烁,提示程序已经在运行了。LCD 显示如图 26.7 所示。

验证实验前须先通过跳线帽连接 ADC 和 DAC 排针,然后可以通过按 WK_UP 按键增加 DAC 输出的电压,这时 ADC 采集到的电压也会增大;通过按 KEY1 减小 DAC 输出的电压,这时 ADC 采集到的电压也会减小。

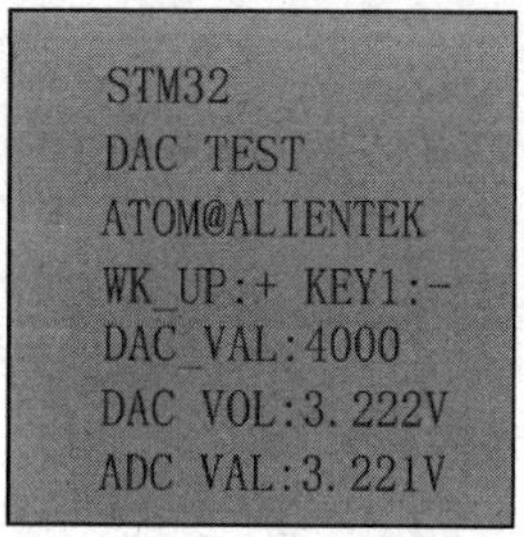

```
STM32
DAC  TEST
ATOM@ALIENTEK
WK_UP:+ KEY1:-
DAC_VAL:4000
DAC VOL:3.222V
ADC VAL:3.221V
```

图 26.7　DAC 输出实验测试图

第 **27** 章

I²C 实验

本章将介绍使用 STM32F103 驱动板载的 EEPROM 进行读/写操作。由于 STM32F1 的硬件 I²C 有 BUG(为了绕开飞利浦的专利),所以本章将使用软件 I²C 来驱动 EEPROM。通过本章的学习,读者将学习到使用 GPIO 模拟 I²C 时序以及 EEPROM 的驱动。

27.1　I²C 总线时序

STM32F1 系列微控制器内置了 I²C(Inter-Integrated Circuit)控制器模块,用于实现 I²C 总线的通信功能。这些 I²C 控制器可以与外部设备进行通信,如传感器、存储器、外围设备等,通过串行数据线(SDA)和串行时钟线(SCL)来进行数据传输。

1. 写时序

I²C 的写操作通信过程图如图 27.1 所示。

图 27.1　写操作通信过程图

对于 I²C 来说,从机不能主动发送数据,开始条件都由主机生成。主机首先在 I²C 总线上发送起始信号,这时总线上的从机都会等待接收由主机发出的数据。主机接着发送从机地址 +0(写操作位)组成的 8 bit 数据,所有从机接收到该 8 bit 数据后,自行检验是否是自己的设备地址;假如是自己的设备地址,那么对应设备地址的从机就会发出应答信号。主机在总线上接收到有应答信号后,才能继续向从机发送数据,数据包的大小为 8 位。主机每发送完一个字节数据都要等待从机的应答信号。当主机向从机发送一个停止信号时,数据传输结束。注意,I²C 总线上传送的数据信号是广义的,既包括地址信号,又包括真正的数据信号。

2. 读时序

I²C 的写操作通信过程图如图 27.2 所示。

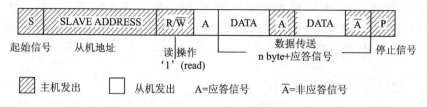

起始信号　　从机地址　　　读操作　　　　　　数据传送　　　　停止信号
　　　　　　　　　　　　　　'1' (read)　　　　n byte+应答信号

主机发出　　从机发出　A=应答信号　Ā=非应答信号

图 27.2　读操作通信过程图

　　主机向从机读取数据的操作,一开始的操作与写操作相似,都是由主机发出起始信号,接着发送从机地址＋1(读操作位)组成的 8 bit 数据。从机接收到数据先验证是否是自身的地址,是自己的设备地址则对应设备地址的从机就发出应答信号,并向主机返回 8 bit 数据,发送完之后从机就会等待主机的应答信号。假如主机一直返回应答信号,那么从机可以一直发送数据,也就是图 27.2 中的(n byte＋应答信号)情况,直到主机发出非应答信号,从机才会停止发送数据。当主机发出非应答信号后,紧接着主机会发出停止信号,停止 I²C 通信。

27.2　硬件设计

1) 例程功能

　　每次按下 KEY1,MCU 通过 I²C 总线向 24C02 写入数据,按下 KEY0 来控制 24C02 读取数据。同时在 LCD 上面显示相关信息。LED0 闪烁用于提示程序正在运行。

2) 硬件资源

➤ LED 灯:LED0 – PB5;

➤ 独立按键:KEY0 – PE4、KEY1 – PE3;

➤ EEPROM AT24C02;

➤ 正点原子 TFTLCD 模块(仅限 MCU 屏,16 位 8080 并口驱动);

➤ 串口 1(PA9 或 PA10 连接在板载 USB 转串口芯片 CH340 上面)(USMART 使用)。

3) 原理图

24C02 和开发板的连接如图 27.3 所示。

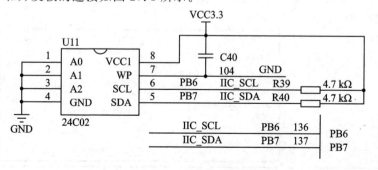

图 27.3　24C02 与开发板连接示意图

24C02 的 SCL、SDA 分别连接在 STM32 的 PB6、PB7 上。本实验通过软件模拟 I^2C 信号来建立与 24C02 的通信,从而进行数据发送与接收;使用按键 KEY0 和 KEY1 去触发,LCD 屏幕进行显示。

27.3　程序设计

27.3.1　配套源码路径

本实验配置好的实验工程已经放到了配套资料中,路径为:开发板光盘 A-基础资料\1、程序源码\4,CubeIDE_project\22_IIC。

27.3.2　创建和配置工程

在 STM32CubeIDE 中复制 13_TFTLCD 工程,并将工程文件名和.ioc 文件名均修改为 22_IIC,以进行下一步的实验操作。

1. GPIO 配置

双击 22_IIC.ioc 进入 STM32CubeMX 插件配置界面后,在 Pinout & Configuration 处配置模拟 I^2C 要用的两个 I/O 口(PB6 和 PB7)均为 GPIO_Output。将 PB6、PB7 配置为推挽输出、上拉、高速模式,User Label 分别配置为 IIC_SCL、IIC_SDA,如图 27.4 所示。

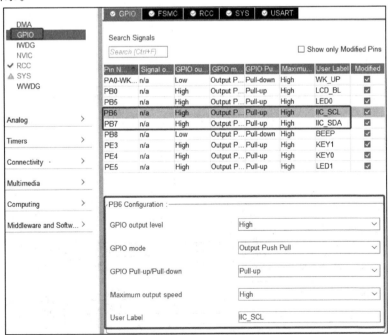

图 27.4　配置 GPIO 引脚模式

27.3.3　添加用户驱动代码

按下"Ctrl+S"保存配置,生成工程。在 Drivers/BSP 文件夹中新建 IIC 和 24CXX 文件夹,然后在 IIC 文件夹下新建两个文件,分别是 myiic.c 和 myiic.h;在 24CXX 文件夹下新建两个文件,分别是 24cxx.c 和 24cxx.h。

下面先在 myiic.h 中添加 GPIO 口模拟 I²C 的驱动代码。

1. myiic.h 文件代码

```
#ifndef __MYIIC_H
#define __MYIIC_H
#include "../../SYSTEM/sys/sys.h"
/******************************************************************/
/* I/O 操作 */
#define IIC_SCL(x)          do{ x ? \
                                HAL_GPIO_WritePin(IIC_SCL_GPIO_Port,
                                IIC_SCL_Pin, GPIO_PIN_SET) : \
                                HAL_GPIO_WritePin(IIC_SCL_GPIO_Port,
                                IIC_SCL_Pin, GPIO_PIN_RESET); \
                            }while(0)       /* SCL */
#define IIC_SDA(x)          do{ x ? \
                                HAL_GPIO_WritePin(IIC_SDA_GPIO_Port,
                                IIC_SDA_Pin, GPIO_PIN_SET) : \
                                HAL_GPIO_WritePin(IIC_SDA_GPIO_Port,
                                IIC_SDA_Pin, GPIO_PIN_RESET); \
                            }while(0)       /* SDA */
/* 读取 SDA */
#define IIC_READ_SDA        HAL_GPIO_ReadPin(IIC_SDA_GPIO_Port, IIC_SDA_Pin)
/* IIC 所有操作函数 */
void iic_init(void);                        /* 初始化 IIC 的 I/O 口 */
void iic_start(void);                       /* 发送 IIC 开始信号 */
void iic_stop(void);                        /* 发送 IIC 停止信号 */
void iic_ack(void);                         /* IIC 发送 ACK 信号 */
void iic_nack(void);                        /* IIC 不发送 ACK 信号 */
uint8_t iic_wait_ack(void);                 /* IIC 等待 ACK 信号 */
void iic_send_byte(uint8_t txd);            /* IIC 发送一个字节 */
uint8_t iic_read_byte(unsigned char ack);   /* IIC 读取一个字节 */
#endif
```

这段代码通过宏定义标识符的方式定义了 SCL 和 SDA 两个引脚;用宏定义了 IIC_SCL() 和 IIC_SDA(),设置这两个管脚可以输出 0 或者 1,但主要还是通过 HAL 库的 GPIO 操作函数实现的。为了方便在 I²C 操作函数中读取 SDA 管脚的数据,这里直接宏定义 IIC_READ_SDA,后面 I²C 模拟信号实现中会频繁调用。

2. myiic.c 文件代码

```
/**
 * @brief        初始化 IIC
 * @param        无
```

```
 * @retval         无
 */
void iic_init(void)
{
    iic_stop();      /* 停止总线上所有设备 */
}
/**
 * @brief          IIC 延时函数,用于控制 IIC 读/写速度
 * @param          无
 * @retval         无
 */
static void iic_delay(void)
{
    delay_us(2);      /* 2 μs 的延时, 读写速度在 250 kHz 以内 */
}
/**
 * @brief          产生 IIC 起始信号
 * @param          无
 * @retval         无
 */
void iic_start(void)
{
    IIC_SDA(1);
    IIC_SCL(1);
    iic_delay();
    IIC_SDA(0);       /* START 信号：当 SCL 为高时, SDA 从高变成低, 表示起始信号 */
    iic_delay();
    IIC_SCL(0);       /* 钳住 IIC 总线,准备发送或接收数据 */
    iic_delay();
}
/**
 * @brief          产生 IIC 停止信号
 * @param          无
 * @retval         无
 */
void iic_stop(void)
{
    IIC_SDA(0);       /* STOP 信号：当 SCL 为高时, SDA 从低变成高, 表示停止信号 */
    iic_delay();
    IIC_SCL(1);
    iic_delay();
    IIC_SDA(1);       /* 发送 IIC 总线结束信号 */
    iic_delay();
}
/**
 * @brief          等待应答信号到来
 * @param          无
 * @retval         1,接收应答失败
 *                 0,接收应答成功
 */
uint8_t iic_wait_ack(void)
```

```
{
    uint8_t waittime = 0;
    uint8_t rack = 0;
    IIC_SDA(1);                 /* 主机释放 SDA 线(此时外部器件可以拉低 SDA 线) */
    iic_delay();
    IIC_SCL(1);                 /* SCL = 1, 此时从机可以返回 ACK */
    iic_delay();
    while (IIC_READ_SDA)   /* 等待应答 */
    {
        waittime ++ ;
        if (waittime > 250)
        {
            iic_stop();
            rack = 1;
            break;
        }
    }
    IIC_SCL(0);                 /* SCL = 0, 结束 ACK 检查 */
    iic_delay();
    return rack;
}
/**
 * @brief        产生 ACK 应答
 * @param        无
 * @retval       无
 */
void iic_ack(void)
{
    IIC_SDA(0);                 /* SCL 0 ->1 时 SDA = 0,表示应答 */
    iic_delay();
    IIC_SCL(1);                 /* 产生一个时钟 */
    iic_delay();
    IIC_SCL(0);
    iic_delay();
    IIC_SDA(1);                 /* 主机释放 SDA 线 */
    iic_delay();
}
/**
 * @brief        不产生 ACK 应答
 * @param        无
 * @retval       无
 */
void iic_nack(void)
{
    IIC_SDA(1);     /* SCL 0 ->1   时 SDA = 1,表示不应答 */
    iic_delay();
    IIC_SCL(1);     /* 产生一个时钟 */
    iic_delay();
    IIC_SCL(0);
    iic_delay();
}
```

```
/**
 * @brief        IIC 发送一个字节
 * @param        data: 要发送的数据
 * @retval       无
 */
void iic_send_byte(uint8_t data)
{
    uint8_t t;

    for (t = 0; t < 8; t++)
    {
        IIC_SDA((data & 0x80) >> 7);        /* 高位先发送 */
        iic_delay();
        IIC_SCL(1);
        iic_delay();
        IIC_SCL(0);
        data <<= 1;                         /* 左移 1 位,用于下一次发送 */
    }
    IIC_SDA(1);                             /* 发送完成,主机释放 SDA 线 */
}


/**
 * @brief        IIC 读取一个字节
 * @param        ack:  ack = 1 时,发送 ack; ack = 0 时,发送 nack
 * @retval       接收到的数据
 */
uint8_t iic_read_byte(uint8_t ack)
{
    uint8_t i, receive = 0;
    for (i = 0; i < 8; i++)                 /* 接收 1 个字节数据 */
    {
        receive <<= 1;                      /* 高位先输出,所以先收到的数据位要左移 */
        IIC_SCL(1);
        iic_delay();
        if (IIC_READ_SDA)
        {
            receive++;
        }
        IIC_SCL(0);
        iic_delay();
    }
    if (!ack)
    {
        iic_nack();                         /* 发送 nACK */
    }
    else
    {
        iic_ack();                          /* 发送 ACK */
    }
    return receive;
}
```

I²C 驱动中对 I²C 的各种操作,如产生 I²C 起始信号、产生 I²C 停止信号等,须结合 I²C 的时序规定查看本实验的配套实验源码。

3. 24cxx.h 文件代码

```
#ifndef __24CXX_H
#define __24CXX_H
#include "../../SYSTEM/sys/sys.h"
#define AT24C01       127
#define AT24C02       255
#define AT24C04       511
#define AT24C08       1023
#define AT24C16       2047
#define AT24C32       4095
#define AT24C64       8191
#define AT24C128      16383
#define AT24C256      32767
/* 开发板使用的是 24c02,所以定义 EE_TYPE 为 AT24C02 */
#define EE_TYPE       AT24C02
void at24cxx_init(void);                                    /* 初始化 IIC */
uint8_t at24cxx_check(void);                                /* 检查器件 */
uint8_t at24cxx_read_one_byte(uint16_t addr);              /* 指定地址读取一个字节 */
void at24cxx_write_one_byte(uint16_t addr,uint8_t data);  /* 指定地址写入一个字节 */
/* 从指定地址开始写入指定长度的数据 */
void at24cxx_write(uint16_t addr, uint8_t * pbuf, uint16_t datalen);
/* 从指定地址开始读出指定长度的数据 */
void at24cxx_read(uint16_t addr, uint8_t * pbuf, uint16_t datalen);
#endif
```

为了使代码功能更加健全,24cxx.h 中宏定义了不同容量大小的 24C 系列型号。

4. 24cxx.c 文件代码

```
/**
 * @brief       初始化 IIC 接口
 * @param       无
 * @retval      无
 */
void at24cxx_init(void)
{
    iic_init();
}
/**
 * @brief       在 AT24CXX 指定地址读出一个数据
 * @param       readaddr:开始读数的地址
 * @retval      读到的数据
 */
uint8_t at24cxx_read_one_byte(uint16_t addr)
{
    uint8_t temp = 0;
    iic_start();                              /* 发送起始信号 */
    /* 根据不同的 24CXX 型号发送高位地址
```

```
    * 1, 24C16 以上的型号分 2 个字节发送地址
    * 2, 24C16 及以下的型号分 1 个低字节地址 + 占用器件地址的 bit1～bit3 位,用于表示
       高位地址,最多 11 位地址
    *      对于 24C01/02,   其器件地址格式(8bit)为: 1  0  1  0  A2  A1  A0  R/W
    *      对于 24C04,      其器件地址格式(8bit)为: 1  0  1  0  A2  A1  a8  R/W
    *      对于 24C08,      其器件地址格式(8bit)为: 1  0  1  0  A2  a9  a8  R/W
    *      对于 24C16,      其器件地址格式(8bit)为: 1  0  1  0  a10 a9  a8  R/W
    *      R/W      :读/写控制位 0 表示写;1 表示读;
    *      A0/A1/A2 :对应器件的 1,2,3 引脚(只有 24C01/02/04/8 有这些脚)
    *      a8/a9/a10:对应存储整列的高位地址,11 bit 地址最多可以表示 2 048 个位置,可
       以寻址 24C16 及以内的型号
    */
    if (EE_TYPE > AT24C16)          /*24C16 以上的型号,分 2 个字节发送地址 */
    {
        iic_send_byte(0XA0);        /*发送写命令,IIC 规定最低位是 0,表示写入 */
        iic_wait_ack();             /*每次发送完一个字节,都要等待 ACK */
        iic_send_byte(addr >> 8);   /*发送高字节地址 */
    }
    else
    {
        /*发送器件 0XA0 + 高位 a8/a9/a10 地址,写数据 */
        iic_send_byte(0XA0 + ((addr >> 8) << 1));
    }
    iic_wait_ack();                 /*每次发送完一个字节,都要等待 ACK */
    iic_send_byte(addr % 256);      /*发送低位地址 */
    iic_wait_ack();                 /*等待 ACK,此时地址发送完成了 */
    iic_start();                    /*重新发送起始信号 */
    iic_send_byte(0XA1);            /*进入接收模式,IIC 规定最低位是 0,表示读取 */
    iic_wait_ack();                 /*每次发送完一个字节,都要等待 ACK */
    temp = iic_read_byte(0);        /*接收一个字节数据 */
    iic_stop();                     /*产生一个停止条件 */
    return temp;
}
/**
 * @brief       在 AT24CXX 指定地址写入一个数据
 * @param       addr: 写入数据的目的地址
 * @param       data: 要写入的数据
 * @retval      无
 */
void at24cxx_write_one_byte(uint16_t addr, uint8_t data)
{
    /*原理说明见 at24cxx_read_one_byte 函数,本函数完全类似 */
    iic_start();                    /*发送起始信号 */
    if (EE_TYPE > AT24C16)          /*24C16 以上的型号,分 2 个字节发送地址 */
    {
        iic_send_byte(0XA0);        /*发送写命令,IIC 规定最低位是 0,表示写入 */
        iic_wait_ack();             /*每次发送完一个字节,都要等待 ACK */
        iic_send_byte(addr >> 8);   /*发送高字节地址 */
    }
    else
    {
```

```
            /* 发送器件 0XA0 + 高位 a8/a9/a10 地址,写数据 */
            iic_send_byte(0XA0 + ((addr >> 8) << 1));
        }
        iic_wait_ack();                      /* 每次发送完一个字节,都要等待 ACK */
        iic_send_byte(addr % 256);      /* 发送低位地址 */
        iic_wait_ack();                      /* 等待 ACK,此时地址发送完成了 */
        /* 因为写数据的时候不需要进入接收模式,所以这里不用重新发送起始信号 */
        iic_send_byte(data);              /* 发送 1 字节 */
        iic_wait_ack();                      /* 等待 ACK */
        iic_stop();                           /* 产生一个停止条件 */
        delay_ms(10);                       /* 注意:EEPROM 写入慢,须等 10 ms 后再写下一个字节 */
}
/**
 * @brief        检查 AT24CXX 是否正常
 * @note         检测原理:在器件的末地址写入 0X55,然后再读取,如果读取值为 0X55
 *               则表示检测正常. 否则,则表示检测失败
 * @param        无
 * @retval       检测结果
 *               0:检测成功
 *               1:检测失败
 */
uint8_t at24cxx_check(void)
{
    uint8_t temp;
    uint16_t addr = EE_TYPE;
    temp = at24cxx_read_one_byte(addr);          /* 避免每次开机都写 AT24CXX */
    if (temp == 0X55)                            /* 读取数据正常 */
    {
        return 0;
    }
    else                                          /* 排除第一次初始化的情况 */
    {
        at24cxx_write_one_byte(addr, 0X55);      /* 先写入数据 */
        temp = at24cxx_read_one_byte(255);       /* 再读取数据 */
        if (temp == 0X55)return 0;
    }
    return 1;
}
/**
 * @brief        在 AT24CXX 里面的指定地址开始读出指定个数的数据
 * @param        addr    :开始读出的地址,对 24c02 为 0~255
 * @param        pbuf    :数据数组首地址
 * @param        datalen :要读出数据的个数
 * @retval       无
 */
void at24cxx_read(uint16_t addr, uint8_t * pbuf, uint16_t datalen)
{
    while (datalen -- )
    {
        * pbuf ++= at24cxx_read_one_byte(addr ++ );
    }
```

```
}
/**
 * @brief          在 AT24CXX 里面的指定地址开始写入指定个数的数据
 * @param   addr    : 开始写入的地址,对 24c02 为 0～255
 * @param   pbuf    : 数据数组首地址
 * @param   datalen : 要写入数据的个数
 * @retval          无
 */
void at24cxx_write(uint16_t addr, uint8_t * pbuf, uint16_t datalen)
{
    while (datalen -- )
    {
        at24cxx_write_one_byte(addr, * pbuf);
        addr ++ ;
        pbuf ++ ;
    }
}
```

24C02 驱动中对 EEPROM 的各种操作函数,如 EEPROM 的读/写函数,须结合 24C02 EEPROM 芯片的数据手册查看本实验的配套实验源码。

5. main 函数逻辑代码实现

```
int main(void)
{
  /* USER CODE BEGIN 1 */
  uint8_t key;
  uint16_t i = 0;
  uint8_t datatemp[TEXT_SIZE];
  /* USER CODE END 1 */
  HAL_Init();
  /* 系统时钟初始化 */
  SystemClock_Config();
  /* 延时初始化 */
  delay_init(72);
  /* GPIO 初始化 */
  MX_GPIO_Init();
  /* FSMC 初始化 */
  MX_FSMC_Init();
  /* 串口初始化 */
  MX_USART1_UART_Init();
  /* USER CODE BEGIN 2 */
  lcd_init();                                        /* 初始化 LCD */
  at24cxx_init();                                    /* 初始化 24CXX */
  lcd_show_string(30, 50, 200, 16, 16, "STM32", RED);
  lcd_show_string(30, 70, 200, 16, 16, "IIC TEST", RED);
  lcd_show_string(30, 90, 200, 16, 16, "ATOM@ALIENTEK", RED);
  lcd_show_string(30, 110, 200, 16, 16, "KEY1:Write  KEY0:Read", RED);
  while (at24cxx_check()) /* 检测不到 24C02 */
  {
      lcd_show_string(30, 130, 200, 16, 16, "24C02 Check Failed!", RED);
      delay_ms(500);
```

```
        lcd_show_string(30, 130, 200, 16, 16, "Please Check!        ", RED);
        delay_ms(500);
        LED0_TOGGLE();          /* 红灯闪烁 */
    }
    lcd_show_string(30, 130, 200, 16, 16, "24C02 Ready!", RED);
    /* USER CODE END 2 */
    while (1)
    {
        key = key_scan(0);
        if (key == KEY1_PRES)    /* KEY1 按下，写入 24C02 */
        {
            lcd_fill(0, 150, 239, 319, WHITE);   /* 清除半屏 */
            lcd_show_string(30, 150, 200, 16, 16, "Start Write 24C02....", BLUE);
            at24cxx_write(0, (uint8_t *)g_text_buf, TEXT_SIZE);
            lcd_show_string(30, 150, 200, 16, 16, "24C02 Write Finished!", BLUE);
        }
        if (key == KEY0_PRES)    /* KEY0 按下，读取字符串并显示 */
        {
            lcd_show_string(30, 150, 200, 16, 16, "Start Read 24C02.... ", BLUE);
            at24cxx_read(0, datatemp, TEXT_SIZE);
            lcd_show_string(30, 150, 200, 16, 16, "The Data Readed Is:  ", BLUE);
            lcd_show_string(30, 170, 200, 16, 16, (char *)datatemp, BLUE);
        }
        i++;
        if (i == 20)
        {
            LED0_TOGGLE();          /* 红灯闪烁 */
            i = 0;
        }
        delay_ms(10);
    }
}
```

main 函数的流程大致：在 main 函数外部定义要写入 24C02 的字符串数组 g_text_buf，完成系统级和用户级初始化工作后，检测 24C02 是否存在，然后通过 KEY0 读取 0 地址存放的数据并显示在 LCD 上；还可以通过 KEY1 去 0 地址处写入 g_text_buf 数据并在 LCD 界面中显示"传输中"，完成后显示"24C02 Write Finished!"。

27.4 下载验证

将程序下载到开发板后，可以看到 LED0 不停地闪烁，提示程序已经在运行了。先按下 KEY1 写入数据，再按 KEY0 读取数据，最终 LCD 显示的内容如图 27.5 所示。

假如需要验证 24C02 的自检函数，则可以用杜邦线把 PB6 和 PB7 短接，查看是否报错。

```
STM32
IIC TEST
ATOM@ALIENTEK
KEY1:Write  KEY0:Read
24C02 Ready!
The Data Readed Is:
STM32 IIC TEST
```

图 27.5 I²C 实验程序运行效果图

第 **28** 章

SPI 实验

本章将介绍如何使用 STM32F103 的 SPI 功能,并实现对外部 NOR FLASH 的读写,把结果显示在 TFTLCD 模块上。

28.1 SPI 简介

SPI(Serial Peripheral Interface)是一种用于串行数据通信的通信协议,允许微控制器与外部设备(如传感器、存储器、显示器等)进行高速、全双工的通信。在 STM32F1 中,SPI 接口通常由多个外设控制器组成,可以配置为主设备或从设备,并支持多种通信模式、不同的数据帧大小和传输速率。SPI 接口通常包括以下信号线:

> SCK(Serial Clock),串行时钟信号,用于同步数据传输速率。
> MOSI(Master Out Slave In),主设备输出从设备输入的数据线。
> MISO(Master In Slave Out),主设备输入从设备输出的数据线。
> NSS/SS(Slave Select),从设备选通信号,用于选择要通信的从设备。

STM32F1 的 SPI 接口还支持 DMA 传输、中断控制和多主机模式等功能,以满足各种 SPI 通信需求。SPI 接口通常用于连接外部设备,从而实现快速的数据传输和通信。

28.2 硬件设计

1) 例程功能

通过 KEY1 按键来控制 NOR FLASH 的写入,按键 KEY0 控制 NOR FLASH 的读取,并在 LCD 模块上显示相关信息。还可以通过 USMART 控制读取 NOR FLASH 的 ID、擦除某个扇区或整片擦除。LED0 闪烁用于提示程序正在运行。

2) 硬件资源

> LED 灯:LED0 - PB5;
> 独立按键:KEY0 - PE4、KEY1 - PE3;
> NORFLASH NM25Q128;
> 正点原子 TFTLCD 模块(仅限 MCU 屏,16 位 8080 并口驱动);
> 串口 1(PA9 或 PA10 连接在板载 USB 转串口芯片 CH340 上面)(USMART

使用）。

3）原理图

NOR FLASH 和开发板的连接如图 28.1 所示。可见，NM25Q128 的 CS、CLK、SO 和 SI 分别连接在 PB12、PB13、PB14 和 PB15 上。本实验还支持多种型号的 SPI FLASH 芯片，如 BY25Q128、NM25Q128、W25Q128 等，具体参见 norflash.h 文件的宏定义，在程序上只需要稍微修改即可用，后面讲解程序时会提到。

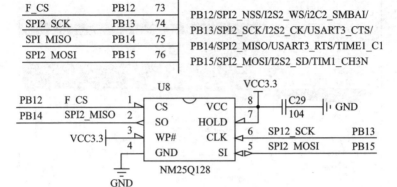

图 28.1　NOR FLASH 和开发板的连接

28.3　程序设计

28.3.1　配套源码路径

本实验配置好的实验工程已经放到了配套资料中，路径为：开发板光盘 A-基础资料\1、程序源码\4、CubeIDE_project\23_SPI。

28.3.2　创建和配置工程

在 STM32CubeIDE 中复制 13_TFTLCD 工程，并将工程文件名和.ioc 文件名均修改为 23_SPI，以进行下一步的实验操作。

1. SPI2 配置

本实验采用 SPI2 驱动 NOR FLASH，并使用软件片选引脚。双击 23_SPI.ioc 进入 STM32CubeMX 插件的 Connectivity→SPI2 界面，SPI2 参数配置如图 28.2 所示。注意，开发板上的 NOR FLASH 仅支持 SPI 模式 0 和模式 3，这里使用模式 3。

2. NSS 片选引脚配置

结合硬件原理图可知，片选引脚使用的是 PB12，所以进行如图 28.3 所示配置。

单击 GPIO 配置该 NSS 引脚的参数，如图 28.4 所示。

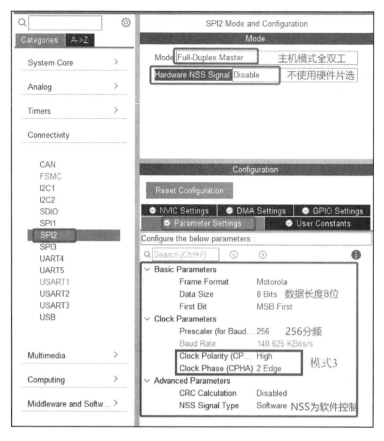

图 28.2　SPI 参数配置

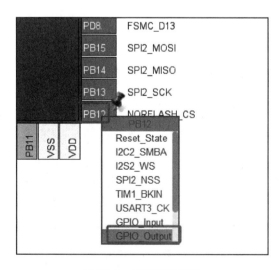

图 28.3　NSS 引脚复用

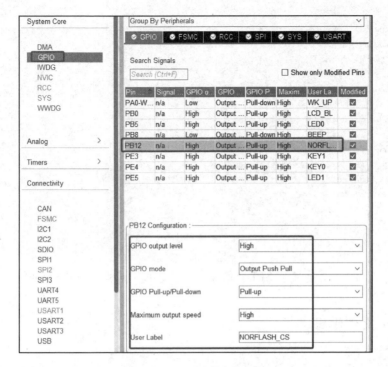

图 28.4　NSS 引脚参数配置

28.3.3　生成初始化工程

按下"Ctrl＋S"保存配置，生成工程。

28.3.4　添加用户驱动代码

在 Drivers/BSP 文件夹中新建 NORFLASH 文件夹，然后在该文件夹下新建两个文件，分别是 norflash.c 和 norflash.h。

本实验主要修改以下几个文件，分别是 spi.c、spi.h、norflash.c、norflash.h、main.c。下面先在 spi.h 中添加 SPI 速度设置相关的宏定义。

1. spi.h 文件代码

```
#ifndef __SPI_H__
#define __SPI_H__
#ifdef __cplusplus
extern "C" {
#endif
#include "main.h"
extern SPI_HandleTypeDef hspi2;
/* USER CODE BEGIN Private defines */
/* SPI 总线速度设置 */
#define SPI_SPEED_2              0
```

```
#define SPI_SPEED_4        1
#define SPI_SPEED_8        2
#define SPI_SPEED_16       3
#define SPI_SPEED_32       4
#define SPI_SPEED_64       5
#define SPI_SPEED_128      6
#define SPI_SPEED_256      7
/* USER CODE END Private defines */
void MX_SPI2_Init(void);
/* USER CODE BEGIN Prototypes */
void spi2_set_speed(uint8_t speed);
uint8_t spi2_read_write_byte(uint8_t txdata);
/* USER CODE END Prototypes */
#ifdef __cplusplus
}
#endif
#endif /* __SPI_H__ */
```

    spi.h 文件中主要定义了 SPI 通信速率的宏,并声明了一些功能函数,以便更加便捷地设置 SPI 通信速率。

2. spi.c 文件代码

```
void MX_SPI2_Init(void)
{
  hspi2.Instance = SPI2;
  hspi2.Init.Mode = SPI_MODE_MASTER;
  hspi2.Init.Direction = SPI_DIRECTION_2LINES;
  hspi2.Init.DataSize = SPI_DATASIZE_8BIT;
  hspi2.Init.CLKPolarity = SPI_POLARITY_HIGH;
  hspi2.Init.CLKPhase = SPI_PHASE_2EDGE;
  hspi2.Init.NSS = SPI_NSS_SOFT;
  hspi2.Init.BaudRatePrescaler = SPI_BAUDRATEPRESCALER_256;
  hspi2.Init.FirstBit = SPI_FIRSTBIT_MSB;
  hspi2.Init.TIMode = SPI_TIMODE_DISABLE;
  hspi2.Init.CRCCalculation = SPI_CRCCALCULATION_DISABLE;
  hspi2.Init.CRCPolynomial = 10;
  if (HAL_SPI_Init(&hspi2) != HAL_OK)
  {
    Error_Handler();
  }
  /* USER CODE BEGIN SPI2_Init 2 */
  __HAL_SPI_ENABLE(&hspi2);      /* 使能 SPI2 */
  spi2_read_write_byte(0Xff); /* 启动传输,产生 8 个时钟脉冲,清空 DR 的作用,非必需 */
  /* USER CODE END SPI2_Init 2 */
}
/* 省略部分代码…… */
/* USER CODE BEGIN 1 */
/**
 * @brief      SPI2 速度设置函数
 *    @note      SPI2 时钟选择来自 APB1,即 PCLK1,为 36 MHz
```

```
 *                    SPI 速度 = PCLK1 / 2^(speed + 1)
 * @param        speed    : SPI2 时钟分频系数
                           取值为 SPI_BAUDRATEPRESCALER_2～SPI_BAUDRATEPRESCALER_2 256
 * @retval       无
 */
void spi2_set_speed(uint8_t speed)
{
    assert_param(IS_SPI_BAUDRATE_PRESCALER(speed));   /* 判断有效性 */
    __HAL_SPI_DISABLE(&hspi2);                        /* 关闭 SPI */
    hspi2.Instance ->CR1 & = 0XFFC7;                  /* 位 3 - 5 清零,用来设置波特率 */
    hspi2.Instance ->CR1 |= speed << 3;               /* 设置 SPI 速度 */
    __HAL_SPI_ENABLE(&hspi2);                         /* 使能 SPI */
}
/**
 * @brief        SPI2 读/写一个字节数据
 * @param        txdata   : 要发送的数据(1 字节)
 * @retval       接收到的数据(1 字节)
 */
uint8_t spi2_read_write_byte(uint8_t txdata)
{
    uint8_t rxdata;
    HAL_SPI_TransmitReceive(&hspi2, &txdata, &rxdata, 1, 1000);
    return rxdata;                                    /* 返回收到的数据 */
}
/* USER CODE END 1 */
```

　　SPI 的初始化函数中添加了函数 __HAL_SPI_ENABLE 用于使能 SPI、函数 spi2_read_write_byte(0Xff)用于启动发送。函数 spi2_set_speed 是 SPI 的速度设置函数，通过操作寄存器的方式去实现。函数 spi2_read_write_byte 直接调用了 HAL 库内置的函数进行接收/发送操作。

3. norflash.h 文件代码

```
#ifndef __norflash_H
#define __norflash_H
#include "../../SYSTEM/sys/sys.h"
/*****************************************************************/
/* NORFLASH 片选信号 */
#define NORFLASH_CS(x)      do{ x ? \
    HAL_GPIO_WritePin(NORFLASH_CS_GPIO_Port, NORFLASH_CS_Pin, GPIO_PIN_SET) : \
    HAL_GPIO_WritePin(NORFLASH_CS_GPIO_Port, NORFLASH_CS_Pin, GPIO_PIN_RESET); \
                            }while(0)
/* FLASH 芯片列表 */
#define W25Q80        0XEF13          /* W25Q80    芯片 ID */
#define W25Q16        0XEF14          /* W25Q16    芯片 ID */
#define W25Q32        0XEF15          /* W25Q32    芯片 ID */
#define W25Q64        0XEF16          /* W25Q64    芯片 ID */
#define W25Q128       0XEF17          /* W25Q128   芯片 ID */
#define W25Q256       0XEF18          /* W25Q256   芯片 ID */
#define BY25Q64       0X6816          /* BY25Q64   芯片 ID */
```

```
#define BY25Q128        0X6817          /* BY25Q128  芯片 ID */
#define NM25Q64         0X5216          /* NM25Q64   芯片 ID */
#define NM25Q128        0X5217          /* NM25Q128  芯片 ID */
extern uint16_t norflash_TYPE;          /* 定义 FLASH 芯片型号 */
/* 指令表 */
#define FLASH_WriteEnable               0x06
#define FLASH_WriteDisable              0x04
#define FLASH_ReadStatusReg1            0x05
#define FLASH_ReadStatusReg2            0x35
#define FLASH_ReadStatusReg3            0x15
#define FLASH_WriteStatusReg1           0x01
#define FLASH_WriteStatusReg2           0x31
#define FLASH_WriteStatusReg3           0x11
#define FLASH_ReadData                  0x03
#define FLASH_FastReadData              0x0B
#define FLASH_FastReadDual              0x3B
#define FLASH_FastReadQuad              0xEB
#define FLASH_PageProgram               0x02
#define FLASH_PageProgramQuad           0x32
#define FLASH_BlockErase                0xD8
#define FLASH_SectorErase               0x20
#define FLASH_ChipErase                 0xC7
#define FLASH_PowerDown                 0xB9
#define FLASH_ReleasePowerDown          0xAB
#define FLASH_DeviceID                  0xAB
#define FLASH_ManufactDeviceID          0x90
#define FLASH_JedecDeviceID             0x9F
#define FLASH_Enable4ByteAddr           0xB7
#define FLASH_Exit4ByteAddr             0xE9
#define FLASH_SetReadParam              0xC0
#define FLASH_EnterQPIMode              0x38
#define FLASH_ExitQPIMode               0xFF
/* 普通函数 */
void norflash_init(void);                           /* 初始化 25QXX */
uint16_t norflash_read_id(void);                    /* 读取 FLASH ID */
void norflash_write_enable(void);                   /* 写使能 */
uint8_t norflash_read_sr(uint8_t regno);            /* 读取状态寄存器 */
void norflash_write_sr(uint8_t regno,uint8_t sr);   /* 写状态寄存器 */
void norflash_erase_chip(void);                     /* 整片擦除 */
void norflash_erase_sector(uint32_t saddr);         /* 扇区擦除 */
void norflash_read(uint8_t *pbuf, uint32_t addr, uint16_t datalen);  /* 读取 FLASH */
void norflash_write(uint8_t *pbuf, uint32_t addr, uint16_t datalen); /* 写入 FLASH */
#endif
```

使用宏定义的方式定义了 NSS 引脚,便于片选操作的简洁性。为了兼容不同的 NOR FLASH,这里使用宏定义的方式定义了多种芯片 ID;为了代码的可读性,还使用宏定义的方式定义了指令码等。

4. norflash. c 文件代码

```
/**
 * @brief        初始化 SPI NOR FLASH
 * @param        无
 * @retval       无
 */
void norflash_init(void)
{
    uint8_t temp;
    NORFLASH_CS(1);                         /* 取消片选 */
    MX_SPI2_Init();                         /* 初始化 SPI2 */
    spi2_set_speed(SPI_SPEED_2);            /* SPI2 切换到高速状态 18 MHz */

    g_norflash_type = norflash_read_id();   /* 读取 FLASH ID */

    if (g_norflash_type == W25Q256)         /* W25Q256，使能 4 字节地址模式 */
    {
        temp = norflash_read_sr(3);         /* 读取状态寄存器 3，判断地址模式 */
        if ((temp & 0X01) == 0)             /* 不是 4 字节地址模式则进入 4 字节地址模式 */
        {
            norflash_write_enable();        /* 写使能 */
            temp |= 1 << 1;                 /* ADP = 1，上电 4 位地址模式 */
            norflash_write_sr(3, temp);     /* 写 SR3 */
            NORFLASH_CS(0);
            spi2_read_write_byte(FLASH_Enable4ByteAddr);  /* 使能 4 字节地址指令 */
            NORFLASH_CS(1);
        }
    }
}
```

可以看到，NOR FLASH 的初始化函数中先拉高 NOR FLASH 片选的 GPIO 引脚，再根据不同容量的 NOR FLASH 做相应的配置操作。

NOR FLASH 驱动中其他对 NOR FLASH 的操作函数，如读/写函数、擦除函数等，可结合 25Q128 NOR FLASH 芯片的数据手册查看本实验的配套实验源码。

5. main. c 文件代码

```
int main(void)
{
  /* USER CODE BEGIN 1 */
    uint8_t key;
    uint16_t i = 0;
    uint8_t datatemp[TEXT_SIZE + 2];
    uint32_t flashsize;
    uint16_t id = 0;
  /* USER CODE END 1 */
  HAL_Init();
  /* 系统时钟初始化 */
  SystemClock_Config();
```

```
/ * 延时初始化 * /
delay_init(72);
/ * GPIO 初始化 * /
MX_GPIO_Init();
/ * FSMC 初始化 * /
MX_FSMC_Init();
/ * 串口初始化 * /
MX_USART1_UART_Init();
/ * SPI2 初始化 * /
MX_SPI2_Init();
/ * USER CODE BEGIN 2 * /
lcd_init();                                          / * 初始化 LCD * /
norflash_init();                                     / * 初始化 NOR FLASH * /
lcd_show_string(30,  50, 200, 16, 16, "STM32", RED);
lcd_show_string(30,  70, 200, 16, 16, "SPI TEST", RED);
lcd_show_string(30,  90, 200, 16, 16, "ATOM@ALIENTEK", RED);
lcd_show_string(30, 110, 200, 16, 16, "KEY1:Write  KEY0:Read", RED);
id = norflash_read_id();                             / * 读取 FLASH ID * /
while ((id == 0) || (id == 0XFFFF))                  / * 检测不到 FLASH 芯片 * /
{
    lcd_show_string(30, 130, 200, 16, 16, "FLASH Check Failed!", RED);
    delay_ms(500);
    lcd_show_string(30, 130, 200, 16, 16, "Please Check!        ", RED);
    delay_ms(500);
    LED0_TOGGLE();                                   / * LED0 闪烁 * /
}
lcd_show_string(30, 130, 200, 16, 16, "SPI FLASH Ready!", BLUE);
flashsize = 16 * 1024 * 1024;                        / * FLASH 大小为 16 MB * /
/ * USER CODE END 2 * /
while (1)
{
    key = key_scan(0);
    if (key == KEY1_PRES)                            / * KEY1 按下,写入 * /
    {
        lcd_fill(0, 150, 239, 319, WHITE);           / * 清除半屏 * /
        lcd_show_string(30, 150, 200, 16, 16, "Start Write FLASH....", BLUE);
        printf("111:%d\r\n", i);
        sprintf((char *)datatemp, "%s%d", (char *)g_text_buf, i);
        norflash_write((uint8_t *)datatemp, flashsize - 100, TEXT_SIZE);
        lcd_show_string(30, 150, 200, 16, 16, "FLASH Write Finished!", BLUE);
    }
    if (key == KEY0_PRES)                            / * KEY0 按下,读取字符串并显示 * /
    {
        lcd_show_string(30, 150, 200, 16, 16, "Start Read FLASH....", BLUE);
        norflash_read(datatemp, flashsize - 100, TEXT_SIZE);
        lcd_show_string(30, 150, 200, 16, 16, "The Data Readed Is:  ", BLUE);
        lcd_show_string(30, 170, 200, 16, 16, (char *)datatemp, BLUE);
    }
    i++;
    if (i == 20)
    {
```

```
              LED0_TOGGLE();        /* LED0 闪烁 */
              i = 0;
          }
          delay_ms(10);
      }
  }
```

main 函数前面定义了 g_text_buf 数组,用来存放要写入 FLASH 的字符串。main 函数代码和 I²C 实验那部分代码大同小异,具体流程大致:在完成系统级和用户级初始化工作后读取 FLASH 的 ID,然后通过 KEY0 去读取倒数第 100 个地址处开始的数据,并把数据显示在 LCD 上;还可以通过 KEY1 去倒数第 100 个地址处写入 g_text_buf 数据,并在 LCD 界面中显示传输中,完成后并显示"FLASH Write Finished!"。

28.4　下载验证

在完成编译和烧录操作后,可以看到 LED0 不停闪烁,提示程序已经在运行了。LCD 显示的内容如图 28.5 所示。

先按下 KEY1 写入数据,再按 KEY0 读取数据,显示效果如图 28.6 所示。

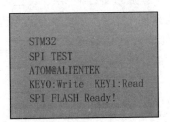

图 28.5　SPI 实验程序运行效果图　　　　图 28.6　操作后的显示效果图

程序开机时会检测 NOR FLASH 是否存在,不存在则在 LCD 模块上显示错误信息,同时 LED0 慢闪。可以通过跳线帽把 PB14 和 PB15 短接就可以看到报错了。

第 **29** 章

RS485 实验

本章将使用 STM32F1 的串口 2 来实现两块开发板之间的 RS485 通信，并将结果显示在 TFTLCD 模块上。

29.1 RS485 通信简介

RS485 是一种串行通信标准，常用于远距离传输数据。它是一种差分信号传输技术，可以提升在长距离传输数据时的抗干扰能力。RS485 总线采用一对电平互为相反的信号线（非平衡和平衡线），分别称为 A 线和 B 线，通过在不同信号线上传输数据的方式来表示 0 和 1。RS485 总线允许多个设备共享同一总线，因此在工业控制、楼宇自动化、智能家居等领域得到广泛应用。注意，RS485 总线需要外部的 RS485 收发器与微控制器进行连接，以进行数据的收发和转换。

29.2 硬件设计

1）例程功能

连接两个精英 STM32F103 的 RS485 接口，由 KEY0 控制发送，当按下一个开发板的 KEY0 时，就发送 5 个数据给另外一个开发板，并在两个开发板上分别显示发送值和接收值。

2）硬件资源

➢ LED 灯：LED0 - PB5；

➢ USART2，用于实际的 RS485 信号串行通信；

➢ 正点原子 TFTLCD 模块（仅限 MCU 屏，16 位 8080 并口驱动）；

➢ RS485 收发芯片 TP8485 及 SP3485；

➢ 开发板两块（RS485 半双式模式无法自收发，需要用两个开发板或者 USB 转 RS485 调试器＋串口助手来帮助完成测试，可根据实际条件选择）。

3）原理图

电路原理如图 29.1 所示。可以看出，开发板的串口 2 和 TP8485 上的引脚连接到 P5 端上的端子，但不直接相连，所以测试 RS485 功能时需要用跳线帽短接 P5 上的两组排针而使之连通。STM32F1 的 PD7 控制 RS485 的收发模式：当 PD7＝0 的时候，为接收模式；当 PD7＝1 的时候，为发送模式。

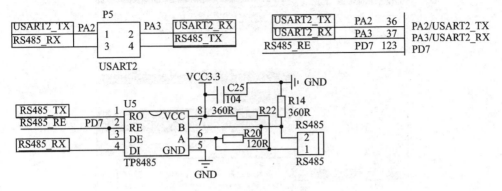

图 29.1　RS485 连接原理设计

图 29.1 中的 R14 和 R17 是两个偏置电阻，用来保证总线空闲时 A、B 之间的电压差都会大于 200 mV(逻辑 1)，从而避免因总线空闲时因 A、B 压差不稳定可能出现的乱码。

最后，用两根导线将两个开发板 RS485 端子的 A 和 A、B 和 B 连接起来。注意，不要接反(A 接 B)，否则会导致通信异常。

29.3　程序设计

29.3.1　配套源码路径

本实验配置好的实验工程已经放到了配套资料中，路径为：开发板光盘 A-基础资料\1、程序源码\4，CubeIDE_project\24_RS485。

29.3.2　创建和配置工程

在 STM32CubeIDE 中复制 13_TFTLCD 工程，并将工程文件名和.ioc 文件名均修改为 24_RS485，以进行下一步的实验操作。

1. USART2 配置

本章只需要配置好串口 2 就可以实现正常的 RS485 通信，串口 2 的配置和串口 1 类似，只是串口 2 的时钟来自于 APB1，最大频率为 36 MHz，如图 29.2 所示。

USART2 的参数选择模式 Asynchronous(异步通信模式)，波特率为 115 200 Bits/s (常写作 bit/s)字长为 8 位，无校验位，1 位停止位，数据方向为发和收。

2. NVIC 配置

本实验要使用串口接收中断，所以要配置 NVIC。首先开启串口全局中断，配置串口中断优先级分组为 2，抢占优先级 2，子优先级 1，如图 29.3 所示。

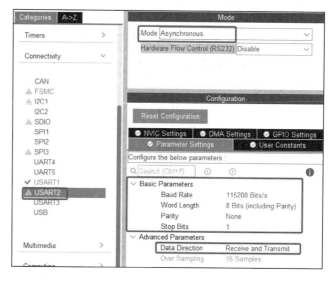

图 29.2 串口 2 配置

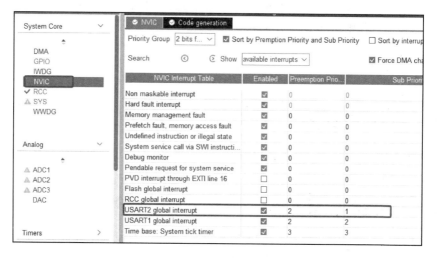

图 29.3 NVIC 配置

29.3.3 生成初始化工程

按下"Ctrl＋S"保存配置，生成工程。usart.c 主要用于初始化 USART1 和 USART2。

29.3.4 添加用户驱动代码

在 Drivers/BSP 文件夹中新建 RS485 文件夹，然后在该文件夹下新建两个文件，分别是 rs485.c 和 rs485.h。本实验主要修改以下几个文件，分别是 rs485.c、rs485.h、stm32f1xx_it.c、main.c。

1. rs485.h 文件代码

```
#ifndef __RS485_H
#define __RS485_H
#include "../../SYSTEM/sys/sys.h"
/****************************************************************/
/* 控制 RS485_RE 脚,控制 RS485 发送/接收状态
 * RS485_RE = 0,进入接收模式
 * RS485_RE = 1,进入发送模式
 */
#define RS485_RE(x)    do{ x ? \
                        HAL_GPIO_WritePin(RS485_RE_GPIO_Port, RS485_RE_Pin,
                        GPIO_PIN_SET) : \
                        HAL_GPIO_WritePin(RS485_RE_GPIO_Port, RS485_RE_Pin,
                        GPIO_PIN_RESET); \
                    }while(0)
#define RS485_REC_LEN              64         /* 定义最大接收字节数 64 */
extern uint8_t g_RS485_rx_buf[RS485_REC_LEN];    /* 缓冲,最大 RS485_REC_LEN 字节 */
extern uint8_t g_RS485_rx_cnt;                   /* 接收数据长度 */
void rs485_init( uint32_t baudrate);             /* RS485 初始化 */
void rs485_send_data(uint8_t * buf, uint8_t len);        /* RS485 发送数据 */
void rs485_receive_data(uint8_t * buf, uint8_t * len);   /* RS485 接收数据 */
#endif
```

该文件中主要定义了 RE 引脚的宏定义,该引脚用于控制 RS485 的接收或发送。

2. rs485.c 文件代码

```
uint8_t g_RS485_rx_buf[RS485_REC_LEN]; /* 接收缓冲,最大 RS485_REC_LEN 个字节 */
uint8_t g_RS485_rx_cnt = 0;            /* 接收到的数据长度 */
/**
 * @brief      RS485 初始化函数
 * @note       该函数主要是初始化串口
 * @param      baudrate:波特率,根据自己需要设置波特率值
 * @retval     无
 */
void rs485_init(uint32_t baudrate)
{
    __HAL_UART_ENABLE_IT(&huart2, UART_IT_RXNE);    /* 开启接收中断 */
    RS485_RE(0);                                    /* 默认为接收模式 */
}
/**
 * @brief      RS485 发送 len 个字节
 * @param      buf      :发送区首地址
 * @param      len      :发送的字节数(为了和本代码的接收匹配,建议不要超过 RS485_
                        REC_LEN 个字节)
 * @retval     无
 */
void rs485_send_data(uint8_t * buf, uint8_t len)
{
    RS485_RE(1);                              /* 进入发送模式 */
    HAL_UART_Transmit(&huart2, buf, len, 1000); /* 串口 2 发送数据 */
    g_RS485_rx_cnt = 0;
```

```
        RS485_RE(0); /*进入接收模式*/
    }
    /**
     * @brief      RS485 查询接收到的数据
     * @param      buf      :接收缓冲区首地址
     * @param      len      :接收到的数据长度
     *   @arg           0    ,表示没有接收到任何数据
     *   @arg               其他,表示接收到的数据长度
     * @retval       无
     */
    void rs485_receive_data(uint8_t *buf, uint8_t *len)
    {
        uint8_t rxlen = g_RS485_rx_cnt;
        uint8_t i = 0;
        *len = 0;        /*默认为0*/
        delay_ms(10); /*等待10 ms,连续超过10 ms没有接收到一个数据,则认为接收结束*/
        if (rxlen == g_RS485_rx_cnt && rxlen)        /*接收到数据,且接收完成了*/
        {
            for (i = 0; i < rxlen; i++)
            {
                buf[i] = g_RS485_rx_buf[i];
            }
            *len = g_RS485_rx_cnt;                   /*记录本次数据长度*/
            g_RS485_rx_cnt = 0;                      /*清零*/
        }
    }
```

在 rs485_init 中开启串口 2 的接收中断。串口 2 的初始化已经在 usart.c 中完成,感兴趣的读者可以打开实验源码查看。拉低 RE 引脚,即默认 RS485 为接收状态。

rs485_send_data 为发送函数,用于输出 RS485 信号到 RS485 总线上。笔者默认的 RS485 方式一般空闲时为接收状态,只有发送数据时才控制 RS485 芯片进入发送状态,发送完成后马上回到空闲接收状态,这样可以保证操作过程中 RS485 的数据丢失最小。

rs485_receive_data 为查询接收数据函数,用于查询 RS485 总线上接收到的数据,实现的逻辑:一开始进入函数时,先记录下当前接收计数器的值,再来一个延时去判断接收是否结束(即该期间有无接收到数据);如果接收计数器的值没有改变,则证明接收结束,可以把当前接收缓冲区传递出去。

3. stm32f1xx_it.c 文件代码

```
void USART2_IRQHandler(void)
{
    /* USER CODE BEGIN USART2_IRQn 0 */
    uint8_t res;
    if ((__HAL_UART_GET_FLAG(&huart2, UART_FLAG_RXNE) != RESET)) /*接收到数据*/
    {
        HAL_UART_Receive(&huart2, &res, 1, 1000);
        if (g_RS485_rx_cnt < RS485_REC_LEN)                    /*缓冲区未满*/
        {
```

```
            g_RS485_rx_buf[g_RS485_rx_cnt] = res;      /* 记录接收到的值 */
            g_RS485_rx_cnt ++;                          /* 接收数据增加 1 */
        }
    }
    HAL_UART_IRQHandler(&huart2);
    /* USER CODE END USART2_IRQn 1 */
}
```

RS485 的接收与串口中断一样,不过空闲时要切换回接收状态,否则接收不到数据。这里定义了一个全局的缓冲区 g_RS485_rx_buf 进行接收测试,通过串口中断接收数据。

4. main. c 文件代码

```
int main(void)
{
    /* USER CODE BEGIN 1 */
    uint8_t key;
    uint8_t i = 0, t = 0;
    uint8_t cnt = 0;
    uint8_t rs485buf[5];
    /* USER CODE END 1 */
    HAL_Init();
    /* 系统时钟初始化 */
    SystemClock_Config();
    /* 延时初始化 */
    delay_init(72);
    /* GPIO 初始化 */
    MX_GPIO_Init();
    /* FSMC 初始化 */
    MX_FSMC_Init();
    /* 串口初始化 */
    MX_USART1_UART_Init();
    MX_USART2_UART_Init();
    /* USER CODE BEGIN 2 */
    lcd_init();                                                  /* 初始化 LCD */
    rs485_init(9600);
    lcd_show_string(30,  50, 200, 16, 16, "STM32", RED);
    lcd_show_string(30,  70, 200, 16, 16, "RS485 TEST", RED);
    lcd_show_string(30,  90, 200, 16, 16, "ATOM@ALIENTEK", RED);
    lcd_show_string(30, 110, 200, 16, 16, "KEY0:Send", RED);
    lcd_show_string(30, 130, 200, 16, 16, "Count:", RED);
    lcd_show_string(30, 150, 200, 16, 16, "Send Data:", RED);
    lcd_show_string(30, 190, 200, 16, 16, "Receive Data:", RED);
    /* USER CODE END 2 */
    while (1)
    {
        key = key_scan(0);
        if (key == KEY0_PRES)                          /* KEY0 按下,发送一次数据 */
        {
            for (i = 0; i < 5; i ++)
            {
```

```
                rs485buf[i] = cnt + i;              /* 填充发送缓冲区 */
                lcd_show_xnum(30 + i * 32, 170, rs485buf[i], 3, 16, 0X80, BLUE);
            }
            rs485_send_data(rs485buf, 5);           /* 发送 5 个字节 */
        }
        rs485_receive_data(rs485buf, &key);
        if (key)                                    /* 接收到有数据 */
        {
            if (key > 5)key = 5;                    /* 最大是 5 个数据 */
            for (i = 0; i < key; i ++ )
            {
                lcd_show_xnum(30 + i * 32, 210, rs485buf[i], 3, 16, 0X80, BLUE);
            }
        }
        t ++ ;
        delay_ms(10);
        if (t == 20)
        {
            LED0_TOGGLE();                          /* LED0 闪烁，提示系统正在运行 */
            t = 0;
            cnt ++ ;
            lcd_show_xnum(30 + 48, 130, cnt, 3, 16, 0X80, BLUE);
        }
    }
}
```

这里通过按键控制数据的发送,在此部分代码中,cnt 是一个累加数,一旦 KEY0
按下,就以这个数为基准连续发送 5 个数据。当 RS485 总线收到数据的时候,则将收
到的数据直接显示在 LCD 屏幕上。

29.4 下载验证

代码编译成功之后,下载代码到正点原子精英 STM32F103 上(注意,要两个开发
板都下载这个代码),得到界面如图 29.4 所示。

伴随 DS0 的不停闪烁,提示程序在运行。此时,按下 KEY0 就可以在另外一个开
发板上收到这个开发板发送的数据了,如图 29.5 和图 29.6 所示。

其中,图 29.5 来自开发板 A,发送了 5 个数据;图 29.6 来自开发板 B,接收到了来
自开发板 A 的 5 个数据。

图 29.4　程序运行
效果图

图 29.5　发送 RS485 数据的
开发板界面

图 29.6　接收 RS485 数据的
开发板

第 **30** 章

CAN 通信实验

本章将介绍如何使用 STM32 自带的 CAN 控制器来实现 CAN 的收发功能,并将结果显示在 TFTLCD 模块上。

30.1 CAN 简介

CAN(Controller Area Network)模块是用于实现 CAN 总线通信的控制器。CAN 总线是一种高速、可靠的串行通信协议,通常用于工业控制、汽车电子、航空航天等领域,以实现设备之间的数据交换和通信。STM32F1 的 CAN 模块具有多个 CAN 控制器和多个 CAN 通道,支持 CAN 2.0A 和 CAN 2.0B 协议,可以配置为 CAN 主控制器或 CAN 从控制器,并支持多种通信速率和工作模式。CAN 模块通常包括 CAN 控制器、CAN 通信接口、过滤器和中断控制等功能,可满足不同的 CAN 通信需求,常用于连接 CAN 总线网络,实现各种工业控制和汽车电子应用。

30.2 硬件设计

(1) 例程功能

通过 KEY_UP 按键(即 WK_UP 按键)选择 CAN 的工作模式(正常模式/环回模式),KEY0 控制数据发送,然后查询是否接收到数据,接收到数据则将接收到的数据显示在 LCD 模块上。如果是正常模式,则需要两个精英开发板,并且将它们的 CAN 接口对接起来,一个开发板发送数据,另外一个开发板将接收到的数据显示在 LCD 模块上。如果是环回模式,则不需要两个开发板。

(2) 硬件资源

➤ LED 灯:LED0 – PB5;

➤ 独立按键:KEY0 – PE4、KEY_UP – PA0;

➤ 正点原子 TFTLCD 模块(仅限 MCU 屏,16 位 8080 并口驱动);

➤ STM32 自带 CAN 控制器;

➤ CAN 收发芯片 TJA1050/SIT1050T。

(3) 原理图

STM32 有 CAN 的控制器,但要实现 CAN 通信的差分电平,还需要借助外围电

路。根据需要实现的程序功能,设计的电路原理如图 30.1 所示。可以看出,STM32F1
的 CAN 通过 P6 的设置,连接到 TJA1050 或 SIT1050T 收发芯片,然后通过接线端子
(CAN)同外部的 CAN 总线连接。图中可以看出,精英 STM32F103 开发板上带了 120 Ω
的终端电阻,如果不作为 CAN 的终端,则需要把这个电阻去掉,以免影响通信。注意,
CAN 和 USB 共用 PA11 和 PA12,所以不能同时使用。

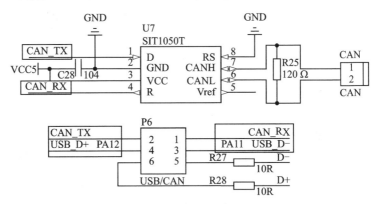

图 30.1　CAN 连接原理图

　　注意,还要设置好开发板上 P6 排针的连
接,通过跳线帽将 PA11 和 PA12 分别连接
到 CRX 和 CTX,如图 30.2 所示。

　　最后,用两根导线将两个开发板 CAN 端
子的 CAN_L 和 CAN_L、CAN_H 和 CAN_H
连接起来,接反会导致通信异常。

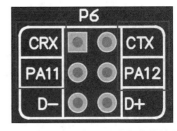

图 30.2　CAN 实验需要跳线连接的位置

30.3　程序设计

30.3.1　配套源码路径

　　本实验配置好的实验工程已经放到了配套资料中,路径为:开发板光盘 A-基础资
料\1、程序源码\4、CubeIDE_project\25_CAN。

30.3.2　创建和配置工程

　　在 STM32CubeIDE 中复制 13_TFTLCD 工程,并将工程文件名和.ioc 文件名均修
改为 25_CAN,以进行下一步的实验操作。

1. CAN 配置

　　双击 25_CAN.ioc 进入 STM32CubeMX 插件,在 Pinout & Configuration 处配置
CAN 的相关 I/O,如图 30.3 所示。

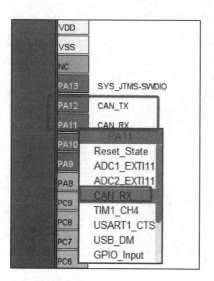

图 30.3　GPIO 复用

接着在 Connectivity→CAN 界面配置 CAN 参数,如图 30.4 所示。

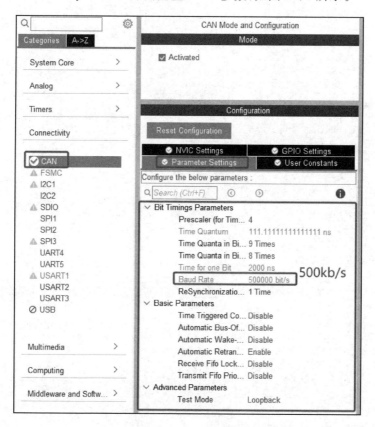

图 30.4　CAN 参数配置

通过该配置可设置 CAN 的通信波特率,计算公式如下:

$$波特率 = F_{pclk1} / ((t_{bs1} + t_{bs2} + 1) \cdot brp)$$

经过上述配置后,波特率 = 36 MHz/((9+8+1)×4) = 500 kbps,通信模式默认配置为环回模式(自发自收)。

30.3.3　生成初始化工程

按下"Ctrl+S"保存配置,生成工程,可以看到工程中多了一个 can.c 文件。can.c 主要用于完成 CAN 的初始化。

30.3.4　添加用户驱动代码

本章实验主要修改以下几个文件,分别是 can.c、can.h、main.c。can.h 文件中仅添加了 can.c 中实现的一些功能函数的声明,这里不过多赘述。

1. can.c 文件代码

```
void MX_CAN_Init(void)
{
  hcan.Instance = CAN1;
  hcan.Init.Prescaler = 4;
  hcan.Init.Mode = CAN_MODE_LOOPBACK;
  hcan.Init.SyncJumpWidth = CAN_SJW_1TQ;
  hcan.Init.TimeSeg1 = CAN_BS1_9TQ;
  hcan.Init.TimeSeg2 = CAN_BS2_8TQ;
  hcan.Init.TimeTriggeredMode = DISABLE;
  hcan.Init.AutoBusOff = DISABLE;
  hcan.Init.AutoWakeUp = DISABLE;
  hcan.Init.AutoRetransmission = ENABLE;
  hcan.Init.ReceiveFifoLocked = DISABLE;
  hcan.Init.TransmitFifoPriority = DISABLE;
  if (HAL_CAN_Init(&hcan) != HAL_OK)
  {
    Error_Handler();
  }
  /* USER CODE BEGIN CAN_Init 2 */
  /* 配置 CAN 过滤器 */
  sFilterConfig.FilterBank = 0;                              /* 过滤器 0 */
  sFilterConfig.FilterMode = CAN_FILTERMODE_IDMASK;          /* 标识符屏蔽位模式 */
  sFilterConfig.FilterScale = CAN_FILTERSCALE_32BIT;         /* 长度 32 位位宽 */
  sFilterConfig.FilterIdHigh = 0x0000;                       /* 32 位 ID */
  sFilterConfig.FilterIdLow = 0x0000;
  sFilterConfig.FilterMaskIdHigh = 0x0000;                   /* 32 位 MASK */
  sFilterConfig.FilterMaskIdLow = 0x0000;
  sFilterConfig.FilterFIFOAssignment = CAN_FILTER_FIFO0;     /* 过滤器 0 关联到 FIFO0 */
  sFilterConfig.FilterActivation = CAN_FILTER_ENABLE;        /* 激活滤波器 0 */
  sFilterConfig.SlaveStartFilterBank = 14;
  /* 过滤器配置 */
  if (HAL_CAN_ConfigFilter(&hcan, &sFilterConfig) != HAL_OK)
  {
```

```
    }
    /* 启动 CAN 外围设备 */
    if (HAL_CAN_Start(&hcan) != HAL_OK)
    {

    }
    /* USER CODE END CAN_Init 2 */
}
/* 省略部分代码…… */
/* USER CODE BEGIN 1 */
/**
 * @brief          CAN 模式设置
 * @note           模式选择:环回模式、普通模式
 * @param          mode      : CAN_MODE_NORMAL，  正常模式;
 *                            CAN_MODE_LOOPBACK,回环模式;
 * @retval         无
 */
void can_set_mode(uint32_t mode)
{
    hcan.Instance = CAN1;
    hcan.Init.Prescaler = 4;
    hcan.Init.Mode = mode;
    hcan.Init.SyncJumpWidth = CAN_SJW_1TQ;
    hcan.Init.TimeSeg1 = CAN_BS1_9TQ;
    hcan.Init.TimeSeg2 = CAN_BS2_8TQ;
    hcan.Init.TimeTriggeredMode = DISABLE;
    hcan.Init.AutoBusOff = DISABLE;
    hcan.Init.AutoWakeUp = DISABLE;
    hcan.Init.AutoRetransmission = ENABLE;
    hcan.Init.ReceiveFifoLocked = DISABLE;
    hcan.Init.TransmitFifoPriority = DISABLE;
    if (HAL_CAN_Init(&hcan) != HAL_OK)
    {
        Error_Handler();
    }
    /* 配置 CAN 过滤器 */
    sFilterConfig.FilterBank = 0;                              /* 过滤器 0 */
    sFilterConfig.FilterMode = CAN_FILTERMODE_IDMASK;         /* 标识符屏蔽位模式 */
    sFilterConfig.FilterScale = CAN_FILTERSCALE_32BIT;        /* 长度 32 位位宽 */
    sFilterConfig.FilterIdHigh = 0x0000;                     /* 32 位 ID */
    sFilterConfig.FilterIdLow = 0x0000;
    sFilterConfig.FilterMaskIdHigh = 0x0000;                  /* 32 位 MASK */
    sFilterConfig.FilterMaskIdLow = 0x0000
    sFilterConfig.FilterFIFOAssignment = CAN_FILTER_FIFO0;   /* 关联到 FIFO0 */
    sFilterConfig.FilterActivation = CAN_FILTER_ENABLE;       /* 激活滤波器 0 */
    sFilterConfig.SlaveStartFilterBank = 14;
    /* 过滤器配置 */
    if (HAL_CAN_ConfigFilter(&hcan, &sFilterConfig) != HAL_OK)
    {

    }
    /* 启动 CAN 外围设备 */
    if (HAL_CAN_Start(&hcan) != HAL_OK)
    {

    }
```

```
    }
/**
 * @brief        CAN 发送一组数据
 * @note         发送格式固定为:标准 ID,数据帧
 * @param        id      :标准 ID(11 位)
 * @retval       发送状态 0,成功;1,失败;
 */
uint8_t can_send_msg(uint32_t id, uint8_t * msg, uint8_t len)
{
    uint32_t TxMailbox = CAN_TX_MAILBOX0;
    g_canx_txheader.StdId = id;            /* 标准标识符 */
    g_canx_txheader.ExtId = id;        /* 扩展标识符(29 位) 标准标识符情况下,该成员无效 */
    g_canx_txheader.IDE = CAN_ID_STD;      /* 使用标准标识符 */
    g_canx_txheader.RTR = CAN_RTR_DATA;  /* 数据帧 */
    g_canx_txheader.DLC = len;
    if (HAL_CAN_AddTxMessage(&hcan, &g_canx_txheader, msg, &TxMailbox) != HAL_OK)
                                                                  /* 发送消息 */
    {
        return 1;
    }
    /* 等待发送完成,所有邮箱(有 3 个邮箱)为空 */
    while (HAL_CAN_GetTxMailboxesFreeLevel(&hcan) != 3);
    return 0;
}
/**
 * @brief        CAN 接收数据查询
 * @note         接收数据格式固定为:标准 ID,数据帧
 * @param        id      :要查询的 标准 ID(11 位)
 * @param        buf     :数据缓存区
 * @retval       接收结果
 *     @arg       0    ,无数据被接收到;
 *     @arg       其他,接收的数据长度
 */
uint8_t can_receive_msg(uint32_t id, uint8_t * buf)
{
    if (HAL_CAN_GetRxFifoFillLevel(&hcan, CAN_RX_FIFO0) == 0)/* 没有接收到数据 */
    {
        return 0;
    }
    if (HAL_CAN_GetRxMessage(&hcan, CAN_RX_FIFO0, &g_canx_rxheader, buf) != HAL_OK)
                                                                  /* 读取数据 */
    {
        return 0;
    }
    if (g_canx_rxheader.StdId != id || g_canx_rxheader.IDE != CAN_ID_STD || g_canx_rxhead-
        er.RTR != CAN_RTR_DATA)/* 接收到的 ID 不对,不是标准帧或数据帧 */
    {
        return 0;
    }
    return g_canx_rxheader.DLC;
}
/* USER CODE END 1 */
```

CAN 的初始化函数中添加的部分为配置过滤器,以使能硬件自动过滤功能,最后使能 CAN 来开始 CAN 控制器的工作。

　　can_set_mode 函数用于设置 CAN 的通信模式,支持环回模式和普通模式切换。并且实现了另外两个 CAN 的收发函数,分别是 can_send_msg 和 can_receive_msg。

2. main.c 文件代码

```
int main(void)
{
    /* USER CODE BEGIN 1 */
    uint8_t key;
    uint8_t i = 0, t = 0;
    uint8_t cnt = 0;
    uint8_t canbuf[8];
    uint8_t rxlen = 0;
    uint8_t res;
    uint8_t mode = 1;   /* CAN 工作模式:0,正常模式;1,回环模式 */
    /* USER CODE END 1 */
    HAL_Init();
    /* 系统时钟初始化 */
    SystemClock_Config();
    /* 延时初始化 */
    delay_init(72);
    /* GPIO 初始化 */
    MX_GPIO_Init();
    /* FSMC 初始化 */
    MX_FSMC_Init();
    /* 串口初始化 */
    MX_USART1_UART_Init();
    /* CAN 初始化 */
    MX_CAN_Init();
    /* USER CODE BEGIN 2 */
    lcd_init();                                       /* 初始化 LCD */
    lcd_show_string(30, 50, 200, 16, 16, "STM32", RED);
    lcd_show_string(30, 70, 200, 16, 16, "CAN TEST", RED);
    lcd_show_string(30, 90, 200, 16, 16, "ATOM@ALIENTEK", RED);
    lcd_show_string(30, 110, 200, 16, 16, "LoopBack Mode", RED);
    lcd_show_string(30, 130, 200, 16, 16, "KEY0:Send KEK_UP:Mode", RED);
    lcd_show_string(30, 150, 200, 16, 16, "Count:", RED);     /* 显示当前计数值 */
    lcd_show_string(30, 170, 200, 16, 16, "Send Data:", RED);  /* 提示发送的数据 */
    lcd_show_string(30, 230, 200, 16, 16, "Receive Data:", RED);
    /* USER CODE END 2 */
    while (1)
    {
        key = key_scan(0);
        if (key == KEY0_PRES)                 /* KEY0 按下,发送一次数据 */
        {
            for (i = 0; i < 8; i++)
            {
                canbuf[i] = cnt + i;       /* 填充发送缓冲区 */
```

```
                    if (i < 4)
                    {
                        lcd_show_xnum(30 + i * 32, 190, canbuf[i], 3, 16, 0X80,
                        BLUE);                    /* 显示数据 */
                    }
                    else
                    {
                        lcd_show_xnum(30 + (i - 4) * 32, 210, canbuf[i], 3, 16,
                        0X80, BLUE);              /* 显示数据 */
                    }
                }
                res = can_send_msg(0X12, canbuf, 8); /* ID = 0X12, 发送 8 个字节 */
                if (res)
                {
                    lcd_show_string(30 + 80, 170, 200, 16, 16, "Failed", BLUE);
                }
                else
                {
                    lcd_show_string(30 + 80, 170, 200, 16, 16, "OK      ", BLUE);
                }
            }
            else if (key == WKUP_PRES)              /* WK_UP 按下, 改变 CAN 的工作模式 */
            {
                mode = !mode;
                if (mode == 0)                      /* 正常模式, 需要 2 个开发板 */
                {
                    /* CAN 正常模式初始化, 正常模式, 波特率 500 kbps */
                    can_set_mode(CAN_MODE_NORMAL);
                    lcd_show_string(30, 110, 200, 16, 16, "Nnormal Mode ", RED);
                }
                else /* 回环模式, 一个开发板就可以测试了 */
                {
                    /* CAN 回环模式初始化, 回环模式, 波特率 500 kbps */
                    can_set_mode(CAN_MODE_LOOPBACK);
                    lcd_show_string(30, 110, 200, 16, 16, "LoopBack Mode", RED);
                }
            }
            rxlen = can_receive_msg(0X12, canbuf);  /* CAN ID = 0X12, 接收数据查询 */
            if (rxlen)                              /* 接收到有数据 */
            {
                lcd_fill(30, 270, 130, 310, WHITE); /* 清除之前的显示 */
                for (i = 0; i < rxlen; i++)
                {
                    if (i < 4)
                    {
                        lcd_show_xnum(30 + i * 32, 250, canbuf[i], 3, 16, 0X80,
                        BLUE);                    /* 显示数据 */
                    }
                    else
                    {
                        lcd_show_xnum(30 + (i - 4) * 32, 270, canbuf[i], 3, 16,
```

```
                    0X80, BLUE);        /* 显示数据 */
                }
            }
        }
        t++;
        delay_ms(10);
        if (t == 20)
        {
            LED0_TOGGLE();              /* 提示系统正在运行 */
            t = 0;
            cnt++;
            lcd_show_xnum(30 + 48, 150, cnt, 3, 16, 0X80, BLUE);  /* 显示数据 */
        }
    }
}
```

main 函数的执行过程比较简单,通过按键控制通信模式以及发送数据等。注意,在选择正常模式的情况下,要使两个开发板通信成功,则必须保持一致的波特率。

30.4　下载验证

代码编译成功后下载代码到开发板上,显示界面如图 30.5 所示。

伴随 LED0 的不停闪烁,提示程序在运行。默认设置回环模式,按下 KEY0 就可以在 LCD 模块上面看到自发自收的数据(如图 30.5 所示);如果选择正常模式(KEY_UP 按键切换),则必须连接两个开发板的 CAN 接口再互发数据,如图 30.6 和图 30.7 所示。

其中,图 30.6 来自开发板 A,发送了 8 个数据;图 30.7 来自开发板 B,收到了来自开发板 A 的 8 个数据。

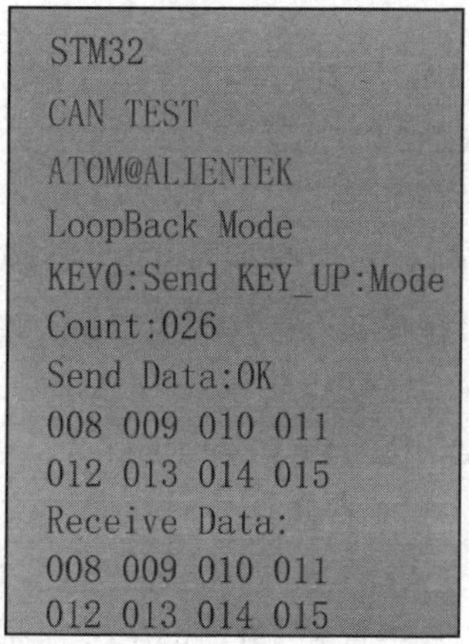

```
STM32

CAN TEST

ATOM@ALIENTEK

LoopBack Mode

KEY0:Send KEY_UP:Mode

Count:026

Send Data:OK

008 009 010 011

012 013 014 015

Receive Data:

008 009 010 011

012 013 014 015
```

图 30.5　程序运行
　　效果图

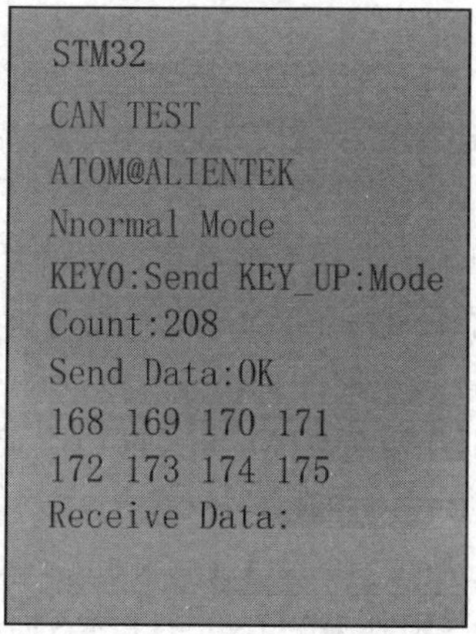

```
STM32

CAN TEST

ATOM@ALIENTEK

Nnormal Mode

KEY0:Send KEY_UP:Mode

Count:208

Send Data:OK

168 169 170 171

172 173 174 175

Receive Data:
```

图 30.6　CAN 正常模式
　　发送数据

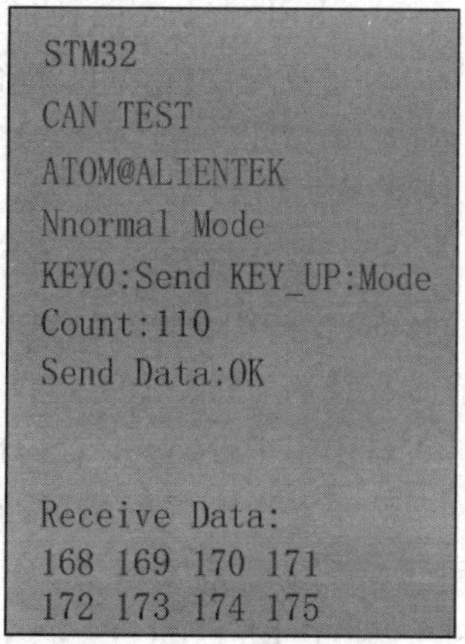

```
STM32

CAN TEST

ATOM@ALIENTEK

Nnormal Mode

KEY0:Send KEY_UP:Mode

Count:110

Send Data:OK



Receive Data:

168 169 170 171

172 173 174 175
```

图 30.7　CAN 正常模式
　　接收数据

第**31**章

触摸屏实验

本章将介绍如何使用 STM32F1 来驱动触摸屏。正点原子精英 STM32F103 本身没有触摸屏控制器,但是支持触摸屏,可以通过外接带触摸屏的 LCD 模块(比如正点原子 TFTLCD 模块)来实现触摸屏控制。本章将介绍 STM32 控制正点原子 TFTLCD 模块(包括电阻触摸与电容触摸),从而实现触摸屏驱动,最终实现一个手写板的功能。

31.1 硬件设计

1) 例程功能
➢ 程序运行后先显示实验信息,随后在 LCD 上绘制出触摸屏被触摸的轨迹;
➢ 通过触摸屏幕右上角的 RST 来清空屏幕;
➢ 使用电阻式触摸屏时可按下 KEY0 按键进行触摸校准;
➢ LED0 闪烁,指示程序正在运行。

2) 硬件资源
➢ LED 灯:LED0 - PB5;
➢ 独立按键:KEY0 - PE4;
➢ EEPROM AT24C02;
➢ 正点原子 TFTLCD 模块(仅限 MCU 屏,16 位 8080 并口驱动);
➢ 串口 1(PA9 或 PA10 连接在板载 USB 转串口芯片 CH340 上面)。

3) 原理图
所有这些资源与 STM32F1 的连接图前面都已经介绍了,这里只针对 TFTLCD 模块与 STM32F1 的连接端口再说明一下。TFTLCD 模块的触摸屏(电阻触摸屏)总共有 5 根线与 STM32F1 连接,连接电路图如图 31.1 所示。可以看出,T_SCK、T_MISO、T_MOSI、T_PEN 和 T_CS 分别连接在 STM32F1 的 PB1、PB2、PF9、PF10 和 PF11 上。

如果是电容式触摸屏,则接口和电阻式触摸屏一样(图 31.1 右侧接口),只是没有用到 5 根线而是 4 根线,分别是 T_PEN(CT_INT)、T_CS(CT_RST)、T_CLK(CT_SCL)和 T_MOSI(CT_SDA)。其中,CT_INT、CT_RST、CT_SCL 和 CT_SDA 分别是 GT9147、FT5206 的中断输出信号、复位信号及 I^2C 的 SCL 和 SDA 信号。用查询的方式读取 GT9147、FT5206 的数据,FT5206 没有用到中断信号(CT_INT),所以同 STM32F1 的连接最少只需要 3 根线即可;GT9147 等 IC 还需要用到 CT_INT 做 I^2C

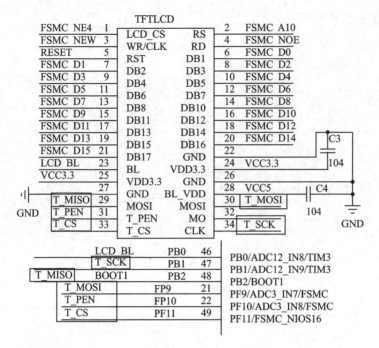

图 31.1　触摸屏与 STM32F1 的连接图

地址设定,所以需要 4 根线连接。

31.2　程序设计

31.2.1　配套源码路径

本实验配置好的实验工程已经放到了配套资料中,路径为:开发板光盘 A-基础资料\1、程序源码\4,CubeIDE_project\26_TOUCH。

31.2.2　创建和配置工程

在 STM32CubeIDE 中复制 13_TFTLCD 工程,并将工程文件名和.ioc 文件名均修改为 26_TOUCH,以进行下一步的实验操作。

本实验涉及触摸屏部分的 I/O 不在软件上直接配置,主要为了兼容电阻屏和电容屏的驱动,而是在代码中自己实现。

31.2.3　添加用户驱动代码

在 Drivers/BSP 文件夹中新建 TOUCH 文件夹,并在该文件夹添加触摸屏的驱动代码,包括 touch.c、touch.h、ctiic.c、ctiic.h、ft5206.c、ft5206.h、gt9xxx.c、gt9xxx.h 这8 个文件。

1. touch. c 文件代码

触摸屏的驱动主要看 touch. c 中触摸屏的初始化函数,如下所示:

```
/**
 * @brief        触摸屏初始化
 * @param        无
 * @retval       0,没有进行校准
 *               1,进行过校准
 */
uint8_t tp_init(void)
{
    GPIO_InitTypeDef gpio_init_struct;
    tp_dev.touchtype = 0;                          /* 默认设置(电阻屏 & 竖屏)*/
    tp_dev.touchtype|= lcddev.dir & 0X01;          /* 根据 LCD 判定是横屏还是竖屏 */
    if (lcddev.id == 0x7796)
    {
        /* 初始化 GT 系列触摸屏成功,即当前 3.5 寸屏为电容触摸屏 */
        if (gt9xxx_init() == 0)
        {
            tp_dev.scan = gt9xxx_scan;             /* 扫描函数指向 GT9147 触摸屏扫描 */
            tp_dev.touchtype|= 0X80;               /* 电容屏 */
            return 0;
        }
    }
    if (lcddev.id == 0X5510 || lcddev.id == 0X9806 || lcddev.id == 0X4342 || lcddev.id ==
    0X4384 || lcddev.id == 0X1018)  /* 电容触摸屏,4.3 寸/10.1 寸屏 */
    {
        gt9xxx_init();
        tp_dev.scan = gt9xxx_scan;                 /* 扫描函数指向 GT9147 触摸屏扫描 */
        tp_dev.touchtype|= 0X80;                   /* 电容屏 */
        return 0;
    }
    else if (lcddev.id == 0X1963 || lcddev.id == 0X7084 || lcddev.id == 0X7016)
                              /* SSD1963 7 寸屏或者 7 寸 800 * 480/1024 * 600 RGB 屏 */
    {
        if (!ft5206_init())
        {
            tp_dev.scan = ft5206_scan;   /* 扫描函数指向 FT5206 触摸屏扫描 */
        }
        else
        {
            gt9xxx_init();
            tp_dev.scan = gt9xxx_scan;   /* 扫描函数指向 GT9147 触摸屏扫描 */
        }
        tp_dev.touchtype|= 0X80;                   /* 电容屏 */
        return 0;
    }
    else
    {
        T_PEN_GPIO_CLK_ENABLE();         /* T_PEN 脚时钟使能 */
```

```
    T_CS_GPIO_CLK_ENABLE();          /* T_CS 脚时钟使能 */
    T_MISO_GPIO_CLK_ENABLE();        /* T_MISO 脚时钟使能 */
    T_MOSI_GPIO_CLK_ENABLE();        /* T_MOSI 脚时钟使能 */
    T_CLK_GPIO_CLK_ENABLE();         /* T_CLK 脚时钟使能 */
    gpio_init_struct.Pin = T_PEN_GPIO_PIN;
    gpio_init_struct.Mode = GPIO_MODE_INPUT;               /* 输入 */
    gpio_init_struct.Pull = GPIO_PULLUP;                   /* 上拉 */
    gpio_init_struct.Speed = GPIO_SPEED_FREQ_HIGH;         /* 高速 */
    HAL_GPIO_Init(T_PEN_GPIO_PORT, &gpio_init_struct);
    gpio_init_struct.Pin = T_MISO_GPIO_PIN;
    HAL_GPIO_Init(T_MISO_GPIO_PORT, &gpio_init_struct);
    gpio_init_struct.Pin = T_MOSI_GPIO_PIN;
    gpio_init_struct.Mode = GPIO_MODE_OUTPUT_PP;           /* 推挽输出 */
    gpio_init_struct.Pull = GPIO_PULLUP;                   /* 上拉 */
    gpio_init_struct.Speed = GPIO_SPEED_FREQ_HIGH;         /* 高速 */
    HAL_GPIO_Init(T_MOSI_GPIO_PORT, &gpio_init_struct);
    gpio_init_struct.Pin = T_CLK_GPIO_PIN;
    HAL_GPIO_Init(T_CLK_GPIO_PORT, &gpio_init_struct);
    gpio_init_struct.Pin = T_CS_GPIO_PIN;
    HAL_GPIO_Init(T_CS_GPIO_PORT, &gpio_init_struct);
    tp_read_xy(&tp_dev.x[0], &tp_dev.y[0]);    /* 第一次读取初始化 */
    at24cxx_init();                            /* 初始化 24CXX */
    if (tp_get_adjust_data())
    {
        return 0;          /* 已经校准 */
    }
    else                   /* 未校准吗 */
    {
        lcd_clear(WHITE);    /* 清屏 */
        tp_adjust();         /* 屏幕校准 */
        tp_save_adjust_data();
    }
    tp_get_adjust_data();
  }
  return 1;
}
```

可以看出,触摸屏初始化时会读取 TFTLCD 模块 LCD 的 ID 号,以此判断触摸屏的型号。因此,使用本触摸屏驱动初始化触摸屏前,需要先进行 LCD 的初始化。触摸屏的初始化函数会依据 LCD 的 ID 对不同型号的触摸屏进行初始化。

2. main.c 文件代码

```
int main(void)
{
  HAL_Init();
  /* 系统时钟初始化 */
  SystemClock_Config();
  /* 延时初始化 */
  delay_init(72);
  /* GPIO 初始化 */
```

```
   MX_GPIO_Init();
   /* FSMC 初始化 */
   MX_FSMC_Init();
   /* 串口初始化 */
   MX_USART1_UART_Init();
   /* USER CODE BEGIN 2 */
   lcd_init();                                          /* 初始化 LCD */
   tp_dev.init();                                       /* 触摸屏初始化 */
   lcd_show_string(30, 50, 200, 16, 16, "STM32", RED);
   lcd_show_string(30, 70, 200, 16, 16, "TOUCH TEST", RED);
   lcd_show_string(30, 90, 200, 16, 16, "ATOM@ALIENTEK", RED);
   if (tp_dev.touchtype != 0XFF)
   {
       lcd_show_string(30, 110, 200, 16, 16, "Press KEY0 to Adjust", RED);
   }
   delay_ms(1500);
   load_draw_dialog();
   if (tp_dev.touchtype & 0X80)
   {
       ctp_test();  /* 电容屏测试 */
   }
   else
   {
       rtp_test();  /* 电阻屏测试 */
   }
   /* USER CODE END 2 */
   while (1)
   {
       delay_ms(10);
   }
}
```

触摸屏初始化后便根据触摸屏的不同类型调用不同的测试函数,这是因为电容屏是支持多点触控的,而电阻屏并不支持。

电容屏测试测试函数如下所示:

```
/**
 * @brief        电容触摸屏测试函数
 * @param        无
 * @retval       无
 */
void ctp_test(void)
{
    uint8_t t = 0;
    uint8_t i = 0;
    uint16_t lastpos[10][2];              /* 最后一次的数据 */
    uint8_t maxp = 5;
    if (lcddev.id == 0X1018)maxp = 10;
    while (1)
    {
        tp_dev.scan(0);
```

```
        for (t = 0; t < maxp; t ++)
        {
            if ((tp_dev.sta) & (1 << t))
            {
                if (tp_dev.x[t] < lcddev.width && tp_dev.y[t] < lcddev.height)
                {
                    if (lastpos[t][0] == 0XFFFF)
                    {
                        lastpos[t][0] = tp_dev.x[t];
                        lastpos[t][1] = tp_dev.y[t];
                    }
                    lcd_draw_bline(lastpos[t][0], lastpos[t][1], tp_dev.x[t],
                    tp_dev.y[t], 2, POINT_COLOR_TBL[t]); /* 画线 */
                    lastpos[t][0] = tp_dev.x[t];
                    lastpos[t][1] = tp_dev.y[t];
                    if (tp_dev.x[t] > (lcddev.width - 24) && tp_dev.y[t] < 20)
                    {
                        load_draw_dialog();/* 清除 */
                    }
                }
            }
            else
            {
                lastpos[t][0] = 0XFFFF;
            }
        }
        delay_ms(5);
        i ++;
        if (i % 20 == 0)LED0_TOGGLE();
    }
}
```

电阻触摸屏相对简单,因为仅支持单点触控,所以将触摸的一个触摸点对应 LCD 屏幕上坐标的点进行绘制即可。同时,因为电阻触摸屏需要校准,因此检测到 KEY0 按键被按下时便会进行电阻触摸屏校准。

31.3　下载验证

在完成编译和烧录操作后,可以看到 LCD 上显示了本实验的实验信息,随后便进入白板界面,此时便可在 LCD 上通过触摸屏绘制出任意的图案。若是电容屏,则还支持多点触控;若是电阻屏且出现触摸点与 LCD 上显示的绘制点坐标不吻合的情况,则可以按下 KEY0 按键进行电阻触摸屏的校准。

第**32**章

红外遥控实验

STM32 板子上标配了红外接收头和一个小巧的红外遥控器。本章将利用 STM32 的输入捕获功能解码开发板标配的红外遥控器的编码信号,并将编码后的键值在 LCD 模块中显示出来。

32.1 红外模块简介

红外模块是一种传感器设备,用于检测和接收红外线辐射。

红外发射器工作原理:由红外发光二极管组成,通过电流激发出红外线,波长范围在 $0.75\sim1\,000\ \mu s$。

红外接收器工作原理:由红外光敏二极管(或光敏电阻)组成,接收红外线辐射并产生电信号,电阻值或电压随之变化。

红外检测原理:红外接收器用于检测周围环境中的红外辐射,当物体存在或移动时,反射的红外线被接收到并产生相应电信号,可用于检测物体的存在、距离或运动状态。

红外通信原理:红外发射器调制红外光信号并传输数据,接收端通过红外接收器接收信号并解调还原数据信息。

红外模块广泛应用于许多领域,如红外遥控、红外侦测、反射传感、红外测温等。

32.2 硬件设计

(1)例程功能

开机后先在 LCD 上显示一些信息,之后即进入等待红外触发。如果接收到正确的红外信号,则解码,并在 LCD 上显示键值和所代表的意义、按键次数等信息。LED0 闪烁用于提示程序正在运行。

(2)硬件资源

➤ LED 灯:LED0 - PB5;

➤ 红外接收头:REMOTE_IN - PB9;

➤ 正点原子红外遥控器;

➤ 串口 1(PA9 或 PA10 连接在板载 USB 转串口芯片 CH340 上面);

> 正点原子 TFTLCD 模块(仅限 MCU 屏,16 位 8080 并口驱动)。

(3) 原理图

红外遥控接收头与 STM32 的连接关系如图 32.1 所示。

红外遥控接收头连接在 STM32 的 PB9(TIM4_CH4)上。硬件上不需要变动,只需要程序将 TIM4_CH4 设计输入捕获,然后将接收到的脉冲信号解码就可以了。

开发板配套的红外遥控器外观如图 32.2 所示。

开发板上接收红外遥控器信号的红外接收传感器外观如图 32.3 的箭头处所示。使用时需要遥控器有红外管的一端对准开发板上的红外管,这样才能正确收到信号。

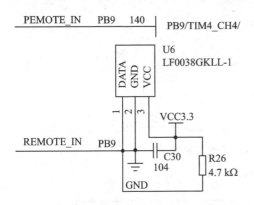

图 32.1　红外遥控接收头与 STM32 的连接电路图

图 32.3　板载的红外接收传感器

图 32.2　红外遥控器

32.3　程序设计

32.3.1　配套源码路径

本实验配置好的实验工程已经放到了配套资料中,路径为:开发板光盘 A-基础资料\1、程序源码\4,CubeIDE_project\27_REMOTE。

32.3.2　创建和配置工程

在 STM32CubeIDE 中,首先复制 13_TFTLCD 工程,并将工程文件名和.ioc 文件名均修改为 27_REMOTE,以进行下一步的实验操作。

1. TIM4 配置

双击 27_REMOTE.ioc 进入 STM32CubeMX 插件，在 Pinout & Configuration 处配置 PB9 的 GPIO 复用为 TIM4_CH4，如图 32.4 所示。

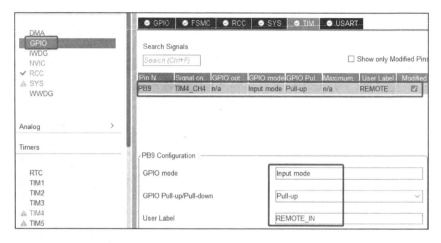

图 32.4　GPIO 参数配置

接着在 Timers→TIM4 界面配置 TIM4 参数，如图 32.5 所示。

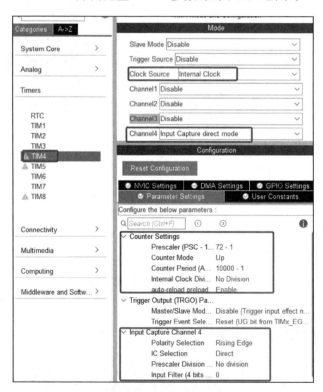

图 32.5　TIM4 参数配置

定时器的配置参数前面已经介绍过多遍,这里不再赘述。这里配置 TIM4 的通道 4 为输入捕获模式,并设置上升沿捕获。

2. NVIC 配置

由于本实验需要用到定时器的输入捕获中断,所以要配置 NVIC。首先开启定时器全局中断,配置定时器中断优先级分组为 2,抢占优先级 2,子优先级 1,如图 32.6 所示。

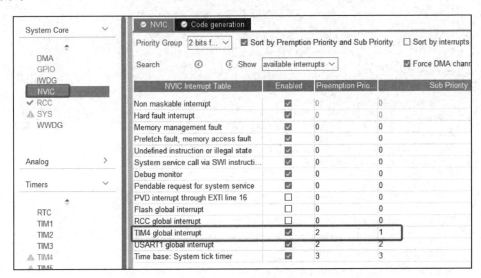

图 32.6　NVIC 配置

32.3.3　生成初始化工程

按下"Ctrl+S"保存配置,生成工程,可以看到在工程中多了一个 tim. c 文件。tim. c 主要用于完成 TIM4 通道 4 的初始化。

32.3.4　添加用户驱动代码

在 Drivers/BSP 文件夹中新建 REMOTE 文件夹,然后在 REMOTE 文件夹下新建两个文件,分别是 remote. c 和 remote. h。

本实验主要修改以下几个文件,分别是 tim. c、remote. h、remote. c、main. c。

1. tim. c 文件代码

```
void MX_TIM4_Init(void)
{
  TIM_ClockConfigTypeDef sClockSourceConfig = {0};
  TIM_MasterConfigTypeDef sMasterConfig = {0};
  TIM_IC_InitTypeDef sConfigIC = {0};
  htim4. Instance = TIM4;
  htim4. Init. Prescaler = 72 - 1;
```

```
    htim4.Init.CounterMode = TIM_COUNTERMODE_UP;
    htim4.Init.Period = 10000 - 1;
    htim4.Init.ClockDivision = TIM_CLOCKDIVISION_DIV1;
    htim4.Init.AutoReloadPreload = TIM_AUTORELOAD_PRELOAD_ENABLE;
    if (HAL_TIM_Base_Init(&htim4) != HAL_OK)
    {
      Error_Handler();
    }
    sClockSourceConfig.ClockSource = TIM_CLOCKSOURCE_INTERNAL;
    if (HAL_TIM_ConfigClockSource(&htim4, &sClockSourceConfig) != HAL_OK)
    {
      Error_Handler();
    }
    if (HAL_TIM_IC_Init(&htim4) != HAL_OK)
    {
      Error_Handler();
    }
    sMasterConfig.MasterOutputTrigger = TIM_TRGO_RESET;
    sMasterConfig.MasterSlaveMode = TIM_MASTERSLAVEMODE_DISABLE;
    if (HAL_TIMEx_MasterConfigSynchronization(&htim4, &sMasterConfig) != HAL_OK)
    {
      Error_Handler();
    }
    sConfigIC.ICPolarity = TIM_INPUTCHANNELPOLARITY_RISING;
    sConfigIC.ICSelection = TIM_ICSELECTION_DIRECTTI;
    sConfigIC.ICPrescaler = TIM_ICPSC_DIV1;
    sConfigIC.ICFilter = 0;
    if (HAL_TIM_IC_ConfigChannel(&htim4, &sConfigIC, TIM_CHANNEL_4) != HAL_OK)
    {
      Error_Handler();
    }
    /* USER CODE BEGIN TIM4_Init 2 */
    HAL_TIM_IC_Start_IT(&htim4, TIM_CHANNEL_4);      /* 开始捕获 TIM 的通道值 */
    __HAL_TIM_ENABLE_IT(&htim4, TIM_IT_UPDATE);      /* 使能更新中断 */
    /* USER CODE END TIM4_Init 2 */
}
```

　　TIM4 的初始化函数中添加了函数 HAL_TIM_IC_Start_IT,用于开启并使能 TIM4 通道 4 的输入捕获中断;函数 __HAL_TIM_ENABLE_IT 用于使能定时器的更新中断。

2. remote.h 文件代码

```
# ifndef __REMOTE_H
# define __REMOTE_H
# include "../../SYSTEM/sys/sys.h"
# include "tim.h"
/ ***************************************************************/
/* 红外输入引脚及定时器 定义 */
# define REMOTE_IN_TIMX                           TIM4
# define REMOTE_IN_TIMX_IRQn                      TIM4_IRQn
```

```
#define REMOTE_IN_TIMX_CHY                        TIM_CHANNEL_4
/* 通道 Y, 1 <= Y <= 2 */
#define REMOTE_IN_TIMX_CCRY                       REMOTE_IN_TIMX->CCR4
#define REMOTE_IN_TIMX_CHY_CLK_ENABLE()
do{ __HAL_RCC_TIM4_CLK_ENABLE(); }while(0)          /* TIMX 时钟使能 */
/*******************************************************************/
#define RDATA              HAL_GPIO_ReadPin(REMOTE_IN_GPIO_Port, REMOTE_IN_Pin)
/* 红外数据输入脚 */
/* 红外遥控识别码(ID),每款遥控器的该值基本都不一样,但也有一样的.
 * 我们选用的遥控器识别码为 0
 */
#define REMOTE_ID          0
extern uint8_t g_remote_cnt;      /* 按键按下的次数 */
uint8_t remote_scan(void);
#endif
```

该文件采用宏定义的方式定义了定时器相关的一些内容,如通道和中断线等。同时,还使用宏定义的方式定义了红外数据输入引脚。

3. remote.c 文件代码

```
/* 遥控器接收状态
 * [7]  : 收到了引导码标志
 * [6]  : 得到了一个按键的所有信息
 * [5]  : 保留
 * [4]  : 标记上升沿是否已经被捕获
 * [3:0]: 溢出计时器
 */
uint8_t g_remote_sta = 0;
uint32_t g_remote_data = 0;  /* 红外接收到的数据 */
uint8_t  g_remote_cnt = 0;   /* 按键按下的次数 */


/**
 * @brief        定时器更新中断回调函数
 * @param        htim:定时器句柄
 * @retval       无
 */
void HAL_TIM_PeriodElapsedCallback(TIM_HandleTypeDef * htim)
{
    if (htim->Instance == REMOTE_IN_TIMX)
    {
        if (g_remote_sta & 0x80)                 /* 上次有数据被接收到了 */
        {
            g_remote_sta &= ~0X10;               /* 取消上升沿已经被捕获标记 */
            if ((g_remote_sta & 0X0F) == 0X00)
            {
                g_remote_sta |= 1 << 6;   /* 标记已经完成一次按键的键值信息采集 */
            }

            if ((g_remote_sta & 0X0F) < 14)
            {
```

```
                    g_remote_sta++;
            }
            else
            {
                g_remote_sta &= ~(1 << 7);    /* 清空引导标识 */
                g_remote_sta &= 0XF0;         /* 清空计数器 */
            }
        }
    }
}
/**
 * @brief       定时器输入捕获中断回调函数
 * @param       htim:定时器句柄
 * @retval      无
 */
void HAL_TIM_IC_CaptureCallback(TIM_HandleTypeDef * htim)
{
    if (htim->Instance == REMOTE_IN_TIMX)
    {
        uint16_t dval;   /* 下降沿时计数器的值 */
        if (RDATA)       /* 上升沿捕获 */
        {
            __HAL_TIM_SET_CAPTUREPOLARITY(&htim4,REMOTE_IN_TIMX_CHY,TIM_INPUTCHAN-
            NELPOLARITY_FALLING);//CC4P = 1 设置为下降沿捕获
            __HAL_TIM_SET_COUNTER(&htim4, 0);      /* 清空定时器值 */
            g_remote_sta|= 0X10;                   /* 标记上升沿已经被捕获 */
        }
        else             /* 下降沿捕获 */
        {
            dval = HAL_TIM_ReadCapturedValue(&htim4, REMOTE_IN_TIMX_CHY);
                            /* 读取 CCR4 也可以清 CC4IF 标志位 */
            __HAL_TIM_SET_CAPTUREPOLARITY(&htim4, REMOTE_IN_TIMX_CHY,
            TIM_INPUTCHANNELPOLARITY_RISING);      /* 配置 TIM4 通道 4 上升沿捕获 */
            if (g_remote_sta & 0X10)               /* 完成一次高电平捕获 */
            {
                if (g_remote_sta & 0X80)           /* 接收到了引导码 */
                {
                    if (dval > 300 && dval < 800)  /* 560 为标准值,560 μs */
                    {
                        g_remote_data >>= 1;       /* 右移一位 */
                        g_remote_data &= ~(0x80000000);  /* 接收到 0 */
                    }
                    /* 1680 为标准值,1680 μs */
                    else if (dval > 1400 && dval < 1800)
                    {
                        g_remote_data >>= 1;                /* 右移一位 */
                        g_remote_data|= 0x80000000;         /* 接收到 1 */
                    }
                    else if (dval > 2000 && dval < 3000)
                    {
                        g_remote_cnt++;            /* 按键次数增加 1 次 */
```

```
                        g_remote_sta &= 0XF0;              /* 清空计时器 */
                    }
                }
                else if (dval > 4200 && dval < 4700)  /* 4 500 为标准值 4.5 ms */
                {
                    g_remote_sta |= 1 << 7;               /* 标记成功接收到了引导码 */
                    g_remote_cnt = 0;                     /* 清除按键次数计数器 */
                }
            }
            g_remote_sta &= ~(1 << 4);
        }
    }
}
/**
 * @brief       处理红外按键(类似按键扫描)
 * @param       无
 * @retval      0   ,没有任何按键按下
 *              其他,按下的按键键值
 */
uint8_t remote_scan(void)
{
    uint8_t sta = 0;
    uint8_t t1, t2;
    if (g_remote_sta & (1 << 6))                          /* 得到一个按键的所有信息了 */
    {
        t1 = g_remote_data;                               /* 得到地址码 */
        t2 = (g_remote_data >> 8) & 0xff;                 /* 得到地址反码 */
        /* 检验遥控识别码(ID)及地址 */
        if ((t1 == (uint8_t)~t2) && t1 == REMOTE_ID)
        {
            t1 = (g_remote_data >> 16) & 0xff;
            t2 = (g_remote_data >> 24) & 0xff;
            if (t1 == (uint8_t)~t2)
            {
                sta = t1;                                 /* 键值正确 */
            }
        }
        /* 按键数据错误/遥控已经没有按下了 */
        if ((sta == 0) || ((g_remote_sta & 0X80) == 0))
        {
            g_remote_sta &= ~(1 << 6);                    /* 清除接收到有效按键标识 */
            g_remote_cnt = 0;                             /* 清除按键次数计数器 */
        }
    }
    return sta;
}
```

定时器更新中断回调函数主要是对标志位进行管理;输入捕获中断用于捕获其高电平的脉宽;remote_scan 函数用来扫描解码结果,相当于按键扫描,输入捕获解码的红外数据并通过该函数传送给其他程序。

原子教你玩 STM32CubeIDE

4. main.c 文件代码

```
int main(void)
{
    /* USER CODE BEGIN 1 */
    uint8_t key;
    uint8_t t = 0;
    char * str = 0;
    /* USER CODE END 1 */
    HAL_Init();
    /* 系统时钟初始化 */
    SystemClock_Config();
    /* 延时初始化 */
    delay_init(72);
    /* GPIO 初始化 */
    MX_GPIO_Init();
    /* FSMC 初始化 */
    MX_FSMC_Init();
    /* 串口初始化 */
    MX_USART1_UART_Init();
    /* TIM4 初始化 */
    MX_TIM4_Init();
    /* USER CODE BEGIN 2 */
    lcd_init();                                               /* 初始化 LCD */
    lcd_show_string(30,  50, 200, 16, 16, "STM32", RED);
    lcd_show_string(30,  70, 200, 16, 16, "REMOTE TEST", RED);
    lcd_show_string(30,  90, 200, 16, 16, "ATOM@ALIENTEK", RED);
    lcd_show_string(30, 110, 200, 16, 16, "KEYVAL:", RED);
    lcd_show_string(30, 130, 200, 16, 16, "KEYCNT:", RED);
    /* USER CODE END 2 */
    while (1)
    {
        key = remote_scan();
        if (key)
        {
            lcd_show_num(86, 110, key, 3, 16, BLUE);          /* 显示键值 */
            lcd_show_num(86, 130, g_remote_cnt, 3, 16, BLUE); /* 显示按键次数 */
            switch (key)
            {
                case 0:
                    str = "ERROR";
                    break;
                case 69:
                    str = "POWER";
                    break;
                case 70:
                    str = "UP";
                    break;
                case 64:
                    str = "PLAY";
                    break;
```

```
case 71:
    str = "ALIENTEK";
    break;
case 67:
    str = "RIGHT";
    break;
case 68:
    str = "LEFT";
    break;
case 7:
    str = "VOL - ";
    break;
case 21:
    str = "DOWN";
    break;
case 9:
    str = "VOL + ";
    break;
case 22:
    str = "1";
    break;
case 25:
    str = "2";
    break;
case 13:
    str = "3";
    break;
case 12:
    str = "4";
    break;
case 24:
    str = "5";
    break;
case 94:
    str = "6";
    break;
case 8:
    str = "7";
    break;
case 28:
    str = "8";
    break;
case 90:
    str = "9";
    break;
case 66:
    str = "0";
    break;
case 74:
    str = "DELETE";
    break;
```

```
                }
                lcd_fill(86, 150, 116 + 8 * 8, 170 + 16, WHITE);
                lcd_show_string(86, 150, 200, 16, 16, str, BLUE);    /* 显示 SYMBOL */
        }
        else
        {
                delay_ms(10);
        }
        t ++;
        if (t == 20)
        {
                t = 0;
                LED0_TOGGLE();   /* LED0 闪烁 */
        }
    }
}
```

main 函数代码比较简单,主要通过 remote_scan 函数获得红外遥控输入的数据(控制码),然后显示在 LCD 上面。

32.4 下载验证

将程序下载到开发板,可以看到 LED0 不停地闪烁,提示程序已经在运行了。LCD显示的内容如图 32.7 所示。

此时通过遥控器按下不同的按键,可以看到 LCD 上显示了不同按键的键值以及按键次数、对应遥控器上的符号,如图 32.8 所示。

图 32.7 程序运行效果图   图 32.8 解码成功

第 *33* 章

DHT11 数字温湿度传感器

数字温湿度传感器 DHT11 不但能测温度,还能测湿度。本章将介绍如何获取 DHT11 传感器的温湿度数据,并把数据显示在 LCD 上。

33.1　DHT11 数字温湿度传感器简介

DHT11 数字温湿度传感器是一种常用的温湿度检测设备,能够同时测量环境的温度和湿度。它采用数字信号输出,通过单一的数据线进行通信。工作原理:基于电容式湿度传感器和热敏电阻温度传感器,通过测量电阻值的变化来计算湿度,并通过测量温度传感器的电阻值来获取温度值。DHT11 传感器简单易用,广泛应用于各种温湿度监测场景,如家居环境监测、气象观测、温室控制等。

33.2　硬件设计

(1) 例程功能

开机时先检测是否有 DHT11 存在,如果没有,则提示错误。只有在检测到 DHT11 之后才开始读取温湿度值并显示在 LCD 上,如果发现了 DHT11,则程序每隔 100 ms 左右读取一次数据,并把温湿度显示在 LCD 上。LED0 闪烁用于提示程序正在运行。

(2) 硬件资源

➤ LED 灯:LED0 – PB5;

➤ DHT11 温湿度传感器– PG11;

➤ 串口 1(PA9 或 PA10 连接在板载 USB 转串口芯片 CH340 上面);

➤ 正点原子 TFTLCD 模块(仅限 MCU 屏,16 位 8080 并口驱动)。

(3) 原理图

DHT11 接口与 STM32 的连接关系与第 32 章 DS18B20 和 STM32 的关系一样,使用到的 GPIO 口是 PG11。

DHT11 和 DS18B20 的接口共用,不过 DHT11 有 4 条腿,需要把 U4 的 4 个接口都用上,将 DHT11 传感器插到这个上面就可以通过 STM32F1 来读取温湿度值了,如图 33.1 所示。

图 33.1　DHT11 连接示意图

　　注意,将 DHT11 贴有字的一面朝内,有很多孔的一面(网面)朝外,然后插入图 33.1 所示的 4 个孔内就可以了。

33.3　程序设计

33.3.1　配套源码路径

　　本实验配置好的实验工程已经放到了配套资料中,路径为:开发板光盘 A-基础资料\1、程序源码\4、CubeIDE_project\29_DHT11。

33.3.2　创建和配置工程

　　在 STM32CubeIDE 中,先复制 13_TFTLCD 工程,再将工程文件名和.ioc 文件名均修改为 29_DHT11,以进行下一步的实验操作。

　　双击 29_DHT11.ioc 进入 STM32CubeMX 插件,在 Pinout & Configuration 处配置 PG11 为 GPIO_Output 模式,然后参数配置为开漏输出、上拉、高速模式,如图 33.2 所示。

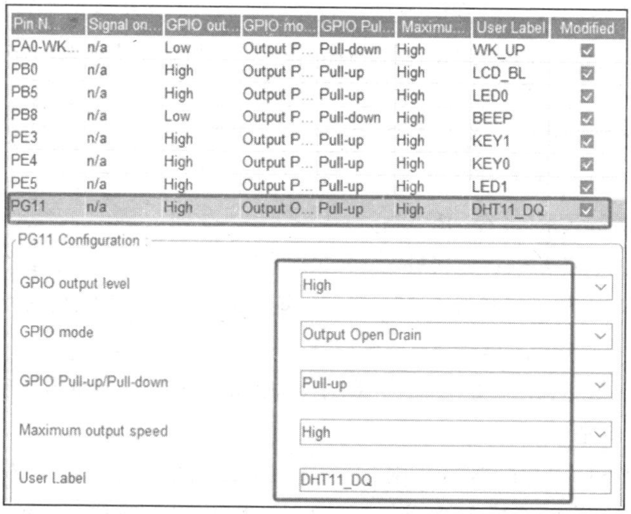

Pin N...	Signal on...	GPIO out...	GPIO mo...	GPIO Pull...	Maximu...	User Label	Modified
PA0-WK...	n/a	Low	Output P...	Pull-down	High	WK_UP	☑
PB0	n/a	High	Output P...	Pull-up	High	LCD_BL	☑
PB5	n/a	High	Output P...	Pull-up	High	LED0	☑
PB8	n/a	Low	Output P...	Pull-down	High	BEEP	☑
PE3	n/a	High	Output P...	Pull-up	High	KEY1	☑
PE4	n/a	High	Output P...	Pull-up	High	KEY0	☑
PE5	n/a	High	Output P...	Pull-up	High	LED1	☑
PG11	n/a	High	Output O...	Pull-up	High	DHT11_DQ	☑

PG11 Configuration

GPIO output level	High ∨
GPIO mode	Output Open Drain ∨
GPIO Pull-up/Pull-down	Pull-up ∨
Maximum output speed	High ∨
User Label	DHT11_DQ

图 33.2　GPIO 参数配置

33.3.3　添加用户驱动代码

按下"Ctrl+S"保存配置并生成工程,再在 Drivers/BSP 文件夹中新建 DHT11 文件夹,然后在 DHT11 文件夹下新建两个文件,分别是 dht11. c 和 dht11. h。下面开始添加用户代码。

1. dht11. h 文件代码

```
#ifndef __DHT11_H
#define __DHT11_H
#include "../../SYSTEM/sys/sys.h"
/********************************************************************/
/* I/O 操作函数 */
#define DHT11_DQ_OUT(x)        do{ x ? \
                               HAL_GPIO_WritePin(DHT11_DQ_GPIO_Port, \
                               DHT11_DQ_Pin, GPIO_PIN_SET) : \
                               HAL_GPIO_WritePin(DHT11_DQ_GPIO_Port, \
                                 DHT11_DQ_Pin, GPIO_PIN_RESET); \
                               }while(0)
/* 数据端口输出 */
#define DHT11_DQ_IN            HAL_GPIO_ReadPin(DHT11_DQ_GPIO_Port, DHT11_DQ_Pin)
/* 数据端口输入 */
uint8_t dht11_init(void);                         /* 初始化 DHT11 */
uint8_t dht11_check(void);                        /* 检测是否存在 DHT11 */
uint8_t dht11_read_data(uint8_t * temp,uint8_t * humi);   /* 读取温湿度 */
#endif
```

DHT11_DQ_IN 用于读取 PG11 引脚(总线)的电平。DHT11_DQ_OUT 通过参数 x 设置 PG11 引脚的电平,当 x 为 0 时,设置 PG11 输出 0;当 x 为 1 时,设置 PG11 输出 1。

2. dht11. c 文件代码

```
/**
 * @brief        复位 DHT11
 * @param        无
 * @retval       无
 */
static void dht11_reset(void)
{
    DHT11_DQ_OUT(0);       /* 拉低 DQ */
    delay_ms(20);          /* 拉低至少 18 ms */
    DHT11_DQ_OUT(1);       /* DQ = 1 */
    delay_us(30);          /* 主机拉高 10~35 μs */
}
/**
 * @brief        等待 DHT11 的回应
 * @param        无
 * @retval       0, DHT11 正常
 *               1, DHT11 异常/不存在
```

```
 */
uint8_t dht11_check(void)
{
    uint8_t retry = 0;
    uint8_t rval = 0;
    while (DHT11_DQ_IN && retry < 100)    /* DHT11 会拉低约 83 μs */
    {
        retry++;
        delay_us(1);
    }
    if (retry >= 100)
    {
        rval = 1;
    }
    else
    {
        retry = 0;
        while (!DHT11_DQ_IN && retry < 100)  /* DHT11 拉低后会再次拉高约 87 μs */
        {
            retry++;
            delay_us(1);
        }
        if (retry >= 100) rval = 1;
    }
    return rval;
}
/**
 * @brief          从 DHT11 读取一个位
 * @param          无
 * @retval         读取到的位值: 0 / 1
 */
uint8_t dht11_read_bit(void)
{
    uint8_t retry = 0;
    while (DHT11_DQ_IN && retry < 100)    /* 等待变为低电平 */
    {
        retry++;
        delay_us(1);
    }
    retry = 0;
    while (!DHT11_DQ_IN && retry < 100)  /* 等待变高电平 */
    {
        retry++;
        delay_us(1);
    }
    delay_us(40);          /* 等待 40 μs */
    if (DHT11_DQ_IN)       /* 根据引脚状态返回 bit */
    {
        return 1;
    }
    else
```

```
            return 0;
        }
}
/**
 *  @brief          从 DHT11 读取一个字节
 *  @param          无
 *  @retval         读到的数据
 */
static uint8_t dht11_read_byte(void)
{
    uint8_t i, data = 0;
    for (i = 0; i < 8; i++)          /* 循环读取 8 位数据 */
    {
        data <<= 1;                  /* 高位数据先输出, 先左移一位 */
        data |= dht11_read_bit();    /* 读取 1 bit 数据 */
    }
    return data;
}
/**
 *  @brief          从 DHT11 读取一次数据
 *  @param          temp: 温度值(范围:-20~60)
 *  @param          humi: 湿度值(范围:5%~95%)
 *  @retval         0, 正常
 *                  1, 失败
 */
uint8_t dht11_read_data(uint8_t * temp, uint8_t * humi)
{
    uint8_t buf[5];
    uint8_t i;
    dht11_reset();
    if (dht11_check() == 0)
    {
        for (i = 0; i < 5; i++)          /* 读取 40 位数据 */
        {
            buf[i] = dht11_read_byte();
        }
        if ((buf[0] + buf[1] + buf[2] + buf[3]) == buf[4])
        {
            * humi = buf[0];
            * temp = buf[2];
        }
    }
    else
    {
        return 1;
    }

    return 0;
}
/**
```

```
 * @brief        初始化 DHT11 的 IO 口 DQ 同时检测 DHT11 的存在
 * @param        无
 * @retval       0, 正常
 *               1, 不存在/不正常
 */
uint8_t dht11_init(void)
{
    dht11_reset();
    return dht11_check();
}
```

该文件中的函数基本都是根据 DHT11 的时序图设计的,读者可结合 DHT11 的数据手册学习这部分的代码。

3. main.c 文件代码

```
int main(void)
{
    /* USER CODE BEGIN 1 */
    uint8_t t = 0;
    uint8_t temperature;
    uint8_t humidity;
    /* USER CODE END 1 */
    HAL_Init();
    /* 此处省略系统时钟初始化、延时初始化、GPIO 初始化、FSMC 初始化、串口初始化 */
    /* USER CODE BEGIN 2 */
    lcd_init();                                                    /* 初始化 LCD */
    lcd_show_string(30, 50, 200, 16, 16, "STM32", RED);
    lcd_show_string(30, 70, 200, 16, 16, "DHT11 TEST", RED);
    lcd_show_string(30, 90, 200, 16, 16, "ATOM@ALIENTEK", RED);
    while (dht11_init()) /* DHT11 初始化 */
    {
        lcd_show_string(30, 110, 200, 16, 16, "DHT11 Error", RED);
        delay_ms(200);
        lcd_fill(30, 110, 239, 130 + 16, WHITE);
        delay_ms(200);
    }
    lcd_show_string(30, 110, 200, 16, 16, "DHT11 OK", RED);
    lcd_show_string(30, 130, 200, 16, 16, "Temp:   C", BLUE);
    lcd_show_string(30, 150, 200, 16, 16, "Humi:   %", BLUE);
    /* USER CODE END 2 */
    while (1)
    {
        if (t % 10 == 0) /* 每 100 ms 读取一次 */
        {
            dht11_read_data(&temperature, &humidity);              /* 读取温湿度值 */
            lcd_show_num(30 + 40, 130, temperature, 2, 16, BLUE);  /* 显示温度 */
            lcd_show_num(30 + 40, 150, humidity, 2, 16, BLUE);     /* 显示湿度 */
        }
        delay_ms(10);
        t++;
        if (t == 20)
```

```
        {
            t = 0;
            LED0_TOGGLE(); /* LED0 闪烁 */
        }
    }
}
```

　　主函数代码比较简单,一系列硬件初始化后,如果 DHT11 初始化成功,那么在循环中调用 dht11_read_data 函数获取温湿度值,每隔 100 ms 读取数据并显示在 LCD 上。

33.4　下载验证

　　假定 DHT11 传感器已经接上去正确的位置,将程序下载到开发板后,可以看到 LED0 不停地闪烁,提示程序已经在运行了。LCD 显示当前的温度值内容如图 33.3 所示。

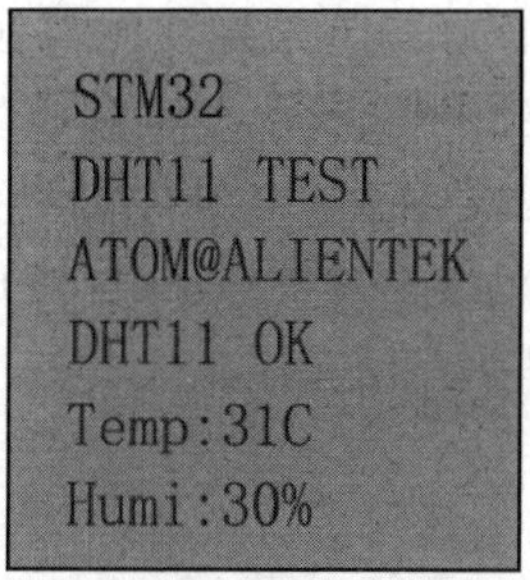

STM32
DHT11　TEST
ATOM@ALIENTEK
DHT11　OK
Temp:31C
Humi:30%

图 33.3　程序运行效果图

第 **34** 章

无线通信实验

本章将使用两块 STM32 开发板(一块用于发送,一块用于接收),介绍如何使用 2.4 GHz 无线模块 NRF24L01 实现无线通信,并把数据显示在 LCD 上。

34.1 NRF24L01 模块简介

NRF24L01 是一款 2.4 GHz 无线通信模块,由 Nordic Semiconductor 公司制造,支持低功耗的射频通信,并具有良好的抗干扰性能和远距离传输能力。NRF24L01 模块通常用于构建无线传感器网络、遥控器、无线键盘、游戏手柄等应用,能够实现可靠的数据传输和通信连接。该模块使用 SPI 接口进行控制和数据传输,并具有丰富的配置选项,可根据应用需求进行灵活配置。简单易用、性能稳定的特点,使得 NRF24L01 模块在物联网和嵌入式系统中得到了广泛应用。

34.2 硬件设计

(1) 例程功能

开机的时候先检测 NRF24L01 模块是否存在,检测到之后,根据 KEY0 和 KEY1 的设置来决定模块的工作模式。设定好工作模式之后就不停地发送或接收数据,同时在 LCD 上面显示相关信息。LED0 闪烁用于提示程序正在运行。

(2) 硬件资源

➢ LED 灯:LED0 - PB5;

➢ 独立按键:KEY0 - PE4、KEY1 - PE3;

➢ 2.4 GHz 无线模块 NRF24L01 模块;

➢ 正点原子 TFTLCD 模块(仅限 MCU 屏,16 位 8080 并口驱动);

➢ 串口 1(PA9/PA10 连接在板载 USB 转串口芯片 CH340 上面);

➢ SPI2(连接在 PB13、PB14、PB15)。

(3) 原理图

NRF24L01 模块与 STM32 的连接关系如图 34.1 所示。

NRF24L01 使用的是 SPI2,与 NOR FLASH 共用一个 SPI 接口,同时使用时必须分时复用。为了防止其他器件对 NRF24L01 的通信造成干扰,最好把 NOR FLASH

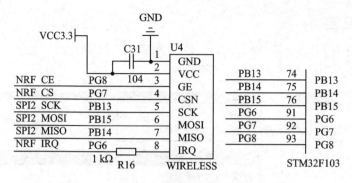

图 34.1　NRF24L01 模块与 STM32 连接原理图

的片选信号引脚拉高。

由于无线通信实验是双向的,所以至少需要有两个模块同时工作,这里使用两套开发板来演示。

34.3　程序设计

34.3.1　配套源码路径

本实验配置好的实验工程已经放到了配套资料中,路径为:开发板光盘 A-基础资料\1、程序源码\4,CubeIDE_project\30_NRF24C01。

34.3.2　创建和配置工程

在 STM32CubeIDE 中复制 13_TFTLCD 工程,并将工程文件名和.ioc 文件名均修改为 30_NRF24C01。

1. GPIO 配置

双击 30_NRF24C01.ioc 进入 STM32CubeMX 插件,在 Pinout & Configuration 处配置所需 I/O,如图 34.2 所示,NRF24L01 的 CE、CSN 和 IRQ 分别对应 PG8、PG7 和 PG6。

Pin Name	Signal on Pin	GPIO output le...	GPIO mode	GPIO Pull-up/...	Maximum out...	User Label	Modified
PA0-WKUP	n/a	Low	Output Push ...	Pull-down	High	WK_UP	✓
PB0	n/a	High	Output Push ...	Pull-up	High	LCD_BL	✓
PB5	n/a	High	Output Push ...	Pull-up	High	LED0	✓
PB8	n/a	Low	Output Push ...	Pull-down	High	BEEP	✓
PE3	n/a	High	Output Push ...	Pull-up	High	KEY1	✓
PE4	n/a	High	Output Push ...	Pull-up	High	KEY0	✓
PE5	n/a	High	Output Push ...	Pull-up	High	LED1	✓
PG6	n/a	n/a	Input mode	Pull-up	n/a	NRF24L01_IRQ	✓
PG7	n/a	High	Output Push ...	Pull-up	High	NRF24L01_CSN	✓
PG8	n/a	High	Output Push ...	Pull-up	High	NRF24L01_CE	✓

图 34.2　GPIO 复用

2. SPI2 配置

本实验使用 SPI2 驱动 NRF24L01,使用 PB13、PB14 和 PB15 作为 SPI_SCK、SPI_MISO 和 SPI_MOSI,配置如图 34.3 所示。

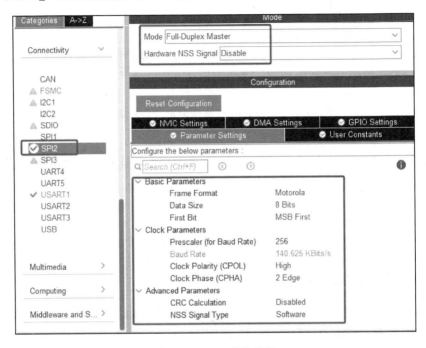

图 34.3 SPI2 参数配置

接着需要检查配置的所有 I/O 是否与硬件原理图相对应,如图 34.4 所示。

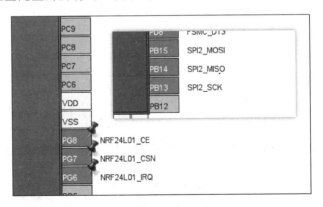

图 34.4 I/O 检查

34.3.3 生成初始化工程

按下"Ctrl+S"保存配置,生成工程,可以看到工程中多了一个 spi.c 文件。spi.c 主要用于完成 SPI2 的初始化。

34.3.4　添加用户驱动代码

在 Drivers/BSP 文件夹中新建 NRF24L01 文件夹，然后在 NRF24L01 文件夹下新建两个文件，分别是 nrf24l01.c 和 nrf24l01.h。下面开始添加用户代码。

1. spi.c 文件代码

```
void MX_SPI2_Init(void)
{
  hspi2. Instance = SPI2;
  hspi2. Init. Mode = SPI_MODE_MASTER;
  hspi2. Init. Direction = SPI_DIRECTION_2LINES;
  hspi2. Init. DataSize = SPI_DATASIZE_8BIT;
  hspi2. Init. CLKPolarity = SPI_POLARITY_HIGH;
  hspi2. Init. CLKPhase = SPI_PHASE_2EDGE;
  hspi2. Init. NSS = SPI_NSS_SOFT;
  hspi2. Init. BaudRatePrescaler = SPI_BAUDRATEPRESCALER_256;
  hspi2. Init. FirstBit = SPI_FIRSTBIT_MSB;
  hspi2. Init. TIMode = SPI_TIMODE_DISABLE;
  hspi2. Init. CRCCalculation = SPI_CRCCALCULATION_DISABLE;
  hspi2. Init. CRCPolynomial = 10;
  if (HAL_SPI_Init(&hspi2) != HAL_OK)
  {
    Error_Handler();
  }
  /* USER CODE BEGIN SPI2_Init 2 */
  __HAL_SPI_ENABLE(&hspi2);          /* 使能 SPI2 */
  spi2_read_write_byte(0Xff);     /* 启动传输，达到清空 DR 的作用，非必需 */
  /* USER CODE END SPI2_Init 2 */
}
/* 省略部分代码…… */
/* USER CODE BEGIN 1 */
/**
 * @brief       SPI2 速度设置函数
 *    @note     SPI2 时钟选择来自 APB1，即 PCLK1，为 36 MHz
 *              SPI 速度 = PCLK1 / 2^(speed + 1)
 * @param       speed   : SPI2 时钟分频系数
                        取值为 SPI_BAUDRATEPRESCALER_2~SPI_BAUDRATEPRESCALER_2 256
 * @retval      无
 */
void spi2_set_speed(uint8_t speed)
{
    assert_param(IS_SPI_BAUDRATE_PRESCALER(speed)); /* 判断有效性 */
    __HAL_SPI_DISABLE(&hspi2);                      /* 关闭 SPI */
    hspi2. Instance ->CR1 &= 0XFFC7;                /* 位 3 - 5 清零，用来设置波特率 */
    hspi2. Instance ->CR1 |= speed << 3;            /* 设置 SPI 速度 */
    __HAL_SPI_ENABLE(&hspi2);                       /* 使能 SPI */
}
/**
 * @brief       SPI2 读写一个字节数据
```

```
 * @param        txdata    :要发送的数据(1 字节)
 * @retval       接收到的数据(1 字节)
 */
uint8_t spi2_read_write_byte(uint8_t txdata)
{
    uint8_t rxdata;
    HAL_SPI_TransmitReceive(&hspi2, &txdata, &rxdata, 1, 1000);
    return rxdata; /* 返回收到的数据 */
}
/* USER CODE END 1 */
```

SPI 的初始化函数中添加了函数__HAL_SPI_ENABLE,用于使能 SPI;函数 spi2_read_write_byte(0Xff),用于启动发送。

函数 spi2_set_speed 是 SPI 的速度设置函数,通过操作寄存器的方式去实现。

函数 spi2_read_write_byte 直接调用了 HAL 库内置的函数来完成接收操作。

2. nrf24l01.h 文件代码

```
#ifndef __24L01_H
#define __24L01_H
#include "../../SYSTEM/sys/sys.h"
/***************************************************************/

/* 24L01 操作线 */
#define NRF24L01_CE(x)      do{ x ? \
                                HAL_GPIO_WritePin(NRF24L01_CE_GPIO_Port,
                                    NRF24L01_CE_Pin, GPIO_PIN_SET) : \
                                HAL_GPIO_WritePin(NRF24L01_CE_GPIO_Port,
                                    NRF24L01_CE_Pin, GPIO_PIN_RESET); \
                            }while(0)        /* 24L01 模式选择信号 */
#define NRF24L01_CSN(x)     do{ x ? \
                                HAL_GPIO_WritePin(NRF24L01_CSN_GPIO_Port,
                                    NRF24L01_CSN_Pin, GPIO_PIN_SET) : \
                                HAL_GPIO_WritePin(NRF24L01_CSN_GPIO_Port,
                                    NRF24L01_CSN_Pin, GPIO_PIN_RESET); \
                            }while(0)     /* 24L01 片选信号 */
#define NRF24L01_IRQ        HAL_GPIO_ReadPin(NRF24L01_IRQ_GPIO_Port,
                                    NRF24L01_IRQ_Pin) /* IRQ 主机数据输入 */
/* 24L01 发送接收数据宽度定义
 * 用户必须根据实际情况设置正确的数据宽度和数据长度
 * 发送端 & 接收端必须保持一致,否则将导致通信失败
 */
#define TX_ADR_WIDTH     5        /* 5 字节的地址宽度 */
#define RX_ADR_WIDTH     5        /* 5 字节的地址宽度 */
#define TX_PLOAD_WIDTH   32       /* 32 字节的用户数据宽度 */
#define RX_PLOAD_WIDTH   32       /* 32 字节的用户数据宽度 */
/***************************************************************/
/* NRF24L01 寄存器操作命令 */
#define NRF_READ_REG     0x00     /* 读配置寄存器,低 5 位为寄存器地址 */
#define NRF_WRITE_REG    0x20     /* 写配置寄存器,低 5 位为寄存器地址 */
```

```
#define RD_RX_PLOAD        0x61      /* 读 RX 有效数据,1～32 字节 */
#define WR_TX_PLOAD        0xA0      /* 写 TX 有效数据,1～32 字节 */
#define FLUSH_TX           0xE1      /* 清除 TX FIFO 寄存器.发射模式下用 */
#define FLUSH_RX           0xE2      /* 清除 RX FIFO 寄存器.接收模式下用 */
#define REUSE_TX_PL        0xE3      /* 重新使用上一包数据,CE 为高,数据包会被不断发送 */
#define NOP                0xFF      /* 空操作,可以用来读状态寄存器 */
/* SPI(NRF24L01)寄存器地址 */
#define MAX_TX             0x10      /* 达到最大发送次数中断 */
#define TX_OK              0x20      /* TX 发送完成中断 */
#define RX_OK              0x40      /* 接收到数据中断 */
/* 省略部分宏定义……… */
/* ******************************************************* */
void nrf24l01_spi_init(void);      /* 针对 NRF24L01 修改 SPI2 驱动 */
void nrf24l01_init(void);          /* 初始化 */
void nrf24l01_rx_mode(void);       /* 配置为接收模式 */
void nrf24l01_tx_mode(void);       /* 配置为发送模式 */
uint8_t nrf24l01_check(void);      /* 检查 24L01 是否存在 */
uint8_t nrf24l01_tx_packet(uint8_t * ptxbuf);      /* 发送一个包的数据 */
uint8_t nrf24l01_rx_packet(uint8_t * prxbuf);      /* 接收一个包的数据 */
#endif
```

上述文件主要是引脚操作函数,此外还有一些 NRF24L01 寄存器操作命令及其寄存器地址,篇幅太大所以这里就不一一列出来了。

3. nrf24l01.c 文件代码

```
const uint8_t TX_ADDRESS[TX_ADR_WIDTH] = {0x34,0x43,0x10,0x10,0x01}; /* 发送地址 */
const uint8_t RX_ADDRESS[RX_ADR_WIDTH] = {0x34,0x43,0x10,0x10,0x01}; /* 发送地址 */
/**
 * @brief        针对 NRF24L01 修改 SPI2 驱动
 * @param        无
 * @retval       无
 */
void nrf24l01_spi_init(void)
{
    __HAL_SPI_DISABLE(&hspi2);                 /* 先关闭 SPI2 */
    hspi2.Init.CLKPolarity = SPI_POLARITY_LOW; /* 串行同步时钟的空闲状态为低电平 */
    hspi2.Init.CLKPhase = SPI_PHASE_1EDGE;     /* 第 1 个跳变沿数据被采样 */
    HAL_SPI_Init(&hspi2);
    __HAL_SPI_ENABLE(&hspi2);                  /* 使能 SPI2 */
}
/**
 * @brief        初始化 24L01 的 I/O 口
 * @note         将 SPI2 模式改成 SCK 空闲低电平及 SPI 模式 0
 * @param        无
 * @retval       无
 */
void nrf24l01_init(void)
{
    MX_SPI2_Init();              /* 初始化 SPI2 */
    nrf24l01_spi_init();         /* 针对 NRF 的特点修改 SPI 的设置 */
    NRF24L01_CE(0);              /* 使能 24L01 */
```

```
        NRF24L01_CSN(1);                    /* SPI 片选取消 */
}
/**
 * @brief        检测 24L01 是否存在
 * @param        无
 * @retval       0，成功；1，失败
 */
uint8_t nrf24l01_check(void)
{
    uint8_t buf[5] = {0XA5, 0XA5, 0XA5, 0XA5, 0XA5};
    uint8_t i;
    spi2_set_speed(SPI_SPEED_32);/* spi 速度为 7.5 MHz,24L01 的最大 SPI 时钟 10 MHz */
    nrf24l01_write_buf(NRF_WRITE_REG + TX_ADDR, buf, 5);    /* 写入 5 个字节的地址 */
    nrf24l01_read_buf(TX_ADDR, buf, 5);                    /* 读出写入的地址 */
    for (i = 0; i < 5; i++)
    {
        if (buf[i] != 0XA5) break;
    }

    if (i != 5) return 1;        /* 检测 24L01 错误 */
    return 0;                    /* 检测到 24L01 */
}
/**
 * @brief        NRF24L01 写寄存器
 * @param        reg    :寄存器地址
 * @param        value :写入寄存器的值
 * @retval       状态寄存器值
 */
static uint8_t nrf24l01_write_reg(uint8_t reg, uint8_t value)
{
    uint8_t status;
    NRF24L01_CSN(0);                        /* 使能 SPI 传输 */
    status = spi2_read_write_byte(reg);     /* 发送寄存器号 */
    spi2_read_write_byte(value);            /* 写入寄存器的值 */
    NRF24L01_CSN(1);                        /* 禁止 SPI 传输 */
    return status;                          /* 返回状态值 */
}
/**
 * @brief        NRF24L01 读寄存器
 * @param        reg    :寄存器地址
 * @retval       读取到的寄存器值;
 */
static uint8_t nrf24l01_read_reg(uint8_t reg)
{
    uint8_t reg_val;
    NRF24L01_CSN(0);                        /* 使能 SPI 传输 */
    spi2_read_write_byte(reg);              /* 发送寄存器号 */
    reg_val = spi2_read_write_byte(0XFF);   /* 读取寄存器内容 */
    NRF24L01_CSN(1);                        /* 禁止 SPI 传输 */
    return reg_val;                         /* 返回状态值 */
}
```

```
/**
 * @brief        在指定位置读出指定长度的数据
 * @param        reg   : 寄存器地址
 * @param        pbuf  : 数据指针
 * @param        len   : 数据长度
 * @retval       状态寄存器值
 */
static uint8_t nrf24l01_read_buf(uint8_t reg, uint8_t * pbuf, uint8_t len)
{
    uint8_t status, i;
    NRF24L01_CSN(0);                        /* 使能 SPI 传输 */
    status = spi2_read_write_byte(reg);     /* 发送寄存器值(位置),并读取状态值 */
    for (i = 0; i < len; i++)
    {
        pbuf[i] = spi2_read_write_byte(0XFF);    /* 读出数据 */
    }

    NRF24L01_CSN(1);       /* 关闭 SPI 传输 */
    return status;         /* 返回读到的状态值 */
}
/xx
 * @brief        在指定位置写指定长度的数据
 * @param        reg   : 寄存器地址
 * @param        pbuf  : 数据指针
 * @param        len   : 数据长度
 * @retval       状态寄存器值
 */
static uint8_t nrf24l01_write_buf(uint8_t reg, uint8_t * pbuf, uint8_t len)
{
    uint8_t status, i;
    NRF24L01_CSN(0);       /* 使能 SPI 传输 */
    status = spi2_read_write_byte(reg);/* 发送寄存器值(位置),并读取状态值 */
    for (i = 0; i < len; i++)
    {
        spi2_read_write_byte( * pbuf++ ); /* 写入数据 */
    }

    NRF24L01_CSN(1);       /* 关闭 SPI 传输 */
    return status;         /* 返回读到的状态值 */
}
/**
 * @brief        启动 NRF24L01 发送一次数据(数据长度 = TX_PLOAD_WIDTH)
 * @param        ptxbuf : 待发送数据首地址
 * @retval       发送完成状态
 *    @arg        0     : 发送成功
 *    @arg        1     : 达到最大发送次数,失败
 *    @arg        0XFF  : 其他错误
 */
uint8_t nrf24l01_tx_packet(uint8_t * ptxbuf)
{
    uint8_t sta;
```

```
    uint8_t rval = 0XFF;
    NRF24L01_CE(0);
    nrf24l01_write_buf(WR_TX_PLOAD, ptxbuf, TX_PLOAD_WIDTH);
    NRF24L01_CE(1);                              /* 启动发送 */
    while (NRF24L01_IRQ != 0);                   /* 等待发送完成 */
    sta = nrf24l01_read_reg(STATUS);             /* 读取状态寄存器的值 */
    /* 清除 TX_DS 或 MAX_RT 中断标志 */
    nrf24l01_write_reg(NRF_WRITE_REG + STATUS, sta);
    if (sta & MAX_TX)                            /* 达到最大重发次数 */
    {
        nrf24l01_write_reg(FLUSH_TX, 0xff);      /* 清除 TX FIFO 寄存器 */
        rval = 1;
    }
    if (sta & TX_OK) /* 发送完成 */
    {
        rval = 0;    /* 标记发送成功 */
    }
    return rval;     /* 返回结果 */
}
/**
 * @brief        启动 NRF24L01 接收一次数据(数据长度 = RX_PLOAD_WIDTH)
 * @param        prxbuf : 接收数据缓冲区首地址
 * @retval       接收完成状态
 *    @arg       0 : 接收成功
 *    @arg       1 : 失败
 */
uint8_t nrf24l01_rx_packet(uint8_t * prxbuf)
{
    uint8_t sta;
    uint8_t rval = 1;
    sta = nrf24l01_read_reg(STATUS);                       /* 读取状态寄存器的值 */
    nrf24l01_write_reg(NRF_WRITE_REG + STATUS, sta);       /* 清除 RX_OK 中断标志 */
    if (sta & RX_OK)                                       /* 接收到数据 */
    {
        nrf24l01_read_buf(RD_RX_PLOAD, prxbuf, RX_PLOAD_WIDTH); /* 读取数据 */
        nrf24l01_write_reg(FLUSH_RX, 0xff);                /* 清除 RX FIFO 寄存器 */
        rval = 0;                                          /* 标记接收完成 */
    }
    return rval;                                           /* 返回结果 */
}
/**
 * @brief        NRF24L01 进入接收模式
 *    @note       设置 RX 地址,写 RX 数据宽度,选择 RF 频道,波特率
 *                当 CE 变高后,即进入 RX 模式,并可以接收数据了
 * @param        无
 * @retval       无
 */
void nrf24l01_rx_mode(void)
{
    NRF24L01_CE(0);
    nrf24l01_write_buf(NRF_WRITE_REG + RX_ADDR_P0, (uint8_t *)RX_ADDRESS,
```

```
                    RX_ADR_WIDTH);          /* 写 RX 节点地址 */
    nrf24l01_write_reg(NRF_WRITE_REG + EN_AA, 0x01);      /* 使能通道 0 的自动应答 */
    nrf24l01_write_reg(NRF_WRITE_REG + EN_RXADDR, 0x01);/* 使能通道 0 的接收地址 */
    nrf24l01_write_reg(NRF_WRITE_REG + RF_CH, 40);        /* 设置 RF 通信频率 */
    /* 选择通道 0 的有效数据宽度 */
    nrf24l01_write_reg(NRF_WRITE_REG + RX_PW_P0, RX_PLOAD_WIDTH);
    /* 设置 TX 发射参数,0db 增益,2Mbps */
    nrf24l01_write_reg(NRF_WRITE_REG + RF_SETUP, 0x0f);
    /* 配置基本工作模式的参数;PWR_UP,EN_CRC,16BIT_CRC,接收模式 */
    nrf24l01_write_reg(NRF_WRITE_REG + CONFIG, 0x0f);
    NRF24L01_CE(1); /* CE 为高,进入接收模式 */
}
/**
 * @brief      NRF24L01 进入发送模式
 *    @note      设置 TX 地址,写 TX 数据宽度,设置 RX 自动应答的地址,填充 TX 发送数据,
 *               选择 RF 频道、波特率和 PWR_UP,CRC 使能
 *    .          CE 变高后即进入 TX 模式,并可以发送数据了,CE 为高大于 10 μs 时启动发送
 * @param      无
 * @retval     无
 */
void nrf24l01_tx_mode(void)
{
    NRF24L01_CE(0);
    nrf24l01_write_buf(NRF_WRITE_REG + TX_ADDR, (uint8_t *)TX_ADDRESS,
    TX_ADR_WIDTH);                              /* 写 TX 节点地址 */
    nrf24l01_write_buf(NRF_WRITE_REG + RX_ADDR_P0, (uint8_t *)RX_ADDRESS,
    RX_ADR_WIDTH);                              /* 设置 RX 节点地址,主要为了使能 ACK */
    nrf24l01_write_reg(NRF_WRITE_REG + EN_AA, 0x01);      /* 使能通道 0 的自动应答 */
    /* 使能通道 0 的接收地址 */
    nrf24l01_write_reg(NRF_WRITE_REG + EN_RXADDR, 0x01);
    /* 设置自动重发间隔时间:500us + 86us;最大自动重发次数:10 次 */
    nrf24l01_write_reg(NRF_WRITE_REG + SETUP_RETR, 0x1a);
    nrf24l01_write_reg(NRF_WRITE_REG + RF_CH, 40);        /* 设置 RF 通道为 40 */
    /* 设置 TX 发射参数,0db 增益,2Mbps */
    nrf24l01_write_reg(NRF_WRITE_REG + RF_SETUP, 0x0f);
    /* 配置基本工作模式的参数;PWR_UP,EN_CRC,16BIT_CRC,接收模式,开启所有中断 */
    nrf24l01_write_reg(NRF_WRITE_REG + CONFIG, 0x0e);
    NRF24L01_CE(1); /* CE 为高,10 μs 后启动发送 */
}
```

以上是 NRF24L01 的写寄存器函数、读寄存器函数以及扩展的函数,用于实现在指定位置写入指定长度的数据函数和指定位置读取指定长度的数据函数。

NRF24L01 读/写寄存器函数实现的具体过程:先拉低片选线→发送寄存器号→发送数据/接收数据→拉高片选线。

函数 nrf24l01_rx_mode 中 Rx 模式初始化过程:

① 写 Rx 节点的地址;

② 使能通道 x 自动应答;

③ 使能通道 x 接收地址;

④ 设置通信频率;

⑤ 选择通道 x 的有效数据宽度；

⑥ 配置发射参数（发射功率、无线速率）；

⑦ 配置 NRF24L01 的基本参数以及工作模式。

函数 nrf24l01_tx_mode 中 Tx 模式初始化过程：

① 写 Tx 节点的地址；

② 写 Rx 节点的地址，主要为了使能硬件的自动应答；

③ 使能通道 x 的自动应答；

④ 使能通道 x 接收地址；

⑤ 配置自动重发次数；

⑥ 配置通信频率；

⑦ 选择通道 x 的有效数据宽度；

⑧ 配置发射参数（发射功率、无线速率）；

⑨ 配置 NRF24L01 的基本参数以及切换工作模式。

4. main.c 文件代码

```
int main(void)
{
    /* USER CODE BEGIN 1 */
    uint8_t key, mode;
    uint16_t t = 0;
    uint8_t tmp_buf[33];
    /* USER CODE END 1 */
    HAL_Init();
    /* 系统时钟初始化 */
    SystemClock_Config();
    /* 延时初始化 */
    delay_init(72);
    /* GPIO 初始化 */
    MX_GPIO_Init();
    /* FSMC 初始化 */
    MX_FSMC_Init();
    /* 串口初始化 */
    MX_USART1_UART_Init();
    /* SPI2 初始化 */
    MX_SPI2_Init();
    /* USER CODE BEGIN 2 */
    lcd_init();                                    /* 初始化 LCD */
    nrf24l01_init();                               /* 初始化 NRF24L01 */
    lcd_show_string(30, 50, 200, 16, 16, "STM32", RED);
    lcd_show_string(30, 70, 200, 16, 16, "NRF24L01 TEST", RED);
    lcd_show_string(30, 90, 200, 16, 16, "ATOM@ALIENTEK", RED);
    while (nrf24l01_check())                        /* 检查 NRF24L01 是否在线 */
    {
        lcd_show_string(30, 110, 200, 16, 16, "NRF24L01 Error", RED);
        delay_ms(200);
        lcd_fill(30, 110, 239, 130 + 16, WHITE);
```

```
        delay_ms(200);
    }
    lcd_show_string(30, 110, 200, 16, 16, "NRF24L01 OK", RED);
    /* USER CODE END 2 */
    while (1)
    {
        key = key_scan(0);
        if (key == KEY0_PRES)
        {
            mode = 0; /* 接收模式 */
            break;
        }
        else if (key == KEY1_PRES)
        {
            mode = 1; /* 发送模式 */
            break;
        }
        t ++;
        if (t == 100) /* 显示提示信息 */
        {
            lcd_show_string(10, 130, 230, 16, 16, "KEY0:RX_Mode  KEY1:TX_Mode", RED);
        }
        if (t == 200) /* 关闭提示信息 */
        {
            lcd_fill(10, 130, 230, 150 + 16, WHITE);
            t = 0;
        }
        delay_ms(5);
    }
    lcd_fill(10, 130, 240, 166, WHITE);        /* 清空上面的显示 */
    if (mode == 0)                             /* RX 模式 */
    {
        lcd_show_string(30, 130, 200, 16, 16, "NRF24L01 RX_Mode", BLUE);
        lcd_show_string(30, 150, 200, 16, 16, "Received DATA:", BLUE);
        nrf24l01_rx_mode(); /* 进入 RX 模式 */
        while (1)
        {
            if (nrf24l01_rx_packet(tmp_buf) == 0) /* 一旦接收到信息,则显示出来 */
            {
                tmp_buf[32] = 0;    /* 加入字符串结束符 */
                lcd_show_string(0, 170, lcddev.width - 1, 32, 16, (char *)tmp_buf, BLUE);
            }
            else
                delay_us(100);
            t ++;
            if (t == 10000)         /* 大约 1 s 钟改变一次状态 */
            {
                t = 0;
                LED0_TOGGLE();
            }
        }
```

```
        }
        else                              /*TX模式*/
        {
            lcd_show_string(30, 130, 200, 16, 16, "NRF24L01 TX_Mode", BLUE);
            nrf24l01_tx_mode();           /*进入TX模式*/
            mode = ' ';                   /*从空格键开始发送*/
            while (1)
            {
                if (nrf24l01_tx_packet(tmp_buf) == 0) /*发送成功*/
                {
                    lcd_show_string(30, 150, 239, 32, 16, "Sended DATA:", BLUE);
                    lcd_show_string(0, 170, lcddev.width - 1, 32, 16, (char *)tmp_buf, BLUE);
                    key = mode;
                    for (t = 0; t < 32; t++)
                    {
                        key++;
                        if (key > ('~'))
                            key = ' ';
                        tmp_buf[t] = key;
                    }
                    mode++;
                    if (mode > '~')
                        mode = ' ';
                    tmp_buf[32] = 0; /*加入结束符*/
                }
                else
                {
                    lcd_fill(0, 150, lcddev.width, 170 + 16 * 3, WHITE); /*清空显示*/
                    lcd_show_string(30, 150, lcddev.width - 1, 32, 16, "Send Failed", BLUE);
                }
                LED0_TOGGLE();
                delay_ms(200);
            }
        }
    }
}
```

程序先通过 nrf24l01_cheak 函数检测 NRF24L01 是否存在,如果存在,则让用户选择发送模式还是接收模式。确定模式之后,设置 NRF24L01 的工作模式,然后执行相对应的数据发送/接收处理。

34.4　下载验证

将程序下载到开发板后,可以看到 LCD 显示的内容如图 34.5 所示。

通过 KEY0 和 KEY1 来选择 NRF24L01 模块要进入的工作模式,两个开发板中一个选择发送模式,另一个选择接收模式就可以了。设置好的通信界面如图 34.6 和图 34.7 所示。

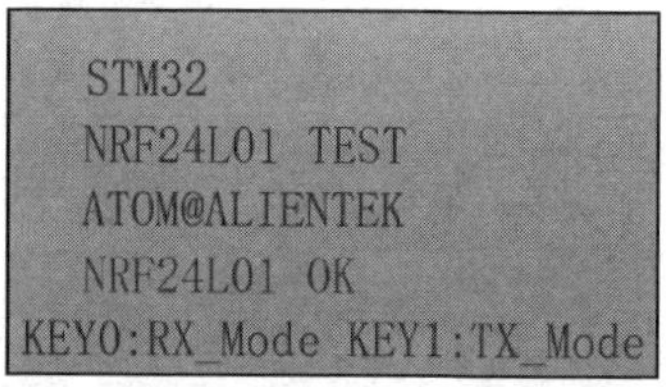

```
STM32
NRF24L01 TEST
ATOM@ALIENTEK
NRF24L01 OK
KEY0:RX_Mode KEY1:TX_Mode
```

图 34.5　选择工作模式图

图 34.6 来自于开发板 A,工作在发送模式。图 34.7 来自于开发板 B,工作在接收模式,A 发送,B 接收。这里发送和接收图片的数据不一样是因为拍照的时间不一样。读者看到收发数据是一致,那就说明实验成功了。

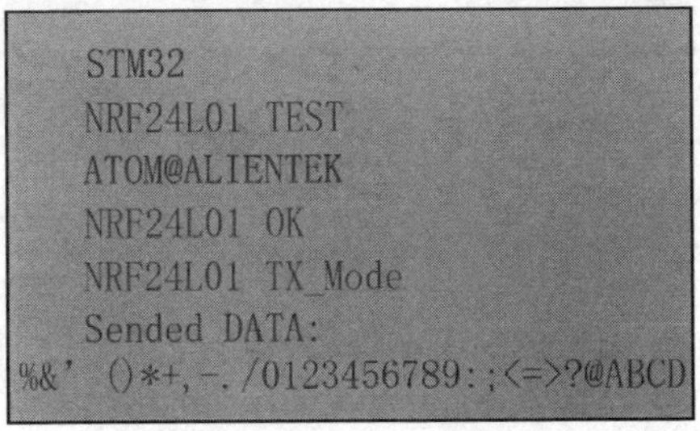

```
STM32
NRF24L01 TEST
ATOM@ALIENTEK
NRF24L01 OK
NRF24L01 TX_Mode
Sended DATA:
%&' ()*+,-./0123456789:;<=>?@ABCD
```

图 34.6　开发板 A 发送数据

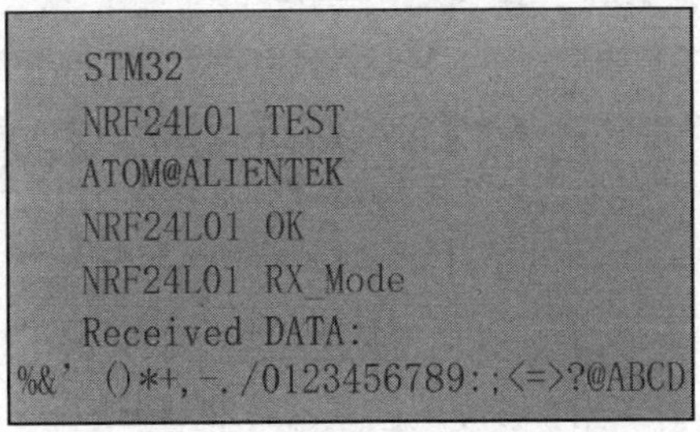

```
STM32
NRF24L01 TEST
ATOM@ALIENTEK
NRF24L01 OK
NRF24L01 RX_Mode
Received DATA:
%&' ()*+,-./0123456789:;<=>?@ABCD
```

图 34.7　开发板 B 接收数据

第 **35** 章

FLASH 模拟 EEPROM 实验

STM32 本身没有自带 EEPROM，但是具有 IAP（在应用编程）功能，所以可以把它的 FLASH 当成 EEPROM 来使用。

35.1　硬件设计

（1）例程功能

按键 KEY1 控制写入 FLASH 的操作，按键 KEY0 控制读出操作，并在 TFTLCD 模块上显示相关信息，还可以借助 USMART 进行读取或者写入操作。LED0 闪烁用于提示程序正在运行。

（2）硬件资源

➢ LED 灯：LED0 – PB5；

➢ 串口 1（PA9 或 PA10 连接在板载 USB 转串口芯片 CH340 上面）；

➢ 正点原子 TFTLCD 模块（仅限 MCU 屏，16 位 8080 并口驱动）；

➢ 独立按键：KEY0 – PE4、KEY1 – PE3。

（3）原理图

FLASH 属于 STM32F103 的内部资源，只需要软件设置好即可正常工作。

35.2　程序设计

1. 配套源码路径

本实验配置好的实验工程已经放到配套资料中，路径为：开发板光盘 A–基础资料\1、程序源码\4、CubeIDE_project\31_FLASH_EEPROM。

2. 创建和配置工程

在 STM32CubeIDE 中复制 14_USMART 工程，并将工程文件名和 .ioc 文件名均修改为 31_FLASH_EEPROM，以进行下一步的实验操作。本实验关于 FLASH 模拟 EEPROM 的驱动内容均在代码中自己实现，无须在 STM32CubeIDE 上另外配置。所以复制好工程后直接添加用户驱动代码。

3. 添加用户驱动代码

在 Drivers/BSP 文件夹中新建 STMFLASH 文件夹,在 STMFLASH 中添加两个驱动代码,分别是 stmflash.c 及 stmflash.h。下面开始添加用户代码:

(1) stmflash.h 文件代码

```
#ifndef __STMFLASH_H
#define __STMFLASH_H
#include "../../SYSTEM/sys/sys.h"
/* FLASH 起始地址 */
#define STM32_FLASH_SIZE        0x80000         /* STM32 FLASH 总大小 */
#define STM32_FLASH_BASE        0x08000000      /* STM32 FLASH 起始地址 */
/* STM32F103 扇区大小 */
#if STM32_FLASH_SIZE < 256 * 1024
#define STM32_SECTOR_SIZE   1024    /* 容量小于 256K 的 F103,扇区大小为 1K 字节 */
#else
#define STM32_SECTOR_SIZE   2048    /* 容量大于等于 256K 的 F103,扇区大小为 2K 字节 */
#endif
/* FLASH 解锁键值 */
#define STM32_FLASH_KEY1        0X45670123
#define STM32_FLASH_KEY2        0XCDEF89AB
/* 接口函数(外部可调用) */
uint16_t stmflash_read_halfword(uint32_t faddr);    /* FLASH 读半字 */
/* 从指定地址开始读出指定长度的数据 */
void stmflash_read(uint32_t raddr, uint16_t * pbuf, uint16_t length);
/* 在 FLASH 指定位置,写入指定长度的数据(自动擦除) */
void stmflash_write(uint32_t waddr, uint16_t * pbuf, uint16_t length);
/* 测试函数 */
void test_write(uint32_t waddr, uint16_t wdata);
#endif
```

STM32_FLASH_BASE 和 STM32_FLASH_SIZE 分别是 FLASH 的起始地址和 FLASH 总大小,这两个宏定义随着芯片是固定的,本书使用的开发板 F103 芯片的 FLASH 是 512 KB,所以 STM32_FLASH_SIZE 宏定义值为 0x80000。

(2) stmflash.c 文件代码

```
/**
 * @brief       从指定地址读取一个半字 (16 位数据)
 * @param       faddr     :读取地址(此地址必须为 2 的倍数!!)
 * @retval      读取到的数据 (16 位)
 */
uint16_t stmflash_read_halfword(uint32_t faddr)
{
    return * (volatile uint16_t * )faddr;
}
/**
 * @brief       从指定地址开始读出指定长度的数据
 * @param       raddr :起始地址
 * @param       pbuf  :数据指针
 * @param       length :要读取的半字(16 位)数,即两个字节的整数倍
 * @retval      无
```

```
*/
void stmflash_read(uint32_t raddr, uint16_t * pbuf, uint16_t length)
{
    uint16_t i;
    for (i = 0; i < length; i++)
    {
        pbuf[i] = stmflash_read_halfword(raddr);        /* 读取两个字节 */
        raddr += 2; /* 偏移 2 个字节 */
    }
}
/**
 * @brief        不检查地写入
 *               这个函数的假设已经把原来的扇区擦除过再写入
 * @param    waddr    :起始地址(此地址必须为 2 的倍数,否则写入出错)
 * @param    pbuf     :数据指针
 * @param    length   :要写入的 半字(16 位)数
 * @retval       无
 */
void stmflash_write_nocheck(uint32_t waddr, uint16_t * pbuf, uint16_t length)
{
    uint16_t i;
    for (i = 0; i < length; i++)
    {
        HAL_FLASH_Program(FLASH_TYPEPROGRAM_HALFWORD, waddr, pbuf[i]);
        waddr += 2; /* 指向下一个半字 */
    }
}
/**
 * @brief        在 FLASH 指定位置写入指定长度的数据(自动擦除)
 *    @note      该函数往 STM32 内部 FLASH 指定位置写入指定长度的数据
 *               该函数会先检测要写入的扇区是否是空(全 0XFFFF),如果
 *               不是,则先擦除;如果是,则直接往扇区里面写入数据
 *               数据长度不足扇区时,自动被回擦除前的数据
 * @param    waddr    :起始地址(此地址必须为 2 的倍数,否则写入出错)
 * @param    pbuf     :数据指针
 * @param    length   :要写入的半字(16 位)数
 * @retval       无
 */
uint16_t g_flashbuf[STM32_SECTOR_SIZE / 2]; /* 最多是 2 KB */
void stmflash_write(uint32_t waddr, uint16_t * pbuf, uint16_t length)
{
    uint32_t secpos;            /* 扇区地址 */
    uint16_t secoff;            /* 扇区内偏移地址(16 位字计算) */
    uint16_t secremain;         /* 扇区内剩余地址(16 位字计算) */
    uint16_t i;
    uint32_t offaddr;           /* 去掉 0X08000000 后的地址 */
    FLASH_EraseInitTypeDef flash_eraseop;
    uint32_t erase_addr;        /* 擦除错误,这个值为发生错误的扇区地址 */
    if (waddr < STM32_FLASH_BASE || (waddr >= (STM32_FLASH_BASE + 1024 *
    STM32_FLASH_SIZE)))
    {
```

```
        return;                                  /* 非法地址 */
    }
    HAL_FLASH_Unlock();                          /* FLASH 解锁 */
    offaddr = waddr - STM32_FLASH_BASE;          /* 实际偏移地址. */
    secpos = offaddr / STM32_SECTOR_SIZE;        /* 扇区地址 0～255 */
    secoff = (offaddr % STM32_SECTOR_SIZE) / 2;  /* 在扇区内的偏移两个字节为单位 */
    secremain = STM32_SECTOR_SIZE / 2 - secoff;  /* 扇区剩余空间大小 */
    if (length <= secremain)
    {
        secremain = length;                      /* 不大于该扇区范围 */
    }
    while (1)
    {
        stmflash_read(secpos * STM32_SECTOR_SIZE + STM32_FLASH_BASE,
        g_flashbuf, STM32_SECTOR_SIZE / 2);      /* 读出整个扇区的内容 */
        for (i = 0; i < secremain; i++)          /* 校验数据 */
        {
            if (g_flashbuf[secoff + i] != 0XFFFF)
            {
                break;       /* 需要擦除 */
            }
        }
        if (i < secremain)   /* 需要擦除 */
        {
            flash_eraseop.TypeErase = FLASH_TYPEERASE_PAGES;    /* 选择页擦除 */
            flash_eraseop.Banks = FLASH_BANK_1;
            flash_eraseop.NbPages = 1;
            flash_eraseop.PageAddress = secpos * STM32_SECTOR_SIZE +
            STM32_FLASH_BASE;                                   /* 要擦除的扇区 */
            HAL_FLASHEx_Erase( &flash_eraseop, &erase_addr);
            for (i = 0; i < secremain; i++)                     /* 复制 */
            {
                g_flashbuf[i + secoff] = pbuf[i];
            }
            stmflash_write_nocheck(secpos * STM32_SECTOR_SIZE +
            STM32_FLASH_BASE, g_flashbuf, STM32_SECTOR_SIZE / 2); /* 写入整个扇区 */
        }
        else
        {
            /* 写已经擦除了的, 直接写入扇区剩余区间 */
            stmflash_write_nocheck(waddr, pbuf, secremain);
        }
        if (length == secremain)
        {
            break; /* 写入结束了 */
        }
        else        /* 写入未结束 */
        {
            secpos++ ;               /* 扇区地址增 1 */
            secoff = 0;              /* 偏移位置为 0 */
            pbuf += secremain;       /* 指针偏移 */
```

```
        waddr += secremain * 2;      /* 写地址偏移(16 位数据地址,需要 * 2) */
        length -= secremain;         /* 字节(16 位)数递减 */
        if (length > (STM32_SECTOR_SIZE / 2))
        {
            secremain = STM32_SECTOR_SIZE / 2;  /* 下一个扇区还是写不完 */
        }
        else
        {
            secremain = length;      /* 下一个扇区可以写完了 */
        }
        }
    }
    HAL_FLASH_Lock();   /* 上锁 */
}
/**************************************************************************/
/* 测试用代码 */
/**
 * @brief       测试写数据(写 1 个字)
 * @param       waddr : 起始地址
 * @param       wdata : 要写入的数据
 * @retval      读取到的数据
 */
void test_write(uint32_t waddr, uint16_t wdata)
{
    stmflash_write(waddr, &wdata, 1);   /* 写入一个半字 */
}
```

该函数主要包含了片上 FLASH 的读/写函数。FLASH 的读取十分简单,仅需要读取对应地址的数据即可。写入函数相对复杂,需要注意几点:

① 写入地址必须是用户代码区以外的地址。

② 写入地址必须是 2 的倍数。

③ 在写 FLASH 前需要先判断待写入的比特位是否为 1,若不为 1,则需要先进行擦除操作,否则将写入失败。

第①点比较好理解,如果把用户代码擦除了,那么运行的程序可能就被废了,从而很可能出现死机的情况。第②点则是 STM32 FLASH 的要求,每次必须写入 16 位,如果写的地址不是 2 的倍数,那么写入的数据可能就不是写在需要的地址了。第③点则是 FLASH 的写入特性。

(3) main. c 文件代码

```
const uint8_t g_text_buf[] = {"STM32 FLASH TEST"};
#define TEXT_LENTH sizeof(g_text_buf)  /* 数组长度 */
/* SIZE 表示半字长(2 字节),大小必须是 2 的整数倍,如果不是,则强制对齐到 2 的整数倍 */
#define SIZE TEXT_LENTH / 2 + ((TEXT_LENTH % 2) ? 1 : 0)
/* 设置 FLASH 保存地址(必须为偶数,且其值要大于本代码所占用 FLASH 的大小 + 0X08000000) */
#define FLASH_SAVE_ADDR 0X08070000
int main(void)
{
    /* USER CODE BEGIN 1 */
    uint8_t key = 0;
    uint8_t i = 0;
```

```
        uint8_t datatemp[SIZE];
    /* USER CODE END 1 */
    HAL_Init();
    /* 此处省略系统时钟、延时、GPIO、FSMC、串口初始化 */
    MX_TIM4_Init();
    /* USER CODE BEGIN 2 */
    lcd_init();                                    /* 初始化 LCD */
    lcd_show_string(30,  50, 200, 16, 16, "STM32", RED);
    lcd_show_string(30,  70, 200, 16, 16, "FLASH EEPROM TEST", RED);
    lcd_show_string(30,  90, 200, 16, 16, "ATOM@ALIENTEK", RED);
    lcd_show_string(30, 110, 200, 16, 16, "KEY1:Write  KEY0:Read", RED);
    /* USER CODE END 2 */
    while (1)
    {
        key = key_scan(0);
        if (key == KEY1_PRES) /* KEY1 按下,写入 STM32 FLASH */
        {
            lcd_fill(0, 150, 239, 319, WHITE); /* 清除半屏 */
            lcd_show_string(30, 150, 200, 16, 16, "Start Write FLASH....", RED);
            stmflash_write(FLASH_SAVE_ADDR, (uint16_t *)g_text_buf, SIZE);
            lcd_show_string(30, 150, 200, 16, 16, "FLASH Write Finished!", RED);
        }
        if (key == KEY0_PRES) /* KEY0 按下,读取字符串并显示 */
        {
            lcd_show_string(30, 150, 200, 16, 16, "Start Read FLASH.... ", RED);
            stmflash_read(FLASH_SAVE_ADDR, (uint16_t *)datatemp, SIZE);
            lcd_show_string(30, 150, 200, 16, 16, "The Data Readed Is:  ", RED);
            lcd_show_string(30, 170, 200, 16, 16, (char *)datatemp, BLUE);
        }
        i++;
        delay_ms(10);
        if (i % 20 == 0)
        {
            LED0_TOGGLE(); /* 提示系统正在运行 */
            i = 0;
        }
    }
}
```

　　主函数代码逻辑比较简单,检测到按键 KEY1 按下后往 FLASH 指定地址开始的连续地址空间写入一段数据,检测到按键 KEY0 按下后读取 FLASH 指定地址开始的连续空间数据。最后,将 stmflash_read_word 和 test_write 函数加入 USMART 控制,这样就可以通过串口调试助手调用 STM32F103 的 FLASH 读/写函数,方便测试。

35.3　下载验证

　　将程序下载到开发板后,可以看到 LED0 不停地闪烁,提示程序已经在运行了。LCD 显示的内容如图 35.1 所示。

先按 KEY1 写入数据,然后按 KEY0 读取数据,显示内容如图 35.2 所示。

本实验还可以借助 USMART,调用 stmflash_read_word 和 test_write 函数进行测试。

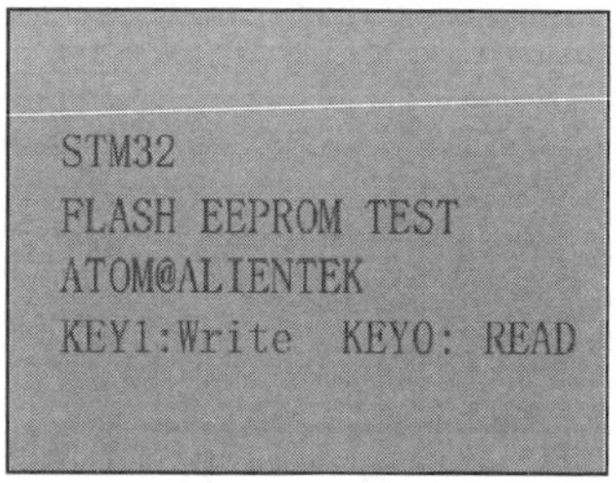
STM32
FLASH EEPROM TEST
ATOM@ALIENTEK
KEY1:Write KEY0: READ

图 35.1　程序运行效果图

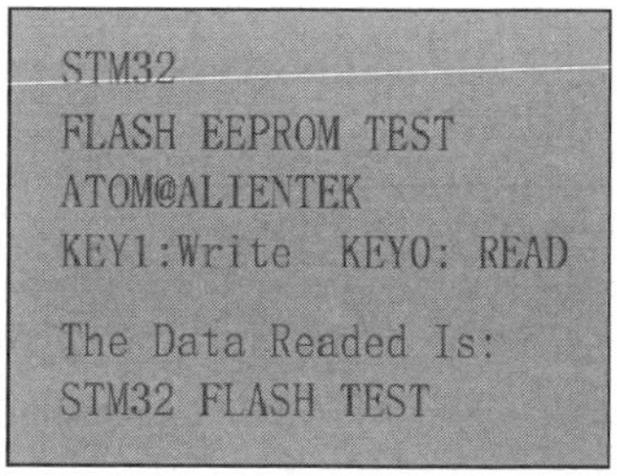
STM32
FLASH EEPROM TEST
ATOM@ALIENTEK
KEY1:Write KEY0: READ
The Data Readed Is:
STM32 FLASH TEST

图 35.2　操作后的显示效果图

第 **36** 章

摄像头实验

正点原子精英 STM32 开发板板载了一个摄像头接口(P4),该接口可以用来连接正点原子 OV7725 摄像头模块。本章将使用 STM32 驱动正点原子 OV7725 摄像头模块,并实现摄像头功能。

36.1　OV7725 模块简介

OV7725 模块是正点原子推出的一款高性能 30 万像素高清摄像头模块,采用 OmniVision 公司生产的 1/4 英寸 CMOS VGA (640×480)图像传感器 OV772,如图 36.1 所示。该模块采用 OV7725 传感器作为核心部件,集成有源晶振和 FIFO(AL422B),可以调整缓存摄像头的图像数据,任意一款 MCU 都可控制该模块和读取图像。

图 36.1　正点原子 OV7725 模块

36.2　硬件设计

1. 例程功能

开机后,检测和初始化 OV7725 摄像头模块。初始化成功后需要先通过 KEY0 和 KEY1 选择为 QVGA 或 VGA 输出模式,然后 LCD 才会显示拍摄到的画面。

正常显示拍摄画面后,我们可以通过 KEY0 设置光照模式、KEY1 设置色饱和度、KEY2 设置亮度、KEY_UP 设置对比度、TPAD 设置特效(总共 7 种特效)。通过串口可以查看当前的帧率(这里指 LCD 显示的帧率,而不指 OV7725 的输出帧率),同时可以借助 USMART 设置 OV7725 的寄存器,方便调试。LED0 指示程序运行状态。

2. 硬件资源

- ➤ LED 灯:LED0 - PB5;
- ➤ 串口 1(PA9 或 PA10 连接在板载 USB 转串口芯片 CH340 上面);
- ➤ 正点原子 TFTLCD 模块(仅限 MCU 屏,16 位 8080 并口驱动);

> 独立按键:KEY0 - PE4、KEY1 - PE3、KEY2 - PE2、WK_UP - PA0;
> 电容按键:PA1 用于控制触摸按键 TPAD;
> 外部中断 8(连接 PA8,用于检测 OV7725 的帧信号);
> 定时器 6(用于打印摄像头帧率等信息)。

正点原子 OV7725 摄像头模块通信线的连接关系如表 36.1 所列。

表 36.1 OV7725 模块与开发板连接关系

OV7725 模块	STM32 开发板	OV7725 模块	STM32 开发板
OV_D0~D7	PC0~7	FIFO_OE	PG15
OV_SCL	PD3	FIFO_WRST	PD6
OV_SDA	PG13	FIFO_WEN	PB3
OV_VSYNC	PA8	FIFO_RCLK	PB4
FIFO_RRST	PG14		

对于这部分的连线,模块与开发板上的 P4 座子已经对应好了,如图 36.2 所示,安装时直接把模块镜头背离开发板的方向安装即可(建议断电安装所有模块)。

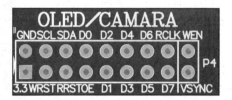

图 36.2 开发板上连接 OV7725 模块的座子

3. 原理图

本章实验使用正点原子 OV7725 摄像头模块,可直接与板载的 CAMERA 接口连接;该接口与板载 MCU 的连接原理如图 36.3 所示。

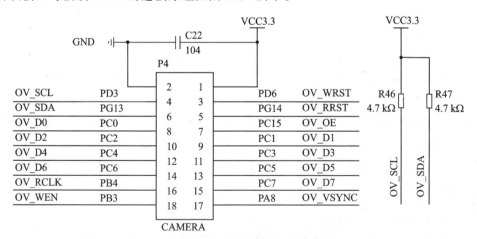

图 36.3 摄像头接口原理图

36.3　程序设计

36.3.1　配套源码路径

本实验配置好的实验工程已经放到了配套资料中,路径为:开发板光盘 A-基础资料\1、程序源码\4、CubeIDE_project\32_OV7725_Camera。

36.3.2　创建和配置工程

在 STM32CubeIDE 中复制 13_TFTLCD 工程,并将工程文件名和.ioc 文件名均修改为 32_OV7725_Camera,以进行下一步的实验操作。本实验所涉及的 I/O 非常多,所以配置时一定要细心检查,下面开始配置 GPIO。

1. GPIO 配置

双击 32_OV7725_Camera.ioc 文件进入 STM32CubeMX 插件。首先,将 PC0～PC7 这 8 个 I/O 口设置为 GPIO_Input 模式,如图 36.1 所示,用于读取摄像头数据。然后,将 PA8 设置为外部中断、上升沿触发,用于检测帧信号。此外,将 PG13 设置为开漏输出,其余引脚均为推挽输出,如图 36.4 所示。

Pin Name	Signal on Pin	GPIO out...	GPIO mode	GPIO Pull-up	Maximum ou...	User Label	Modified
PA8	n/a	n/a	External Interrupt...	Pull-up	n/a	OV7725_VSY...	☑
PB0	n/a	High	Output Push Pull	Pull-up	High	LCD_BL	☑
PB3	n/a	High	Output Push Pull	Pull-up	High	OV7725_WEN	☑
PB4	n/a	High	Output Push Pull	Pull-up	High	OV7725_RCLK	☑
PD3	n/a	High	Output Push Pull	Pull-up	High	SCCB_SCL	☑
PD6	n/a	High	Output Push Pull	Pull-up	High	OV7725_WRST	☑
PE3	n/a	High	Output Push Pull	Pull-up	High	KEY1	☑
PE4	n/a	High	Output Push Pull	Pull-up	High	KEY0	☑
PE5	n/a	High	Output Push Pull	Pull-up	High	LED1	☑
PG13	n/a	High	Output Open Drain	Pull-up	High	SCCB_SDA	☑
PG14	n/a	High	Output Push Pull	Pull-up	High	OV7725_RRST	☑
PG15	n/a	High	Output Push Pull	Pull-up	High	OV7725_OE	☑

图 36.4　GPIO 配置

2. TIM 配置

在 Timers→TIM6 处配置定时器 6 的参数,如图 36.5 所示进行配置。

关于定时器的参数介绍,前面的章节已经介绍过了,这里不再赘述。注意,这里配置的是 1 s 溢出一次,用于统计帧率。接着配置 TPAD 电容触摸按键需要用到的定时器 TIM5_CH2(PA1),如图 36.6 所示。

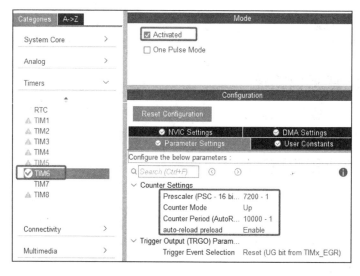

图 36.5　TIM6 参数配置

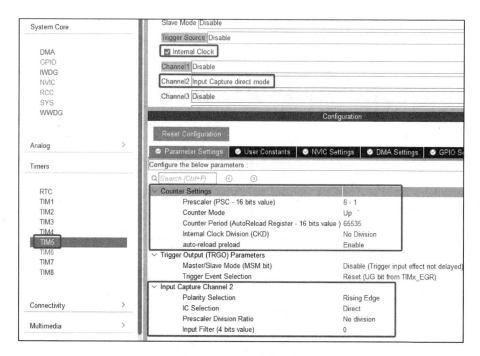

图 36.6　TIM5 参数配置

这部分配置在 TPAD 章节已详细说明,感兴趣读者可以参考。

3. NVIC 配置

定时器 6 要每秒溢出而产生中断,外部中断线用于检测帧信号,所以要使能对应中断并配置中断优先级,如图 36.7 所示。

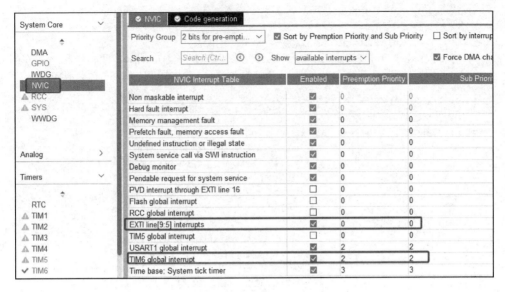

图 36.7　NVIC 配置

36.3.3　生成初始化工程

按下"Ctrl＋S"保存配置,生成工程,在 gpio. c 中就初始化了前面配置的所有 I/O。tim. c 中将 TIM6 进行了初始化。

36.3.4　添加用户驱动代码

首先将 TPAD 实验中的 TPAD 文件夹复制到此工程的 Drivers/BSP 文件夹中。然后在 BSP 文件夹下新建 OV7725 和 EXTI 文件夹,接着在 OV7725 文件夹下新建 ov7725. c、ov7725. h、ov7725cfg. h、sccb. c 和 sccb. h,在 EXTI 文件夹下新建 exit. c 和 exit. h。

1. sccb. c 和 sccb. h 文件代码

本章实验的 SCCB 驱动主要负责向 OV7725 驱动提供配置摄像头的各种函数。SCCB 协议与 I^2C 协议相似,也可兼容 I^2C 协议,因此可结合 SCCB 和 I^2C 协议的相关文档查看本章实验配套实验源码中 SCCB 的相关驱动文件。本章实验中 SCCB 的驱动代码包括 sccb. c 和 sccb. h 两个文件。

2. ov7725cfg. h 文件代码

该文件主要用于定义 OV7725 摄像头的寄存器以及对应的寄存器值。限于篇幅这里不展示,感兴趣的读者可以查看本章实验配套实验源码中的 ov7725cfg. h 文件。

3. ov7725. h 文件代码

```
# ifndef _OV7725_H
# define _OV7725_H
```

```
#include "../../SYSTEM/sys/sys.h"
/*****************************************************************/
/* OV7725 模块的 VSYNC/WRST/RRST/OE/RCLK/WEN 引脚定义
 * D0～D7,由于引脚多且连续,就不在这里定义了,直接在 ov7725_init 里面修改.所以在
 * 移植的时候,除了改这 6 个 I/O 口,还得改 ov7725_init 里面的 D0～D7 所在的 I/O 口
 */
/*****************************************************************/
/* OV7725 相关端口定义 */
#define OV7725_VSYNC(x)     do{ x ? \
                                HAL_GPIO_WritePin(OV7725_VSYNC_GPIO_Port,
                                OV7725_VSYNC_Pin, GPIO_PIN_SET) : \
                                HAL_GPIO_WritePin(OV7725_VSYNC_GPIO_Port,
                                OV7725_VSYNC_Pin, GPIO_PIN_RESET); \
                                }while(0)            /* VSYNC */
#define OV7725_WRST(x)      do{ x ? \
                                HAL_GPIO_WritePin(OV7725_WRST_GPIO_Port,
                                OV7725_WRST_Pin, GPIO_PIN_SET) : \
                                HAL_GPIO_WritePin(OV7725_WRST_GPIO_Port,
                                OV7725_WRST_Pin, GPIO_PIN_RESET); \
                                }while(0)            /* WRST */

#define OV7725_RRST(x)      do{ x ? \
                                HAL_GPIO_WritePin(OV7725_RRST_GPIO_Port,
                                OV7725_RRST_Pin, GPIO_PIN_SET) : \
                                HAL_GPIO_WritePin(OV7725_RRST_GPIO_Port,
                                OV7725_RRST_Pin, GPIO_PIN_RESET); \
                                }while(0)            /* RRST */
#define OV7725_OE(x)        do{ x ? \
                                HAL_GPIO_WritePin(OV7725_OE_GPIO_Port,
                                OV7725_OE_Pin, GPIO_PIN_SET) : \
                                HAL_GPIO_WritePin(OV7725_OE_GPIO_Port,
                                OV7725_OE_Pin, GPIO_PIN_RESET); \
                                }while(0)            /* OE */
#define OV7725_RCLK(x)      x ? (OV7725_RCLK_GPIO_Port ->BSRR =
OV7725_RCLK_Pin) : (OV7725_RCLK_GPIO_Port ->BRR = OV7725_RCLK_Pin)      /* RCLK */
#define OV7725_WEN(x)       do{ x ? \
                                HAL_GPIO_WritePin(OV7725_WEN_GPIO_Port,
                                OV7725_WEN_Pin, GPIO_PIN_SET) : \
                                HAL_GPIO_WritePin(OV7725_WEN_GPIO_Port,
                                OV7725_WEN_Pin, GPIO_PIN_RESET); \
                                }while(0)            /* WEN */
#define OV7725_DATA         GPIOC ->IDR & 0X00FF
/* D0～D7 */
/* OV7725 ID */
#define OV7725_MID          0X7FA2       /* MID,第一个 MID */
#define OV7725_MID1         0X7FFF       /* MID1,第二个 MID */
#define OV7725_PID          0X7721
/* OV7670 的 SCCB 地址 */
#define OV7725_ADDR         0X42
uint8_t ov7725_init(void);                           /* OV7725 初始化 */
```

```
uint8_t ov7725_read_reg(uint16_t reg);                    /* OV7725 读寄存器 */
uint8_t ov7725_write_reg(uint8_t reg, uint8_t data);      /* OV7725 写寄存器 */
void ov7725_light_mode(uint8_t mode);          /* OV7725 灯光模式设置 */
void ov7725_color_saturation(uint8_t sat);     /* OV7725 色彩饱和度设置 */
void ov7725_brightness(uint8_t bright);        /* OV7725 亮度设置 */
void ov7725_contrast(uint8_t contrast);        /* OV7725 对比度设置 */
void ov7725_special_effects(uint8_t eft);      /* OV7725 特效设置 */
void ov7725_window_set(uint16_t width, uint16_t height, uint8_t mode);
#endif
```

该文件包含了引脚操作的宏定义以及 7725 摄像头相关的一些 ID、器件地址的宏定义，便于操作。

4. ov7725.c 文件代码

```
/**
 * @brief      OV7725 读寄存器
 * @param      reg：寄存器地址
 * @retval     读到的寄存器值
 */
uint8_t ov7725_read_reg(uint16_t reg)
{
    uint8_t data = 0;
    sccb_start();                                /* 起始信号 */
    sccb_send_byte(OV7725_ADDR);                 /* 写通信地址 */
    sccb_send_byte(reg);                         /* 寄存器地址 */
    sccb_stop();                                 /* 停止信号 */
    /* 设置寄存器地址后才是读 */
    sccb_start();                                /* 起始信号 */
    sccb_send_byte(OV7725_ADDR | 0X01);          /* 读通信地址 */
    data = sccb_read_byte();                     /* 读取数据 */
    sccb_nack();                                 /* 非应答信号 */
    sccb_stop();                                 /* 停止信号 */
    return data;
}
/**
 * @brief      OV7725 写寄存器
 * @param      reg：寄存器地址
 * @param      data：要写入寄存器的值
 * @retval     0，成功；1，失败
 */
uint8_t ov7725_write_reg(uint8_t reg, uint8_t data)
{
    uint8_t res = 0;
    sccb_start();                                /* 起始信号 */
    if (sccb_send_byte(OV7725_ADDR))res = 1;     /* 写通信地址 */
    if (sccb_send_byte(reg))res = 1;             /* 寄存器地址 */
    if (sccb_send_byte(data))res = 1;            /* 写数据 */
    sccb_stop();                                 /* 停止信号 */
    return res;
}
```

```
/**
 * @brief        初始化 OV7725
 * @param        无
 * @retval       0,成功;1,失败
 */
uint8_t ov7725_init(void)
{
    uint16_t i = 0;
    uint16_t reg = 0;
    OV7725_WRST(1);                              /* WRST = 1 */
    OV7725_RRST(1);                              /* RRST = 1 */
    OV7725_OE(1);                                /* OE = 1 */
    OV7725_RCLK(1);                              /* RCLK = 1 */
    OV7725_WEN(1);                               /* WEN = 1 */
    sccb_init();                                 /* 初始化 SCCB 的 I/O 口 */
    if (ov7725_write_reg(0x12, 0x80))            /* 复位 */
    {
        return 1;
    }
    delay_ms(50);
    reg = ov7725_read_reg(0X1c);                 /* 读取厂家 ID 高 8 位 */
    reg <<= 8;
    reg |= ov7725_read_reg(0X1d);                /* 读取厂家 ID 低 8 位 */
    if ((reg != OV7725_MID) && (reg != OV7725_MID1))    /* MID 不正确吗 */
    {
        printf("MID:%d\r\n", reg);
        return 1;
    }
    reg = ov7725_read_reg(0X0a);                 /* 读取厂家 ID 高 8 位 */
    reg <<= 8;
    reg |= ov7725_read_reg(0X0b);                /* 读取厂家 ID 低 8 位 */
    if (reg != OV7725_PID)                       /* PID 不正确吗 */
    {
        printf("HID:%d\r\n", reg);
        return 2;
    }
    /* 初始化 OV7725,采用 QVGA 分辨率(320 * 240) */
    for (i = 0; i < sizeof(ov7725_init_reg_tb1) /
    sizeof(ov7725_init_reg_tb1[0]); i++)
    {
        ov7725_write_reg(ov7725_init_reg_tb1[i][0],
        ov7725_init_reg_tb1[i][1]);
    }
    return 0;    /* ok */
}
/* 省略部分代码…… */
```

通过 ov7725_init 函数就完成了 OV7725 的基本配置,OV7725 就会以配置的 QV-GA 模式输出图像数据。每当 OV7725 输出一个帧信号 VSYNC,就代表一帧图像数据要通过数据引脚进行输出了,因此可以利用 STM32 的外部中断来捕获这个信号,进而

在中断服务函数里把图像数据写入 FIFO 中。外部中断捕获帧信号的这部分操作在 exit.c 中实现。

5. exit.c 文件代码

```
/* OV7725 帧中断标志
 * 0, 表示上一帧数据已经处理完了, 新的帧中断到来, 可以往 FIFO 写数据
 * 1, 表示上一帧数据还没有处理完, 新的帧中断到来, 不能往 FIFO 写数据
 */
uint8_t g_ov7725_vsta = 0;
/**
 * @brief        OV7725 VSYNC 外部中断服务程序
 * @param        无
 * @retval       无
 */
void HAL_GPIO_EXTI_Callback(uint16_t GPIO_Pin)
{
    if (GPIO_Pin == OV7725_VSYNC_Pin)         /* 是 OV7725_VSYNC_Pin 线的中断 */
    {
        if (g_ov7725_vsta == 0)               /* 上一帧数据已经处理了吗 */
        {
            OV7725_WRST(0);                   /* 复位写指针 */
            OV7725_WRST(1);                   /* 结束复位 */
            OV7725_WEN(1);                    /* 允许写入 FIFO */
            g_ov7725_vsta = 1;                /* 标记帧中断 */
        }
        else
        {
            OV7725_WEN(0);                    /* 禁止写入 FIFO */
        }
    }
    /* 清除 OV7725_VSYNC_Pin 上的中断标志位 */
    __HAL_GPIO_EXTI_CLEAR_IT(OV7725_VSYNC_Pin);
}
```

在外部中断回调函数中, 需要先判断中断是不是来自于中断线 8 再进行处理。

中断处理的部分流程: 每当帧中断到来后, 先判断 g_ov7725_vsta 的值是否为 0; 如果是 0, 则说明可以往 FIFO 里面写入数据, 执行复位 FIFO 写指针, 并允许 FIFO 写入。此时, AL422B 将从地址 0 开始存储新一帧的图像数据。然后设置 g_ov7725_vsta 为 1, 标记新的一帧数据正在存储中。如果 g_ov7725_vsta 不为 0, 则说明之前存储在 FIFO 里面的一帧数据还未被读取过, 直接禁止 FIFO 写入, 等待 MCU 读取 FIFO 数据, 以免数据覆盖。

然而, STM32 只需要判断 g_ov7725_vsta 是否为 1 来读取 FIFO 里面的数据, 读完一帧后, 设置 g_ov7725_vsta 为 0, 以免重复读取, 同时还可以使能 FIFO 新一帧数据的写入。

exit.h 头文件仅包含了一些相关的头文件, 这里不展开讲解, 详细可查看配套源码。

6. main. c 文件代码

```
/**
 *  @brief         更新 LCD 显示
 *    @note        该函数将 OV7725 模块 FIFO 里面的数据复制到 LCD 屏幕上
 *  @param         无
 *  @retval        无
 */
void ov7725_camera_refresh(void)
{
    uint32_t i, j;
    uint16_t color;
    if (g_ov7725_vsta)                            /*有帧中断更新*/
    {
        lcd_scan_dir(U2D_L2R);                    /*从上到下，从左到右*/
        lcd_set_window((lcddev.width - g_ov7725_wwidth) / 2, (lcddev.height -
        g_ov7725_wheight) / 2,
        g_ov7725_wwidth, g_ov7725_wheight);  /*将显示区域设置到屏幕中央*/
        lcd_write_ram_prepare();                  /*开始写入 GRAM*/
        OV7725_RRST(0);                           /*开始复位读指针*/
        OV7725_RCLK(0);
        OV7725_RCLK(1);
        OV7725_RCLK(0);
        OV7725_RRST(1);                           /*复位读指针结束*/
        OV7725_RCLK(1);
        for (i = 0; i < g_ov7725_wheight; i++)
        {
            for (j = 0; j < g_ov7725_wwidth; j++)
            {
                OV7725_RCLK(0);
                color = OV7725_DATA;              /*读数据*/
                OV7725_RCLK(1);
                color <<= 8;
                OV7725_RCLK(0);
                color |= OV7725_DATA;             /*读数据*/
                OV7725_RCLK(1);
                LCD ->LCD_RAM = color;
            }
        }
        g_ov7725_vsta = 0;                        /*清零帧中断标记*/
        g_ov7725_frame++;
        lcd_scan_dir(DFT_SCAN_DIR);               /*恢复默认扫描方向*/
    }
}
int main(void)
{
    /* USER CODE BEGIN 1 */
    uint8_t key;
    uint8_t i = 0;
    char msgbuf[15];                              /*消息缓存区*/
    uint8_t tm = 0;
    uint8_t lightmode = 0, effect = 0;
```

```
        uint8_t saturation = 4, brightness = 4, contrast = 4;
    /* USER CODE END 1 */
    HAL_Init();
    /* 系统时钟初始化 */
    SystemClock_Config();
    /* 延时初始化 */
    delay_init(72);
    /* GPIO 初始化 */
    MX_GPIO_Init();
    /* FSMC 初始化 */
    MX_FSMC_Init();
    /* 串口初始化 */
    MX_USART1_UART_Init();
    /* TIM5/6 初始化 */
    MX_TIM5_Init();
    MX_TIM6_Init();
    /* USER CODE BEGIN 2 */
    lcd_init();                                    /* 初始化 LCD */
    tpad_init();                                   /* TPAD 初始化 */
    lcd_show_string(30,  50, 200, 16, 16, "STM32", RED);
    lcd_show_string(30,  70, 200, 16, 16, "OV7725 TEST", RED);
    lcd_show_string(30,  90, 200, 16, 16, "ATOM@ALIENTEK", RED);
    lcd_show_string(30, 110, 200, 16, 16, "KEY0:Light Mode", RED);
    lcd_show_string(30, 130, 200, 16, 16, "KEY1:Saturation", RED);
    lcd_show_string(30, 150, 200, 16, 16, "KEY_UP:Contrast", RED);
    lcd_show_string(30, 170, 200, 16, 16, "TPAD:Effects", RED);
    lcd_show_string(30, 190, 200, 16, 16, "OV7725 Init...", RED);
    /* USER CODE END 2 */
    while (1)
    {
        if (ov7725_init() == 0)
        {
            lcd_show_string(30, 190, 200, 16, 16, "OV7725 Init OK          ", RED);
            while (1)
            {
                key = key_scan(0);
                if (key == KEY0_PRES)
                {
                    g_ov7725_wwidth = 320;               /* 默认窗口宽度为 320 */
                    g_ov7725_wheight = 240;              /* 默认窗口高度为 240 */
                    ov7725_window_set(g_ov7725_wwidth, g_ov7725_wheight, 0);
                    break;
                }
                else if (key == KEY1_PRES)
                {
                    g_ov7725_wwidth = 320;               /* 默认窗口宽度为 320 */
                    g_ov7725_wheight = 240;              /* 默认窗口高度为 240 */
                    /* VGA 模式输出 */
                    ov7725_window_set(g_ov7725_wwidth, g_ov7725_wheight, 1);
                    break;
                }
                i++;
                if (i == 100)
```

```
                    lcd_show_string(30, 210, 210, 16, 16, "KEY0:QVGA   KEY1:VGA", RED);
                if (i == 200)
                {
                    lcd_fill(30, 230, 210, 250 + 16, WHITE);
                    i = 0;
                }
                delay_ms(5);
            }
            ov7725_light_mode(lightmode);
            ov7725_color_saturation(saturation);
            ov7725_brightness(brightness);
            ov7725_contrast(contrast);
            ov7725_special_effects(effect);
            OV7725_OE(0); /* 使能 OV7725 FIFO 数据输出 */
            break;
        }
        else
        {
            lcd_show_string(30, 190, 200, 16, 16, "OV7725 Error!!", RED);
            delay_ms(200);
            lcd_fill(30, 190, 239, 246, WHITE);
            delay_ms(200);
        }
    }
    lcd_clear(BLACK);
    while (1)
    {
        key = key_scan(0); /* 不支持连按 */
        if (key)
        {
            tm = 20;
            switch (key)
            {
                case KEY0_PRES: /* 灯光模式 Light Mode */
                    lightmode ++ ;
                    if (lightmode > 5)
                        lightmode = 0;
                    ov7725_light_mode(lightmode);
                    sprintf((char * )msgbuf, "% s", LMODE_TBL[lightmode]);
                    break;
                case KEY1_PRES: /* 饱和度 Saturation */
                    saturation ++ ;
                    if (saturation > 8)
                        saturation = 0;
                    ov7725_color_saturation(saturation);
                    sprintf((char * )msgbuf, "Saturation: % d", saturation);
                    break;
                case WKUP_PRES: /* 对比度 Contrast */
                    contrast ++ ;
                    if (contrast > 8)
                        contrast = 0;
                    ov7725_contrast(contrast);
                    sprintf((char * )msgbuf, "Contrast: % d", contrast);
```

```
                break;
            }
        }
        if (tpad_scan(0))                          /* 检测到触摸按键 */
        {
            effect++ ;
            if (effect > 6)
                effect = 0;
            ov7725_special_effects(effect);        /* 设置特效 */
            sprintf((char *)msgbuf, "%s", EFFECTS_TBL[effect]);
            tm = 20;
        }
        ov7725_camera_refresh();                   /* 更新显示 */
        if (tm)
        {
            lcd_show_string((lcddev.width - 240) / 2 + 30, (lcddev.height - 320)
            / 2 + 60, 200, 16, 16, msgbuf, BLUE);
            tm-- ;
        }
        i++ ;
        if (i >= 15)                               /* DS0 闪烁 */
        {
            i = 0;
            LED0_TOGGLE();                          /* LED0 闪烁 */
        }
    }
}
```

ov7725_camera_refresh 函数用于将摄像头的数据更新到 LCD 并显示出来,实现的效果类似摄像头。main 函数的代码比较简单,这里就不展开说明了。

最后,为了得到最快的显示速度,编译时可以选择 Release 并下载,这样 OV7725 的显示帧率可达 22 帧左右。注意,因为 tpad_scan 扫描会占用较多时间,所以帧率比较慢,屏蔽该函数也可以提高帧率。

36.4　下载验证

完成编译和烧录操作后,下载代码到正点原子精英 STM32 开发板上,则得到如图 36.8 所示界面。

随后,通过 KEY0 和 KEY1 选择模式。当选择 QVGA 模式时,OV7725 直接输出 320×240 分辨率图像数据,该模式相对 VGA 模式视角较广但画面没有那么清晰细腻。当选择 VGA 模式时,实质是将 640×480 窗口截取中间 320×240 的图像输出,该模式拍出的图像较为清晰细腻但视角较小。

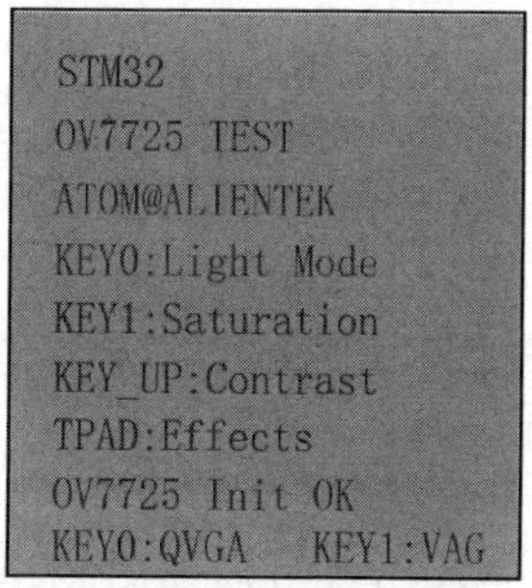

```
STM32
OV7725 TEST
ATOM@ALIENTEK
KEY0:Light Mode
KEY1:Saturation
KEY_UP:Contrast
TPAD:Effects
OV7725 Init OK
KEY0:QVGA    KEY1:VAG
```

图 36.8　程序运行效果图

第 **37** 章

内存管理实验

本章将介绍内存管理,并使用内存的动态管理来减少对内存的浪费。

37.1　内存管理简介

内存管理是指软件运行时对计算机内存资源的分配和使用的技术,最主要的目的是如何高效、快速地分配,并且在适当的时候释放和回收内存资源。内存管理的实现方法有很多种,其实最终都是要实现两个函数:malloc 和 free。其中,malloc 函数用来内存申请,free 函数用于内存释放。

本章介绍一种比较简单的办法来实现内存管理的实验——分块式内存管理,如图 37.1 所示。可以看出,分块式内存管理由内存池和内存管理表两部分组成。内存池被等分为 n 块,对应的内存管理表大小也为 n,内存管理表的每一个项对应内存池的一块内存。内存管理表的项值代表的意义:当该项值为 0 的时候,代表对应的内存块未被占用;当该项值非 0 的时候,代表该项对应的内存块已经被占用,其数值代表被连续占用的内存块数。比如某项值为 10,那么说明包括本项对应的内存块在内,总共分配了 10 个内存块给外部的某个指针。

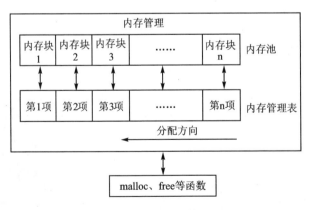

图 37.1　分块式内存管理原理

内存分配方向如图 37.1 所示,是从顶→底的分配方向,即首先从最末端开始找空内存。当内存管理刚初始化的时候,内存表全部清零,表示没有任何内存块被占用。

1. 分配原理

当指针 p 调用 malloc 申请内存的时候,先判断 p 要分配的内存块数(m),再从第 n 开始向下查找,直到找到 m 块连续的空内存块(即对应内存管理表项为 0),并将这 m 个内存管理表项的值都设置为 m(标记被占用);然后,把最后的空内存块的地址返回指针 p,从而完成一次分配。注意,如果内存不够(找到最后也没有找到连续 m 块空闲内存),则返回 NULL 给 p,表示分配失败。

2. 释放原理

当 p 申请的内存用完又需要释放的时候,可以调用 free 函数实现。free 函数先判断 p 指向的内存地址所对应的内存块,然后找到对应的内存管理表项目,得到 p 所占用的内存块数目 m(内存管理表项目的值就是所分配内存块的数目),并将这 m 个内存管理表项目的值都清零,标记释放,完成一次内存释放。

37.2　硬件设计

1)例程功能

开机后,LCD 显示提示信息,等待外部输入。KEY0 用于申请内存,每次申请 2 KB 内容,还将申请到的内存写入数据。KEY1 用于释放内存。WK_UP 用于更新数据到申请到的内存里。LED0 闪烁用于提示程序正在运行。

2)硬件资源

➤ LED 灯:LED0 – PB5;

➤ 独立按键:KEY0 – PE4、KEY1 – PE3、WK_UP – PA0;

➤ 串口 1(PA9 或 PA10 连接在板载 USB 转串口芯片 CH340 上面);

➤ 正点原子 TFTLCD 模块(仅限 MCU 屏,16 位 8080 并口驱动)。

3)原理图

本章实验使用内存管理库为软件库,因此没有对应的连接原理图。

37.3　程序设计

37.3.1　配套源码路径

配置好的实验工程已经放到了配套资料中,路径为:开发板光盘 A-基础资料\1、程序源码\4,CubeIDE_project\33_MALLOC。

37.3.2　创建和配置工程

在 STM32CubeIDE 中复制 14_USMART 工程,并将工程文件名和 .ioc 文件名均修改为 33_MALLOC,以进行下一步的实验操作。

本章实验使用内存管理库为软件库,不涉及硬件以及外设上的配置,所以直接在工程中添加用户文件。

37.3.3 添加用户驱动代码

在 ATK_Middlewares 文件夹中新建 MALLOC 文件夹,并在 MALLOC 中添加 malloc.c 和 malloc.h 文件。

1. malloc.h 文件代码

下面直接介绍 malloc.h 中比较重要的一个结构体和内存参数宏定义,其定义如下:

```
/* mem1 内存参数设定. mem1 是 F103 内部的 SRAM */
#define MEM1_BLOCK_SIZE    32          /* 内存块大小为 32 字节 */
#define MEM1_MAX_SIZE      40 * 1024  /* 最大管理内存 40 KB, F103ZE 内部 SRAM 共 512 KB */
#define MEM1_ALLOC_TABLE_SIZE    MEM1_MAX_SIZE/MEM1_BLOCK_SIZE      /* 内存表大小 */
/* mem2 内存参数设定. mem3 是 F103 外扩 SRAM */
#define MEM2_BLOCK_SIZE         32      /* 内存块大小为 32 字节 */
#define MEM2_MAX_SIZE          1 * 32   /* 精英板没有外扩内存,故设置一个最小值 */
#define MEM2_ALLOC_TABLE_SIZE    MEM2_MAX_SIZE/MEM2_BLOCK_SIZE      /* 内存表大小 */
/* 内存管理控制器 */
struct _m_mallco_dev
{
    void (* init)(uint8_t);              /* 初始化 */
    uint16_t (* perused)(uint8_t);       /* 内存使用率 */
    uint8_t * membase[SRAMBANK];         /* 内存池管理 SRAMBANK 个区域的内存 */
    MT_TYPE * memmap[SRAMBANK];          /* 内存管理状态表 */
    uint8_t memrdy[SRAMBANK];            /* 内存管理是否就绪 */
};
```

我们可以定义几个不同的内存管理表,并将相应指针分配给到管理控制器。程序中用宏定义 MEM1_BLOCK_SIZE 来定义 malloc 可以管理的内部内存池总大小,实际上定义为一个大小为 MEM1_BLOCK_SIZE 的数组,编译后就能获得一块实际的连续内存区域,这里是 40 KB;MEM1_ALLOC_TABLE_SIZE 代表内存池的内存管理表大小。可以定义多个内存管理表来同时管理多块内存。

从这里可以看出,内存分块越小,那么内存管理表就越大。当分块为 2 字节一个块的时候,内存管理表就和内存池一样大了(管理表的每项都是 uint16_t 类型),显然不合适。这里取 32 字节,比例为 1:16,内存管理表就比较小了。

通过这个内存管理控制器_m_malloc_dev 结构体,可以把分块式内存管理的相关信息,比如初始化函数、获取使用率、内存池、内存管理表以及内存管理的状态保存下来,从而实现对内存池的管理控制。

2. malloc.c 文件代码

整个 malloc 代码的核心函数:my_mem_malloc 和 my_mem_free,分别用于内存申请和内存释放。这两个函数只是内部调用,外部调用我们另外定义了 mymalloc 和

myfree 两个函数,其他函数我们就不多介绍了。下面看一下分配内存和释放内存相关函数,其定义如下:

```c
/**
 * @brief        内存分配(内部调用)
 * @param        memx :所属内存块
 * @param        size :要分配的内存大小(字节)
 * @retval       内存偏移地址
 *    @arg       0~0XFFFFFFFE :有效的内存偏移地址
 *    @arg       0XFFFFFFFF   :无效的内存偏移地址
 */
static uint32_t my_mem_malloc(uint8_t memx, uint32_t size)
{
    signed long offset = 0;
    uint32_t nmemb;                          /* 需要的内存块数 */
    uint32_t cmemb = 0;                      /* 连续空内存块数 */
    uint32_t i;
    if (!mallco_dev.memrdy[memx])
    {
        mallco_dev.init(memx);               /* 未初始化,先执行初始化 */
    }
    if (size == 0) return 0XFFFFFFFF;        /* 不需要分配 */
    nmemb = size / memblksize[memx];         /* 获取需要分配的连续内存块数 */
    if (size % memblksize[memx]) nmemb ++;
    for (offset = memtblsize[memx] - 1; offset >= 0; offset --) /* 搜索整个内存控制区 */
    {
        if (!mallco_dev.memmap[memx][offset])
        {
            cmemb ++;                        /* 连续空内存块数增加 */
        }
        else
        {
            cmemb = 0;                       /* 连续内存块清零 */
        }
        if (cmemb == nmemb)                  /* 找到了连续 nmemb 个空内存块 */
        {
            for (i = 0; i < nmemb; i++)  /* 标注内存块非空 */
            {
                mallco_dev.memmap[memx][offset + i] = nmemb;
            }
            return (offset * memblksize[memx]); /* 返回偏移地址 */
        }
    }
    return 0XFFFFFFFF;                       /* 未找到符合分配条件的内存块 */
}
/**
 * @brief        释放内存(内部调用)
 * @param        memx  :所属内存块
 * @param        offset :内存地址偏移
 * @retval       释放结果
 *    @arg       0,释放成功
```

```
*    @arg          1,释放失败
*    @arg          2,超区域了(失败)
*/
static uint8_t my_mem_free(uint8_t memx, uint32_t offset)
{
    int i;
    if (!mallco_dev.memrdy[memx])            /* 未初始化,先执行初始化 */
    {
        mallco_dev.init(memx);
        return 1;                            /* 未初始化 */
    }
    if (offset < memsize[memx])              /* 偏移在内存池内 */
    {
        int index = offset / memblksize[memx];        /* 偏移所在内存块号码 */
        int nmemb = mallco_dev.memmap[memx][index]; /* 内存块数量 */
        for (i = 0; i < nmemb; i++)                  /* 内存块清零 */
        {
            mallco_dev.memmap[memx][index + i] = 0;
        }
        return 0;
    }
    else
    {
        return 2;      /* 偏移超区了 */
    }
}
/**
* @brief       释放内存(外部调用)
* @param       memx : 所属内存块
* @param       ptr  : 内存首地址
* @retval      无
*/
void myfree(uint8_t memx, void * ptr)
{
    uint32_t offset;
    if (ptr == NULL)return;                          /* 地址为 0 */
    offset = (uint32_t)ptr - (uint32_t)mallco_dev.membase[memx];
    my_mem_free(memx, offset);                       /* 释放内存 */
}
/**
* @brief       分配内存(外部调用)
* @param       memx : 所属内存块
* @param       size : 要分配的内存大小(字节)
* @retval      分配到的内存首地址
*/
void * mymalloc(uint8_t memx, uint32_t size)
{
    uint32_t offset;
    offset = my_mem_malloc(memx, size);
    if (offset == 0XFFFFFFFF)                         /* 申请出错 */
    {
```

```
            return NULL;                    /* 返回空(0) */
    }
    else                                    /* 申请没问题，返回首地址 */
    {
        return (void * )((uint32_t)mallco_dev.membase[memx] + offset);
    }
}
```

3. main.c 文件代码

```
int main(void)
{
  /* USER CODE BEGIN 1 */
    uint8_t paddr[20];     /* 存放 P Addr:+p 地址的 ASCII 值 */
    uint16_t memused = 0;
    uint8_t key;
    uint8_t i = 0;
    uint8_t * p = 0;
    uint8_t * tp = 0;
  /* USER CODE END 1 */
    HAL_Init();
    /* 此处省略系统时钟、延时、GPIO、FSMC、串口初始化 */
    MX_TIM4_Init();
  /* USER CODE BEGIN 2 */
    lcd_init();                                 /* 初始化 LCD */
    my_mem_init(SRAMIN);                         /* 初始化内部 SRAM 内存池 */
    lcd_show_string(30,  50, 200, 16, 16, "STM32", RED);
    lcd_show_string(30,  70, 200, 16, 16, "MALLOC TEST", RED);
    lcd_show_string(30,  90, 200, 16, 16, "ATOM@ALIENTEK", RED);
    lcd_show_string(30, 110, 200, 16, 16, "KEY0:Malloc KEY1:Free", RED);
    lcd_show_string(30, 130, 200, 16, 16, "KEY_UP:Write", RED);
    lcd_show_string(30, 160, 200, 16, 16, "SRAMIN ", BLUE);
    lcd_show_string(30, 176, 200, 16, 16, "SRAMIN    USED:", BLUE);
  /* USER CODE END 2 */
    while (1)
    {
        key = key_scan(0);                      /* 不支持连按 */
        switch (key)
        {
            case KEY0_PRES:                     /* KEY0 按下 */
                /* 申请 2 KB，写入内容，并显示在 lcd 屏幕上面 */
                p = mymalloc(SRAMIN, 2048);
                if (p != NULL)
                {
                    /* 向 p 写入一些内容 */
                    sprintf((char * )p, "Memory Malloc Test %03d", i);
                    lcd_show_string(30, 260, 209, 16, 16, (char * )p, BLUE);
                }
                break;
            case KEY1_PRES:                     /* KEY1 按下 */
                myfree(SRAMIN, p);              /* 释放内存 */
```

```
                p = 0;                      /*指向空地址*/
                break;
            case WKUP_PRES:            /* KEY UP 按下*/
            if ( p ! = NULL )
            {
                sprintf((char * )p, "Memory Malloc Test % 03d", i);
                lcd_show_string(30, 260, 209, 16, 16, (char * )p, BLUE);
            }
            break;
        }
        if (tp ! = p)
        {
            tp = p;
            sprintf((char * )paddr, "P Addr:0X % 08X", (uint32_t)tp);
            /*显示 p 的地址*/
            lcd_show_string(30, 240, 209, 16, 16, (char * )paddr, BLUE);
            if (p)
            {   /*显示 P 的内容*/
                lcd_show_string(30, 260, 280, 16, 16, (char * )p, BLUE);
            }
            else
            {
                lcd_fill(30, 260, 209, 296, WHITE); /* p = 0,清除显示*/
            }
        }
        delay_ms(10);
        i ++ ;
        if ((i % 20) == 0)    /* DS0 闪烁. */
        {
            memused = my_mem_perused(SRAMIN);
            sprintf((char * )paddr, " % d. % 01d % ", memused / 10, memused % 10);
            /*显示内部内存使用率*/
            lcd_show_string(30 + 112, 176, 200, 16, 16, (char * )paddr, BLUE);
            LED0_TOGGLE();   /* LED0 闪烁*/
        }
    }
}
```

该部分代码比较简单,主要是对 mymalloc 和 myfree 的应用。注意,如果对一个指针进行多次内存申请而之前的申请又没释放,那么将造成"内存泄露",这是内存管理不希望发生的,久而久之可能导致无内存可用的情况。所以,使用时一定注意,申请的内存在用完以后一定要释放。

37.4　下载验证

将程序下载到开发板后,可以看到 LED0 不停地闪烁,提示程序已经在运行了。LCD 显示的内容如图 37.2 所示。

可以看到,内存的使用率均为 0%,说明还没有任何内存被使用。此时按下

KEY0,可以看到内存使用了 5％,且下面提示了指针 p 所指向的地址(其实就是被分配到的内存地址)和内容。多按几次 KEY0,可以看到内存使用率持续上升(注意比对 p 的值,可以发现是递减的,说明是从顶部开始分配内存)。此时如果按下KEY1,则可以发现内存使用率降低了 5％,但是再按 KEY1 将不再降低,说明"内存泄漏",实际使用时必须避免内存泄漏。

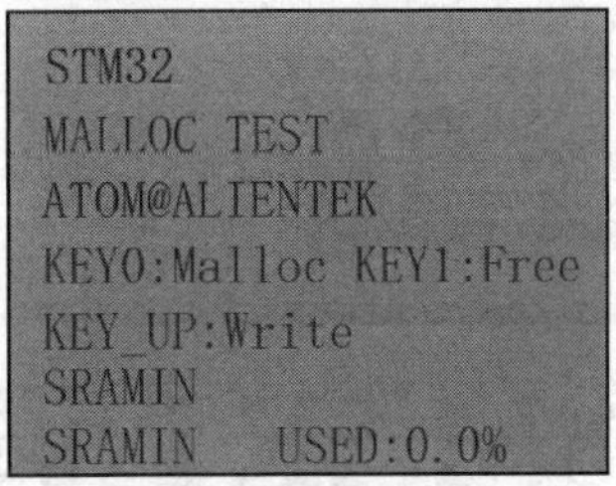

```
STM32
MALLOC TEST
ATOM@ALIENTEK
KEY0:Malloc KEY1:Free
KEY_UP:Write
SRAMIN
SRAMIN    USED:0.0%
```

图 37.2　内存管理实验测试图

第 **38** 章

USMART 调试组件实验

本章将介绍一个十分重要的辅助调试工具：USMART 调试组件。该组件由正点原子开发提供，功能类似 Linux 的 shell(RTT 的 finsh 也属于此类)，就是通过串口调用单片机里面的函数并执行，对调试代码很有帮助。

38.1 硬件设计

1) 例程功能

本实验通过 USMART 调用单片机里面的函数，从而实现对 LCD 显示以及延时的控制。LED0 闪烁用于提示程序正在运行。

2) 硬件资源

➢ LED 灯：LED0 - PB5、LED1 - PE5；

➢ 串口 1(PA9 或 PA10 连接在板载 USB 转串口芯片 CH340 上面)；

➢ 定时器 4；

➢ 正点原子 TFTLCD 模块(仅限 MCU 屏，16 位 8080 并口驱动)。

3) 原理图

本章实验使用的 USMART 为软件库，因此没有对应的连接原理图。

38.2 程序设计

38.2.1 配套源码路径

本实验配置好的实验工程已经放到了配套资料中，路径为：开发板光盘 A-基础资料\1、程序源码\4、CubeIDE_project\14_USMART。

38.2.2 创建和配置工程

在 STM32CubeIDE 中复制 13_TFTLCD 工程，并将工程文件名和.ioc 文件名均修改为 14_USMART，以进行下一步的实验操作。接着双击 14_USMART.ioc 进入 STM32CubeMX 插件配置界面，打开左边的 Timers→TIM4 来配置 TIM4 参数，如图 38.1 所示。

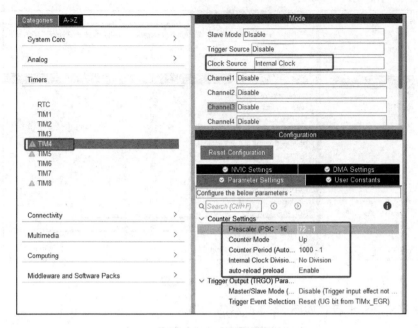

图 38.1　TIM4 配置

Clock Source 项选择 Internal Clock，表示使用内部时钟。定时器 4 的时钟频率是 72 MHz，则计数器 CK_CNT 的时钟频率是

$$f_{\text{CK\_CNT}} = \frac{f_{\text{CK\_PSC}}}{\text{PSC}[15:0]+1} = \frac{72 \text{ MHz}}{72} = 1 \text{ MHz}$$

那么计数器计数 5 000 次就会溢出产生中断，所以每次溢出时间是

$$1\ 000 \times \frac{1}{1 \text{ MHz}} = 1 \text{ ms}$$

其他选项保持默认状态，不需要配置。

这里使用 TIM4 的定时中断来定时扫描 SCAN 函数，为了保证扫描函数的实时性，设置成 1 ms（建议 1~100 ms）扫描一次，读者可根据实际效果去调整该时间。

38.2.3　配置 NVIC

定时器每 1 ms 溢出而产生中断，所以要使能定时器全局中断，并配置中断优先级。如图 38.2 所示，选中 TIM4 定时器全局中断，配置中断优先级分组为 2、抢占优先级为 2 和子优先级为 1。

38.2.4　生成工程并添加文件

配置好之后，按下键盘的"Ctrl＋S"组合键保存 14_USMART.ioc 文件，系统开始生成初始化代码。要使用 USMART，须先进行代码移植。在 ATK_Middlewares 文件夹中移植 USMART 文件夹（第一次使用 USMART 时可直接用源码里边修改好的），

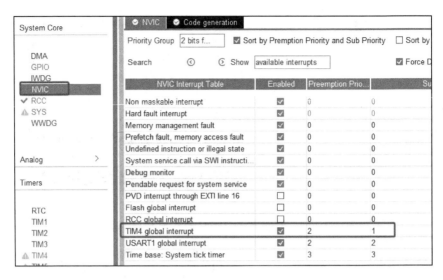

图 38.2　NVIC 配置

USMART 文件夹中包含如图 38.3 所示的文件。

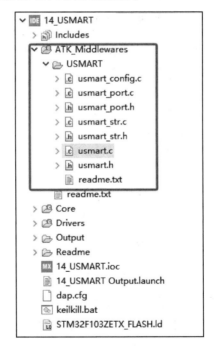

图 38.3　移植 USMART 文件

　　USMART 组件的移植也非常简单，只需要实现 usmart_port.c 文件中的 5 个函数即可完成移植。

　　第一个函数为 usmart_get_input_string()，用于 USMART 获取串口输入的数据流，实现如下所示：

```
/**
 * @brief       获取输入数据流(字符串)
 * @note        USMART 通过解析该函数返回的字符串来获取函数名及参数等信息
 * @param       无
 * @retval
 * @arg         0,  没有接收到数据
 * @arg         其他,数据流首地址(不能是 0)
 */
char * usmart_get_input_string(void)
{
    uint8_t len;
    char * pbuf = 0;
    if (g_usart_rx_sta & 0x8000)            /* 串口接收完成了吗 */
    {
        len = g_usart_rx_sta & 0x3fff;      /* 得到此次接收到的数据长度 */
        g_usart_rx_buf[len] = '\0';         /* 在末尾加入结束符 */
        pbuf = (char *)g_usart_rx_buf;
        g_usart_rx_sta = 0;                 /* 开启下一次接收 */
    }
    return pbuf;
}
```

可以看出,该函数就是从 SYSTEM 文件夹 USART 驱动中获取 USART1 输入的数据。

剩余的 4 个函数在宏 USMART_ENTIMX_SCAN 开启后才需要定义,该宏用于使能 runtime 统计等功能。

第二个函数为 usmart_timx_reset_time(),用于复位 runtime,实现如下所示:

```
/**
 * @brief       复位 runtime
 * @note        需要根据移植到的 MCU 的定时器参数进行修改
 * @param       无
 * @retval      无
 */
void usmart_timx_reset_time(void)
{
    __HAL_TIM_CLEAR_FLAG(&htim4, TIM_FLAG_UPDATE);  /* 清除中断标志位 */
    __HAL_TIM_SET_AUTORELOAD(&htim4, 0XFFFF);       /* 将重装载值设置到最大 */
    __HAL_TIM_SET_COUNTER(&htim4, 0);               /* 清空定时器的 CNT */
    usmart_dev.runtime = 0;
}
```

该函数复位了 runtime 功能和用于 runtime 功能的相关 TMR。

第三个函数为 usmart_timx_get_time(),用于实现 runtime 功能中的时间获取,实现如下所示:

```
/**
 * @brief       获得 runtime 时间
 * @note        需要根据所移植到的 MCU 的定时器参数进行修改
 * @param       无
```

```
 * @retval        执行时间,单位:0.1 ms,最大延时时间为定时器 CNT 值的 2 倍 * 0.1 ms
 */
uint32_t usmart_timx_get_time(void)
{
    /* 在运行期间,产生了定时器溢出 */
    if (__HAL_TIM_GET_FLAG(&htim4, TIM_FLAG_UPDATE) == SET)
    {
        usmart_dev.runtime += 0XFFFF;
    }
    usmart_dev.runtime += __HAL_TIM_GET_COUNTER(&htim4);
    return usmart_dev.runtime;                              /* 返回计数值 */
}
```

该函数能够处理一次定时器的溢出情况,因此能获取到的时间上限为定时器计数最大值的两倍。

第四个函数为 usmart_timx_init(),用于初始化用于 runtime 功能的定时器,实现如下所示:

```
/**
 * @brief       定时器初始化函数
 * @param       arr:自动重装载值
 *              psc:定时器分频系数
 * @retval      无
 */
void usmart_timx_init(uint16_t arr, uint16_t psc)
{
    TMR_BaseConfig_T tmr_init_struct;

    USMART_TIMX_CLK_ENABLE();
    tmr_init_struct.countMode = TMR_COUNTER_MODE_UP;       /* 向上计数器 */
    tmr_init_struct.clockDivision = TMR_CLOCK_DIV_1;
    tmr_init_struct.period = arr;                          /* 自动装载值 */
    tmr_init_struct.division = psc;                        /* 分频系数 */
    TMR_ConfigTimeBase(USMART_TIMX, &tmr_init_struct);
    NVIC_EnableIRQRequest(USMART_TIMX_IRQn, 3, 0);
    TMR_EnableInterrupt(USMART_TIMX, TMR_INT_UPDATE);
    TMR_Enable(USMART_TIMX);
}
```

可以看到,该函数初始化了一个用于 runtime 功能的定时器,同时使能了该定时器的更新中断。第五个函数就是用于 runtime 功能的定时器的中断服务函数,实现如下所示:

```
/**
 * @brief       USMART 定时器中断服务函数
 * @param       无
 * @retval      无
 */
void TIM4_IRQHandler(void)
{
    /* 溢出中断 */
```

```
        if(__HAL_TIM_GET_IT_SOURCE(&htim4,TIM_IT_UPDATE) == SET)
        {
            usmart_dev.scan();                              /* 执行 USMART 扫描 */
            __HAL_TIM_SET_COUNTER(&htim4, 0);;              /* 清空定时器的 CNT */
            __HAL_TIM_SET_AUTORELOAD(&htim4, 100);          /* 恢复原来的设置 */
        }
        __HAL_TIM_CLEAR_IT(&htim4, TIM_IT_UPDATE);          /* 清除中断标志位 */
}
```

注意,由于 TIM4 的中断服务函数在使用 STM32CubeIDE 生成代码时已在 stm32f1xx it.c 文件中被定义了,所以会导致重复定义,需要将 stm32f1xx it.c 文件中的定义屏蔽掉,如图 38.4 所示。

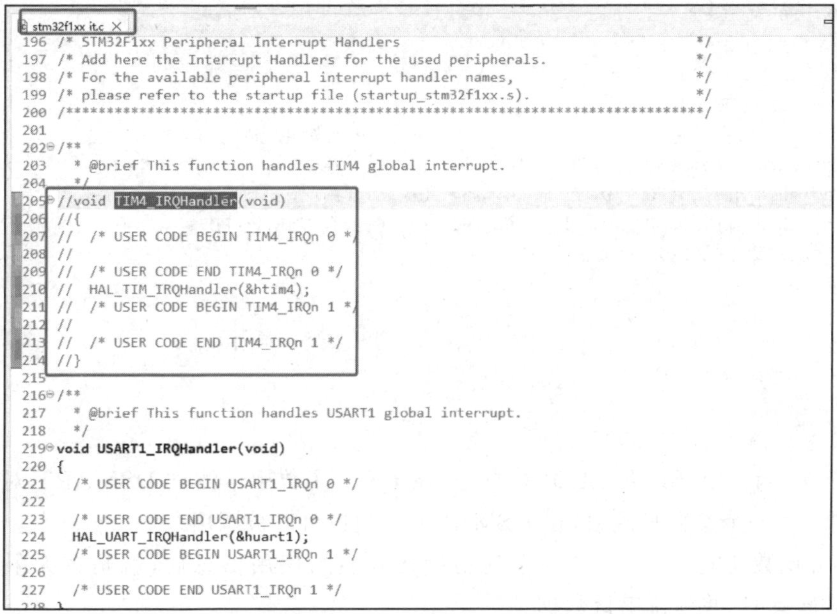

```
stm32f1xx it.c ×
196  /* STM32F1xx Peripheral Interrupt Handlers                            */
197  /* Add here the Interrupt Handlers for the used peripherals.          */
198  /* For the available peripheral interrupt handler names,              */
199  /* please refer to the startup file (startup_stm32f1xx.s).            */
200  /*********************************************************************/
201
202 /**
203   * @brief This function handles TIM4 global interrupt.
204   */
205  //void TIM4_IRQHandler(void)
206  //{
207  //   /* USER CODE BEGIN TIM4_IRQn 0 */
208  //
209  //   /* USER CODE END TIM4_IRQn 0 */
210  //   HAL_TIM_IRQHandler(&htim4);
211  //   /* USER CODE BEGIN TIM4_IRQn 1 */
212  //
213  //   /* USER CODE END TIM4_IRQn 1 */
214  //}
215
216 /**
217   * @brief This function handles USART1 global interrupt.
218   */
219  void USART1_IRQHandler(void)
220  {
221      /* USER CODE BEGIN USART1_IRQn 0 */
222
223      /* USER CODE END USART1_IRQn 0 */
224      HAL_UART_IRQHandler(&huart1);
225      /* USER CODE BEGIN USART1_IRQn 1 */
226
227      /* USER CODE END USART1_IRQn 1 */
228  }
```

图 38.4　屏蔽 TIM4 中断服务函数

以上就是移植 USMART 组件时需要实现的 5 个函数,至此 USMART 组件的移植也就基本完成了,接下来便可在 usart_config.c 文件的 usmart_nametab 数组中添加需要调试的函数。

修改 main.c 代码如下:

```
/* LED 状态设置函数 */
void led_set(uint8_t sta)
{
    LED1(sta);
}
/* 函数参数调用测试函数 */
void test_fun(void( * ledset)(uint8_t), uint8_t sta)
{
    ledset(sta);
```

```
}
int main(void)
{
  HAL_Init();
  /* 系统时钟初始化 */
  SystemClock_Config();
  /* 延时初始化 */
  delay_init(72);
  /* GPIO 初始化 */
  MX_GPIO_Init();
  /* FSMC 初始化 */
  MX_FSMC_Init();
  /* 串口初始化 */
  MX_USART1_UART_Init();
  /* TIM4 初始化 */
  MX_TIM4_Init();
  /* USER CODE BEGIN 2 */
  lcd_init();                                    /* 初始化 LCD */
  lcd_show_string(30, 50, 200, 16, 16, "STM32", RED);
  lcd_show_string(30, 70, 200, 16, 16, "USMART TEST", RED);
  lcd_show_string(30, 90, 200, 16, 16, "ATOM@ALIENTEK", RED);
  /* USER CODE END 2 */
  while (1)
  {
    LED0_TOGGLE();                               /* LED0(RED) 闪烁 */
    delay_ms(500);
  }
}
```

led_set 函数用于设置 LED1 的状态；test_fun 函数用于测试 USMART 对函数参数的支持，第一个参数是函数，在 USMART 里面也可以被调用。

main 函数功能如下：经过一系列初始化并显示使用信息后，就是在无限循环中 LED0 翻转延时，并等待串口数据。

38.3　下载验证

将程序下载到开发板后，可以看到 LED0 不停地闪烁，提示程序已经在运行了。同时，屏幕上显示了一些字符（就是主函数里面要显示的字符）。

打开串口调试助手 XCOM，选择正确的串口号→多条发送→选中"发送新行"（即发送回车键）选项，然后发送 list 指令，即可打印所有 USMART 可调用函数，如图 38.5 所示。

图中 list、id、help、hex、dec、? 和 runtime 都属于 USMART 自带的系统命令，单击后方的数字按钮即可发送对应的指令。下面简单介绍这几个命令。

list，该指令用于打印所有 USMART 可调用函数。发送该命令后，串口将收到所有能被 USMART 调用得到函数，如图 38.5 所示。

```
ATK XCOM

LCD ID:5510
                        函数清单
uint32_t read_addr(uint32_t addr)
void write_addr(uint32_t addr,uint32_t val)
void delay_ms(uint16_t nms)
void delay_us(uint32_t nus)
void lcd_clear(uint16_t color)
void lcd_fill(uint16_t sx, uint16_t sy, uint16_t ex, uint16_t ey, uint16_t color)
void lcd_draw_line(uint16_t x1, uint16_t y1, uint16_t x2, uint16_t y2, uint16_t color)
lcd_draw_circle(uint16_t x0, uint16_t y0, uint8_t r, uint16_t color)
void lcd_draw_rectangle(uint16_t x1, uint16_t y1, uint16_t x2, uint16_t y2, uint16_t color)
void lcd_show_num(uint16_t x, uint16_t y, uint32_t num, uint8_t len, uint8_t size, uint16_t color)
void lcd_show_xnum(uint16_t x, uint16_t y, uint32_t num, uint8_t len, uint8_t size, uint8_t mode, uint16_t color)
void lcd_show_string(uint16_t x, uint16_t y, uint16_t width, uint16_t height, uint8_t size, char *p, uint16_t color)
void lcd_draw_point(uint16_t x, uint16_t y, uint16_t color)
uint16_t lcd_read_point(uint16_t x, uint16_t y)
void lcd_display_dir(uint8_t dir)
void led_set(uint8_t sta)
void test_fun(void(*ledset)(uint8_t), uint8_t sta)
```

单条发送　多条发送　协议传输　帮助

☐	list	50	☐	runtime	55	☑ 发送新行
☐	id	51	☐	?	56	☐ 16进制发送
☐	help	52	☐		57	☐ 关联数字键盘
☐	hex	53	☐		58	☐ 自动循环发送
☐	dec	54	☐		59	周期 1000 ms

图 38.5　驱动串口调试助手

id,该指令用于获取各个函数的入口地址。比如前面写的 test_fun 函数就有一个函数参数,我们需要先通过 id 指令获取 led_set 函数的 id(即入口地址),然后将这个 id 作为函数参数传递给 test_fun。

help(或者"?"也可以),发送该指令后串口将打印 USMART 使用的帮助信息。

hex 和 dec,这两个指令可以带参数,也可以不带参数。当不带参数的时候,hex 和 dec 分别用于设置串口显示数据格式为 16 进制/10 进制。当带参数的时候,hex 和 dec 执行进制转换,比如输入 hex 1234,串口将打印"HEX:0x4D2",也就是将 1234 转换为 16 进制打印出来。比如输入 dec 0x1234,串口将打印"DEC:4660",就是将 0x1234 转换为 10 进制打印出来。

runtime,该指令用于函数执行时间统计功能的开启和关闭。发送 runtime 1,可以开启函数执行时间统计功能;发送 runtime 0,可以关闭函数执行时间统计功能。函数执行时间统计功能默认是关闭的。

读者可以亲自体验下这几个系统指令,注意,所有的指令都是大小写敏感的,不要写错。

第 **39** 章

SD 卡实验

本章将介绍使用 STM32F103 驱动 SD 卡进行 SD 卡的识别、读/写等操作。

39.1 SD 卡在 STM32 上的应用

在 STM32F1 系列微控制器上，SD 卡的应用通常涉及使用 SPI 或 SDIO 接口进行通信，以实现数据的读/写和存储。在 STM32F1 上使用 SD 卡的一般步骤和应用：

① 硬件连接：将 SD 卡插槽连接到 STM32F1 的 SPI 或 SDIO 接口引脚，并通过电平转换器匹配引脚电压与 SD 卡规格。

② 初始化 SD 卡：在软件中初始化 SD 卡，包括初始化 SPI 或 SDIO 接口、设置 SD 卡的工作模式和参数。

③ 读/写数据：使用 SPI 或 SDIO 接口与 SD 卡进行数据交换，可以通过发送命令和数据块来读取或写入数据。可以使用相应的 SD 卡文件系统（如 FATFS）来简化文件的读/写操作。

④ 处理错误：在数据交换过程中可能出现错误，如 SD 卡无响应、数据传输错误等，需要在软件中进行错误处理和恢复机制。

⑤ 优化性能：为了提高 SD 卡的读/写性能，可以采取一些优化措施，如使用 DMA 进行数据传输、优化文件系统缓存等。

⑥ 电源管理：使用 SD 卡时需要考虑其功耗和电源管理，避免因电源不足或电压不稳定导致的读/写失败或损坏。

SD 卡在 STM32F1 上的应用范围广泛，可以用于数据存储、日志记录、固件升级、图像存储等应用场景。通过合理的硬件连接和软件设计，可以实现稳定可靠的 SD 卡应用。

39.2 硬件设计

1）例程功能

➤ 程序运行后，若初始化 SD 卡成功，则通过串口输出 SD 卡的相关参数；

➤ 按下 KEY_0 按键，则可读取 SD 卡扇区 0 的数据，并通过串口显示；

➤ 可通过 USMART 进行 SD 卡数据读/写操作；

> LED0 闪烁,指示程序正在运行。

2）硬件资源

> LED 灯:LED0 - PB5;

> 按键:KEY0 - PE4;

> 串口 1（PA9 或 PA10 连接在板载 USB 转串口芯片 CH340 上面）;

> 正点原子 TFTLCD 模块（仅限 MCU 屏,16 位 8080 并口驱动）;

> microSD Card。

3）原理图

如图 39.1 所示,SD 卡座在 JTAG 插座附近,TF 卡座直接连接在开发板上,硬件上不需要任何改动。准备好 TF 卡就可以开始程序设计和验证了。

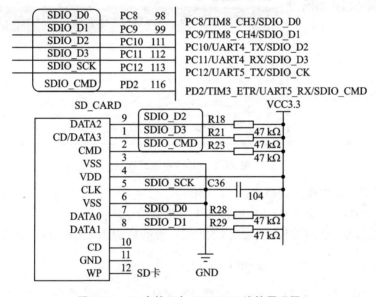

图 39.1　SD 卡接口与 STM32F1 连接原理图

39.3　程序设计

39.3.1　配套源码路径

本实验配置好的实验工程已经放到了配套资料中,路径为:开发板光盘 A-基础资料\1、程序源码\4,CubeIDE_project\34_SD。

39.3.2　创建和配置工程

在 STM32CubeIDE 中复制 14_USMART 工程,并将工程文件名和 .ioc 文件名均修改为 34_SD,以进行下一步的实验操作。

1. SDIO 配置

双击 34_SD.ioc 进入 STM32CubeMX 插件界面，在 Connectivity→SDIO 处配置 SDIO 参数，如图 39.2 所示。

图 39.2　SDIO 参数配置

首先配置的是四线位宽模式：

① SD 的双向传输均为 CLK 时钟的上升沿有效。

② 关闭旁路，即 SDIO_CK 依据 CLKDIV 数值对 SDIOCLK 分频，公式如下

$$SDIO\_CK = \frac{SDIOCLK}{2+CLKDIV}$$

其中，SDIOCLK 为 HCLK，一般是 72 MHz；CLKDIV 是分频系数，可以通过 SDIO 的 SDIO_CLKCR 寄存器进行设置（确保 SDIO_CK 不超过卡的最大操作频率）。这里设置的是 6 分频，即 SDIO_CK 为 9 MHz。

③ 当 SD 空闲时，不关闭 SD 的时钟，即禁用时钟的省电功能。

④ 启用硬件流控制，避免 FIFO 上溢或下溢错误。

⑤ 当关闭旁路功能时，分频系数将对 SDIO_CLK 进行分频，从而产生 SDIO_CK。

完成上述配置后，须细心检查下引脚是否与原理图一一对应，如图 39.3 所示。

39.3.3　生成初始化工程

按下"Ctrl+S"保存配置，生成工程，可以看到在工程中多了一个 sdio.c 文件。sdio.c 主要用于完成 SD 的初始化。

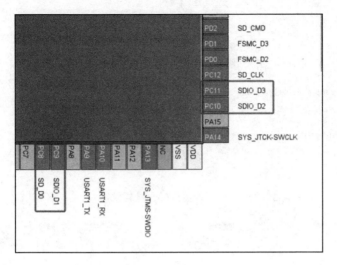

图 39.3　引脚检查

39.3.4　添加用户驱动代码

本章实验中主要修改以下几个文件，分别是 sdio.c、sdio.h、main.c。其中，sdio.h 文件中仅添加了 sdio.c 中实现的一些功能函数的声明，这里不过多赘述。

1. sdio.c 文件代码

注意，每次生成新代码时该步骤都被置位，需要重新修改，修改后如下：

```
void MX_SDIO_SD_Init(void)
{
  hsd.Instance = SDIO;
  hsd.Init.ClockEdge = SDIO_CLOCK_EDGE_RISING;
  hsd.Init.ClockBypass = SDIO_CLOCK_BYPASS_DISABLE;
  hsd.Init.ClockPowerSave = SDIO_CLOCK_POWER_SAVE_DISABLE;
  hsd.Init.BusWide = SDIO_BUS_WIDE_1B; /* 人为修改为 1 位宽,初始化时须保持 1 位宽 */
  hsd.Init.HardwareFlowControl = SDIO_HARDWARE_FLOW_CONTROL_ENABLE;
  hsd.Init.ClockDiv = 0x06;
  if (HAL_SD_Init(&hsd) != HAL_OK)
  {
    g_sd_error = 1;      /* 用于标记 SD 卡是否初始化成功,若失败则置 1 */
  }
  /* 初始化完成后,主机才可修改数据总线位宽 */
  if (HAL_SD_ConfigWideBusOperation(&hsd, SDIO_BUS_WIDE_4B) != HAL_OK)
  {
    Error_Handler();
  }
}
```

以上配置参数前面已详细介绍，这里不再赘述。注意，复位后 SDIO_D0 默认用于数据传输（1 位宽）。只有在初始化后，主机才能改变数据总线的宽度。

接着还在 sdio.c 文件中添加以下函数：

```
/**
 * @brief        获取卡信息函数
 * @param        cardinfo:SD 卡信息句柄
 * @retval       返回值:读取卡信息状态值
 */
uint8_t get_sd_card_info(HAL_SD_CardInfoTypeDef * cardinfo)
{
    uint8_t sta;
    sta = HAL_SD_GetCardInfo(&hsd, cardinfo);
    return sta;
}
/**
 * @brief        判断 SD 卡是否可以传输(读/写)数据
 * @param        无
 * @retval       返回值:SD_TRANSFER_OK      传输完成,可以继续下一次传输
 *                      SD_TRANSFER_BUSY SD 卡正忙,不可以进行下一次传输
 */
uint8_t get_sd_card_state(void)
{
    return ((HAL_SD_GetCardState(&hsd) == HAL_SD_CARD_TRANSFER) ?
    SD_TRANSFER_OK : SD_TRANSFER_BUSY);
}
/**
 * @brief        读 SD 卡(fatfs/usb 调用)
 * @param        pbuf    : 数据缓存区
 * @param        saddr   : 扇区地址
 * @param        cnt     : 扇区个数
 * @retval       0, 正常; 其他,错误代码(详见 SD_Error 定义);
 */
uint8_t sd_read_disk(uint8_t * pbuf, uint32_t saddr, uint32_t cnt)
{
    uint8_t sta = HAL_OK;
    uint32_t timeout = SD_TIMEOUT;
    long long lsector = saddr;
    __disable_irq();
    /* 关闭总中断(POLLING 模式,严禁中断打断 SDIO 读/写操作!!!) */
    sta = HAL_SD_ReadBlocks(&hsd, (uint8_t * )pbuf, lsector, cnt, SD_TIMEOUT);
    /* 多个 sector 的读操作 */
    /* 等待 SD 卡读完 */
    while (get_sd_card_state() != SD_TRANSFER_OK)
    {
        if (timeout -- == 0)
        {
            sta = SD_TRANSFER_BUSY;
        }
    }
    __enable_irq(); /* 开启总中断 */
    return sta;
}
/**
 * @brief        写 SD 卡(fatfs/usb 调用)
```

```
 * @param      pbuf   :数据缓存区
 * @param      saddr  :扇区地址
 * @param      cnt    :扇区个数
 * @retval         0,正常; 其他,错误代码(详见 SD_Error 定义);
 */
uint8_t sd_write_disk(uint8_t * pbuf, uint32_t saddr, uint32_t cnt)
{
    uint8_t sta = HAL_OK;
    uint32_t timeout = SD_TIMEOUT;
    long long lsector = saddr;
    __disable_irq();
    /* 关闭总中断(POLLING 模式,严禁中断打断 SDIO 读/写操作!!!) */
    sta = HAL_SD_WriteBlocks(&hsd, (uint8_t * )pbuf, lsector, cnt, SD_TIMEOUT);
    /* 多个 sector 的写操作 */
    /* 等待 SD 卡写完 */
    while (get_sd_card_state() ! = SD_TRANSFER_OK)
    {
        if (timeout -- == 0)
        {
            sta = SD_TRANSFER_BUSY;
        }
    }
    __enable_irq(); /* 开启总中断 */
    return sta;
}
```

① sd_read_disk 函数,比较简单,实际上用来对 HAL 库的读函数 HAL_SD_Read-Blocks 进行二次封装;并在最后加入了状态判断,以使后续操作(实际上这部分代码也可以省略)直接根据读函数返回值自己做其他处理。为了保护 SD 卡的数据操作,我们在操作时暂时关闭了中断,以防止数据读过程发生意外。

② sd_write_disk 函数,比较简单,实际上用来对 HAL 库的读函数 HAL_SD_WriteBlocks 进行二次封装;并在最后加入了状态判断,以使后续操作(实际上这部分代码也可以省略)直接根据读函数返回值自己做其他处理。为了保护 SD 卡的数据操作,在操作时暂时关闭了中断,以防止数据写过程发生意外。

get_sd_card_info 函数、get_sd_card_state 函数的作用分别是获取 SD 卡的信息和获取 SD 卡的状态。

2. main. c 文件代码

```
int main(void)
{
  /* USER CODE BEGIN 1 */
    uint8_t key;
    uint8_t t = 0;
  /* USER CODE END 1 */
  HAL_Init();
  /* 系统时钟初始化 */
  SystemClock_Config();
```

```
/* 延时初始化 */
delay_init(72);
/* GPIO 初始化 */
MX_GPIO_Init();
/* FSMC 初始化 */
MX_FSMC_Init();
/* 串口初始化 */
MX_USART1_UART_Init();
/* TIM4 初始化 */
MX_TIM4_Init();
/* SDIO 初始化 */
MX_SDIO_SD_Init();
/* USER CODE BEGIN 2 */
lcd_init();                                    /* 初始化 LCD */
my_mem_init(SRAMIN);                           /* 初始化内部 SRAM 内存池 */
lcd_show_string(30,  50, 200, 16, 16, "STM32", RED);
lcd_show_string(30,  70, 200, 16, 16, "SD TEST", RED);
lcd_show_string(30,  90, 200, 16, 16, "ATOM@ALIENTEK", RED);
lcd_show_string(30, 110, 200, 16, 16, "KEY0:Read Sector 0", RED);
while (g_sd_error == 1) /* 检测不到 SD 卡 */
{
    g_sd_error = 0;
    MX_SDIO_SD_Init();
    lcd_show_string(30, 130, 200, 16, 16, "SD Card Error!", RED);
    delay_ms(500);
    lcd_show_string(30, 130, 200, 16, 16, "Please Check! ", RED);
    delay_ms(500);
    LED0_TOGGLE(); /* 红灯闪烁 */
}
/* 打印 SD 卡相关信息 */
show_sdcard_info();
/* 检测 SD 卡成功 */
lcd_show_string(30, 130, 200, 16, 16, "SD Card OK      ", BLUE);
lcd_show_string(30, 150, 200, 16, 16, "SD Card Size:      MB", BLUE);
lcd_show_num(30 + 13 * 8, 150, SD_TOTAL_SIZE_MB(&hsd), 5, 16, BLUE);
/* USER CODE END 2 */
while (1)
{
    key = key_scan(0);
    if (key == KEY0_PRES)          /* KEY0 按下了 */
    {
        sd_test_read(0, 1);    /* 从扇区 0 读取 1 * 512 字节的内容 */
    }else if(key == KEY1_PRES)
    {
        sd_test_write(0, 1); /* 写数据到扇区 0 */
    }
    t++;
    delay_ms(10);
    if (t == 20)
    {
        LED0_TOGGLE();            /* 红灯闪烁 */
```

```
            t = 0;
        }
    }
}
```

　　main.c 里面的代码比较简单,这里就不展开讲解了。为了方便测试,这里编写了 sd_test_read()、sd_test_write() 及 show_sdcard_info() 函数用于读/写测试和卡信息打印。

　　main 函数先初始化相关外设和 SD 卡,然后通过调用 show_sdcard_info 函数输出 SD 卡相关信息(卡类型、制造商 ID、卡相对地址、容量和块大小等),并在 LCD 上显示 SD 卡容量。然后进入死循环,如果有按键 KEY0 按下,则通过 sd_test_read 函数读取 SD 卡的扇区 0(物理磁盘,扇区 0),并将数据通过串口打印出来。

39.4　下载验证

　　代码编译下载成功之后,使用 16 GB 标有"SDHC"标志的卡进行测试。安装方法如图 39.4 所示。

　　SD 卡成功初始化后,LCD 显示本程序的一些必要信息,如图 39.5 所示。

图 39.4　SD 卡与开发板的连接方式

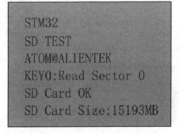

图 39.5　程序运行效果图

　　进入测试的主循环前,如果已经通过 USB 连接开发板的串口 1 和电脑,则可以看到串口端打印出 SD 卡的相关信息(也可以在接好 SD 卡后按 Reset 复位开发板),如图 39.6 所示。

　　可见,用程序读到的 SD 卡信息与这里使用的 SD 卡一致。伴随 LED0 的不停闪烁,提示程序在运行。此时,按下 KEY0,调用 SD 卡测试函数。这里只用到了读函数,写函数的测试读者可以添加代码自行演示。按下 KEY0 后,LCD 显示信息如图 39.7 所示;读取到的扇区数据将通过串口打印出来,具体数据情况如图 39.8 所示。

　　注意,对于不同的 SD 卡,读出来的扇区 0 是不尽相同的,所以不要因为读出来的数据和图 39.8 不同而感到惊讶。另外,例程还支持 USMART 测试,这里就不介绍了,读者可自行验证。

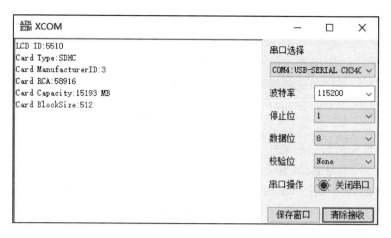

图 39.6　串口助手打印信息

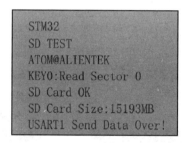

图 39.7　按下 KEY0 的开发板界面

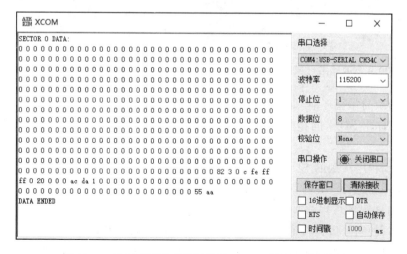

图 39.8　串口调试助手显示按下 KEY0 后读取到的信息

第 *40* 章

FATFS 实验

第 39 章实验中已经成功驱动 SD 卡,并可对 SD 卡进行读/写操作,但读/写 SD 卡时都是直接读出或写入二进制数据,使用起来十分不方便。本章将介绍 FATFS,它是一个通用的 FAT 文件系统模块,能够实现文件系统,方便对 SD 卡、NOR FLASH 或其他存储介质中数据的管理。

40.1　硬件设计

1)例程功能

开机的时候先初始化 SD 卡,初始化成功之后注册两个磁盘:一个给 SD 卡用,一个给 SPI FLASH 用。之所以把 SPI FLASH 用作磁盘,一方面是为了演示大容量的 SPI FLASH 也可以用 FATFS 管理,说明 FATFS 的灵活性;另一方面可以展示 FATFS 方式比原来直接按地址管理数据方式更便利,使板载 SPI FLASH 的使用更具灵活性。挂载成功后获取 SD 卡的容量和剩余空间,并显示在 LCD 模块上,最后等待 USMART 输入指令进行各项测试。通过 LED0 指示程序运行状态。

2)硬件资源

➤ LED 灯:LED0 – PB5;

➤ 串口 1(PA9 或 PA10 连接在板载 USB 转串口芯片 CH340 上面);

➤ 正点原子 TFTLCD 模块(仅限 MCU 屏,16 位 8080 并口驱动);

➤ micro SD 卡;

➤ NOR FLASH。

3)原理图

本章实验使用 FATFS 为软件库,因此没有对应的连接原理图。

40.2　程序设计

40.2.1　配套源码路径

本实验配置好的实验工程已经放到了配套资料中,路径为:开发板光盘 A-基础资料\1、程序源码\4,CubeIDE_project\35_FATFS。

40.2.2　创建和配置工程

在 STM32CubeIDE 中复制第 39 章的 34_SD 工程，并将工程文件名和 .ioc 文件名均修改为 35_FATFS，以进行下一步的实验操作。

本次实验将使用 FATFS 来读/写两个磁盘，分别为 SD 卡和 NOR FLASH。SD 卡驱动在本次实验之前已经配置完成，这里还需要配置 NOR FLASH 的驱动，详细可参照 SPI 实验章节，并将 SPI 工程中的 NORFLASH 文件夹复制到本次实验的 BSP 文件夹下。

注意，SPI2 的配置以及 spi.c、spi.h 文件的修改均可参考 SPI 实验章节。接着开始配置 FATFS 部分。

在 STM32CubeMX 插件界面的 Middleware and Software Packs→FATFS 处（见图 40.1）配置 FATFS 参数。

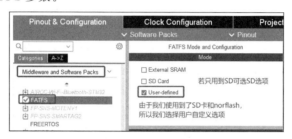

图 40.1　选择用户自定义选项

FATFS 参数配置如图 40.2 所示。

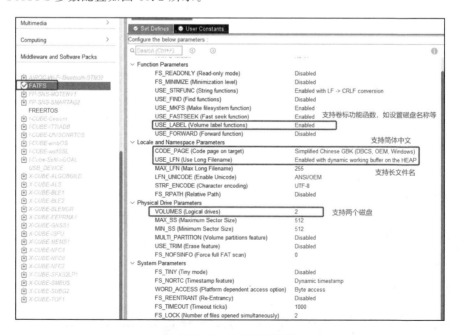

图 40.2　FATFS 参数配置

这里只介绍几个需要修改的参数。

USE_LABEL：主要用于禁用(0)或启用(1)相应的 API 函数 f_getlabel 和 f_setlabel，可用于获取磁盘名称和设置磁盘名称。

CODE_PAGE：用于设置支持简体中文文件名。

USE_LFN：用于设置是否支持长文件名，还可设置堆栈作为工作缓冲区，须注意堆栈溢出问题，可适当增加堆栈大小。

VOLUMES：用于设置逻辑驱动器的数量(磁盘数量)。

接下来需要设置堆栈大小。考虑到我们已经配置了 FATFS 来支持长文件名和中文字符，为了避免堆栈溢出，需要将堆栈大小设置得更大，具体操作如图 40.3 所示。

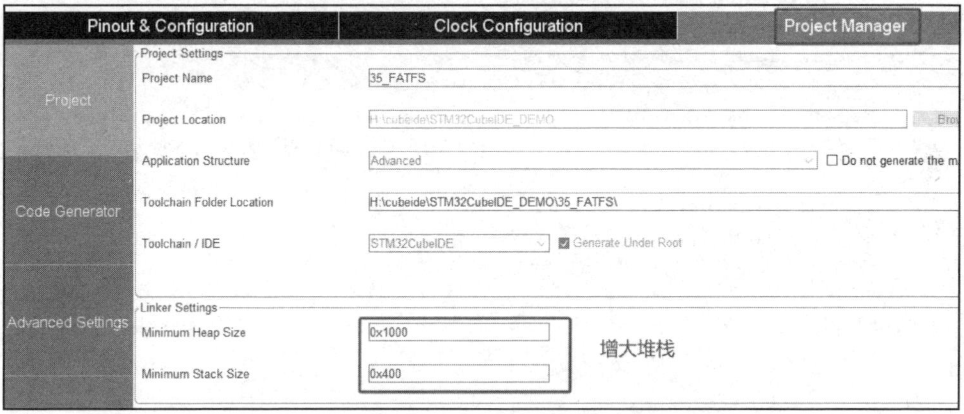

图 40.3　增大堆栈设置

40.2.3　生成初始化工程

配置完成后，按下"Ctrl+S"保存配置，生成工程，可以看到在工程中多了两个文件夹，分别是 FATFS 和 Middlewares。其中，FATFS 用于存放用户应用层文件，Middlewares 用于存放第三方中间层组件。

40.2.4　添加用户驱动代码

这里主要关注 FATFS 部分的修改。首先，user_diskio.c 文件是 ST 官方提供的一个用户应用层代码文件。ST 官方的代码逻辑是 user_diskio.c→ff_gen_drv.c→diskio.c 这样的处理步骤，即一层套一层的封装。通常，磁盘的读/写以及初始化等操作均在 user_diskio.c 文件中进行编写，但是该文件仅适用于单个磁盘的情况。本实验用到两个磁盘，因此，我们考虑跳过前面一层接一层的封装步骤，直接修改 diskio.c 文件，以实现一步到位的效果。注意，每次重新生成代码时，diskio.c 文件的内容都会被替换为初始代码状态，需要记得将修改内容重新添加回来。

接着开始在 diskio.c 文件中添加用户代码。

1. diskio. c 文件代码

```c
# include "diskio.h"
# include "ff_gen_drv.h"
# include "sdio.h"
# include "../../BSP/NORFLASH/norflash.h"
extern Disk_drvTypeDef   disk;
# define SD_CARD       0          /* SD 卡, 卷标为 0 */
# define EX_FLASH      1          /* 外部 SPI FLASH, 卷标为 1 */
/**
 * 25Q128 FLASH 芯片规定前 12 MB 给 FATFS 使用, 12 MB 以后
 * 紧跟字库, 3 个字库 + UNIGBK.BIN, 总大小 3.09 MB, 共占用 15.09 MB
 * 15.09 MB 以后的存储空间可以随便使用
 */
# define SPI_FLASH_SECTOR_SIZE    512
# define SPI_FLASH_SECTOR_COUNT   12 * 1024 * 2   /* 前 12 MB 给 FATFS 占用 */
# define SPI_FLASH_BLOCK_SIZE     8       /* 每个 BLOCK 有 8 个扇区 */
# define SPI_FLASH_FATFS_BASE     0       /* FATFS 在外部 FLASH 的起始地址从 0 开始 */
/**
 * @brief  Gets Disk Status
 * @param  pdrv: Physical drive number (0..)
 * @retval DSTATUS: Operation status
 */
DSTATUS disk_status (
    BYTE pdrv
)
{
    return RES_OK;
}
/**
 * @brief  Initializes a Drive
 * @param  pdrv: Physical drive number (0..)
 * @retval DSTATUS: Operation status
 */
DSTATUS disk_initialize (
    BYTE pdrv                    /* Physical drive nmuber to identify the drive */
)
{
    uint8_t res = 0;
    switch (pdrv)
    {
        case SD_CARD:             /* SD 卡 */
            MX_SDIO_SD_Init();  /* SD 卡初始化 */
            break;
        case EX_FLASH:            /* 外部 flash */
            norflash_init();
            break;
        default:
            res = 1;
    }
    if (res)
```

```
        return  STA_NOINIT;
    }
    else
    {
        return 0;  /* 初始化成功 */
    }
}
/**
  * @brief  Reads Sector(s)
  * @param  pdrv: Physical drive number (0..)
  * @param  *buff: Data buffer to store read data
  * @param  sector: Sector address (LBA)
  * @param  count: Number of sectors to read (1..128)
  * @retval DRESULT: Operation result
  */
DRESULT disk_read (
    BYTE pdrv,       /* Physical drive nmuber to identify the drive */
    BYTE *buff,      /* Data buffer to store read data */
    DWORD sector,    /* Sector address in LBA */
    UINT count       /* Number of sectors to read */
)
{
    uint8_t res = 0;
    if (!count)return RES_PARERR;    /* count 不能等于 0,否则返回参数错误 */
    switch (pdrv)
    {
        case SD_CARD:            /* SD 卡 */
            res = sd_read_disk(buff, sector, count);
            while (res)          /* 读出错 */
            {
                if (res != 2) MX_SDIO_SD_Init();    /* 重新初始化 SD 卡 */
                res = sd_read_disk(buff, sector, count);
            }
            break;
        case EX_FLASH:           /* 外部 flash */
            for (; count > 0; count--)
            {
                norflash_read(buff, SPI_FLASH_FATFS_BASE + sector *
                SPI_FLASH_SECTOR_SIZE, SPI_FLASH_SECTOR_SIZE);
                sector++;
                buff += SPI_FLASH_SECTOR_SIZE;
            }
            res = 0;
            break;
        default:
            res = 1;
    }
    /* 处理返回值,将返回值转成 ff.c 的返回值 */
    if (res == 0x00)
    {
```

```
            return RES_OK;
        }
        else
        {
            return RES_ERROR;
        }
    }
/**
    * @brief  Writes Sector(s)
    * @param  pdrv: Physical drive number (0..)
    * @param  *buff: Data to be written
    * @param  sector: Sector address (LBA)
    * @param  count: Number of sectors to write (1..128)
    * @retval DRESULT: Operation result
    */
#if _USE_WRITE == 1
DRESULT disk_write (
    BYTE pdrv,              /* Physical drive nmuber to identify the drive */
    const BYTE *buff,       /* Data to be written */
    DWORD sector,           /* Sector address in LBA */
    UINT count              /* Number of sectors to write */
)
{
    uint8_t res = 0;
    if (!count)return RES_PARERR;       /* count 不能等于 0,否则返回参数错误 */
    switch (pdrv)
    {
        case SD_CARD:                    /* SD 卡 */
            res = sd_write_disk((uint8_t *)buff, sector, count);
            while (res)                  /* 写出错 */
            {
                MX_SDIO_SD_Init();       /* 重新初始化 SD 卡 */
                res = sd_write_disk((uint8_t *)buff, sector, count);
            }
            break;
        case EX_FLASH:                   /* 外部 FLASH */
            for (; count > 0; count--)
            {
                norflash_write((uint8_t *)buff, SPI_FLASH_FATFS_BASE + sector
                * SPI_FLASH_SECTOR_SIZE, SPI_FLASH_SECTOR_SIZE);
                sector++;
                buff += SPI_FLASH_SECTOR_SIZE;
            }
            res = 0;
            break;
        default:
            res = 1;
    }
    /* 处理返回值,将返回值转成 ff.c 的返回值 */
    if (res == 0x00)
    {
```

```
            return RES_OK;
    }
    else
    {
            return RES_ERROR;
    }
}
#endif /* _USE_WRITE == 1 */
/**
  * @brief   I/O control operation
  * @param   pdrv: Physical drive number (0..)
  * @param   cmd: Control code
  * @param    * buff: Buffer to send/receive control data
  * @retval   DRESULT: Operation result
  */
#if _USE_IOCTL == 1
DRESULT disk_ioctl (
    BYTE pdrv,          /* Physical drive nmuber (0..) */
    BYTE cmd,           /* Control code */
    void * buff         /* Buffer to send/receive control data */
)
{
    DRESULT res;
    if (pdrv == SD_CARD)      /* SD 卡 */
    {
        switch (cmd)
        {
            case CTRL_SYNC:
                res = RES_OK;
                break;
            case GET_SECTOR_SIZE:
                * (DWORD * )buff = 512;
                res = RES_OK;
                break;
            case GET_BLOCK_SIZE:
                * (WORD * )buff = hsd. SdCard. BlockSize;
                res = RES_OK;
                break;
            case GET_SECTOR_COUNT:
                * (DWORD * )buff = ((long long)hsd. SdCard. BlockNbr *
                hsd. SdCard. BlockSize) / 512;
                res = RES_OK;
                break;
            default:
                res = RES_PARERR;
                break;
        }
    }
    else if (pdrv == EX_FLASH)   /* 外部 FLASH */
    {
        switch (cmd)
```

```
            {
                case CTRL_SYNC:
                    res = RES_OK;
                    break;
                case GET_SECTOR_SIZE:
                    *(WORD *)buff = SPI_FLASH_SECTOR_SIZE;
                    res = RES_OK;
                    break;
                case GET_BLOCK_SIZE:
                    *(WORD *)buff = SPI_FLASH_BLOCK_SIZE;
                    res = RES_OK;
                    break;
                case GET_SECTOR_COUNT:
                    *(DWORD *)buff = SPI_FLASH_SECTOR_COUNT;
                    res = RES_OK;
                    break;
                default:
                    res = RES_PARERR;
                    break;
            }
        }
        else
        {
            res = RES_ERROR;        /* 其他的不支持 */
        }
        return res;
}
#endif /* _USE_IOCTL == 1 */
/**
  * @brief   Gets Time from RTC
  * @param   None
  * @retval Time in DWORD
  */
__weak DWORD get_fattime (void)
{
    return 0;
}
```

该文件主要修改了几个函数,分别是 disk_initialize、disk_read、disk_wirte、disk_ioctl,各函数的作用如下:

➤ disk_initialize 函数用于初始化指定编号的磁盘、磁盘所指定的存储区。该函数只有一个形参,即 FATFS 管理的磁盘编号 pdrv(磁盘编号 0~9),配置_VOLUMES 为 2 来支持两个磁盘,因此可选值为 0 和 1。

➤ disk_read 函数用于从磁盘驱动器上读取扇区数据,有 4 个形参。

➤ disk_wirte 函数用于向磁盘驱动器上写入扇区数据。

➤ disk_ioctl 函数用于控制设备指定特性和除了读/写外的杂项功能。

2. 添加 exfuns 文件代码

本章编写了 4 个文件,分别是 exfuns. c、exfuns. h、fattester. c 和 fattester. h,均存

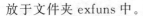

放于文件夹 exfuns 中。

　　exfuns.c 主要定义了一些全局变量,方便 FATFS 的使用,同时定义了磁盘容量获取等函数。fattester.c 文件主要用于测试 FATFS,因为 FATFS 的很多函数无法直接通过 USMART 调用,所以 fattester.c 里面对这些函数进行了一次再封装,方便通过 USMART 调用。

　　exfuns 文件夹保存在本实验的 Middlewares/Third_Party/FatFs 路径下。这些文件的内容可打开本例程源码查看。

3. main.c 文件代码

```c
int main(void)
{
    /* USER CODE BEGIN 1 */
    uint32_t total, free;
    uint8_t t = 0, key = 0;
    UINT bw = 0, br = 0;
    uint8_t res = 0;
    FIL * f_fil;
    /* USER CODE END 1 */
    HAL_Init();
    /* 此处省略系统时钟、延时、GPIO、FSMC、串口、TIM4、SDIO、FATFS、SPI2 初始化 */
    /* USER CODE BEGIN 2 */
    lcd_init();                                    /* 初始化 LCD */
    norflash_init();                               /* 初始化 NOR FLASH */
    my_mem_init(SRAMIN);                           /* 初始化内部 SRAM 内存池 */
    lcd_show_string(30,  50, 200, 16, 16, "STM32", RED);
    lcd_show_string(30,  70, 200, 16, 16, "FATFS TEST", RED);
    lcd_show_string(30,  90, 200, 16, 16, "ATOM@ALIENTEK", RED);
    lcd_show_string(30, 110, 200, 16, 16, "Use USMART for test", RED);
    while (g_sd_error == 1)                        /* 检测不到 SD 卡 */
    {
        g_sd_error = 0;
        MX_SDIO_SD_Init();
        lcd_show_string(30, 130, 200, 16, 16, "SD Card Error!", RED);
        delay_ms(500);
        lcd_show_string(30, 130, 200, 16, 16, "Please Check!", RED);
        delay_ms(500);
        LED0_TOGGLE(); /* LED0 闪烁 */
    }
    exfuns_init();                                 /* 为 FATFS 相关变量申请内存 */
    f_mount(fs[0], "0:", 1);                       /* 挂载 SD 卡 */
    res = f_mount(fs[1], "1:", 1);                 /* 挂载 SPI_FLASH 卡 */
    if (res == FR_NO_FILESYSTEM)      /* FLASH 磁盘,FAT 文件系统错误,重新格式化 FLASH */
    {
        lcd_show_string(30, 130, 200, 16, 16, "Flash Disk Formatting...", RED);
        /* 格式化 FLASH */
        res = f_mkfs("1:", 0, _MAX_SS);
        /* 格式化 FLASH,1:,盘符;0,使用默认格式化参数 */
        if (res == 0)
```

```
        {
            /* 设置 Flash 磁盘的名字为:ALIENTEK */
            f_setlabel((const TCHAR *)"1:ALIENTEK");
            lcd_show_string(30, 130, 200, 16, 16, "Flash Disk Format Finish",
            RED); /* 格式化完成 */
        }
        else
        {
            lcd_show_string(30, 130, 200, 16, 16, "Flash Disk Format Error ",
            RED); /* 格式化失败 */
        }
        delay_ms(1000);
    }
    lcd_fill(30, 130, 240, 150 + 16, WHITE);      /* 清除显示 */
    /* 得到 SD 总容量和剩余容量 */
    while (exfuns_get_free((uint8_t *)"0", &total, &free))
    {
        lcd_show_string(30, 130, 200, 16, 16, "SD Card Fatfs Error!", RED);
        delay_ms(200);
        lcd_fill(30, 130, 240, 150 + 16, WHITE);      /* 清除显示 */
        delay_ms(200);
        LED0_TOGGLE();                                /* LED0 闪烁 */
    }
    lcd_show_string(30, 130, 200, 16, 16, "FATFS OK!", BLUE);
    lcd_show_string(30, 150, 200, 16, 16, "SD Total Size:     MB", BLUE);
    lcd_show_string(30, 170, 200, 16, 16, "SD  Free Size:     MB", BLUE);
    lcd_show_num(30 + 8 * 14, 150, total >> 10, 5, 16, BLUE);
    lcd_show_num(30 + 8 * 14, 170, free >> 10, 5, 16, BLUE);
    f_fil = (FIL *)mymalloc(SRAMIN, sizeof(f_fil));    /* 为 file 申请内存 */
    if (f_fil == NULL)                                 /* 内存申请失败 */
    {
        myfree(SRAMIN, f_fil);
    }
    printf("文件系统挂载成功\r\n");
    printf("***********即将进行文件读/写测试 ***********\r\n");
    /* USER CODE END 2 */
    while (1)
    {
        /* ----------------- 文件系统测试:读/写测试 ----------------- */
        key = key_scan(0);
        if(key == KEY0_PRES)
        {
            res = f_open(f_fil, "1:test.txt", FA_OPEN_ALWAYS | FA_WRITE |
            FA_READ);/* 打开文件,没有文件就创建新文件 */
            if(res == FR_OK)
            {
                f_lseek(f_fil, 0);                /* 偏移到初始位置写数据 */
                res = f_write(f_fil, write_buf, sizeof(write_buf), &bw);
                if(res == FR_OK)
                {
                    printf("数据写入成功!! \r\n");
```

```
                    lcd_show_string(30, 190, 200, 16, 16, "write OK", BLUE);
            }
        }else
        {
            lcd_show_string(30, 190, 200, 16, 16, "read and write Error", BLUE);
        }
    }else if(key == KEY1_PRES)
    {
        f_lseek(f_fil, 0);                      /* 偏移到初始位置读数据 */
        res = f_read(f_fil, read_buf, sizeof(read_buf), &br);
        lcd_show_string(30, 210, 200, 16, 16, (char *)read_buf, BLUE);
        printf("读取到的数据位: % s\r\n",read_buf);
        printf("读取字节数据:% d\r\n", br);
        f_close(f_fil);
    }
    t ++;
    if(t % 20 == 0)
    {
        LED0_TOGGLE(); /* LED0 闪烁 */
    }
    delay_ms(10);
    }
}
```

main 函数里为 SD 卡和 FLASH 都注册了工作区(挂载),在初始化 SD 卡并显示其容量信息后进入死循环进行按键判断,当 KEY0 按下时,则通过 FATFS 打开 SD 卡路径并新建 test. txt 文件,并在该文件写入"Hello test demo";接着按下 KEY1 读出刚刚写入的内容到串口打印出来。也可以通过 USMART 测试。

在 usmart_config. c 里面的 usmart_nametab 数组添加如下内容:

```
struct _m_usmart_nametab usmart_nametab[] =
{
# if USMART_USE_WRFUNS == 1          /* 如果使能了读/写操作 */
    (void * )read_addr, "uint32_t read_addr(uint32_t addr)",
    (void * )write_addr, "void write_addr(uint32_t addr,uint32_t val)",
# endif
    (void * )delay_ms, "void delay_ms(uint16_t nms)",
    (void * )delay_us, "void delay_us(uint32_t nus)",
    (void * )mf_mount, "uint8_t mf_mount(uint8_t * path,uint8_t mt)",
    (void * )mf_open, "uint8_t mf_open(uint8_t * path,uint8_t mode)",
    (void * )mf_close, "uint8_t mf_close(void)",
    (void * )mf_read, "uint8_t mf_read(uint16_t len)",
    (void * )mf_write, "uint8_t mf_write(uint8_t * dat,uint16_t len)",
    (void * )mf_opendir, "uint8_t mf_opendir(uint8_t * path)",
    (void * )mf_closedir, "uint8_t mf_closedir(void)",
    (void * )mf_readdir, "uint8_t mf_readdir(void)",
    (void * )mf_scan_files, "uint8_t mf_scan_files(uint8_t * path)",
    (void * )mf_showfree, "uint32_t mf_showfree(uint8_t * path)",
    (void * )mf_lseek, "uint8_t mf_lseek(uint32_t offset)",
    (void * )mf_tell, "uint32_t mf_tell(void)",
    (void * )mf_size, "uint32_t mf_size(void)",
```

```
    (void *)mf_mkdir, "uint8_t mf_mkdir(uint8_t * path)",
    (void *)mf_fmkfs, "uint8_t mf_fmkfs(uint8_t * path,uint8_t opt,uint16_t au)",
    (void *)mf_unlink, "uint8_t mf_unlink(uint8_t * path)",
    (void *)mf_rename, "uint8_t mf_rename(uint8_t * oldname,uint8_t * newname)",
    (void *)mf_getlabel, "void mf_getlabel(uint8_t * path)",
    (void *)mf_setlabel, "void mf_setlabel(uint8_t * path)",
    (void *)mf_gets, "void mf_gets(uint16_t size)",
    (void *)mf_putc, "uint8_t mf_putc(uint8_t c)",
    (void *)mf_puts, "uint8_t mf_puts(uint8_t * str)",
};
```

40.3 下载验证

代码编译成功之后,下载代码到正点原子精英 STM32F103 上,这里测试使用的是 16 GB 标有"SDHC"标志的 micorSD 卡,可以看到 LCD 显示如图 40.4 所示。

打开串口调试助手,就可以串口调用前面添加的各种 FATFS 测试函数了,比如输入 mf_scan_files("0:") 即可扫描 SD 卡根目录的所有文件,如图 40.5 所示。

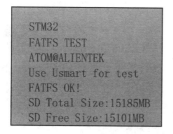

图 40.4 程序运行效果图

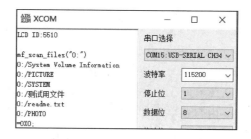

图 40.5 扫描 SD 卡根目录所有文件

其他函数的测试用类似的办法即可实现。注意,这里 0 代表 SD 卡,1 代表 SPI FLASH。另外,mf_unlink 函数在删除文件夹的时候必须保证文件夹是空的,否则不能删除。

第 **41** 章

汉字显示实验

本章将介绍正点原子提供的字库管理库的使用,通过使用字库能够在 LCD 或其他显示设备上显示中文字符。

41.1 硬件设计

(1) 例程功能
- 程序运行后检测 NOR FLASH 中是否存在字库,不存在则从 SD 卡中更新字库到 NOR FLASH。
- NOR FLASH 中的字库准备好就开始在 LCD 上显示汉字。
- 按下 KEY0 按键可强制更新字库。
- 可通过 USMART 操作 LCD 显示中文。
- LED0 闪烁,指示程序正在运行。

(2) 硬件资源
- LED 灯:LED0 – PB5;
- 独立按键:KEY0 – PE4;
- 串口 1(PA9 或 PA10 连接在板载 USB 转串口芯片 CH340 上面);
- 正点原子 TFTLCD 模块(仅限 MCU 屏,16 位 8080 并口驱动);
- micro SD 卡;
- NOR FLASH,用来存储汉字库。

(3) 原理图
本章实验使用的字库管理库为软件库,因此没有对应的连接原理图。

41.2 程序设计

41.2.1 配套源码路径

本实验配置好的实验工程已经放到了配套资料中,路径为:开发板光盘 A–基础资料\1、程序源码\4,CubeIDE_project\36_HZ。

41.2.2　创建和配置工程

在 STM32CubeIDE 中复制第 40 章的 35_FATFS 工程，并将工程文件名和.ioc 文件名均修改为 36_HZ，以进行下一步的实验操作。

本章实验使用的字库管理库为软件库，因此不需要在 STM32CubeIDE 上进行其他配置，直接添加相应的驱动代码即可。

41.2.3　添加用户驱动代码

在 ATK_Middlewares 文件夹中新建 TEXT 文件夹，并在 TEXT 中新建 4 个文件，分别是 text.c、text.h、fonts.c 和 fonts.h。

汉字显示实验代码主要分为两部分：一部分是对字库的更新，另一部分就是对汉字的显示。字库的更新代码放在 font.c 和 font.h 文件中，汉字的显示代码放在 text.c 和 text.h 中。

main.c 文件代码如下：

```
int main(void)
{
  /* USER CODE BEGIN 1 */
    uint32_t fontcnt;
    uint8_t i, j;
    uint8_t fontx[2]; /* GBK 码 */
    uint8_t key, t;
  /* USER CODE END 1 */
  HAL_Init();
  /* 系统时钟初始化 */
  SystemClock_Config();
  /* 延时初始化 */
  delay_init(72);
  /* GPIO 初始化 */
  MX_GPIO_Init();
  /* FSMC 初始化 */
  MX_FSMC_Init();
  /* 串口初始化 */
  MX_USART1_UART_Init();
  /* TIM4 初始化 */
  MX_TIM4_Init();
  /* SDIO 初始化 */
  MX_SDIO_SD_Init();
  /* FATFS 初始化 */
  MX_FATFS_Init();
  /* SPI2 初始化 */
  MX_SPI2_Init();
  /* USER CODE BEGIN 2 */
  lcd_init();                          /* 初始化 LCD */
  norflash_init();                     /* 初始化 NORFLASH */
  my_mem_init(SRAMIN);                 /* 初始化内部 SRAM 内存池 */
  exfuns_init();                       /* 为 FATFS 相关变量申请内存 */
```

```
f_mount(fs[0], "0:", 1);                      /* 挂载 SD 卡 */
f_mount(fs[1], "1:", 1);                      /* 挂载 SPI_FLASH 卡 */
while (fonts_init())                          /* 检查字库 */
{
UPD:
    lcd_clear(WHITE);                         /* 清屏 */
    lcd_show_string(30, 30, 200, 16, 16, "STM32", RED);
    while (g_sd_sta == 1)                     /* 检测 SD 卡 */
    {
        g_sd_sta = 0;
        MX_SDIO_SD_Init();
        lcd_show_string(30, 50, 200, 16, 16, "SD Card Failed!", RED);
        delay_ms(200);
        lcd_fill(30, 50, 200 + 30, 50 + 16, WHITE);
        delay_ms(200);
    }
    lcd_show_string(30, 50, 200, 16, 16, "SD Card OK", RED);
    lcd_show_string(30, 70, 200, 16, 16, "Font Updating...", RED);
    key = fonts_update_font(20, 90, 16, (uint8_t *)"0:", RED); /* 更新字库 */
    while (key) /* 更新失败 */
    {
        lcd_show_string(30, 90, 200, 16, 16, "Font Update Failed!", RED);
        delay_ms(200);
        lcd_fill(20, 90, 200 + 20, 90 + 16, WHITE);
        delay_ms(200);
    }
    lcd_show_string(30, 90, 200, 16, 16, "Font Update Success!    ", RED);
    delay_ms(1500);
    lcd_clear(WHITE); /* 清屏 */
}
text_show_string(30, 30, 200, 16, "正点原子 STM32 开发板", 16, 0, RED);
text_show_string(30, 50, 200, 16, "GBK 字库测试程序", 16, 0, RED);
text_show_string(30, 70, 200, 16, "正点原子@ALIENTEK", 16, 0, RED);
text_show_string(30, 90, 200, 16, "按 KEY0,更新字库", 16, 0, RED);
text_show_string(30, 110, 200, 16, "内码高字节:", 16, 0, BLUE);
text_show_string(30, 130, 200, 16, "内码低字节:", 16, 0, BLUE);
text_show_string(30, 150, 200, 16, "汉字计数器:", 16, 0, BLUE);
text_show_string(30, 180, 200, 24, "对应汉字为:", 24, 0, BLUE);
text_show_string(30, 204, 200, 16, "对应汉字(16 * 16)为:", 16, 0, BLUE);
text_show_string(30, 220, 200, 16, "对应汉字(12 * 12)为:", 12, 0, BLUE);
/* USER CODE END 2 */
while (1)
{
    fontcnt = 0;
    for (i = 0x81; i < 0xff; i++)            /* GBK 内码高字节范围为 0X81~0XFE */
    {
        fontx[0] = i;
        lcd_show_num(118, 130, i, 3, 16, BLUE); /* 显示内码高字节 */
        /* GBK 内码低字节范围为 0X40~0X7E, 0X80~0XFE) */
        for (j = 0x40; j < 0xfe; j++)
        {
```

```
                    if (j == 0x7f)
                        continue;
                fontcnt ++ ;
                lcd_show_num(118, 130, j, 3, 16, BLUE);          /* 显示内码低字节 */
                lcd_show_num(118, 150, fontcnt, 5, 16, BLUE);    /* 汉字计数显示 */
                fontx[1] = j;
                text_show_font(30 + 132, 180, fontx, 24, 0, BLUE);
                text_show_font(30 + 144, 204, fontx, 16, 0, BLUE);
                text_show_font(30 + 108, 220, fontx, 12, 0, BLUE);
                t = 200;
                while (t -- )               /* 延时,同时扫描按键 */
                {
                    delay_ms(1);
                    key = key_scan(0);
                    if (key == KEY0_PRES)
                    {
                        goto UPD;     /* 跳转到 UPD 位置(强制更新字库) */
                    }
                }
                LED0_TOGGLE();
            }
        }
    }
}
```

可以看出,本实验在完成文件系统等一系列初始化后便调用函数 fonts_init() 初始化字库管理库;若初始化失败,则说明 NOR FLASH 中没有对应的字库数据,于是需要更新字库。更新字库时会从 SD 卡中读入字库数据并将其写入 NOR FLASH 中,因此需要在 SD 中提前准备好字库文件。

NOR FLASH 有了字库数据后,便在 LCD 上使用中文显示实验信息,并不断地显示中文字符;同时,检测按键输入,若检测到 KEY0 按键被按下,则强制进行字库更新。

41.3 下载验证

在完成编译和烧录操作后,将配套资料的 A 盘资料\5,SD 卡根目录文件文件夹下面的 SYSTEM 文件夹复制到 SD 卡根目录下。插入开发板,若 NOR FLASH 中没有字库数据,则能够看到 LCD 显示了正在更新字库的提示。更新完成后,便可以在 LCD 上看到中文显示的实验信息和不断刷新显示的中文字符,此时可以按下 KEY0 按键强制更新字库。

第 **42** 章

图片显示实验

本章将介绍使用 STM32F103 软件解码 BMP、JPG 和 GIF 等格式的图片,并在 LCD 进行显示。

42.1 硬件设计

(1) 例程功能

➢ 程序运行后先检测字库,再检测 SD 卡是否存在。如果 SD 卡存在,则查找 SD 卡根目录下的 PICTURE 文件夹,接着显示 SD 卡的 PICTURE 文件夹中的第一张图片(支持 bmp、jpg、jpeg 或 gif 格式)。

➢ 按下 KEY0 或 KEY_UP 按键可分别进行切换上一张图片和切换下一张图片的操作。

➢ 可通过 USMART 操作解码任意路径下的图片。

➢ LED0 闪烁,指示程序正在运行。

(2) 硬件资源

➢ LED 灯:LED0 - PB5、LED1 - PE5;

➢ 串口 1(PA9 或 PA10 连接在板载 USB 转串口芯片 CH340 上面);

➢ 正点原子 TFTLCD 模块(仅限 MCU 屏,16 位 8080 并口驱动);

➢ 独立按键:KEY0 - PE4、KEY1 - PE3、WK_UP - PA0;

➢ SD 卡,通过 SDIO 连接;

➢ NOR FLASH(SPI FLASH 芯片,连接在 SPI 上)。

(3) 原理图

本章实验使用的图片解码库为软件库,因此没有对应的连接原理图。

42.2 程序设计

42.2.1 配套源码路径

本实验配置好的实验工程已经放到了配套资料中,路径为:开发板光盘 A-基础资料\1、程序源码\4,CubeIDE_project\37_PICTURE。

42.2.2　创建和配置工程

在 STM32CubeIDE 中复制第 41 章的 36_HZ 工程,并将工程文件名和.ioc 文件名均修改为 37_PICTURE,以进行下一步的实验操作。

本章实验使用的图片解码库为软件库,因此不需要在 STM32CubeIDE 上进行其他配置,直接添加相应的驱动代码即可。

42.2.3　添加用户驱动代码

在 ATK_Middlewares 文件夹中新建 PICTURE 文件夹,该文件夹包括 9 个文件,分别是 bmp. c、bmp. h、tjpgd. c、tjpgd. h、gif. c、gif. h、piclib. c 和 piclib. h。

其中,bmp. c 和 bmp. h 用于实现对 bmp 文件的解码。tjpgdcnf. h、tjpgd. c 和 tjpgd. h 用于实现对 jpeg/jpg 文件的解码。gif. c 和 gif. h 用于实现对 GIF 文件的解码。piclib. c 和 piclib. h 为正点原子图片解码库文件,用于实现图片解码库和画图的初始化、根据文件类型自动解码并画图的函数等。

这几个代码太长了,且需要结合图片编码的格式来编写,详细可参见配套资料。

main. c 文件代码如下:

```
int main(void)
{
  /* USER CODE BEGIN 1 */
    uint8_t res;
    DIR picdir;              /* 图片目录 */
    FILINFO picfileinfo;     /* 文件信息 */
    char * pname;            /* 带路径的文件名 */
    uint8_t * fn;            /* 长文件名 */
    uint16_t totpicnum;      /* 图片文件总数 */
    uint16_t curindex;       /* 图片当前索引 */
    uint8_t key;             /* 键值 */
    uint8_t pause = 0;       /* 暂停标记 */
    uint8_t t;
    uint16_t temp;
    uint32_t * picoffsettbl; /* 图片文件 offset 索引表 */
  /* USER CODE END 1 */
  HAL_Init();
  /* 系统时钟初始化 */
  SystemClock_Config();
  /* 延时初始化 */
  delay_init(72);
  /* GPIO 初始化 */
  MX_GPIO_Init();
  /* FSMC 初始化 */
  MX_FSMC_Init();
  /* 串口初始化 */
  MX_USART1_UART_Init();
  /* TIM4 初始化 */
```

```
MX_TIM4_Init();
/* SDIO 初始化 */
MX_SDIO_SD_Init();
/* FATFS 初始化 */
MX_FATFS_Init();
/* SPI2 初始化 */
MX_SPI2_Init();
/* USER CODE BEGIN 2 */
lcd_init();                                    /* 初始化 LCD */
norflash_init();                               /* 初始化 NORFLASH */
my_mem_init(SRAMIN);                           /* 初始化内部 SRAM 内存池 */
exfuns_init();                                 /* 为 FATFS 相关变量申请内存 */
f_mount(fs[0], "0:", 1);                       /* 挂载 SD 卡 */
f_mount(fs[1], "1:", 1);                       /* 挂载 SPI_FLASH 卡 */
while (fonts_init())                           /* 检查字库 */
{
    lcd_show_string(30, 50, 200, 16, 16, "Font Error!", RED);
    delay_ms(200);
    lcd_fill(30, 50, 240, 66, WHITE);          /* 清除显示 */
    delay_ms(200);
}
text_show_string(30,  50, 200, 16, "正点原子 STM32 开发板", 16, 0, RED);
text_show_string(30,  70, 200, 16, "图片显示 实验", 16, 0, RED);
text_show_string(30,  90, 200, 16, "KEY0:NEXT KEY1:PREV", 16, 0, RED);
text_show_string(30, 110, 200, 16, "KEY_UP:PAUSE", 16, 0, RED);
text_show_string(30, 130, 200, 16, "正点原子@ALIENTEK", 16, 0, RED);
while (f_opendir(&picdir, "0:/PICTURE"))       /* 打开图片文件夹 */
{
    text_show_string(30, 150, 240, 16, "PICTURE 文件夹错误!", 16, 0, RED);
    delay_ms(200);
    lcd_fill(30, 150, 240, 186, WHITE);        /* 清除显示 */
    delay_ms(200);
}
totpicnum = pic_get_tnum("0:/PICTURE");        /* 得到总有效文件数 */
while (totpicnum == NULL)                       /* 图片文件为 0 */
{
    text_show_string(30, 150, 240, 16, "没有图片文件!", 16, 0, RED);
    delay_ms(200);
    lcd_fill(30, 150, 240, 186, WHITE);        /* 清除显示 */
    delay_ms(200);
}
picfileinfo.lfsize = _MAX_LFN * 2 + 1;         /* 长文件名最大长度 */
/* 为长文件缓存区分配内存 */
picfileinfo.lfname = mymalloc(SRAMIN, picfileinfo.lfsize);
/* 为带路径的文件名分配内存 */
pname = mymalloc(SRAMIN, picfileinfo.lfsize);
/* 申请 4 * totpicnum 个字节的内存,用于存放图片索引 */
picoffsettbl = mymalloc(SRAMIN, 2 * totpicnum);
while (!picfileinfo.lfname || !pname || !picoffsettbl)     /* 内存分配出错 */
{
```

```
        text_show_string(30, 150, 240, 16, "内存分配失败!", 16, 0, RED);
        delay_ms(200);
        lcd_fill(30, 150, 240, 186, WHITE);          /* 清除显示 */
        delay_ms(200);
    }
    /* 记录索引 */
    res = f_opendir(&picdir, "0:/PICTURE");          /* 打开目录 */
    if (res == FR_OK)
    {
        curindex = 0;                                /* 当前索引为 0 */
        while (1)                                    /* 全部查询一遍 */
        {
            temp = picdir.index;                     /* 记录当前 dptr 偏移 */
            res = f_readdir(&picdir, &picfileinfo);  /* 读取目录下的一个文件 */
            if (res != FR_OK || picfileinfo.fname[0] == 0)
                break; /* 错误了或到末尾了则退出 */
            fn = (uint8_t *)(*picfileinfo.lfname? picfileinfo.lfname :
            picfileinfo.fname);
            res = exfuns_file_type((char *)fn);
            if ((res & 0XF0) == 0X50)                /* 取高 4 位,看看是不是图片文件 */
            {
                picoffsettbl[curindex] = temp;       /* 记录索引 */
                curindex ++ ;
            }
        }
    }
    text_show_string(30, 150, 240, 16, "开始显示...", 16, 0, RED);
    delay_ms(1500);
    piclib_init();                                   /* 初始化画图 */
    curindex = 0;                                    /* 从 0 开始显示 */
    res = f_opendir(&picdir, (const TCHAR *)"0:/PICTURE"); /* 打开目录 */
    while (res == FR_OK) /* 打开成功 */
    {
        dir_sdi(&picdir, picoffsettbl[curindex]);    /* 改变当前目录索引 */
        res = f_readdir(&picdir, &picfileinfo);      /* 读取目录下的一个文件 */
        if (res != FR_OK || picfileinfo.fname[0] == 0)
            break; /* 错误了或到末尾了则退出 */
        fn = (uint8_t *)(*picfileinfo.lfname? picfileinfo.lfname :
        picfileinfo.fname);
        strcpy((char *)pname, "0:/PICTURE/");        /* 复制路径(目录) */
        strcat((char *)pname, (const char *)fn);     /* 将文件名接在后面 */
        lcd_clear(BLACK);
        piclib_ai_load_picfile(pname, 0, 0, lcddev.width, lcddev.height, 1);
        text_show_string(2, 2, lcddev.width, 16, (char *)pname, 16, 1, RED);
        t = 0;
    /* USER CODE END 2 */
    while (1)
    {
        key = key_scan(0);                           /* 扫描按键 */
        if (t > 250)
```

```
            key = 1;                        /* 模拟一次按下 KEY0 */
        if ((t % 20) == 0)
        {
            LED0_TOGGLE();                   /* LED0 闪烁,提示程序正在运行. */
        }
        if (key == KEY1_PRES)                /* 上一张 */
        {
            if (curindex)
            {
                curindex -- ;
            }
            else
            {
                curindex = totpicnum - 1;
            }
            break;
        }
        else if (key == KEY0_PRES)           /* 下一张 */
        {
            curindex ++ ;
            if (curindex >= totpicnum)
                curindex = 0;                /* 到末尾的时候,自动从头开始 */
            break;
        }
        else if (key == WKUP_PRES)
        {
            pause = !pause;
            LED1(!pause);                    /* 暂停的时候 LED1 亮. */
        }
        if (pause == 0)
            t ++ ;
        delay_ms(10);
    }
    res = 0;
    }
    myfree(SRAMIN, picfileinfo.lfname);      /* 释放内存 */
    myfree(SRAMIN, pname);                   /* 释放内存 */
    myfree(SRAMIN, picoffsettbl);            /* 释放内存 */
```

　　可以看到,整个设计思路是根据图片解码库来设计的,piclib_ai_load_picfile()是核心,其他的交互是围绕它和图片解码后的图片信息实现的显示。读者可仔细对照配套资料中的源码进一步了解整个设置思路。另外,程序中只分配了 4 个文件索引,所以更多数量的图片无法直接在本程序下演示,读者根据需要修改即可。

42.3　下载验证

　　代码编译成功之后,下载代码到正点原子精英 STM32F103 上,可以看到 LCD 开始显示图片(假设 SD 卡及文件都准备好了,即 SD 卡根目录新建了 PICTURE 文件夹,并在其中存放了一些图片文件(.bmp/.jpg/.gif)),如图 42.1 所示。

按 KEY0 和 KEY2 可以快速切换到下一张或上一张,KEY_UP 按键可以暂停自动播放,同时 DS1 亮指示处于暂停状态,再按一次 KEY_UP 则继续播放。同时,我们的代码支持 GIF 格式的图片显示(注意,尺寸不能超过 LCD 屏幕尺寸),所以可以放一些到 PICTURE 文件夹。

注意,解码 JPEG 格式的图片时速度较慢,这是由于软件解码需要消耗一定的时间,再加上库的效率较低,属于正常现象。

图 42.1　图片显示实验显示效果

第 43 章

照相机实验

本章将介绍 BMP 编码,结合摄像头实验,实现一个简单的照相机。

43.1 BMP 编码简介

BMP(Bitmap)是一种常见的位图图像文件格式,也称为 BMP 文件。它是一种无损的图像文件格式,使用像素点的颜色信息来表示图像,每个像素点都有其对应的颜色值。

文件结构:BMP 文件通常由文件头、位图信息头和图像数据组成。文件头包含文件类型、文件大小和偏移量等信息,位图信息头包含图像的宽度、高度、颜色位数等信息,图像数据包含实际的像素点颜色值。

颜色表示:BMP 文件中的颜色信息可以是单色、16 色、256 色或真彩色。对于真彩色图像,每个像素点的颜色值由红色、绿色和蓝色 3 个分量组成,每个分量通常占据一个字节,共 24 位。

数据存储:BMP 文件中的图像数据通常按照从左到右、从上到下的顺序依次存储,每行的像素点数据通常按照 4 字节对齐方式存储,即每行的字节数为 4 的倍数。

压缩方式:BMP 文件可以采用无压缩、RLE 压缩(Run-Length Encoding)或其他压缩方式。无压缩的 BMP 文件直接存储每个像素点的颜色值,RLE 压缩则根据像素点的连续性进行压缩,提高了存储效率。

应用范围:BMP 文件格式广泛应用于 Windows 系统中,可用于存储位图图像、图标、光标等。由于其简单的文件结构和无损的特性,BMP 文件适合于存储要求高质量图像的场景,但文件较大。

43.2 硬件设计

(1) 例程功能

开机的时候先检测字库,再检测 SD 卡根目录是否存在 PHOTO 文件夹,不存在就创建,创建失败则报错(提示拍照功能不可用)。找到 SD 卡的 PHOTO 文件夹后开始初始化 OV7725,成功后就一直在屏幕显示 OV7725 拍到的内容。按下 KEY0 按键即拍照,此时 LED1 亮。拍照保存成功后,蜂鸣器发出"滴"的一声,提示拍照成功,同时

LED1 灭。LED0 用于指示程序运行状态。

（2）硬件资源

➢ LED 灯：LED0 - PB5、LED1 - PE5；

➢ 独立按键：KEY0 - PE4；

➢ 串口 1（PA9 或 PA10 连接在板载 USB 转串口芯片 CH340 上面）；

➢ 正点原子 TFTLCD 模块（仅限 MCU 屏，16 位 8080 并口驱动）；

➢ micro SD 卡；

➢ NOR FLASH；

➢ 外部中断 8（PA8，用于检测 OV7725 的帧信号）；

➢ 定时器 6（用于打印摄像头帧率）。

正点原子 OV7725 摄像头模块的连接关系如表 43.1 所列。

表 43.1　引脚连接关系

OV7725 模块	STM32 开发板	OV7725 模块	STM32 开发板
OV_D0~D7	PC0~7	FIFO_OE	PG15
OV_SCL	PD3	FIFO_WRST	PD6
OV_SDA	PG13	FIFO_WEN	PB3
OV_VSYNC	PA8	FIFO_RCLK	PB4
FIFO_RRST	PG14		

（3）原理图

本章实验涉及的 SD 卡、摄像头、LCD 等的连接原理图，均可查看前面对应章节的连接原理图。

43.3　程序设计

43.3.1　配套源码路径

本实验配置好的实验工程已经放到了配套资料中，路径为：开发板光盘 A-基础资料\1、程序源码\4，CubeIDE_project\38_PHOTO。

43.3.2　创建和配置工程

在 STM32CubeIDE 中复制第 42 章的 37_PICTURE 工程，并将工程文件名和 .ioc 文件名均修改为 38_PHOTO，以进行下一步的实验操作。

本章实验是在图片显示实验的基础上修改的，因此在 SD 卡和图片编解码等方面无须进行额外的配置和修改。但是，本实验还使用了 7725 摄像头，因此需要进行摄像头的配置。

43.3.3　添加用户驱动代码

直接在 mian.c 中添加：

```
int main(void)
{
  /* USER CODE BEGIN 1 */
    uint8_t res;
    char * pname;                          /* 带路径的文件名 */
    uint8_t key;                           /* 键值 */
    uint8_t i;
    uint8_t sd_ok = 1;                     /* 0，sd 卡不正常；1，SD 卡正常 */
    uint8_t vga_mode = 0;         /* 0，QVGA 模式(320 * 240)；1，VGA 模式(640 * 480) */
  /* USER CODE END 1 */
  HAL_Init();
  SystemClock_Config();
  delay_init(72);                          /* 初始化延时函数 */
  MX_GPIO_Init();
  MX_FSMC_Init();
  MX_USART1_UART_Init();
  MX_SDIO_SD_Init();
  MX_FATFS_Init();
  MX_SPI2_Init();
  MX_TIM4_Init();
  MX_TIM6_Init();
  /* USER CODE BEGIN 2 */
  lcd_init();                              /* 初始化 LCD */
  norflash_init();                         /* 初始化 NOR FLASH */
  my_mem_init(SRAMIN);                     /* 初始化内部 SRAM 内存池 */
  exfuns_init();                           /* 为 FATFS 相关变量申请内存 */
  f_mount(fs[0], "0:", 1);                 /* 挂载 SD 卡 */
  f_mount(fs[1], "1:", 1);                 /* 挂载 SPI_FLASH 卡 */
  piclib_init();                           /* 初始化画图 */
  while (fonts_init())                     /* 检查字库 */
  {
      lcd_show_string(30, 50, 200, 16, 16, "Font Error!", RED);
      delay_ms(200);
      lcd_fill(30, 50, 240, 66, WHITE);    /* 清除显示 */
      delay_ms(200);
  }
  text_show_string(30, 50, 200, 16, "正点原子 STM32 开发板", 16, 0, RED);
  text_show_string(30, 70, 200, 16, "照相机 实验", 16, 0, RED);
  text_show_string(30, 90, 200, 16, "KEY0:拍照(bmp 格式)", 16, 0, RED);
  res = f_mkdir("0:/PHOTO");               /* 创建 PHOTO 文件夹 */
  if (res != FR_EXIST && res != FR_OK)     /* 发生了错误 */
  {
      res = f_mkdir("0:/PHOTO");           /* 创建 PHOTO 文件夹 */
      text_show_string(30, 110, 240, 16, "SD 卡错误!", 16, 0, RED);
      delay_ms(200);
      text_show_string(30, 110, 240, 16, "拍照功能将不可用!", 16, 0, RED);
      delay_ms(200);
      sd_ok = 0;
```

```
while (ov7725_init() != 0)                    /* 初始化 OV7725 失败? */
{
    lcd_show_string(30, 130, 200, 16, 16, "OV7725 Error!!", RED);
    delay_ms(200);
    lcd_fill(30, 130, 239, 246, WHITE);
    delay_ms(200);
}
lcd_show_string(30, 130, 200, 16, 16, "OV7725 Init OK        ", RED);
delay_ms(1500);
/* 输出窗口大小设置 QVGA/VGA 模式 */
g_ov7725_wwidth = 320;                        /* 默认窗口宽度为 320 */
g_ov7725_wheight = 240;                       /* 默认窗口高度为 240 */
ov7725_window_set(g_ov7725_wwidth, g_ov7725_wheight, vga_mode);
ov7725_light_mode(0);                         /* 自动 灯光模式 */
ov7725_color_saturation(4);                   /* 默认 色彩饱和度 */
ov7725_brightness(4);                         /* 默认 亮度 */
ov7725_contrast(4);                           /* 默认 对比度 */
ov7725_special_effects(0);                    /* 默认 特效 */
OV7725_OE(0);                                 /* 使能 OV7725 FIFO 数据输出 */
pname = mymalloc(SRAMIN, 30);                 /* 为带路径的文件名分配 30 个字节的内存 */
lcd_clear(BLACK);
/* USER CODE END 2 */
while (1)
{
    key = key_scan(0);
    if (key == KEY0_PRES)
    {
        if (sd_ok)
        {
            LED1(0);                          /* 点亮 LED1,提示正在拍照 */
            camera_new_pathname(pname);       /* 得到文件名 */
            /* 编码成 bmp 图片 */
            if (bmp_encode((uint8_t *)pname, (lcddev.width -
                g_ov7725_wheight) / 2, (lcddev.height - g_ov7725_wwidth) / 2,
                g_ov7725_wheight, g_ov7725_wwidth, 0))
            {
                text_show_string(40, 110, 240, 12, "写入文件错误!", 12, 0, RED);
            }
            else
            {
                text_show_string(40, 110, 240, 12, "拍照成功!", 12, 0, BLUE);
                text_show_string(40, 130, 240, 12, "保存为:", 12, 0, BLUE);
                text_show_string(40 + 42, 130, 240, 12, pname, 12, 0, BLUE);
                BEEP(1);                       /* 蜂鸣器短叫,提示拍照完成 */
                delay_ms(100);
            }
        }
        else                                   /* 提示 SD 卡错误 */
        {
            text_show_string(40, 110, 240, 12, "SD 卡错误!", 12, 0, RED);
            text_show_string(40, 130, 240, 12, "拍照功能不可用!", 12, 0, RED);
        }
```

```
        BEEP(0);                          / * 关闭蜂鸣器 * /
        LED1(1);                          / * 关闭 LED1 * /
        delay_ms(1800);                   / * 等待 1.8 s * /
        lcd_clear(BLACK);
    }
    else
    {
        delay_ms(5);
    }
    ov7725_camera_refresh();              / * 更新显示 * /
    i++;
    if (i >= 15)
    {
        i = 0;
        LED0_TOGGLE();                    / * LED0 闪烁 * /
    }
}
}
```

可以看到,本章实验实际上是前面章节中 SD 卡驱动、摄像头驱动、FATFS、字库管理库、图片编解码库等的综合应用,并没有涉及新的内容。

为了模拟照相机的效果,这里需要把 LCD 上显示的画像读取出来并用 bmp_encode()函数编码成 * . bmp 格式的图片进行存储,以模拟实时的拍照效果。

43.4 下载验证

将程序下载到开发板后,可以看到 LCD 首先显示一些实验相关的信息,如图 43.1 所示。

随后,进入监控界面。此时,可以按下 KEY0 即可进行拍照,效果如图 43.2 所示。

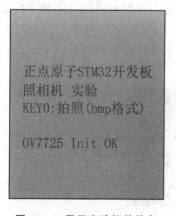

图 43.1 显示实验相关信息

图 43.2 拍照样图

最后,为了得到最快的显示速度,可以选择 Release 进行编译并下载,这样 OV7725 的显示帧率可达 25 帧左右。

第 44 章

USB 读卡器(Slave)实验

本章将介绍使用 STM32F103 作为 USB 从设备模拟出 USB 读卡器,使得 PC 与 STM32F103 通过 USB 连接后,能够访问与 STM32F103 连接的 SD 和 NOR FLASH 中的数据。

44.1 硬件设计

(1) 例程功能

开机的时候先检测 SD 卡、SPI FLASH 是否存在,存在则获取其容量,并显示在 LCD 上(不存在则报错)。之后开始 USB 配置,成功之后通过 USB 连接线可以在电脑上发现两个可移动磁盘。用 LED1 来指示 USB 正在读/写,并在液晶上显示出来;用 DS0 指示程序正在运行。

(2) 硬件资源

- LED 灯:LED0 – PB5、LED1 – PE5;
- 串口 1(PA9 或 PA10 连接在板载 USB 转串口芯片 CH340 上面);
- 正点原子 TFTLCD 模块(仅限 MCU 屏,16 位 8080 并口驱动);
- microSD Card(使用大卡的情况类似,读者可根据自己设计的硬件匹配选择);
- SPI FLASH;
- STM32 自带的 USB Slave 功能,要通过跳线帽连接 PA11、D—以及 PA12、D+,如图 44.1 所示。

图 44.1 USB Slave 接口

(3) 原理图

本章实验使用 USB 接口与 PC 连接。开发板板载了一个 USB Slave 接口,用于连接其他 USB 设备,连接原理如图 44.2 所示。

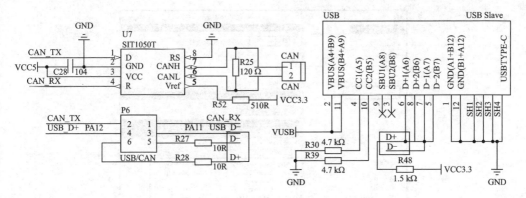

图 44.2　USB Slave 接口与 MCU 的连接原理图

44.2　程序设计

44.2.1　配套源码路径

本实验配置好的实验工程已经放到了配套资料中,路径为:开发板光盘 A-基础资料\1、程序源码\4,CubeIDE_project\43_USB_CARD_READER。

44.2.2　创建和配置工程

在 STM32CubeIDE 中复制 34_SD 工程,并将工程文件名和.ioc 文件名均修改为 43_USB_CARD_READER,以进行下一步的实验操作。

本实验旨在实现 USB 读卡器的读/写功能,以读/写两个磁盘,即 SD 卡和 NOR FLASH。SD 卡的配置已经在之前的实验中继承,因此本次实验的还需要配置 NOR FLASH 的驱动,详细可参考 SPI 实验的章节,并将 SPI 工程中的 NORFLASH 文件夹复制到本次实验的 BSP 文件夹下。

SPI2 的配置以及 spi.c、spi.h 文件的修改可参考 SPI 实验章节进行配置。接下来开始配置 USB 部分。

1. USB 配置

在 STM32CubeMX 插件界面的 Connectivity→USB 处激活 USB 从设备,如图 44.3 所示。USB 参数部分设定 USB 传输速度为全速,并且禁用了低功耗模式。

接着开始配置 USB 的中间层组件,打开 Middleware and Software Packs→USB_DEVICE 开始配置 USB 组件参数,如图 44.4 所示。

设备描述符保持默认配置,如图 44.5 所示。

2. USB 时钟配置

完成上述配置后发现时钟配置部分存在错误,时钟频率超过了 48 MHz,因此出现

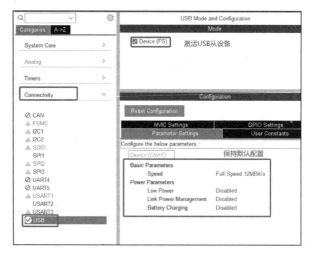

图 44.3　USB 配置

图 44.4　USB 组件配置

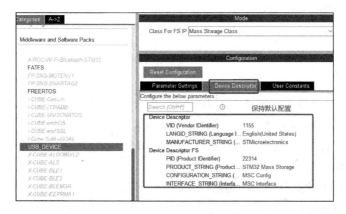

图 44.5　设备描述符默认配置

了红色警告提示,具体如图 44.6 所示。于是,按图 44.7 所示将配置修改为 48 MHz。

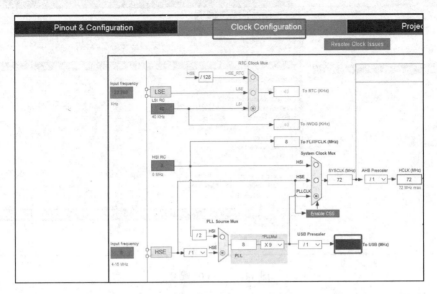

图 44.6　USB 时钟报错

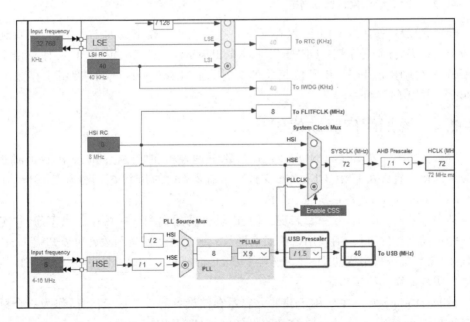

图 44.7　USB 时钟配置

3. NVIC 配置

这里需要在 USB 中断回调函数中获取 USB 的连接状态,所以要使能 USB 低优先级中断(默认打开的)并配置中断优先级。如图 44.8 所示,配置中断优先级分组为 2,抢占优先级 2,子优先级为 1。

图 44.8 NVIC 配置

44.2.3 生成初始化工程

配置完成后,按下"Ctrl+S"保存配置并生成工程。在生成的工程中,可以看到多了两个文件夹,分别是 USB_DEVICE 和 Middlewares。USB_DEVICE 文件夹用于存放 USB 硬件抽象层和 USB 通信相关的文件,而 Middlewares 文件夹用于存放关于 USB 第三方中间层组件。

44.2.4 添加用户驱动代码

本章实验不涉及 SPI 和 NOR FLASH 部分的移植和修改。sdio. c 初始化部分须改为 1 位宽。然后在 USB_DEVICE 文件夹中需要修改的几个文件,分别是 usbd_storage_if. c、usbd_conf. c 和 usbd_conf. h。

其中,usbd_conf. c/. h 主要实现 USB 的硬件初始化和中断操作。当 USB 状态机处理完不同事务的时候,则调用这些回调函数。通过这些回调函数就可以知道 USB 当前状态,比如是否枚举成功了、是否连接上了、是否断开了,于是用户应用程序可以执行不同操作从而完成特定功能。

usbd_storage_if. c 主要用于获取大容量存储设备的一个标识信息,作为一个标准接口被封装在 USB 大容量存储设备的操作结构体 USBD_Storage_Interface_fops_FS 中;它是在 usbd_msc. h 定义好的 USBD_StorageTypeDef 类型,基本为函数指针和数据指针,我们需要为这些 USB 操作实现与硬件相关的底层代码。

main. c 文件的实现如下:

```
int main(void)
{
    /* USER CODE BEGIN 1 */
```

```
        uint8_t offline_cnt = 0;
        uint8_t tct = 0;
        uint8_t usb_sta;
        uint8_t device_sta;
        uint16_t id;
/* USER CODE END 1 */
HAL_Init();
/* 系统时钟初始化 */
SystemClock_Config();
/* 延时初始化 */
delay_init(72);
/* GPIO 初始化 */
MX_GPIO_Init();
/* FSMC 初始化 */
MX_FSMC_Init();
/* 串口初始化 */
MX_USART1_UART_Init();
/* TIM4 初始化 */
MX_TIM4_Init();
/* SDIO 初始化 */
MX_SDIO_SD_Init();
/* SPI2 初始化 */
MX_SPI2_Init();
/* USB 初始化 */
MX_USB_DEVICE_Init();
/* USER CODE BEGIN 2 */
lcd_init();                     /* 初始化 LCD */
norflash_init();                /* 初始化 NOR FLASH */
my_mem_init(SRAMIN);            /* 初始化内部 SRAM 内存池 */
lcd_show_string(30, 50, 200, 16, 16, "STM32", RED);
lcd_show_string(30, 70, 200, 16, 16, "USB Card Reader TEST", RED);
lcd_show_string(30, 90, 200, 16, 16, "ATOM@ALIENTEK", RED);
if (g_sd_sta == 1)             /* 检测 SD 卡错误 */   {
    g_sd_sta = 0;
    MX_SDIO_SD_Init();
    lcd_show_string(30, 110, 200, 16, 16, "SD Card Error!", RED);
}
else                            /* SD 卡正常 */
{
    lcd_show_string(30, 110, 200, 16, 16, "SD Card Size:    MB", RED);
    lcd_show_num(134, 110, SD_TOTAL_SIZE_MB(&hsd), 5, 16, RED);
}
id = norflash_read_id();
if ((id == 0) || (id == 0XFFFF))
{
    lcd_show_string(30, 110, 200, 16, 16, "NorFlash Error!", RED);
}
else                            /* SPI FLASH 正常 */
{
    lcd_show_string(30, 130, 200, 16, 16, "SPI FLASH Size:7.25MB", RED);
}
```

```c
usbd_port_config(0);            /* USB 先断开 */
delay_ms(500);
usbd_port_config(1);            /* USB 再次连接 */
delay_ms(500);
lcd_show_string(30, 170, 200, 16, 16, "USB Connecting...", RED);
delay_ms(1800);
/* USER CODE END 2 */
while (1)
{
    delay_ms(1);
    if (usb_sta != g_usb_state_reg)                  /* 状态改变了 */
    {
        lcd_fill(30, 190, 240, 210 + 16, WHITE);    /* 清除显示 */
        if (g_usb_state_reg & 0x01)                  /* 正在写 */
        {
            LED1(0);
            /* 提示 USB 正在写入数据 */
            lcd_show_string(30, 190, 200, 16, 16, "USB Writing...", RED);
        }
        if (g_usb_state_reg & 0x02)    /* 正在读 */
        {
            LED1(0);
            /* 提示 USB 正在读出数据 */
            lcd_show_string(30, 190, 200, 16, 16, "USB Reading...", RED);
        }
        if (g_usb_state_reg & 0x04)
        {
            /* 提示写入错误 */
            lcd_show_string(30, 210, 200, 16, 16, "USB Write Err ", RED);
        }
        else
        {
            lcd_fill(30, 210, 240, 230 + 16, WHITE); /* 清除显示 */
        }
        if (g_usb_state_reg & 0x08)
        {
            /* 提示读出错误 */
            lcd_show_string(30, 230, 200, 16, 16, "USB Read  Err ", RED);
        }
        else
        {
            lcd_fill(30, 230, 240, 250 + 16, WHITE);   /* 清除显示 */
        }
        usb_sta = g_usb_state_reg;                       /* 记录最后的状态 */
    }
    if (device_sta != g_device_state)
    {
        if (g_device_state == 1)
        {
            /* 提示 USB 连接已经建立 */
            lcd_show_string(30, 170, 200, 16, 16, "USB Connected       ", RED);
```

```
            }
            else
            {
                /*提示 USB 被拔出了*/
                lcd_show_string(30, 170, 200, 16, 16, "USB DisConnected ", RED);
            }
            device_sta = g_device_state;
        }
        tct++;
        if (tct == 200)
        {
            tct = 0;
            LED1(1);                        /*关闭 LED1*/
            LED0_TOGGLE();                  /*LED0 闪烁*/
            if (g_usb_state_reg & 0x10)
            {
                offline_cnt = 0;            /*USB 连接了,则清除 offline 计数器*/
                g_device_state = 1;
            }
            else                            /*没有得到轮询*/
            {
                offline_cnt++;
                if (offline_cnt > 100)
                {
                    g_device_state = 0; /*20 s 内没收到在线标记,代表 USB 被拔出了*/
                }
            }
            g_usb_state_reg = 0;
        }
    }
}
```

可以看到,调用 MX_USB_DEVICE_Init()函数系统会持续获取 USB 的读/写状态和连接状态,并在 LCD 上显示。

调用完函数 MX_USB_DEVICE_Init()后,USB 驱动库自动模拟出一个 USB 读卡器;当然,也需要实现配置好 USB 读卡器模拟出的设备信息,以及读/写、初始化 SD 卡和 NOR FLASH 等的操作。这些操作已经全部在 usbd_storage_if.c 文件中完成了,读者可自行参考该文件。

44.3　下载验证

代码编译成功之后下载到开发板上,USB 配置成功后(假设已经插入 SD 卡,注意,USB 数据线要插在开发板的 USB_SLAVE 口,而不是 USB_232 端口,且 P9 必须用跳线帽连接 PA11、D—以及 PA12,D+),LCD 显示效果如图 44.9 所示。

USB 识别成功后,电脑提示发现新硬件并自动安装驱动,于是在设备管理器中可看到我们命名的驱动设备,如图 44.10 所示。

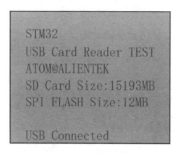

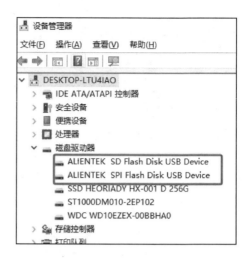

图 44.9 USB 连接成功   图 44.10   设备管理器显示

USB 配置成功后,DS1 不亮,DS0 闪烁,并且在电脑上可以看到我们的磁盘,如图 44.11 所示。此时就可以通过电脑读/写 SD 卡或者 SPI FLASH 里面的内容了。执行读/写操作时,可以看到 LED1 亮,并且在液晶上显示当前的读/写状态。注意,因为 SPI FLASH 有写次数据限制,最好不要频繁往里面写数据,否则很容易写爆。

图 44.11   电脑找到 USB 读卡器的两个盘符

第 **45** 章

USB 虚拟串口(Slave)实验

本章将介绍把 STM32F103 作为 USB 从设备,从而虚拟出串口与 PC 进行通信。

45.1 硬件设计

(1)例程功能

➤ LED 灯:LED0 - PB5、LED1 - PE5;

➤ 串口 1(PA9 或 PA10 连接在板载 USB 转串口芯片 CH340 上面);

➤ 正点原子 TFTLCD 模块(仅限 MCU 屏,16 位 8080 并口驱动);

➤ STM32 自带的 USB Slave 功能。

这几个外设原理图已经在之前的章节介绍过了,这里就不重复介绍了。

(2)硬件资源

➤ LED 灯:LED0 - PB5、LED1 - PE5;

➤ 串口 1(PA9 或 PA10 连接在板载 USB 转串口芯片 CH340 上面);

➤ 正点原子 TFTLCD 模块(仅限 MCU 屏,16 位 8080 并口驱动);

➤ microSD Card(使用大卡的情况类似,大家可根据自己设计的硬件匹配选择);

➤ SPI FLASH;

➤ STM32 自带的 USB Slave 功能需要通过跳线帽连接 PA11、D-以及 PA12、D+实现,如图 45.1 所示。

(3)原理图

原理如图 44.2 所示。

图 45.1　USB Slave 接口

45.2 程序设计

45.2.1 配套源码路径

本实验配置好的实验工程已经放到了配套资料中,路径为:开发板光盘 A-基础资料\1、程序源码\4\CubeIDE_project\44_USB_VSP。

在 STM32 注册 USB 内核,最后通过 USB 的中断和回调函数得到 USB 的操作状态和操作结果；主程序通过查询设定的标记变量的状态值，在 LCD 上显示对应的 USB 操作状态。

45.2.2　创建和配置工程

在 STM32CubeIDE 中复制 33_MALLOC 工程，并将工程文件名和.ioc 文件名均修改为 44_USB_VSP，以进行下一步的实验操作。

1. USB 配置

双击 44_USB_VSP.ioc 进入 STM32CubeMX 插件界面，在 Connectivity→USB 处激活 USB 从设备，如图 45.2 所示。

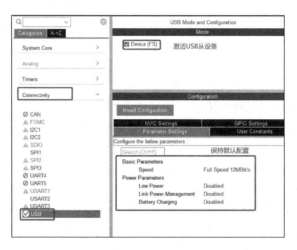

图 45.2　USB 配置

接下来配置 USB 的中间层组件。打开 Middleware and Software Packs→USB_DEVICE 配置 USB 组件参数，如图 45.3 所示。

图 45.3　USB 组件配置

USB 的设备描述符保持默认配置,如图 45.4 所示。

图 45.4　设备描述符默认配置

2. USB 时钟配置

将 USB 时钟配置为 48 MHz,如图 45.5 所示。

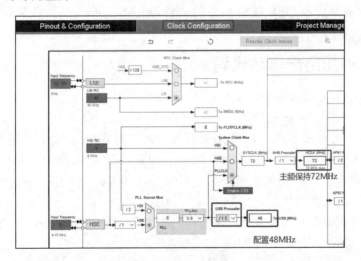

图 45.5　USB 时钟配置

3. NVIC 配置

这里需要在 USB 中断回调函数中获取 USB 的连接状态,所以要使能 USB 低优先级中断(默认打开的)并配置中断优先级。如图 45.6 所示,配置中断优先级分组为 2,抢占优先级 2,子优先级为 1。

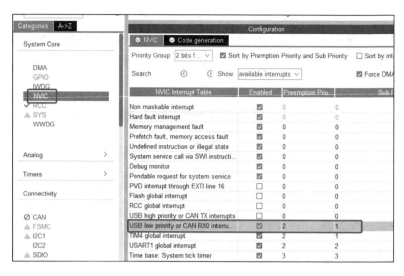

图 45.6　NVIC 配置

45.2.3　生成初始化工程

配置完成后，按下"Ctrl+S"保存配置并生成工程。在生成的工程中，可以看到多了两个文件夹，分别是 USB_DEVICE 和 Middlewares。USB_DEVICE 文件夹用于存放 USB 硬件抽象层和 USB 通信相关的文件，而 Middlewares 文件夹用于存放关于 USB 第三方中间层组件。

45.2.4　添加用户驱动代码

USB_DEVICE 文件夹中需要修改 4 个文件，分别是 usbd_cdc_if.c、usbd_cdc_if.h、usbd_conf.c 和 usbd_conf.h。

usbd_cdc_if.c/.h 这两个文件用到开发板的硬件底层驱动，需要适配硬件信息。本例需要把 USB 操作与串口操作对应起来。usbd_conf.c/.h 用于实现 USB 的硬件初始化和中断操作。当 USB 状态机处理完不同事务的时候，则调用这些文件中的回调函数，从而获取 USB 当前状态。

这 4 个文件的修改细节可查阅本实验的源代码。接着来看 main.c 文件的实现：

```
int main(void)
{
    /* USER CODE BEGIN 1 */
    uint16_t len;
    uint16_t times = 0;
    uint8_t usbstatus = 0;
    /* USER CODE END 1 */
    HAL_Init();
    /* 系统时钟初始化 */
    SystemClock_Config();
```

```
/* 延时初始化 */
delay_init(72);
/* GPIO 初始化 */
MX_GPIO_Init();
/* FSMC 初始化 */
MX_FSMC_Init();
/* 串口初始化 */
MX_USART1_UART_Init();
/* USB 初始化 */
MX_USB_DEVICE_Init();
/* USER CODE BEGIN 2 */
lcd_init();                                              /* 初始化 LCD */
my_mem_init(SRAMIN);                                     /* 初始化内部 SRAM 内存池 */
lcd_show_string(30, 50, 200, 16, 16, "STM32", RED);
lcd_show_string(30, 70, 200, 16, 16, "USB Virtual USART TEST", RED);
lcd_show_string(30, 90, 200, 16, 16, "ATOM@ALIENTEK", RED);
lcd_show_string(30, 110, 200, 16, 16, "USB Connecting...", RED);
usbd_port_config(0);      /* USB 先断开 */
delay_ms(500);
usbd_port_config(1);      /* USB 再次连接 */
delay_ms(500);
/* USER CODE END 2 */
while (1)
{
    if (usbstatus != g_device_state)          /* USB 连接状态发生了改变 */
    {
        usbstatus = g_device_state;            /* 记录新的状态 */
        if (usbstatus == 1)
        {
            /* 提示 USB 连接成功 */
            lcd_show_string(30, 110, 200, 16, 16, "USB Connected     ", RED);
            LED1(0);      /* 绿灯亮 */
        }
        else
        {
            /* 提示 USB 断开 */
            lcd_show_string(30, 110, 200, 16, 16, "USB disConnected ", RED);
            LED1(1);      /* 绿灯灭 */
        }
    }
    if (g_usb_usart_rx_sta & 0x8000)
    {
        len = g_usb_usart_rx_sta & 0x3FFF;        /* 得到此次接收到的数据长度 */
        usb_printf("\r\n 您发送的消息长度为: %d\r\n\r\n", len);
        cdc_vcp_data_tx(g_usb_usart_rx_buffer, len);;
        usb_printf("\r\n\r\n");                    /* 插入换行 */
        g_usb_usart_rx_sta = 0;
    }
    else
    {
        times ++ ;
```

```
        if (times % 5000 == 0)
        {
            usb_printf("\r\nSTM32 开发板 USB 虚拟串口实验\r\n");
            usb_printf("正点原子@ALIENTEK\r\n\r\n");
        }
        if (times % 200 == 0)usb_printf("请输入数据,以回车键结束\r\n");
        if (times % 30 == 0)
        {
            LED0_TOGGLE();   /* 闪烁 LED,提示系统正在运行 */
        }
        delay_ms(10);
    }
}
```

　　main.c 就比较简单了,先初始化按键,然后是 LCD 和 LED 等外设辅助程序显示。同样,在 while 循环前调用之前编写的 usbd_port_config 接口,以保证每次复位后 USB 都能重连成功。

45.3　下载验证

　　完成编译和烧录操作后,可以看到 LCD 上显示了本实验的相关实验信息,此时可以将开发板通过 USB Slave 接口与 PC 连接。待 PC 自动完成驱动安装后,便可看到 PC 上多出了一个端口设备。此时可以通过串口调试助手与该端口进行通信,可以看到串口调试助手收到了来自 STM32 开发板的数据;同时,按发送按钮(串口助手必须选中"发送新行")也可以收到电脑发送给 STM32 的数据(原样返回),说明我们的实验是成功的。实验现象同串口通信实验完全一样,可以通过本实验利用 STM32 的 USB 与电脑进行数据互传。

第 46 章

FreeRTOS 移植实验

前面章节中的实验都是在裸机环境下实现,本章将介绍 FreeRTOS 的简单使用,感兴趣的读者可以参考正点原子推出的 FreeRTOS 或 μC/OS-III 的全套教程资料,包含教学视频、开发指南并配套有例程源码。

46.1 硬件设计

1)例程功能
> LED0 由 task01 任务控制每 1 000 ms 状态翻转一次;
> USART1 由 task02 任务控制每 500 ms 打印一次浮点数,且浮点数每次自加 0.01。
2)硬件资源
> LED 灯:LED0-PB5、LED1-PE5;
> 串口 1(PA9 或 PA10 连接在板载 USB 转串口芯片 CH340C 上面),且需要跳线帽连接。
3)原理图
本章实验使用的 FreeRTOS 为软件库,因此没有对应的连接原理图。

46.2 程序设计

本实验配置好的实验工程已经放到了配套资料中,路径为:开发板光盘 A-基础资料\1、程序源码\4,CubeIDE_project\45_FreeRTOS_Demo。

46.2.1 创建和配置工程

在 STM32CubeIDE 中复制 33_MALLOC 工程,并将工程文件名和. ioc 文件名均修改为 45_FreeRTOS_Demo,以进行下一步的实验操作。

1. FreeRTOS 配置

双击 45_FreeRTOS_Demo. ioc 进入 CubeMX 插件界面,在 Connectivity→FRE-ERTOS 处选择 CMSIS_V2,如图 46.1 所示。该选项包含 3 个选项,分别为 Disable、CMSIS_V1 和 CMSIS_V2。这里使用 FreeRTOS,因此需要从 CMSIS_V1 和 CMSIS_V2

这两个选项中进行选择,它们的区别可参见 ARM 官方网站上关于微控制器软件接口标准 CMSIS 的定义。关于 FreeRTOS 的其他配置保持默认即可,如图 46.2 所示。

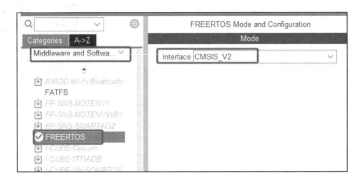

图 46.1 FreeRTOS 配置

图 46.2 FreeRTOS 参数配置

2. 任务参数配置

本实验需要创建两个任务,分别是 task01 和 task02,它们的配置如图 46.3 所示。按照上述步骤即可完成任务名字、任务函数以及任务堆栈等设置。

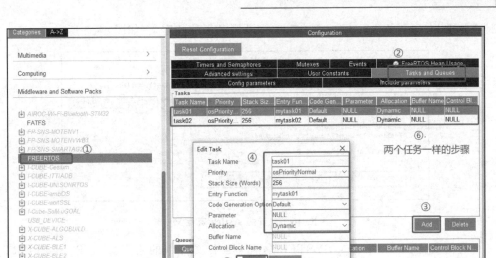

图 46.3　任务配置

3. SYS 配置

选择 System Core→SYS 来配置 HAL 库需要使用到的 tick 计数源,如图 46.4 所示。

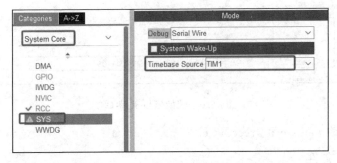

图 46.4　HAL 库延时函数基准时钟源配置

这里不使用 systick 是因为 FreeRTOS 的调度时钟是强制性使用 systick 的,并且 systick 的中断优先级被设置为最低,这样就会导致 HAL 库提供的延时函数产生计数不准的情况。所以这里选择 TIM1 来提供 HAL 库的时间基准。

46.2.2　生成初始化工程

配置完成后,按下"Ctrl+S"保存配置并生成工程。可以看到生成的工程中多了一个 Middlewares 文件夹。该文件夹用于存放 FreeRTOS 的源码以及库相关的文件。

46.2.3　添加用户驱动代码

FreeRTOS 生成的工程中会自动生成 systick 的中断服务函数,而 delay.c 中也已经定义了该函数,这将导致重定义错误,因此需要删除其中一个函数的定义。这里屏蔽掉 FreeRTOS 中自动生成的 systick 的中断服务函数的定义，如图 46.5 所示。

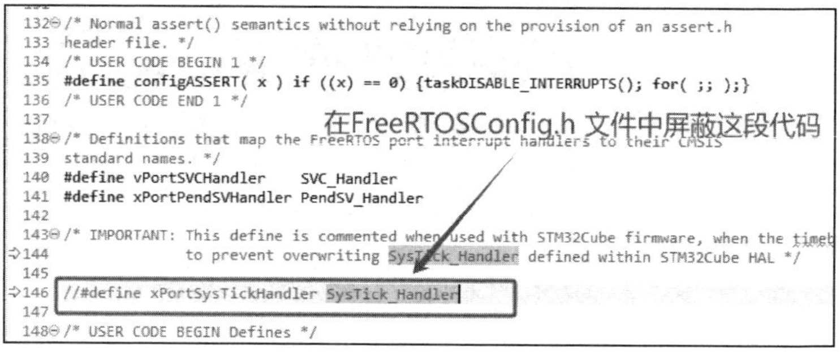

```
132 /* Normal assert() semantics without relying on the provision of an assert.h
133 header file. */
134 /* USER CODE BEGIN 1 */
135 #define configASSERT( x ) if ((x) == 0) {taskDISABLE_INTERRUPTS(); for( ;; );}
136 /* USER CODE END 1 */
137
138 /* Definitions that map the FreeRTOS port interrupt handlers to their CMSIS
139 standard names. */
140 #define vPortSVCHandler        SVC_Handler
141 #define xPortPendSVHandler PendSV_Handler
142
143 /* IMPORTANT: This define is commented when used with STM32Cube firmware, when the timer
144        to prevent overwriting SysTick_Handler defined within STM32Cube HAL */
145
146 //#define xPortSysTickHandler SysTick_Handler
147
148 /* USER CODE BEGIN Defines */
```

在 FreeRTOSConfig.h 文件中屏蔽这段代码

图 46.5　屏蔽 systick 宏定义

还需要使能在 Drivers/SYSTEM/sys/sys.h 文件中的宏定义 SYS_SUPPORT_OS，表示支持 OS，如图 46.6 所示。

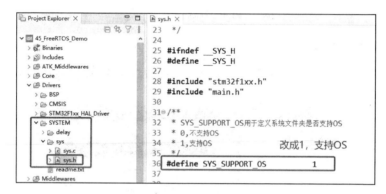

图 46.6　使能宏以支持 OS

接下来修改 main.c 和 freertos.c。

1. main.c 文件

```
int main(void)
{
  HAL_Init();
  /* 系统时钟初始化 */
  SystemClock_Config();
  /* 延时初始化 */
  delay_init(72);
  /* GPIO 初始化 */
  MX_GPIO_Init();
  /* FSMC 初始化 */
  MX_FSMC_Init();
  /* 串口初始化 */
  MX_USART1_UART_Init();
  /* USER CODE BEGIN 2 */
  lcd_init();                                    /* 初始化 LCD */
```

```
my_mem_init(SRAMIN);                          /*初始化内部 SRAM 内存池*/
lcd_show_string(30,  50, 200, 16, 16, "STM32", RED);
lcd_show_string(30,  70, 200, 16, 16, "FreeRTOS Porting", RED);
lcd_show_string(30,  90, 200, 16, 16, "ATOM@ALIENTEK", RED);
/* USER CODE END 2 */
osKernelInitialize();
MX_FREERTOS_Init();
/* Start scheduler */
osKernelStart();
while (1)
{
}
}
```

main 函数中只添加了一些用于显示 LCD 提示信息的代码。从源代码中可以看出,STM32CubeIDE 自动生成的 FreeRTOS API 接口函数并不是原生的 FreeRTOS 接口函数,而是经过 CMSIS - RTOS 包装后的,这一点需要特别注意。

2. freertos. c 文件

freertos. c 文件的修改:

```
/* Includes ---------------------------------------------------- */
# include "FreeRTOS. h"
# include "task. h"
# include "main. h"
# include "cmsis_os. h"
/* Private includes -------------------------------------------- */
/* USER CODE BEGIN Includes */
# include "../../BSP/LED/led. h"
# include "usart. h"
/* USER CODE END Includes */
/* Definitions for task01 */
osThreadId_t task01Handle;
const osThreadAttr_t task01_attributes = {
  . name = "task01",
  . stack_size = 256 * 4,
  . priority = (osPriority_t) osPriorityNormal,
};
/* Definitions for task02 */
osThreadId_t task02Handle;
const osThreadAttr_t task02_attributes = {
  . name = "task02",
  . stack_size = 256 * 4,
  . priority = (osPriority_t) osPriorityLow2,
};
void mytask01(void * argument);
void mytask02(void * argument);
void MX_FREERTOS_Init(void); /* (MISRA C 2004 rule 8.1) */
/**
  * @brief  FreeRTOS initialization
```

```
 * @param  None
 * @retval None
 */
void MX_FREERTOS_Init(void) {
  /* Create the thread(s) */
  /* creation of task01 */
  task01Handle = osThreadNew(mytask01, NULL, &task01_attributes);
  /* creation of task02 */
  task02Handle = osThreadNew(mytask02, NULL, &task02_attributes);
}
/* USER CODE BEGIN Header_mytask01 */
/* USER CODE END Header_mytask01 */
void mytask01(void * argument)
{
  /* USER CODE BEGIN mytask01 */
  while(1)
  {
      LED0_TOGGLE();
      vTaskDelay(1000);
  }
  /* USER CODE END mytask01 */
}
/* USER CODE BEGIN Header_mytask02 */
/* USER CODE END Header_mytask02 */
void mytask02(void * argument)
{
  /* USER CODE BEGIN mytask02 */
  float num_float = 0.0;
  while(1)
  {
      num_float += 0.01;
      printf("num_float: %.2f\r\n",num_float);
      vTaskDelay(500);
  }
  /* USER CODE END mytask02 */
}
```

freertos.c 文件中实现了两个任务的逻辑。第一个任务是让 LED0 每隔 1 s 翻转一次,第二个任务则是每隔 500 ms 打印一次浮点数(注意,支持浮点数打印时需要进行相关设置)。

46.3　下载验证

完成编译和烧录操作后,可以看到开发板板载的 LED0 每隔 1 s 翻转一次,串口每隔 500 ms 打印一次浮点数。

参考文献

[1] 刘军. 例说 STM32[M]. 4 版. 北京:北京航空航天大学出版社,2023.

[2] 意法半导体. STM32 中文参考手册,2010.

[3] Joseph Yiu. ARM Cortex–M3 权威指南[M]. 宋岩,译. 北京:北京航空航天大学出版社,2009.

[4] Microsoft. FAT32 白皮书. 夏新,译. 2000.

[5] 王永虹. STM32 系列 ARM Cortex–M3 微控制器原理与实践[M]. 北京:北京航空航天大学出版社,2008.